▶ 细致选择凌乱的发梢

▶ 改变人物腿部动作

▶ 全景照片手动拼合

▶ 快速制作数码立体字

▶ 错过的摩天轮

▶ 幸福的花海新娘

▶ 曝光照片修复处理

▶ 润饰清凉冰爽的溪流

▶ 色相饱和度的调整

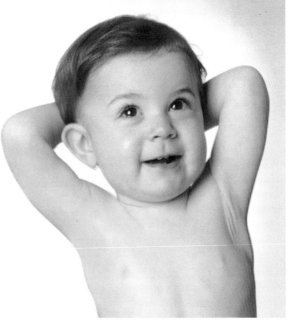

▶ 污点瑕疵修复处理

▶ 润饰林中透射的阳光

▶ 润饰霞光四射的云彩

▶ 修饰时尚的板栗色卷发

▶ 修饰自然淡雅的生活妆

▶ 重复与恢复数码照片

▶ 红眼瑕疵修复处理

▶ 修饰平滑年轻的肌肤

▶ 修饰自然洁白的牙齿

▶ 修饰丰厚性感的嘴唇

▶ 修饰绝美高挺的鼻梁

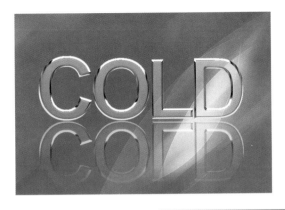

▶ 制作玻璃文字效果

▶ 制作火焰文字效果

▶ 制作草地文字效果

▶ 制作厚重的油画效果

▶ 马赛克相框

▶ 拼贴与凸出

▶ 创建并保存自动化动作

▶ 层次感修复处理

▶ 制作浸染的水墨效果

▶ 制作朦胧的云雾效果

▶ 曝光过度修复处理

▶ 烂漫童真写真模板

▶ 唯美梦幻写真模板

▶ 幸福甜蜜写真模板

▶ 制作高雅色彩效果

▶ 修饰有神的魅力眼瞳

▶ 可爱的动作表情

▶ 润饰熠熠生辉的星空

▶ 奇幻的悬浮岛

▶ 制作LOMO色彩效果

▶ 飘飞的枫叶效果

▶ 个性动物写真模板

▶ 金属浮雕特效

▶ 炫目的动画广告

▶ 制作活泼色彩效果

▶ 想象中的汽车鞋

▶ 偏色照片修复处理

▶ 制作磨砂质感相框效果

▶ 修饰美丽潮流的指甲

▶ 修饰自然卷翘的美丽睫毛

▶ 修饰性感妖娆的身材

▶ 制作糖果色彩效果

▶ 下载并导入自动化动作

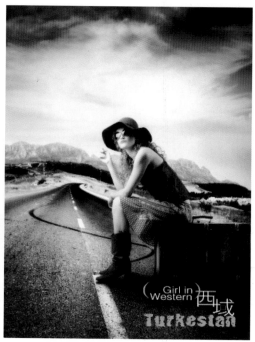

▶ 制作神秘色彩效果

▶ 数码照片与手机广告

中文版

Photoshop CS5

寻梦艺术摄影 / 编著

数码照片处理
高手成长之路

清华大学出版社
北京

内容简介

本书定位于Photoshop数码照片后期处理，内容包括输入与输出、选区工具、抠图工具、辅助工具、颜色填充、修图工具、自动调色命令、图层面板、图层蒙版、文字工具、图层样式、滤镜、调色命令、绘图工具、路径、通道、动画工具与面板、动作与自动化等，案例涵盖精细选取相片局部、常见问题处理、瑕疵处理、风景润色、人物美容、文字与相框、特效艺术、色彩艺术、写真模板、趣味合成、动画设计、商业合成等。

本书适合Photoshop数码照片处理初、中级读者，数码照片处理爱好者，影楼后期处理专业制作人员，也可以作为相关院校和培训机构的辅导用书。

图书在版编目（CIP）数据

中文版Photoshop CS5数码照片处理高手成长之路/寻梦艺术摄影编著.—北京：清华大学出版社，2011.8
ISBN 978-7-302-24709-8

Ⅰ.①中… Ⅱ.①寻… Ⅲ.①图形软件，Photoshop CS5 Ⅳ.①TP391.41

中国版本图书馆CIP数据核字（2011）第018964号

责任编辑：陈绿春
责任校对：徐俊伟
责任印制：杨 艳

出版发行：清华大学出版社
　　　　　http://www.tup.com.cn
　　　　　社　总　机：010-62770175
　　　　　投稿与读者服务：010-62795954，jsjjc@tup.tsinghua.edu.cn
　　　　　质量反馈：010-62772015，zhiliang@tup.tsinghua.edu.cn
地　　址：北京清华大学学研大厦A座
邮　　编：100084
邮　　购：010-62786544

印刷者：北京鑫丰华彩印有限公司
装订者：三河市新茂装订有限公司
经　销：全国新华书店
开　本：210×285　印　张：25.25　插　页：8　字　数：756千字
　　　　附DVD2张
版　次：2011年8月第1版　印　次：2011年8月第1次印刷
印　数：1～5000
定　价：89.50元

产品编号：039766-01

本书的编写目的

学习完本书之后，你将会发现原来 Photoshop 从新手到高手是如此的轻松！

扪心自问，作为新手最渴望找到的是什么样的入门书？

简单易懂，易操作，上手快，深入浅出，由简单到复杂循序渐进。大部分的初学者都希望寻找到一本快速而轻松的入门书籍。如何用最短的时间让读者从新手成长为软件设计高手是一件难事，但是又是经过努力，一定可以做到的事情。只要功夫深，铁杵磨成针！

本书针对初学者的各种问题精心安排了各个章节，力求全面地、详细地将 Photoshop 剖析在读者的眼前。让读者迅速明白这个工具或命令是什么，可以用来做什么。举一反三，触类旁通是本书的最基本的教学目的。

本书的特色

分类系统全面： 书中内容系统全面，为了方便读者快速掌握软件操作，对 Photoshop 的每一项功能都进行了分类总结，让读者在系统，易查的状态中学习。

教学方式新颖： 书中采用了新的教学方式，一改传统的写作风格，将行业知识与章节内容结合。通过引导读者到行业状态中，然后采用专业手法介绍软件中的重要知识点，再通过实例操作来演练，让读者更有实践感悟，最终达到融会贯通的目的。

通俗易懂实用： 为了便于读者快速掌握操作技法，本书在编写过程中力求采用最简便、最直观、最有效的文图对应步骤操作进行讲解，通俗易懂，简单实用。

犹如工具手册： 从工具箱到工具、命令、面板再到融会贯通的实例操作，初学者想学的知识一应俱全，随学随查。

贴近市场规律： 书中所选的素材与实例均来自于符合市场价值取向的精美图片，增加了读者审美的同时，更能感同身受，在学习软件的过程中，加深对市场的理解，并充实自己对实例制作的设计思路。

本书的内容

本书针对初学者的各种学习需求，结合读者的惯性思维模式，整理了软件的所有重点与难点，从零基础出发，引导新手逐步成长。全书实例丰富，软件功能介绍与实际案例相结合、内容全面、语言流畅、结构清晰、图文并茂、通俗易懂，具有很强的实用性和可操作性。全书分为15章，每章内容都是行业中的专业知识与软件技术的结合。

内容涵盖：新功能与基础知识：初识Photoshop CS5；专业数码管理专家：输入与输出管理；精细抠取相片局部：选区工具与抠图工具；数码常见问题处理：辅助工具与颜色填充；数码照片瑕疵处理：修图工具与自动调色命令；数码照片风景润色处理：图层面板的运用；数码照片人物美容处理：图层蒙版的运用；数码照片文字与相框处理：文字工具与图层样式的运用；数码照片特效艺术处理：滤镜的运用；数码照片色彩艺术处理：调色命令的运用；数码照片写真模板处理：绘图工具与路径的运用；数码照片趣味合成处理：通道的高级运用；数码照片动画设计：动画工具与面板的运用；数码照片商业合成处理：动作与自动化以及综合实例。

本书作者担任了多年的平面设计资深设计与培训的工作，有着丰富的设计与教学经历，在与众多初学者接触的过程中，发现初学者觉得Photoshop很难，很不容易学好。这里建议大家要打破这种恐惧的观念，用全新的、勇于克服困难的心情去学习它，攻克它，最后Photoshop才能被你所驯服。

本书将多年的教训经验进行总结，针对初中级读者的要求，提供了丰富的，容易入门的15章教学内容，逐步引导读者进入平面设计的艺术殿堂。

参见本书编写的包括：董明明、范子刚、冯福仁、苟亚妮、韩淑青、焦丽华、金海锚、巨英莲、寇玉珍、李保华、李怀良、李茹菡、李晓鹏、刘爱华、刘传梁、刘锋、刘孟辉、刘志珍、马联和、马志坚、潘瑞红、潘瑞旺、潘瑞兴、任根盈、荣文臻、史绪亮、唐红连、唐文杰、田莉、田春英、田娟娟、田敏杰、田昭月、汪钢、王海峰、王海燕、王宜美、吴劲松、徐进勇、徐正坤、杨丽、杨伟、杨琰、杨志永、尹承红、尹秋红、于广浩、袁素玉、张桂莲、张国华、张艳群、张养丽、赵玉华、郑福英、郑桂英。

本书由作者根据多年的实际经验编著而成，但限于水平有限，书中难免会有疏漏和不妥之处，望广大读者加以指正，以求共同进步。

作者

contents

中文版Photoshop CS5数码照片处理高手成长之路

目录

第5章　数码照片瑕疵处理：使用修图工具与自动调色命令

第6章　数码照片风景润色处理：图层面板的运用

第9章 数码照片特效艺术处理：滤镜的运用

第1章

新功能与基础知识：初识 Photoshop CS5

Photoshop是Adobe公司旗下最出名的图像处理软件之一。Photoshop CS5有"标准"和"扩展"两个版本，Photoshop CS5标准版适合摄影师以及印刷设计人员使用。Photoshop CS5比以前的版本上了一个层次，更实用，功能更强大，相信能给用户带来焕然一新的感觉，提高工作效率。

1.1 经典设计的通用法则

在Photoshop CS5中，经典设计作品要满足其功能实用，运用形式语言来表现题材、主题、情感和意境，形式语言与形式美则可通过以下方式表现出来。包括：对比、和谐、对称、均衡、呼应、简洁、独特、色调等。

对比："对比"是艺术设计的基本定型技巧，把两种不同的事物、形体、色彩等作对照就称为对比。把两个明显对立的元素放在同一空间中，使其既对立又和谐，既矛盾又统一，在强烈反差中获得鲜明的对比，求得互补和满足的效果。

和谐："和谐"包含协调之意，它是在满足功能要求的前提下，使形、色、光、质等组合得到协调，成为一个非常和谐统一的整体。

对称："对称"又分为绝对对称和相对对称。对称给人感受秩序、庄重、整齐、和谐之美。

均衡："均衡"和"对称"形式相比较，有活泼、生动、和谐、优美之韵味。呼应属于均衡的形式美，是各种艺术常用的手法。

呼应："呼应"也有"相应对称"、"相对对称"之说，一般运用形象对应、虚实气势等手法求得呼应的艺术效果。简洁是值得提倡的手法之一，也是近年来十分流行的趋势。

简洁："简洁"是指内容简洁而不失主题，使人一目了然，明确含义。

独特："独特"是突破原有规律，标新立异引人注目。在大自然中，万绿丛中一点红，荒漠中的绿地，都是独特的体现。独特是在陪衬中产生出来的，是相互比较而存在的。

色调：指图像的颜色搭配要符合主题，有主次之分，亮度和对比度分辨明确。

使用Photoshop软件设计作品时都应该运用于以上的通用法则，如图1-1-1所示为经典作品欣赏。

图1-1-1 经典设计

1.1.1 设计的原则

一般的设计原则可以分为四个方面：思想性与单一性、艺术性与装饰性、趣味性与独创性、整体性与协调性。

思想性与单一性：设计本身并不是目的，设计是为了更好地传播客户信息的手段。设计师以往中意自我陶醉于个人风格以及与主题不相符的字体和图形中，这往往是造成设计平庸失败的主要原因。主题鲜明突出，是设计思想的最佳体现。

艺术性与装饰性：一个成功的设计构成，首先必须明确客户的目的，并深入去了解、观察、研究与设计有关的方方面面。达到设计的作品具有艺术性、装饰性并符合主题思想。

趣味性与独创性：独创性原则实质上是突出个性化特征的原则，鲜明的个性，是设计构成的创意灵魂。要突出创作的趣味性与独创性，设计离不开内容，内容必须要吸引观众的眼球，更要体现内容的主题思想，用以增强读者的注目力与理解力。只有做到主题鲜明突出，一目了然，才能达到设计构成的最终目标。

整体性与协调性：强调设计的协调性原则，也就是强化版面各种编排要素在版面中的结构以及色彩上的关联性。通过版面的文、图间的整体组合与协调性的编排，使版面具有秩序美、条理美，从而获得更良好的视觉效果。

用 Photoshop 制作作品时，要保持图像的内容清晰可见、不使用不明晰的图片、不使用过小的图像、内容要符合主题。下面请欣赏设计作品，如图 1-1-2 所示。

图1-1-2　合理的设计作品

1.1.2　设计的方法

设计方法是研究设计产品规律、设计程序及设计中思维和工作的方法。设计方法以系统工程的观点分析设计的战略进程和设计方法、手段的战术问题。在总结设计规律、启发创造性的基础上促进研究现代设计理论、科学方法、先进手段和工具在设计中的综合运用。创意作品欣赏如图1-1-3所示。

图1-1-3　创意作品

什么是合理的设计流程呢？

首先，先分析设计任务的特点，然后构思其设计的主题思想。

其次，寻找设计相关的素材，再进行Photoshop设计，设计过程中发现问题并研究解决设计问题，并要遵循设计原则。

再次，设计完成后要与客户交流，讨论产品的市场需求，再针对市场反应对产品设计进一步改善。

最后，产品设计完成后，通过印刷或喷绘输出并发布。

1.2　了解数字化图形

数字化图形表现为信息丰富、形象直观。数字化图形是二维的平面媒体，具有信息密度大、内容生动、感性等特点，易让人们所接受。图像可以跨越语言障碍，增进人们更广泛的思想交流。数字化图形作品欣赏如图 1-2-1所示。数字化图形分别包含：矢量图、位图、点阵图等，其中Photoshop常用于矢量图和位图。

数字化图形的特点包括：

1．图像作为视觉媒体，可以消融民族、语言、性别、文化等方面差异。如"方块英文"。

2．图像媒体是全人类共同的语言。如：各种商品的商标、交通警示路标、网页上的动画。

3．有效设计图形、图像，既能充分展示主题，又是能启发人的思维，引起共鸣。

图1-2-1　数字化图形

1.2.1　位图与矢量图

位图与矢量图是数字图像的两种具体表现形式。

位图：位图常称之为图像，又称为点阵图、光栅图。位图由像素组成，用以描述图像中各像素点的强度与颜色。当位图被增大时，图像质量会下降，并最终看到组成图像的像素点，如图1-2-2所示。位图来源广泛，表现色彩层次丰富，是图像处理的主要对象。为了便于位图的存储和交流，产生了种类繁多的文件格式，它们各有不同的特点。

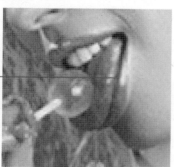

图1-2-2　位图增大后对比

位图图像与分辨率有关，任何位图图像都含有有限数量的像素。图像分辨率（每英寸的像素数量）取决于显示图像的大小，图像小，像素就极小，这就增加了分辨率；图像大，像素变大，则降低了分辨率。这样，当一幅图像显示得很大时，就可以看到锯齿状的边缘和块状结构的过渡。

提示：

位图具有的优点与不足之处如下：其优点是内容表现真实，一般都可以保存为多种图像格式，可以在不同的平台、软件上通用。其缺点是由于其数据是通过采样量化得到的，数据量相对较大，特别是用于商业印刷的高分辨率图像，数据量从几兆到几百兆。其缺点是增大到一定程度时，质量会变差，但如果开始时的分辨率太高，图像数据量又非常大，因此要根据实际需要，采集时采用适当的分辨率。

矢量图：矢量图与分辨率无关，其形状通过数学方程描述，由边线和内部填充组成。由于矢量图把线段、形状及文本定义为数学方程，它们就可以自动适应输出设备的最大分辨率，打印机把矢量图的数学方程变为打印机的像素。因此，无论打印的图像有多大，打印的图像看上去都十分均匀清晰。在矢量图中，文件大小取决于图中所包含对象的数量和复杂程度，因此文件大小与打印图像的大小几乎没有关系，这一点与位图图像正好相反。制作矢量图的软件有Illustrator、CorelDRAW、AutoCAD等。

如图1-2-3所示分别为矢量图和放大后的局部显示。

图1-2-3　矢量图放大后对比

提示：

矢量图优点与不足之处如下：其优点是精度高，不受分辨率影响，数据量很小。其不足的是制作复杂，原稿不是很逼真，来源少。另外，一般每一种绘图软件都有自己矢量图格式，所以难以实现程序、平台间的通用。

1.2.2　分辨率

为了更好地对位图图像中像素进行量化，图像分辨率便成了重要的度量手段。所谓图像分辨率，一般来说就是每英寸中像素的个数（ppi，pixels per inch）。在一定的分辨率之下，假如知道图像的尺寸，即可精确地算出该图像中具有多少个像素。

在数字化图像中，分辨率的大小直接影响图像的品质，分辨率越高，图像越清晰，所产生的文件也就越大，在工作中所需的内存和CPU处理时间也就越多。所以在制作图像时，不同品质的图像就需要设置不同的分辨率，唯此才能最经济有效地制作出作品。例如，需要打印输出的图像分辨率就要高一些，只是在屏幕上显示的作品（如多媒体图像）分辨率可以低一些。

分辨率在数字图像处理的过程中非常重要，直接影响到作品的输入输出质量，应根据使用要求来运用。按图像输入输出的过程，分辨率又分为多种形式，具体见表1-2-1所示。

表1-2-1　分辨率的形式

类型	含义	单位
图像分辨率	指位图图像中存储的信息量，影响文件的输出质量	PPI
设备分辨率	又称输出分辨率，指的是种类输出设备每英寸上可产生的眯数，如显示器、打印机、绘图仪的分辨率	DPI
扫描分辨率	指在扫描一幅图像之前所设定的分辨率，它将影响所生成的图像文件的质量和使用性能	DPI
网屏分辨率	又称网幕频率，指的是打印灰度级图像或分色图像所用的网屏上每英寸的点数	LPI
显示分辨率	显示分辨率用来描述当前屏幕的像素点数，一般以乘法的形式表现，常见有640×480、800×600、1024×768等，是做数字媒体的重要参考	PPI

打印图像时，如果图像分辨率过低，会导致输出的效果非常粗糙。反之，如果分辨率过高，则图像中会产生超过打印所需要的信息，不但减慢打印速度，而且在打印输出时会使图像色调的细微过渡丢失。一般情况下，图像分辨率应该是输出设备分辨率的2倍，这是目前中国大多数输出中心和印刷厂都采用的标准。一般图像分辨率在输出分辨率的1.5～2倍之间，效果会比较理想，而具体到不同的图像本身，情况也有所出入。常用的图像分辨率见表1-2-2所示。

表1-2-2　常用图像分辨率

用途	分辨率设置（单位：像素/英寸）
光盘、网页、显示器屏幕输出	65~120
报纸、灰度印刷	120~150
挂网印刷、彩色报刊	150~200
商业印刷	200
高档彩色印刷、数码照片打印	300
商业广告素材	大于300

1.2.3　颜色模式

由于成色原理的不同，决定了显示器、投影仪、扫描仪，这类靠色光直接合成颜色的颜色设备和打印机、印刷机这类靠使用颜料的印刷设备，在生成颜色方式上的区别。生成颜色的方式就是色彩模式，下面将介绍几种常用的色彩模式。

1. RGB 颜色模式

Photoshop 的 RGB 颜色模式使用 RGB 模型，并为每个像素分配一个强度值。在 8 位/通道的图像中，彩色图像中的每个 RGB（红色、绿色、蓝色）分量的强度值为 0（黑色）到 255（白色）。例如，亮红色的 R 值可能为 246，G 值为 20，而 B 值为 50。当所有这 3 个分量的值相等时，结果是中性灰度级。当所有分量的值均为 255 时，结果是纯白色；当这些值都为 0 时，结果是纯黑色。

RGB 图像使用3种颜色或通道在屏幕上重现颜色。在 8 位/通道的图像中，这3个通道将每个像素转换为 24（8 位×3 通道）位颜色信息。对于 24 位图像，可重现多达 1670 万种颜色。对于 48 位（16 位/通道）和 96 位（32 位/通道）图像，甚至可重现更多的颜色。新建的 Photoshop 图像的默认模式为 RGB，计算机显示器使用 RGB 模型显示颜色。这意味着在使用非 RGB 颜色模式（如 CMYK）时，Photoshop 会将 CMYK 图像插值处理为 RGB，以便在屏幕上显示。尽管 RGB 是标准颜色模型，但是所表示的实际颜色范围仍因应用程序或显示设备而异。Photoshop 的 RGB 颜色模式因"颜色设置"对话框中指定的工作空间的设置而异，RGB颜色模式图像如图1-2-4所示。

图1-2-4　RGB颜色模式图像

2. CMYK 颜色模式

在CMYK 模式下，可以为每个像素的每种印刷油墨指定一个百分比值。 为最亮（高光）颜色指定的印刷油墨颜色百分比较低；而为较暗（阴影）颜色指定的百分比较高。 例如，亮红色可能包含 2% 青色、93% 洋红、90% 黄色和 0% 黑色。 在 CMYK 图像中，当4种分量的值均为 0% 时，就会产生纯白色。 在制作要用印刷色打印的图像时，应使用 CMYK 模式。 将 RGB 图像转换为 CMYK，即产生分色。 如果从RGB 图像开始，则最好先在 RGB 模式下编辑，然后在处理结束时转换为 CMYK。 在 RGB 模式下，可以使用"校样设置"命令模拟 CMYK 转换后的效果，而无需真地更改图像数据。 也可以使用 CMYK 模式直接处理从高端系统扫描或导入的 CMYK 图像。 尽管 CMYK 是标准颜色模型，但是其准确的颜色范围随印刷和打印条件而变化。 Photoshop 的 CMYK 颜色模式因"颜色设置"对话框中指定的工作空间的设置而异，CMYK颜色模式图像如图1-2-5所示。

图1-2-5　CMYK颜色模式图像

3. Lab 颜色模式

Ｌａｂ颜色模式的亮度分量（Ｌ）范围是 0 到 100。 在"Adobe 拾色器"中，a 分量（绿色到红色轴）和 b 分量（蓝色到黄色轴）的范围是 +127 到 -128。 在"颜色"调板中，a 分量和 b 分量的范围是 +127 到 -128。 可以使

用 Lab 模式处理 Photo CD 图像，独立编辑图像中的亮度和颜色值，在不同系统之间移动图像并将其打印到 PostScript Level 2 和 Level 3 打印机。 要将 Lab 图像打印到其他彩色 PostScript 设备，应首先将其转换为 CMYK。 Lab 图像可以存储为 Photoshop、Photoshop EPS、大型文档格式 (PSB)、Photoshop PDF、Photoshop Raw、TIFF、Photoshop DCS 1.0 或 Photoshop DCS 2.0 格式。 48 位（16 位/通道）Lab 图像可以存储为 Photoshop、大型文档格式 (PSB)、Photoshop PDF、Photoshop Raw 或 TIFF 格式。 Lab 颜色是 Photoshop 在不同颜色模式之间转换时使用的中间颜色模式，Lab颜色模式图像如图1-2-6所示。

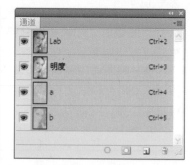

图1-2-6　Lab颜色模式图像

4. 灰度模式

灰度模式在图像中使用不同的灰度级。 在 8 位图像中，最多有 256 级灰度。 灰度图像中的每个像素都有一个 0（黑色）到 255（白色）之间的亮度值。 在 16 和 32 位图像中，图像中的级数比 8 位图像要大得多。 灰度值也可以用黑色油墨覆盖的百分比来度量（0% 等于白色，100% 等于黑色）。 使用黑白或灰度扫描仪生成的图像通常以灰度模式显示。 尽管"灰度"是标准颜色模型，但是所表示的确切灰色范围因打印条件而异。 在 Photoshop 中，灰度模式使用"颜色设置"对话框中指定的工作空间设置所定义的范围。 下列原则用于将图像转换为灰度模式和从灰度模式中转出： 位图模式和彩色图像都可转换为灰度模式。 为了将彩色图像转换为高品质的灰度图像，Photoshop 放弃原图像中的所有颜色信息。 转换后的像素的灰阶（色度）表示像素的亮度。 通过使用"通道混合器"命令混合颜色通道的信息，可以创建自定灰度通道。 当从灰度模式向 RGB 转换时，像素的颜色值取决于其原来的灰色值。 灰度图像也可转换为 CMYK 图像（用于创建印刷色四色调，不必转换为双色调模式）或 Lab 彩色图像，灰度模式图像如图1-2-7所示。

图1-2-7　灰度模式图像

1.2.4　文件格式

Photoshop CS5支持很多种图像文件格式，如TIF、BMP、JPEG等，接下来具体介绍一些图像文件格式的特征及在Photoshop CS5中进行图像格式转换时应该注意的问题。

1．BMP格式

BMP是标准的Windows图像格式，支持RGB、索引颜色、灰度和位图颜色模式，但是不支持Alpha通道和CMYK模式的图像。在存储BMP格式的文件时，可以选择压缩选项对数据进行压缩，这种压缩是无损压缩，可以节省磁盘空间而又不丢失图像数据，但在打开这种压缩格式的文件时，将会花很长的时间进行解压缩，一些兼容性不太好的软件可能对压缩存储的BMP文件不支持。BMP格式可以被DOS、Windows和OS/2操作系统支持，因此它是一种跨平台的格式。

2．TIFF格式

TIFF的全名为：标记图像文件格式。TIFF是一种灵活的、应用广泛的位图图像格式，几乎所有的绘画、图像编辑和页面排版应用程序都支持这种格式，而且几乎所有的桌面扫描仪都可以扫描产生TIFF图像。TIFF文件的最大文件大小可以达到4 GB。

3．PSD格式

PSD格式是Photoshop自身专用的，也是系统默认的文件格式，Adobe Creative Suite软件包中的软件可以直接导入使用。PSD格式的文件在保存时可以包括较多的图像信息，如：图层、通道、编辑路径和参考线等，便于图像的后期修改和编辑，但是它要比其他文件格式大很多，因此需要的磁盘空间也较大。

4．PCX格式

PCX图像格式最早是Zsoft公司的Paintbush图形软件所支持的图像格式。PCX格式和BMP格式一样支持1～24位的图像，并且可以用RLE的压缩方式来保存文件。PCX格式还能支持RGB、索引颜色、灰度和位图的颜色模式，但是不支持Alpha通道。

5．JPEG格式

JPEG的全称是"联合图像专家组"，是一种有损压缩格式。JPEG能保留RGB图像中的所有颜色信息，这点显然要强于GIF格式的保留索引颜色信息。用户可以有选择地丢弃数据来压缩文件大小。压缩级别越高，得到的图像品质越低；压缩级别越低，得到的图像品质越高。但是此格式在压缩过程中会以失真的方式丢掉一些肉眼不易察觉的数据，从而使保存后的图像没有原图像的质量好，因此印刷品最好不要使用此格式。JPEG格式支持RGB、CMYK和灰度颜色模式，但是不支持Alpha通道。

6．EPS格式

EPS格式为压缩的PostScript格式，可用于绘图或排版，它最大的优点是可以在排版软件中以低分辨率预览，打印或印刷时以高分辨率输出，可以达到效率和图像输出质量两不误。EPS格式支持Photoshop中所有的颜色模式，其中在位图模式下还可以支持透明，并且可以用来存储点阵图和矢量图，但是不支持Alpha通道。

7．GIF格式

GIF格式是CompuServe提供的一种图像格式，它使用LZW压缩格式，不会占用太多的磁盘空间，最多只能保存256色的RGB色阶阶数，所以它也是一种压缩格式。GIF格式只能支持8位的图像文件，可以广泛应用于因特网的HTML网页文档中，此种格式还支持位图、灰度、索引颜色的颜色模式。

8．PNG格式

PNG格式是CompuServe公司开发出来的格式，广泛用于网络图像的编辑。它不同于GIF格式图像，除了能保存256色外，还可以保存24位的真彩色图像，具有支持透明背景和消除锯齿边缘的功能，可在不失真的情况下进行压缩保存图像。在不久的将来，PNG格式将会是未来网页中使用的一种标准图像格式。

PNG格式文件在RGB和灰度模式下将支持Alpha通道；但是在索引颜色和位图模式下，是不支持Alpha通道的。

9．PDF格式

PDF格式是Adobe公司开发的Windows、Mac、UNIX和DOS系统的一种电子出版软件的文档格式。该格式源于PostScript Level2语言，因此可以覆盖矢量图形和位图图像，而且支持超级链接。此文件是由Adobe Acrobat软件生成的文件格式，该格式文件可以存储多页信息、包含图形、文档的查找和导航功能。因此在使用该软件时无须排版就可以获得图文混排的版面。由于该格式支持超文本链接，所以是网络下载经常使用的文件。

PDF格式支持RGB、CMYK、索引颜色、灰度、位图和Lab颜色模式，还支持通道、图层等数据信息。另外，PDF格式还支持JPEG和ZIP的压缩格式。

10. Photo CD（PCD）格式

Photo CD格式是Kodak（柯达）照片光盘的文件，以只读的方式存储在CD-ROM中，所以该格式只能在Photoshop中打开而不能存储。PCD格式采用Kodak Precision Color Management System（柯达精确颜色管理系统，KPCMS）模式，能够有效控制颜色模式和显示器模式。

11. TGA格式

TGA格式专门用于使用Uevision视频卡的系统，并且被通常的MS-DOS颜色应用程序所支持，TGA格式支持无Alpha通道的索引颜色和灰度图像，也支持24位RGB图像（8位×3颜色通道）和32位RGB图像（8位×3颜色通道外加一个8位Alpha通道）。

1.3　安装与卸载Photoshop CS5

Adobe Photoshop CS5运行在PC机的Windows系统和Mac机的OS系统上，支持最新的Windows 7和Mac OS X系统，以下将以PC机上的Microsoft Windows XP操作系统上运行的软件来介绍Adobe Photoshop CS5安装与卸载Photoshop CS5的操作过程。

1.3.1　安装Photoshop CS5的系统需求

安装Photoshop CS5的最低系统要求：

1. Windows®

- 2GHz 或更快的处理器*/Microsoft® Windows® XP Service Pack 3、Windows Vista® Home Premium、Business、Ultimate 或Enterprise Service Pack 2、Windows® Vista® 64 位版本或Windows® 7/推荐使用 2GB 或更大的内存
- 2GB 可用硬盘空间；安装过程中需要更多的可用空间，建议5G以上（无法在基于闪存的存储设备上安装Photoshop CS5。）
- 分辨率为 1024×768或者更大分辨率的显示器，带合格硬件加速OpenGL® 的图形卡、16 位颜色和256MB VRAM/DVD-ROM 驱动器
- Adobe Photoshop Extended 中的一些3D 功能需要使用能够支持OpenGL 2.0 且至少具有256MB VRAM（推荐使用512MB VRAM）的图形卡

2. Mac OS X

- Multicore Intel® 处理器/必须使用 Mac OS X v10.5.7 以上版本；建议使用Mac OS v10.6.2；32 位和64 位系统（要运行仅适用于32 位的增效工具，可能需要运行32 位系统。）/推荐使用 1GB 或更大的内存
- 2GB 可用硬盘空间；安装过程中需要更多的硬盘空间（无法在使用区分大小写的文件系统的卷或基于闪存的存储设备上安装Photoshop CS5。）
- 分辨率为 1024×768（建议使用1280×800）的显示器，带合格硬件加速OpenGL® 的图形卡、16 位颜色和256MB VRAM

1.3.2　安装Photoshop CS5

在使用Adobe Photoshop CS5 之前必须先安装该软件。下面以 Windows XP操作系统为例，介绍Photoshop软件的安装方法。

01 在计算机光驱中放入含有 Adobe Photoshop CS5 安装系统的光盘。

02 打开桌面上"我的电脑"，并打开光盘驱动器，从中找到 Setup.exe 文件，或者在桌面上用右键单击"我的电脑"选择"Windows 资源管理器"命令，在"Windows 资源管理器"中，打开光盘内容，找到 Photoshop CS5 安装文件 Setup.exe，双击这个文件即可启动 Adobe Photoshop CS5 安装向导，可以在安装向导的指导下一步步完成安装。

03 程序初始化，如图 1-3-1 所示，初始化之后进入"许可协议"界面，可选择界面显示的语言和许可协议的内容，要接受许可协议单击"接受"按钮继续安装，不接受许可协议则单击"拒绝"按钮退出安装，如图 1-3-2 所示。单击"接受"按钮。

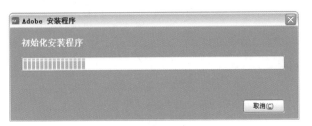

图1-3-1 安装程序初始化

图1-3-2 欢迎界面

图1-3-3 "安装选项"界面

图1-3-4 程序开始安装

04 安全协议之后，进入下一个界面，输入序列号，单击"下一步"按钮；再选择软件的安装语言，安装位置并可选择要安装的组件。

05 进入"安装选项"界面，如图1-3-3所示。确认需要安装的组件，单击"安装"按钮。程序开始安装，进度条可以观察安装进度，如图1-3-4所示。

06 安装完成后，界面如图1-3-5所示，单击"完成"按钮即可。

图1-3-5 安装完成

1.4 初识Photoshop CS5

　　Photoshop软件最初是由Thomas和John两兄弟所开发的图像编辑程序，并交由一家扫描仪公司搭配销售。之后则被Adobe公司所收购，于1990年2月进行正式发行。在其后的发展历程中经过多次对软件功能的增强和添加的新功能，使得Photoshop软件已经成为目前最优秀的图像处理软件之一，而最新发布的软件版本则是Adobe Photoshop CS5，其已有功能再次得到提高，而新增功能不仅使得软件本身更加强大，也提高了设计工作的效率，如图1-4-1所示。

图1-4-1 Photoshop CS5的包装盒与启动界面

1.5 Photoshop CS5的工作界面

要使用Photoshop CS5软件进行编辑处理图像和设计制作时，先要熟悉软件的工作界面，掌握一些命令和工具在工作界面中的所在位置。如图1-5-1所示为Photoshop CS5软件的工作界面。

图1-5-1 Photoshop CS5工作界面

1.5.1 菜单栏

菜单栏是Photoshop软件最重要的组成部分之一，在菜单栏中包含了Photoshop软件中的所有命令，而这些命令在菜单栏中共分为11个栏目，如图1-5-2所示。

图1-5-2 菜单栏

要执行菜单栏中的命令有3种方法：

第一种是使用鼠标单击命令名称执行命令，如图1-5-3所示。对于子菜单又有一些特定的规则，如：在子菜单后面有黑色三角形则说明该菜单下还有子菜单。如果子菜单后面的是...符号，则说明单击该项目会打开对话框。如果子菜单呈灰色状态显示，则说明该命令在当前不可用。

第二种方法是按住Alt键不放，再按菜单名中带下划线的字母键，也可以打开相应的菜单执行命令。如：按住Alt键不放，按I键则可以打开"图像"子菜单，再按A键，则打开"调整"子菜单，按B键即可执行"色彩平衡"命令，打开"色彩平衡"对话框，如图1-5-4所示。

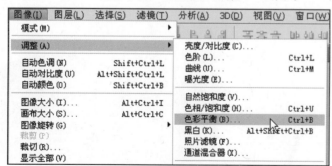

图1-5-3 鼠标选择命令

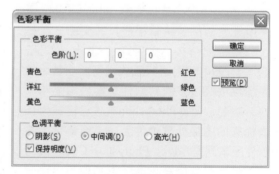

图1-5-4 键盘执行命令

最后一种方法是使用命令所设置的快捷键执行命令，这种方法也是最能提高工作效率的一种执行命令的方式。如要执行"色彩平衡"命令，其快捷键为Ctrl+B，则表示同时按下键盘上的这两个键，则会打开"色彩平衡"对话框。另外，对于软件中命令的快捷键也可以进行修改和自定义。执行"编辑"菜单中的"键盘快捷键"命令，如图1-5-5所示，即可打开"键盘快捷键和菜单"对话框，在分类栏中单击所要修改或自定义所在类型名称前的▷图标，将该类型中的命令菜单打开，如图1-5-6所示。双击要修改或定义的命令名称即可对快捷键进行修改，修改后单击"接受"按钮即可。

图1-5-5　选择"键盘快捷键"命令

图1-5-6　"键盘快捷键和菜单"对话框

1.5.2　属性栏

在菜单栏的下方则是属性栏，当在工具箱中选择一种工具时，属性栏会显示出该工具的一些相关信息，所以选择工具的不同，则属性栏上的显示也会发生改变。如分别选择"矩形选择工具" 和"魔棒工具" ，这两个工具的属性栏则分别显示如图1-5-7和图1-5-8所示。

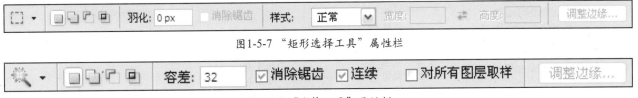

图1-5-7　"矩形选择工具"属性栏

图1-5-8　"魔棒工具"属性栏

如果想要对工具在属性栏中的参数进行保留，并在以后的操作中使用相同的设置。则需要使用浮动面板中的"工具预设"。如：选择"画笔工具" 后，设置"画笔大小"、"羽化"等参数并希望在后面的操作中反复使用如图1-5-9所示的参数设置。单击属性栏上的▾图标，打开"工具预设"面板，单击"创建新的工具预设"按钮 ，打开"新建工具预设"对话框并设置名称，单击"确定"按钮后将新增的工具预设添加到面板中，如图1-5-10所示。

图1-5-9　设置参数

图1-5-10　创建新的工具预设

1.5.3 工具箱

工具箱中包含了所有Photoshop软件的工具，这些工具用于对图像的选择、移动、查看、编辑、填色和绘画等功能操作。在工具按钮中带有黑色三角形图案的工具，表明该处还隐藏了其他工具，是一个工具组。将鼠标移动到工具上单击右键可打开隐藏的工具组选择菜单，选择需要使用的工具单击即可。快捷键选择工具，如"套索工具" 💭 的快捷键是L，在键盘上按下该键即可将工具转换为"套索工具" 💭 。选择套索工具组中其他隐藏工具，按住Alt键不放，在工具上单击，即可进行工具间的切换，如图1-5-11所示。

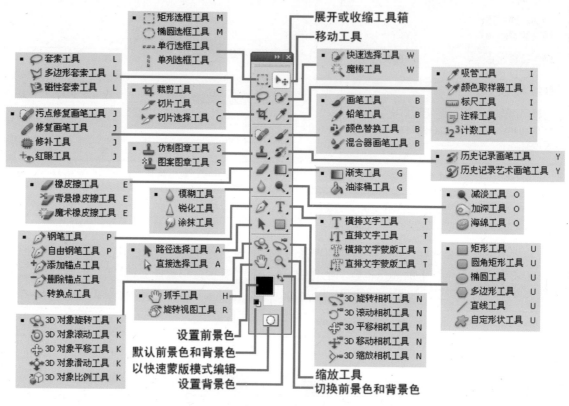

图1-5-11　工具箱

1.5.4 状态栏

在新建文件或打开图像之后，在界面左下方显示状态栏。状态栏主要显示了图像的显示比例和文档大小信息，改变图像的显示比例可以在状态栏中输入自定的参数即可修改显示比例。而文档状态显示中也可以修改为需要的状态显示，单击状态显示栏后的 ▶ 图标，打开状态显示菜单，在菜单中选择需要显示的信息即可，如图1-5-12所示为状态栏示意图。

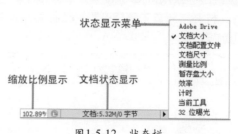

图1-5-12　状态栏

1.5.5 控制面板

在Photoshop软件右侧是控制面板区域，控制面板在软件中扮演着十分重要的角色，不同的控制面板所使用的功能也各有区别，利用这些控制面板可以很方便快捷地对图像进行各种编辑操作，如填充颜色、图层编辑、图像调整等，掌握好控制面板的使用可以为今后的软件学习打下良好的基础，如图1-5-13所示为控制面板区域的默认面板显示。

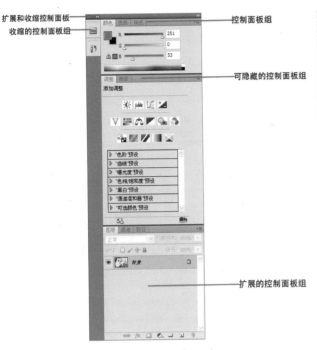

图1-5-1　控制面板区域

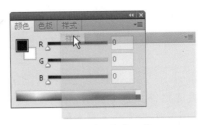

图1-5-16　分离面板

将分离的面板与其他面板进行组合，则是将面板移动到要合并面板的选项卡上释放左键即可，如图1-5-17所示。如果想要恢复控制面板的默认排列，执行"窗口"|"工作区"|"复位基本功能"命令，如图1-5-18所示。执行命令后即可将控制面板恢复为默认排列。在执行该操作中可以看到在"工作区"子菜单中有3D、设计、动感、绘画、和摄影等命令，这些命令是已经预设好的控制面板显示排列，执行其中的一个命令即会显示针对该命令的控制面板，如，执行"3D"命令，控制面板区域显示为如图1-5-19所示的状态。

图1-5-17　合并面板　　　图1-5-18　复位控制

在软件中还有其他没有显示出来的控制面板，这需要在"窗口"菜单中选择相应的命令才能打开，如打开"画笔"面板，则是执行"窗口"|"画笔"命令或按快捷键F5，执行命令后该命令前将出现"✔"图标，如图1-5-14所示，表示该面板已经打开。而控制面板区域也会显示出"画笔"面板，如图1-5-15所示。在工作中为了提高工作效率，会将经常用到的几种面板组合到一起，方便使用以提高工作效率。要将面板从面板选项卡中分离，将光标移动到名称上按住不放向外拖动即可，如图1-5-16所示。

提示：

"画笔"面板在没有选中"画笔工具"的情况下所有设置是呈现灰色的，表示该面板中的设置未被激活。需要选择"画笔工具"才能在面板中进行设置参数。

图1-5-14　执行"画笔"命令

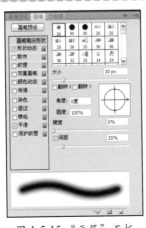

图1-5-15　"画笔"面板

图1-5-19　控制面板区域显示

1.6 Photoshop CS5新增功能

在Photoshop CS5版本中，新功能的加入和原功能的提升使得软件更加趋于完美，各种命令与功能不仅得到了很好的增强，还最大限度地为用户的操作提供了简捷、有效的途径。下面将带领读者一起体验Photoshop CS5中的新增功能。

1.6.1 轻松选择复杂的图像

在之前对于复杂图像的选取，如人物头发和动物毛发等，都需要消耗大量的时间和精力进行操作。而Photoshop CS5所新增的功能却将复杂图像的选取操作变得更加简单快捷，并对头发等细微的图像元素也能轻松选取，如图1-6-1所示。

图1-6-1 复杂图像的轻松选取

1.6.2 智能感知图像的内容

智能内容识别填充功能是Photoshop CS5所新增功能，该功能可以对图像进行修复、除去等操作，并节省了处理时所需的大量时间，使得这些操作变得简单快捷，如图1-6-2所示。

图1-6-2 智能内容识别填充

1.6.3 灵活操控图像的变形

操控变形功能通过对图像添加图钉，再对添加的图钉进行拖移，创建出视觉上更具吸引力的图像，如调整一个弯曲角度不舒服的腿部等，如图1-6-3所示。

该功能不仅能对图像重新定位，还可以对人物进行如瘦身、使身材更加凹凸有致等处理操作。

图1-6-3 操控变形功能

1.6.4 增强GPU加速功能

Photoshop CS5增强了GPU加速功能，并使用三分法则网格对图像进行裁剪，对可视化更加出色的颜色以及屏幕拾色器进行采样，如图1-6-4所示。

图1-6-4 GPU功能的增强

1.6.5 优秀出众的绘图工具

在Photoshop CS5软件中画笔工具笔刷系统得到了升级，不仅增加了新的画笔笔触，还新增了多个参数设置。再配合新增的混合器画笔工具和屏幕拾色器等，使绘画过程中的工作效率得到提高，而图像效果也更加自然、逼真，如图1-6-5所示。

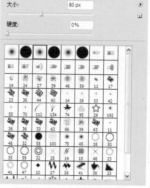

图1-6-5 绘图工具的增强

1.6.6 精确的自动镜头校正

新的镜头校正功能通过对各种相机与镜头的测量自动校正，从而更轻易消除桶状和枕状变形、相片周边暗角，以及造成边缘出现彩色光晕的色像差，如图1-6-6所示。

图1-6-6 自动镜头校正

1.6.7 简化的创作审阅功能

在Photoshop CS5软件使用 Adobe CS Review发起更安全的审阅，并且不必离开 Photoshop。审阅者可以从他们的浏览器将注释添加到图像，屏幕上会自动显示这些注释，如图1-6-7所示。

图1-6-7 简化的审阅功能

1.6.8 简便的用户界面管理

在Photoshop CS5界面中使用工作区切换器，可以在喜欢的用户界面配置之间实现快速导航和选择。实时工作区会自动记录用户界面更改，当切换到其他程序再切换回来时面板将保持在原位，如图1-6-8所示。

图1-6-8 用户界面管理

1.6.9 出众的 HDR 成像性能

Photoshop CS5更新了对高动态范围摄影技术的支持。此功能可把曝光程度不同的影像结合起来，借助自动消除叠影以及对色调映射和调整控制，产生想要的外观，如图1-6-9所示。

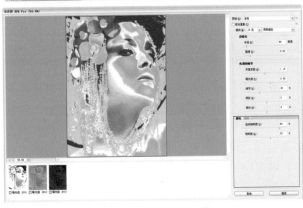

图1-6-9 HDR成像性能

1.6.10 更加出色的媒体管理

在Photoshop CS5软件中集成了Adobe Mini Bridge，借助该功能可以更加灵活方便的轻松管理媒体，无论是查看或重命名图像，还是通过Adobe Mini Bridge 面板打开图像到Photoshop CS5软件，如图1-6-10所示。

图1-6-10　Mini Bridge媒体管理

1.6.11 最新的原始图像处理

在使用Photoshop软件处理图像之前，可以使用Camera Raw 6 增效工具对图像进行无损消除图像噪声，同时保留颜色和细节，增加粒状使数字照片看上去更自然，调整色彩、曝光等更高等处理原始图像操作，如图1-6-11所示。

图1-6-11　Camera Raw 6 增效工具

1.6.12 高效快捷的工作流程

Photoshop CS5在对工作的效率上也得到了大幅度提高，如自动伸直图像，从屏幕上的拾色器拾取颜色，同时调节许多图层的不透明度，设置通道等功能的增加和增强，如图1-6-12所示。

图1-6-12　工作效率的提高

1.6.13 出众的黑白转换功能

Photoshop CS5不仅增强了工作效率，而且还增强了某些功能的应用，比如，把彩色照片处理成黑白照片更加容易简单，方便操作，效果更出人意料，如图1-6-13所示。

图1-6-13 黑色照片的转换

1.6.14 更强大的打印选项设置

Photoshop CS5软件借助更加简单的导航自动化、脚本和打印对话框，使图像在更短的时间内实现出色的打印效果，如图1-6-14所示。

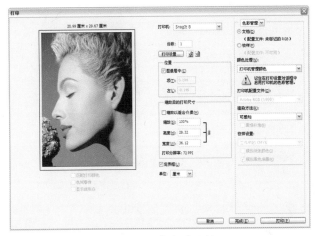

图1-6-14 打印对话框

1.6.15 与 Lightroom 的紧密集成

Adobe Photoshop Lightroom是一款以后期制作为重点的图形工具，Adobe的目标是将其打造成未来数字图形处理的标准。Lightroom的界面和功能与苹果推出的 Aperture颇为相似，主要面向数码摄影、图形设计等专业人士和高端用户，支持各种RAW图像，主要用于数码相片的浏览、编辑、整理、打印等。这样就可以在Lightroom中轻松管理、编辑和展示图像，然后返回 Photoshop 进行像素级编辑与合成。

1.7 Photoshop CS5的基本操作

Photoshop CS5软件中的基本操作，先要熟悉软件的工作界面，掌握一些命令和工具在工作界面中的所在位置后，要掌握软件处理文件的基本知识，下面就对于文件的管理知识做进一步的讲解。

1.7.1 文件的管理

在Photoshop CS5软件中对文件的管理也相当规范，文件的管理包括：新建、存储、导入、导出和置入等。

新建文件：执行"文件"|"新建"命令，可打开"新建"对话框，可设置文件名称大小，如图1-7-1所示。

存储文件：执行"文件"|"存储为"命令，可打开"存储为"对话框，如图1-7-2所示。在"存储为"对话框，选择要保存文件的路径，可设置"文件名"、"格式"，PSD格式是Photoshop自身专用的，也是系统默认的文件格式所以我们常保存文件为PSD格式。

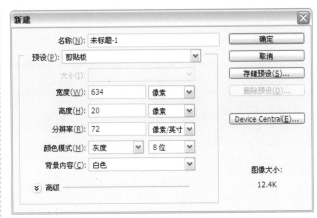

图1-7-1 新建对话框

图1-7-2　存储文件对话框

导入和导出文件：Photoshop CS5软件的另一个功能的增强，就是可以通过"导入"文件把一些特殊格式无法直接打开的图像，通过"导入"功能自动把它转换为可识别格式。"导出"可以把图像的路径单独导出保存，还可导出视频文件，进行视频渲染等特殊操作。

置入文件："置入"文件可在原本打开的文件窗口中置入另一个文件的图像，执行"文件"|"置入"命令，可打开"置入"文件对话框，选择一幅图片，可置入到已经打开的图像中，如图1-7-3所示。

图1-7-3　置入图像效果

1.8　实例应用：智能填充海中的石头

案例分析

　　本实例通过将大海中的石头进行去除，来讲解"内容识别填充"功能的使用方法和用途。掌握好"内容识别填充"功能，即可对图像的修复、去除多余图像等处理操作打下良好的基础，提高对图像处理的工作效率。

制作步骤

01 执行"文件"|"打开"命令，打开素材图片：大海.tif，如图1-8-1所示。

02 选择"钢笔工具"，在窗口中沿石头边缘绘制路径，如图1-8-2所示。

03 按Ctrl+Enter快捷键，将路径转换为选区。执行"编辑"|"填充"命令，打开"填充"对话框，设置"使用"为"内容识别"，如图1-8-3所示。单击"确定"按钮。

图1-8-1　打开素材

图1-8-2　绘制路径

图1-8-3　设置填充类型

04 执行"填充"命令后，图像效果如图1-8-4所示。按Ctrl+D快捷键取消选区。

图1-8-4　内容识别填充效果

05 选择"污点修复画笔工具"，在属性栏上设置"画笔大小"为45像素，设置"类型"为"内容识别"，在画面左上方进行涂抹，如图1-8-5所示。对图像进行涂抹后图像效果如图1-8-6所示。

图1-8-5　涂抹图像

图1-8-6　最终效果

1.9　实例应用：细致选择凌乱的发梢

案例分析

　　本实例讲述如何将头发进行细致选择的操作方法，重点介绍了"调整边缘"功能的使用方法，通过使用"调整边缘"功能不仅能细致的将人物进行扣除，还大幅度提高工作效率。

制作步骤

01 执行"文件"|"打开"命令，打开素材图片：卷发美女.tif，如图1-9-1所示。

02 复制出"背景 副本"图层，选择"快速选择工具" ，单击属性栏上的"添加到选区" 按钮，单击背景区域图像载入选区，如图1-9-2所示。

图1-9-1 打开素材　　　图1-9-2 载入选区

03 按Ctrl+Shift+I快捷键反向选区，单击属性栏上的"调整边缘"按钮 调整边缘... ，打开"调整边缘"对话框，如图1-9-3所示。

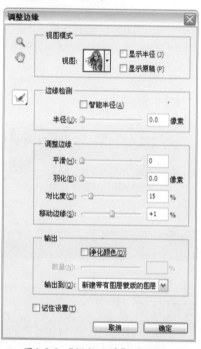

图1-9-3 "调整边缘"对话框

04 在"调整边缘"对话框中单击"视图图案"后面的 按钮，打开下拉列表，在列表中选择"叠加"，如图1-9-4所示。选择"叠加"视图模式后图像效果如图1-9-5所示。

05 在"调整边缘"对话框中设置"半径"为100像素，"平滑"为13，"对比度"为26%，如图1-9-6所示。

图1-9-4 设置视图模式　　图1-9-5 叠加视图模式

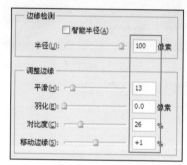

图1-9-6 设置参数

06 在对话框中设置参数后，图像效果如图1-9-7所示。右键单击"调整半径工具"图案 打开工具组菜单，选择"抹除调整工具" ，如图1-9-8所示。

图1-9-7 调整选取范围

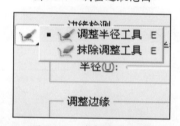

图1-9-8 选择抹除工具

提示：

"抹除调整工具"在默认情况下是对选择的范围进行去除，当对选择范围去除过多时，可按住Alt键进行涂抹，即可对去除的部分重新选择。

07 在文件窗口中对人物皮肤和衣服进行涂抹，效果如图1-9-9所示。

图1-9-9　抹除多余选取范围

08　在对话框中勾选"净化颜色"选项，设置"输出到"为"新建带有图层蒙版的图层"，如图1-9-10所示，单击"确定"按钮。

图1-9-10　设置选项

09　载入人物选区，再按 Ctrl+J 快捷键，复制出"图层 1"，设置"图层"面板上的"图层混合模式"为柔光，"不透明度"为 50%，图像效果如图 1-9-11 所示。

图1-9-11　复制并设置图层

10　选择"背景"图层，按Ctrl+O快捷键打开素材图片：背景.tif。选择"移动工具"拖动"背景"文件窗口中的图像到操作文件窗口中，图像最终效果如图1-9-12所示。

图1-9-12　最终效果

1.10　实例应用：快速制作数码立体字

案例分析

　　本实例通过制作立体3D文字，讲解了"凸纹"命令的应用和操作方法。通过"凸纹"命令可以将路径和文字等2D图像转换为3D图形，并为图形添加材质效果。

制作步骤

01　执行"文件"|"打开"命令，打开素材图片：风景.tif，如图1-10-1所示。

02　打开素材：红色矩形.tif，移动到操作文件窗口中，放到合适的位置，如图1-10-2所示。

03　选择"横排文字工具" T.输入文字，如图1-10-3所示。

图1-10-1　打开素材

图1-10-2　绘制路径

图1-10-3　输入文字

04 执行"3D"|"凸纹"|"文本图层"命令，此时会弹出对话框，单击"确定"按钮。在"凸纹"对框中的"凸纹形状预设"中选择形状为"膨胀" ，设置"全部"材质为"棋盘" ，设置"前部"材质为"木灰" ，如图1-10-4所示。

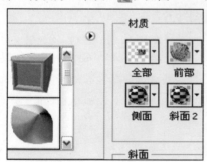

图1-10-4　设置形状和材质

05 在"场景设置"栏中设置"光照"为"CAD优化"，"网格品质"为"最佳"，"膨胀"栏中设置"角度"为90，"强度"为0.2，如图1-10-5所示。

图1-10-5　设置参数

06 在文件窗口中对进行旋转并调整位置，如图1-10-6所示。单击"确定"按钮。

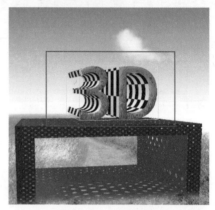

图1-10-6　旋转图形

07 选择3D图层，单击"图层"面板下方的"添加图层样式"按钮 fx，打开快捷菜单，选择"投影"选项，打开"图层样式"对话框，参数保持默认值，如图 1-10- 7 所示。单击"确定"按钮。执行"投影"命令后，图像最终效果如图1-10-8所示。

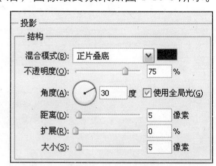

图1-10-7　设置参数

图1-10-8　最终效果

1.11　实例应用：改变人物腿部动作

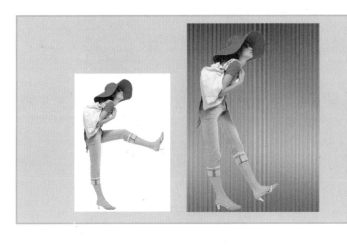

案例分析

本实例将对模特的姿态进行调整，在处理过程中详细讲解了"操控变形"命令的使用方法和操作技巧，掌握好"操控变形"命令的使用，可以为今后的设计作品添加更多的精彩效果。

制作步骤

01 执行"文件"|"打开"命令，打开素材图片：条纹背景.tif，如图1-11-1所示。

图1-11-1　打开素材

02 按Ctrl+O快捷键打开素材图片：个性美女.tif，如图1-11-2所示。

03 按Ctrl+J快捷键，复制"背景"图层为"图层1"，设置"图层"面板上的图层混合模式为正片叠底。按Ctrl+J快捷键，复制"图层1"为"图层1副本"，效果如图1-11-3所示。

图1-11-2　打开素材　　图1-11-3　正片叠底

04 选择"魔棒工具" ，在窗口中单击白色像素载入选区，按Ctrl+Shift+I快捷键反向选区，选择"移动工具" ，拖动选区中的图像到"条纹背景"文件窗口中，调整图像位置，效果如图1-11-4所示。

图1-11-4　添加背景

05 设置"图层"面板上的"图层混合模式"为正常。执行"编辑"|"操控变形"命令，此时所选择图层上的图像将自动生成网格，如图1-11-5所示。

06 将鼠标移动到人物头部、两肩、腹部和腿部分别进行单击添加"图钉"，如图1-11-6所示。

提示：

在对人物变形之前需要先将人物定位，以免人物在变形某一部分时，其他部分也发生变化。

图1-11-5　人物生成网格

图1-11-7　调整腿部

图1-11-6　添加控制点

图1-11-8　变形腿部

07 在人物右腿处添加"图钉"，将新增加的"图钉"向下进行拖动，效果如图1-11-7所示。按Enter键确定。

08 再执行"操控变形"命令，将新增加的"图钉"向下进行拖动，如图1-11-8所示。执行"操控变形"命令后，图像最终效果如图1-11-9所示。

图1-11-9　最终效果

本章小结

通过对本章阅读，读者应该对Photoshop CS5软件的应用领域、工作界面和新增功能有一定的了解和掌握。希望读者能熟悉Photoshop CS5的工作界面，并掌握新增功能的知识和使用方法，为以后的学习打下坚实的基础。

第2章

数码照片的输入与输出

　　数码照片的输入与输出管理是获取和共享数码照片的重要途径，只有熟练的掌握了对数码照片输入和输出的管理，才能对数码照片进行制作和处理。本章将对数码照片的输入、基本的处理和输出等操作进行讲解，使读者能够学习到操作方法和技巧。

2.1 数码管理的重要性

随着数码相机的逐渐普及，数码照片必不可少地成为了我们计算机中的常客。时间一长，将会发现成堆的数码照片零零落落地散布在硬盘的各个角落，如图2-1-1所示。不用说管理它们，就是想查看一张照片都特别不方便。这时，特别需要有一套专业的数码照片管理方法来分类管理这些数码照片。这样不但可以快速的查阅图片，同时也可以提高工作的效率。

图2-1-1　零乱的文件与图片

2.1.1 有序的专业管理

所谓有序的专业管理，是将图片进行有规律的归类或管理，如图2-1-2所示，这样可方便查找。在管理的同时，有多种不同的方式，如使用文件夹管理方式、类别管理方式和日历管理方式来管理许多复杂零乱的数码照片，运用这些方式后，既可对它们进行多种的图片批处理操作，还可以将它们以打印、邮寄、图片幻灯片和刻录等多种方式输出来。并且还可以给所有数码照片添加标题、作者、注释等关键字，评定级别，以便在需要查看它们的时候，可以在较短的时间搜索翻阅大量数码照片。如图2-1-3所示是整理好后的图像效果，看起来井然有序。

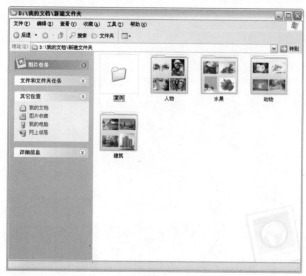

图2-1-2　图片归类

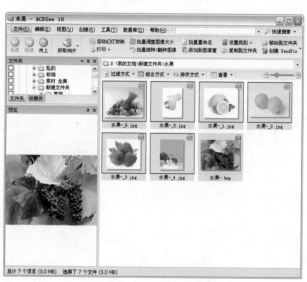

图2-1-3　整理后的图片

2.1.2 便捷的批量转换

在Photoshop软件中，文件处理的批量自动化涉及到工作效率的高低。如果从事影楼照片后期制作工作，那么文件自动化处理对于影楼照片后期处理来说就是必须掌握的利器。只需要记录其中一张照片的处理情况，就可以对其他相同处理情况的照片进行批量处理。

批处理文件的方法就是在"动作"面板中，对单个文件执行动作记录。然后执行"文件"|"自动"|"批处理"命令，选择该动作所在位置名称，如：组1，动作1。接着选择"源"为"文件夹"。单击"选取"按钮，并选择需要处理的文件夹路径。在"目标"中选择"文件夹"，并在下面的"选择"按钮中选择合适的批处理路径即可。

然而运用ACDSee看图软件也可对图片执行一些批量命令，例如：批量调整图像大小、批量转换文件格式、批量旋转/翻转图像、批量重命名、批量调整曝光度。以一个分类文件夹为例，批量重命名图像，效果如图2-1-4示。

图2-1-4 批量重命名图像

2.2 数码管理的方式

在管理大量的图片时，手动的操作并对其进行管理总会显得有些力不从心。因此，这时需要通过自动化的软件对图片进行数码管理，以便加强对图片管理的力度，也减轻了个人的负担。同时，通过专业的管理软件可以达到意想不到的效果。不但提高工作的效率，也可享受运用数码管理的方式所带来一种乐趣。

2.2.1 专业管理软件ACDSee

ACDSee是目前比较流行的一种看图片软件，它不仅可以用来观看图片，而且还可以利用它增强对图像的处理、让图像优化显示、恢复被压缩的图像、查看音频文件、显示所有格式的图像文件、可打印缩略图像、手工建立文件夹的关联、播放幻灯片、转换图像格式、修改文件的创建时间、设计不同的屏保程序、快捷更换墙纸、转换动态光标、动态GIF文件为AVI标准文件、打开压缩文件、扫描图像等功能。如图2-2-1所示是以ACDSee看图方式浏览图像。

图2-2-1 ACDSee查看图片

2.2.2 Photoshop CS5的 Bridge

Adobe Bridge能够独立的运行，并且只需在Photoshop、 Illustrator、 InDesign或是Flash中单击按钮即可。但是它比Photoshop CS5文件浏览器有更多的定制选择。使用Adobe Bridge可以查看和管理所有的图像文件，包括CS自家的PSD、AI、 INDD和PDF文件。当在Bridge中预览PDF文件时，甚至可以浏览多页。如图2-2-2所示为在Bridge中查看图像。

Bridge中心可以快速访问文件群组、新文件夹、最近使用过的文件以及RSS阅读器、技巧与诀窍、色彩管理设置、Version Cue projects、素材图片以及帮助。Adobe Bridge现在提供了访问新Adobe素材图片服务，该服务将用户连接到高质量素材图像。Adobe 素材图片可搜索大量的素材图片代码、下载，以及购买照片等。Adobe Bridge中心里的RSS阅读器预置显示Adobe Studio Exchange新近更新的内容，根据需要还可以自定义图像。

图2-2-2　Bridge中查看图像

2.2.3 Mini Bridge

Mini Bridge 是 Adobe Photoshop CS5、Adobe InDesign CS5 和 Adobe InCopy CS5 中的一项扩展功能，通过它可以处理主机应用程序面板中的资源。当在多个应用程序中工作时，这是一种访问多种 Adobe Bridge 功能的有效方法。Mini Bridge 与 Adobe Bridge 进行通信以创建缩览图，使文件保持同步以及执行其他任务。其查阅浏览图像的效果如图2-2-3所示。

图2-2-3　Mini Bridge浏览图像

2.3　数码照片的获取方法

　　当要对拍摄的照片或已经冲洗过的成像照片进行后期处理，就需要通过从数码相机、存储卡和扫描仪中获取照片，本节将重点介绍如何从以上几种设备中获取照片的操作方法和技巧。

2.3.1　从数码相机中获取照片

　　在使用相机进行拍摄后，将拍摄的照片存储到计算机中进行保存或对照片进行后期处理，从而能够随时浏览拍摄的照片和美化处理照片。以下将详细讲解从数码相机中获取照片的操作步骤和方法。

操作演示：从数码相机中获取照片

01 要将相机中的照片输入到计算机中，需要先将相机和数据线进行连接，如图2-3-1所示为相机和USB数据线。

图2-3-1　相机与数据线

02 将数据线和相机连接好后，将数据线的另一端连接在计算机的USB接口上，如图2-3-2所示。

图2-3-2　机箱上的USB接口

03 将数据线连接上计算机后，双击桌面上的"我的电脑"　图标，打开文件夹，在文件夹中可以看到新增加的可移动磁盘，如图2-3-3所示。

图2-3-3　新增磁盘

04 双击进入可移动磁盘，打开数码照片所在文件夹，如图2-3-4所示。

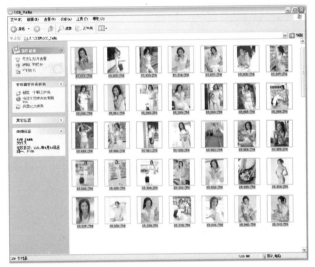

图2-3-4　数码照片储存位置

05 按Ctrl+A快捷键将文件夹中的照片进行全选，单击右键选择"复制"命令，在计算机中新建一个文件夹并命名，进入新建的文件夹单击右键选择"粘贴"命令，文件窗口中会出现复制进度对话框，如图2-3-5所示。

图2-3-5　复制进度

06 将相机中的照片复制到新建的文件夹后，就可以对复制的照片进行浏览、编辑等操作，如图2-3-6所示。

图2-3-6　浏览照片

操作提示：

因为相机型号不同，所以可移动磁盘中所储存的照片文件夹位置也不同，需要读者自己查找打开。

2.3.2　从存储卡中获取照片

存储卡作为独立的存储介质，已经相当广泛的应用于手机、相机、MP3等数码产品，而相机、手机拍摄照片后会直接将照片存储到存储卡上，或将计算机上的照片存储于存储卡上进行转存或共享。以下将对如何从存储卡中获取照片进行讲解。

操作演示：从存储卡中获取照片

01 要从存储卡中获取照片，先准备好存储卡，如图2-3-7所示。

图2-3-7　存储卡

02 将存储卡插入到读卡器中，如图2-3-8所示。

图2-3-8　插入存储卡

03 将读卡器的USB接口与计算机的USB接口进行连接后，双击桌面上的"我的电脑"图标，打开文件夹，在文件夹中"可移动存储"的设备栏中，可以看到新增加的可移动磁盘，如图2-3-9所示。

图2-3-9　新增磁盘

04 双击进入可移动磁盘，打开数码照片所在文件夹，如图2-3-10所示。

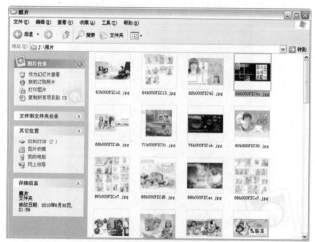

图2-3-10　数码照片储存位置

05 按Ctrl+A快捷键将文件夹中的照片进行全选，单击右键选择"复制"命令，在计算机中新建一个文件夹并命名，进入新建的文件夹单击右键选择

"粘贴"命令，即可将照片存储到计算机，如图2-3-11所示。

2-3-11　获取的照片

操作提示：

读卡器的样式有很多种，需根据读卡器来确定存储卡的插入方法。

2.3.3　从扫描仪中获取照片

将已经冲洗出的照片通过扫描仪重新获取图像并存储到计算机中，从而能够更好的保存照片，不会因为时间的流逝使照片出现残缺，并且能随时浏览或共享。以下将讲解如何使用扫描仪获取照片。

操作演示：从扫描仪中获取照片

01　在计算机桌面上双击扫描仪软件的启动程序，进入程序的启动画面，如图2-3-12所示。

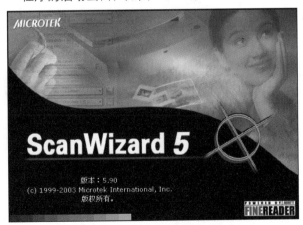

图2-3-12　启动画面

02　进入程序后，软件将对扫描仪中的图像进行读取，在左侧预览框中会出现图像预览效果，如图2-3-13所示。

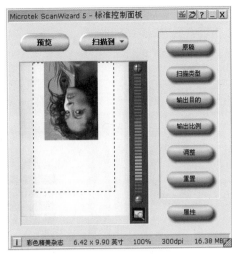

图2-3-13　预览效果

03　单击"原稿"按钮，打开快捷菜单，选择"图形"选项，如图2-3-14所示。选择"图形"选项后，可观察到选区自动将图像进行选中。

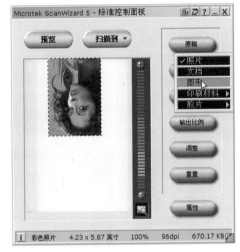

图2-3-14　选择原稿类型

04　单击"扫描类型"按钮，打开快捷菜单，选择"真彩色"选项，如图2-3-15所示。

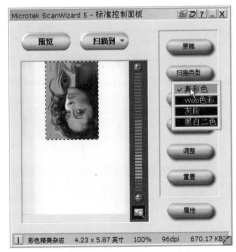

图2-3-15　选择扫描类型

05 单击"输出目的"按钮,打开快捷菜单,选择"传真"选项,如图2-3-16所示。

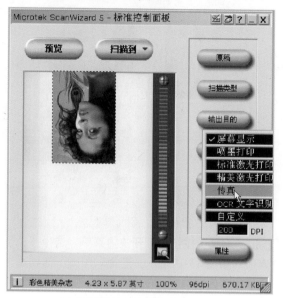

图2-3-16 选择输出目的

06 对程序设置选项后,调整选取的图像范围,效果如图2-3-17所示。

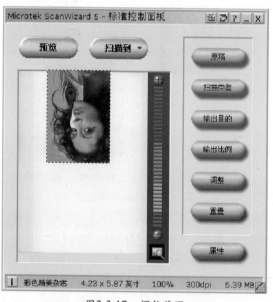

图2-3-17 调整范围

07 单击"扫描到"按钮,打开快捷菜单,选择"另存为"选项,打开"另存为"对话框,如图2-3-18所示。

图2-3-18 设置并保存

08 设置文件的名称、保存类型和保存路径,单击"保存"按钮。储存将开始对图像进行扫描,如图2-3-19所示。扫描完成后即可获得照片。

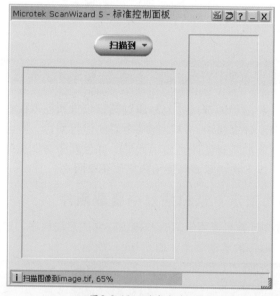

图2-3-19 进行扫描

操作提示:

"扫描类型"选项中的色彩关系到对图像扫描后图像的色彩显示。如果想要设置更大的DPI参数,可在选项框中自行设置。

2.4 数码照片的打开与查看

从相机、存储卡等产品中获取照片后,就可以使用Photoshop软件将照片进行打开并查看,以便之后对照片进行后期处理或保存。本节将重点讲解数码照片的打开方法和查看技巧。

2.4.1 照片的打开方法

在使用Photoshop CS5软件对照片进行处理之前，需要先掌握如何使用Photoshop软件打开照片。在本实例中详细讲解了打开照片的几种方法和技巧。

操作演示：用不同的方法打开照片

01 打开 Photoshop CS5 软件，在工作区域空白处进行双击，即可打开"打开"对话框，如图 2-4-1 所示。

图2-4-1 "打开"对话框

02 还可以执行"文件"|"打开"命令或按Ctrl+O快捷键也可以打开"打开"对话框，选择一张图片，单击"打开"按钮，即可打开图片，如图2-4-2所示。

图2-4-2 打开图片

03 在文件窗口中选择需要打开的照片，单击右键打开快捷菜单，选择"打开方式"命令子菜单中的"Adobe Photoshop CS5"程序命令，如图2-4-3所示。即可使用Photoshop CS5打开照片。

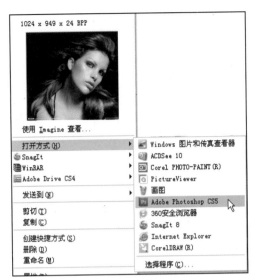

图2-4-3 菜单打开照片

04 在文件夹中选择需要打开的照片，将照片拖移到Photoshop界面的工作区域中释放，也可以将照片进行打开，如图2-4-4所示。

图2-4-4 拖移打开照片

05 在界面右侧控制面板区域，单击"Mini Bridge"图标打开"Mini Bridge"面板，如图2-4-5所示。

图2-4-5 "Mini Bridge"面板

33

06 单击"浏览文件"命令，在导航中选择需要打开照片的文件路径，如图2-4-6所示。

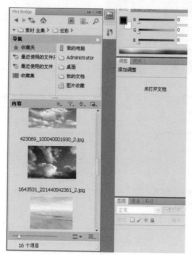

图2-4-6　设置路径

07 选择需要打开的图片单击右键，在菜单中选择"打开图像"选项，如图2-4-7所示。即可打开照片。

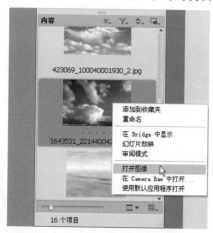

图2-4-7　菜单打开照片

08 直接拖动需要打开的照片到Photoshop界面的工作区域中释放，也可以将照片打开，如图2-4-8所示。

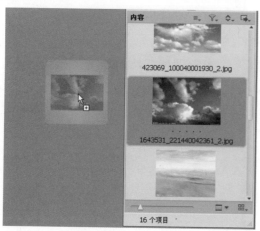

图2-4-8　拖移打开照片

操作提示：

如果要选择多幅位置不同的照片进行打开，按住Ctrl键不放进行单击即可；还可以按住Shift键不放单击两张照片，则两张图片中间的照片也会被自动选取；或直接使用鼠标进行框选或按Ctrl+A快捷键进行全选。

2.4.2　照片的查看技巧

　　本实例讲解在Photoshop软件中查看数码照片的方法和技巧，通过打开多个照片，进行不同显示排列方式的调整，以便快捷地查看多张数码照片，并使用"缩放工具"、"抓手工具"、"导航器"等工具和命令对单个数码照片进行详细的查看。

操作演示：查看照片的不同方式

01 执行"文件"|"打开"命令，打开"打开"对话框，按住Ctrl键不放逐个加选需要打开的图片，如图2-4-9所示。

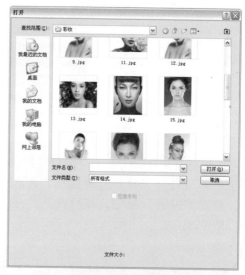

图2-4-9　"打开"窗口

02 单击"打开"按钮，效果如图2-4-10所示。

图2-4-10　打开图像

03 单击"排列文档" <img>按钮，执行"使所有内容在窗口中浮动"命令，如图2-4-11所示。

图2-4-11　选中命令

04 执行命令后，所有打开的图像将浮动于工作区域内，效果如图2-4-12所示。

图2-4-12　窗口浮动

05 单击"窗口"菜单，在下拉列表中选择"19.JPG"图片，即可将该名字的图片放置到所有图片最前面，效果如图2-4-13所示。

图2-2-13　选择图片

06 执行"窗口"|"排列"|"平铺"命令，即可改变图像在工作区域显示的方式，如图2-4-14所示。

图2-4-14　改变显示方式

07 选择"缩放工具" <img>可以对打开的图像进行放大和缩小显示操作，如图2-4-15所示。

图 2-4-15　缩放工具查看图像

08 在应用程序栏上可以直接输入想要缩放显示的参数进行精确显示，如图2-4-16所示。

图 2-4-16　精确设置显示比例

09 单击工具箱中的"抓手工具" <img>，即可对放大后的图像进行拖动便于观察未显示的图像部分。在"导航器"面板中拖动缩览框的位置，也可以查看图片的不同位置，如图2-4-17所示。

图2-4-17　调整查看位置

10 在图片的状态栏处单击 ▶ 按钮，可以将状态栏中图像的信息设置为其他类型的显示状态，如图2-4-18所示。

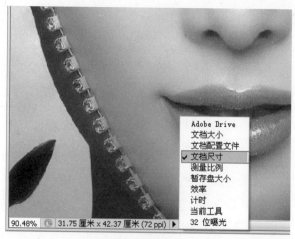

图2-4-18　查看照片信息

2.5　数码照片的备份与重命名

本节重点讲解如何将数码照片进行备份和为了方便管理对数码照片进行重新命名的操作方法，从而使数码照片更好的进行存储并管理。

2.5.1　照片的备份操作

将数码照片进行备份的操作方法，主要通过"储存为"命令对照片进行备份，使照片能够更好的进行保存，接下面就具体操作如何备份图片。

操作演示：备份照片

01 执行"文件"|"打开"命令，打开素材图片：美女.tif，如图2-5-1所示。

图2-5-1　打开素材

02 执行"文件"|"储存为"命令或按Ctrl+Shift+S快捷键，打开"储存为"对话框，在对话框中设置备份照片所在的文件夹路径，如图2-5-2所示。单击"保存"按钮即可将照片进行备份。

图2-5-2　对照片进行备份

2.5.2 照片的重新命名

下面讲解如何将数码照片进行重新命名，主要使用"储存为"命令对进行存储时的照片进行重新命名，从而完成制作目的。

操作演示：对照片重命名

01 执行"文件"｜"打开"命令，打开素材图片：女人.tif，如图2-5-3所示。

图2-5-3　打开素材

02 执行"文件"｜"储存为"命令或按Ctrl+Shift+S快捷键，打开"储存为"对话框，设置存储路径并在"文件名"文本框中重新输入文件的名称为"时尚女人"，为照片进行重新命名，如图2-5-4所示。单击"保存"按钮即可。

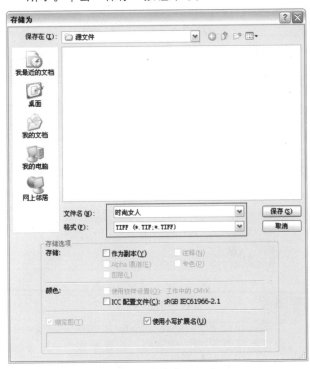

图2-5-4　重新命名照片

2.6　数码照片的存储与格式

在对照片进行处理后，就需要对照片进行存储或修改文件格式，以便使用其他软件继续处理照片。本节将重点对数码照片的存储和格式的转换进行讲解。

2.6.1 照片的存储方式

在处理和编辑完成时，应该及时的保存文件，以免丢失。其具体操作步骤如下：

操作演示：存储图像

01 执行"文件"｜"打开"命令，打开素材图片：风景.tif，如图2-6-1所示。

图2-6-1　打开素材

02 单击"图层"面板下方的"创建新的填充或调整图层"按钮，选择"色彩平衡"命令，打开"色彩平衡"对话框，设置参数为-55、31、-27，如图2-6-2所示。

图2-6-2　设置"色彩平衡"参数

03 执行"色彩平衡"命令后,图像如图2-6-3所示。

图2-6-3　"色彩平衡"效果

04 单击"图层"面板下方的"创建新的填充或调整图层"按钮 ⚫,选择"色相/饱和度"命令,打开"色相/饱和度"对话框,设置参数为-42、32、0,如图2-6-4所示。

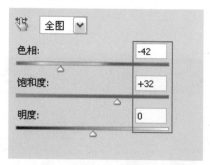

图2-6-4　设置"色相/饱和度"参数

05 执行"色相/饱和度"命令后,图像效果如图2-6-5所示。

图2-6-5　"色相/饱和度"效果

06 选择"画笔工具" ✏,设置"画笔"为柔边圆70像素,涂抹隐藏天空的效果,图像效果如图2-6-6所示。

图2-6-6　涂抹效果

07 执行"文件"|"存储"命令或按Ctrl+S快捷键即可存储图像替换原来的照片。如果想另存储照片,则执行"文件"|"储存为"命令或按Ctrl+Shift+S快捷键,打开"存储为"对话框进行存储,如图2-6-7所示。

图2-6-7　"存储为"对话框

2.6.2　照片的格式选择

在保存文件时,保存格式有多种。用户可以根据项目所需存储不同的格式,具体操作步骤如下:

操作演示:选择图片的保存格式

01 执行"文件"|"打开"命令,打开素材图片:彩妆女人.tif,如图2-6-8所示。

图2-6-8 打开素材

02 单击"图层"面板下方的"创建新的填充或调整图层"按钮 ◯ ，选择"曲线"命令，打开"曲线"对话框，调整曲线弧度，如图2-6-9所示。

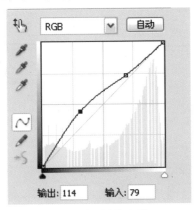

图2-4-9 调整曲线

03 执行"曲线"命令后，图像整体亮度提高，效果如图2-6-10所示。

图2-6-10 "曲线"效果

04 单击"创建新的填充或调整图层"按钮 ◯ ，选择

"色相/饱和度"命令，打开"色相/饱和度"对话框，设置参数为-33、49、0，如图2-6-11所示。

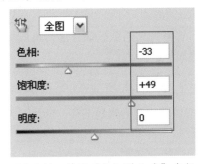

图2-6-11 设置"色相/饱和度"参数

05 执行"色相/饱和度"命令后，图像色彩更鲜艳，效果如图2-6-12所示。

图2-6-12 "色相/饱和度"效果

06 按Ctrl+Shift+S快捷键打开"存储为"对话框，在"格式"下拉列表中可以看到有多种类型的格式可以进行转换，选择"格式"为PSD，如图2-6-13所示。单击"保存"按钮即可将照片转换为选中的格式。

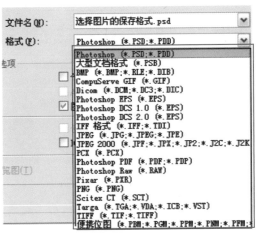

图2-6-13 选择格式

2.7 数码照片的高质量打印

本小节讲解如何将数码照片进行高质量打印的操作，先将照片进行打开，再使用"打印"命令即可，其具体操作步骤如下：

操作演示：打印高质量数码照片

01 按Ctrl+O快捷键打开素材图片：彩妆女人.tif，如图2-7-1所示。

图2-7-1　打开素材

02 执行"文件"|"打印"命令，打开"打印"对话框，如图2-7-2所示。在对话框中可以设置打印属性的几种选项，设置参数视需要而定。调整好后单击"打印"按钮开始打印。

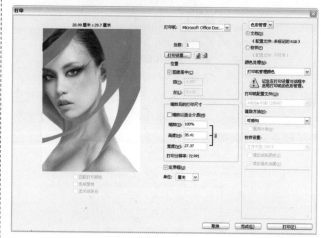

图2-7-2　"打印"对话框

2.8 数码照片的网络共享

接下来讲解如何将数码照片共享到博客上制作成网络相册的操作方法。将数码照片上传到博客平台上制作成网络相册，从而与其他人一起分享漂亮的照片。

操作演示：制作成网络相册

01 打开一个网页的首页，如图2-8-1所示。

图2-8-1　网易首页

02 单击首页右上角的"博客"按钮，进入网易博客-首页，如图2-8-2所示。

图2-8-2　打开博客首页

03 在网易博客-首页右侧的"博客登录"栏中，单击下方的"立即注册"按钮，如图2-8-3所示。

图2-8-3 单击立即注册

04 单击"立即注册"后，进入"注册网易博客"界面，单击"注册网易博客新帐号"按钮，进入"网易通行证"注册界面，如图2-8-4所示。在注册界面中填写相关信息后单击"创建账号"按钮。

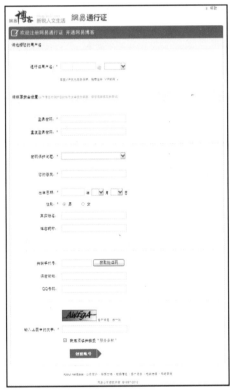

图2-8-4 注册界面

05 单击"创建账号"按钮后，打开"注册成功"页面，如图2-8-5所示。单击"快速设置博客"按钮。

图2-8-5 注册成功页面

06 单击按钮后转到"快速设置博客"页面，如图2-8-6所示。单击"上传头像"按钮可上传自己的头像到博客上。

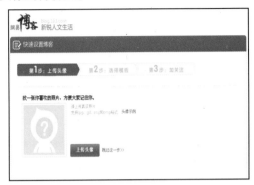

图2-8-6 上传头像页面

07 上传头像图片后，转到"选择模板"页面，如图2-8-7所示。在上方可以选择自己喜欢的风格模板。

图2-8-7 选择模板页面

08 单击"确定.并继续下一步"按钮，转到"加关注"按钮，在此处可以对其他博客进行选择关注，设置后完成操作，页面转到开通的博客页面，效果如图2-8-8所示。

图2-8-8 开通的博客首页

09 在页面中单击"相册"按钮，转到"博客相册"页面，如图2-8-9所示。

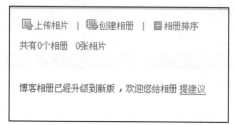

图2-8-9　博客相册页面

10 单击"创建相册"按钮，打开"创建相册"对话框，如图2-8-10所示。在对话框中设置相关信息，设置后单击"创建"按钮。

图2-8-10　"创建相册"对话框

11 单击"创建"按钮后，在"博客相册"页面将生成一个空白的相册，如图2-8-11所示。

图2-8-11　新建空白相册

12 单击空白相册，进行空白相册中，如图2-8-12所示。

图2-8-12　进入新建的相册

13 单击"添加相片"按钮，打开"上传相片"页面，如图2-8-13所示。

图2-8-13　上传相片页面

14 单击"添加相片"按钮，选择要上传的照片，单击"确定"按钮，效果如图2-8-14所示。

图2-8-14　选择要上传的照片

15 单击"开始上传"按钮，即将选中的图片上传到空白相册中，效果如图2-8-15所示。

图2-8-15　上传相片

16 单击相册中的任意图片，将会把单击的图片进行放大观赏，图像效果如图2-8-16所示。

图2-8-16　观看效果

2.9　数码照片的刻录

下面讲解如何将数码照片制作成幻灯片相册并刻录为DVD光盘的操作方法，主要通过Nero StartSmart软件选取需要刻录的照片，并为照片添加转场效果，再对目录进行设置，最后进行刻录完成输出操作。

操作演示：制作成幻灯片相册并刻录为DVD光盘

01 双击计算机桌面上的Nero StartSmart图标，打开刻录软件。在下拉列表中设置刻录类型为DVD，如图2-9-1所示。

图2-9-1　选择刻录类型

02 在对话框中单击"照片和视频"按钮，转到"照片和视频"功能组中，如图2-9-2所示。

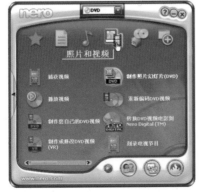

图2-9-2　选择刻录项目

03 单击"制作照片幻灯片（DVD）"按钮，打开编辑对话框，效果如图2-9-3所示。

图2-9-3　打开编辑对话框

04 单击"浏览媒体"按钮，选择"浏览"选项，如图2-9-4所示。

图2-9-4　选择命令

05 打开"打开"对话框，选择要刻录的照片导入到程序中，如图2-9-5所示。

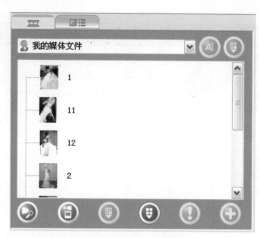

图2-9-5　导入照片

06 将导入的图像放置到下方画面栏中，效果如图
2-9-6所示。

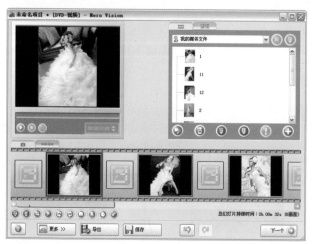

图2-9-6　拖入画面栏

07 单击对话框右上的"显示转场"按钮 ▢▤ ，下
方的编辑对话栏将转换为转场效果栏，如图2-9-7
所示。

图2-9-7　转场栏

08 单击"其他"右侧的下拉按钮▾，选择"渐变"选
项，效果如图2-9-8所示。

图2-9-8　选择转场效果

09 拖动"百页窗渐退效果"到素材之间制作转场效
果，如图2-9-9所示。

图2-9-9　拖入转场效果

10 单击"下一个"按钮，打开"目录"对话框，如图
2-9-10所示。

图2-9-10　目录界面

11 单击"下一个"按钮，打开"选择菜单"对话框，
在右侧选择BLUE Disc菜单，效果如图2-9-11所示。

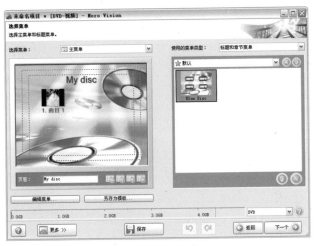

图2-9-11 选择菜单样式

12 在左侧下方单击"编辑菜单"按钮,打开"编辑菜单"对话框,如图2-9-12所示。

图2-9-12 编辑菜单界面

13 选择"页眉/页脚文本"选项,设置"输入页首文字"为My Photos,如图2-9-13所示。

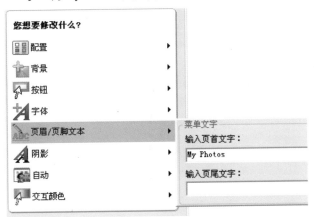

图2-9-13 设置页首名称

14 设置页首文字后,在预览框中可观看效果,如图2-9-14所示。

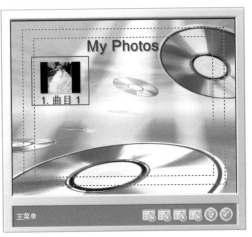

图2-9-14 设置效果

15 双击预览框中的婚纱图像,打开"按钮属性"对话框,在"文本"文本框中输入"婚纱照",如图2-9-15所示。

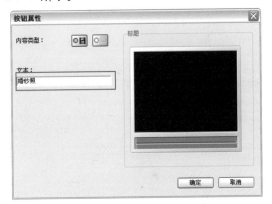

图2-9-15 设置文本名称

16 单击"确定"按钮,在预览框中可观看效果,如图2-9-16所示。

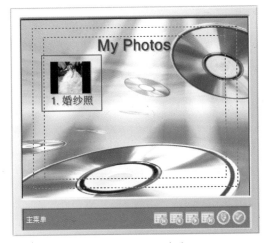

图2-9-16 设置效果

17 单击"下一个"按钮,打开"预览"对话框,如图2-9-17所示。单击预览框中的图像可预览相册效果。

图2-9-17 预览界面

18 单击"下一个"按钮,打开"刻录选项"对话框,单击"详细资料"按钮,可以打开资料栏查看详细信息,如图2-9-18所示。

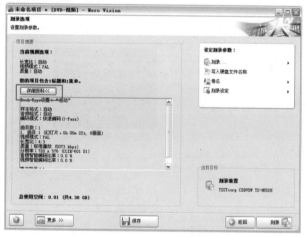

图2-9-18 查看信息

19 单击"刻录"按钮,软件开始将制作的相册进行刻录,如图2-9-19所示。刻录完成后可在刻录的DVD光盘中观看效果。

图2-9-19 刻录进度

本章小结

　　本章主要对数码照片的输入、输出和管理等操作流程进行了详细的讲解,通过对本章的学习能够掌握到获取数码照片的方法、对数码照片进行打开、存储、输出的制作方法。掌握好本章所讲解的知识,可以在对数码照片进行输入和输出时起到关键作用。

第3章

精细选取相片局部：使用选区工具与抠图工具

在Photoshop CS5中，选区的应用与抠图工具是息息相关的，通常在制作过程中，需要灵活将选区工具与抠图工具相符搭配，从而抠出更精确的图像。本章将详细为读者讲解精细选取相片局部，需要运用的各类选区工具以及抠图工具的应用技巧。希望读者掌握并学习其中的各大知识要点，从而举一反三灵活运用。

3.1 精美平面艺术需要精致抠图

无论是平面广告合成还是后期处理，在制作过程中，常常需要运用到抠图技术；一副精美的平面艺术作品，图片扣取的精致度，直接影响到图像整体的美观度，以下便为读者详细讲解精细与非精细的差距，以及运用抠图工具抠图需要注意的细节。

3.1.1 糟糕的作品

在平面设计中，常常会需要遇到抠取人物并为其更换背景，或将人物用以合成其他广告作品当中。在制作过程中如果人物整体轮廓、头发、装饰物等各细节的精细度，抠取得太过粗糙，将直接影响到图像整体的美观度，那么再好的作品也将因为细节的瑕疵而变得不那么完美，如图3-1-1所示。

图3-1-1　糟糕的抠图作品

3.1.2 精美的作品

在设计领域中，唯有不断的追求完美与精益求精，这样才能设计出不但令自己满意，也能让大家认同的作品。所以抠取出一幅精美的作品，不但能给最终效果加分，还能锻炼自身的对事物完美追求的一种能力。如图3-1-2所示与上面糟糕的作品相比，发丝的精细度就为图像整体增添了不少干净清爽的感觉。

图3-1-2　精美的作品

3.2 分辨图片的图像边缘抠取方法

在Photoshop CS5中，抠图的方法有很多种，并且在制作过程中，也需要根据图像的实际情况，来分辨图像适合哪一种抠图方法，并且能够快速、精准的对图像进行抠图处理。

3.2.1 清晰的图像边缘

通常在图像边缘对比度足够清晰的状态下，可以运用"魔棒工具"和"快速选择工具"等直接选择工具对图像进行抠图处理，如图3-2-1所示。

图3-2-1　运用"魔棒工具"快速抠图的效果

3.2.2　模糊的图像边缘

通常在图像边缘与背景色基本相同，或局部边缘模糊且无法分辨的状态下，会选择运用"钢笔工具" ，勾画人物或物品的轮廓路径，并将路径转换为选区，从而对其进行抠取处理，如图3-2-2所示。

图3-2-2　运用"钢笔工具"抠取模糊图像边缘后的效果

3.2.3　杂乱的图像边缘

图像边缘杂乱繁多不好分辨，此时便可运用"色彩范围"命令、"背景橡皮擦工具" 、"通道"面板等多项抠图技术相符结合，并依次运用相关的抠图技术，抠取需要的局部，并将其合成到同一图层，如图3-2-3所示。

图3-2-3　运用"色彩范围"与"魔术橡皮擦工具"相结合抠取杂乱图像后效果

3.3　基本选区工具

由于在Photoshop CS5中，大多数操作都不是针对整个图像的，因此就需要建立选区来指明操作对象，这个过程就是建立选区的过程。在Photoshop CS5中建立选区的方法有：选框工具、套索工具、魔棒工具、色彩范围、蒙版、通道、路径等，这些方法都是根据几何形状或像素颜色来进行选择的。虽然有些方法操作起来比较复杂，但却非常灵活，足以应付在学习和工作中可能遇到的各种情况。以下便详细讲解基本选区工具的基础知识要点。

3.3.1　矩形选框工具

选框工具用于选择规则的图像，包括："矩形选框工具" 、"椭圆选框工具" 、"单行选框工具" 和"单列选框工具" 。这4个工具在工具箱中位于同一个工具组，可以根据指定的几何形状来建立选区。在工具箱的工具按钮上有一个小三角形，表示这是一个工具组，在该按钮上单击鼠标并按住不放，即可打开该工具组包含的所有工具。选择"矩形选框工具"□后，在属性栏中会显示所选工具的选项。如图3-3-1所示。

A　B　C　D　E

图3-3-1 "选框工具"的属性栏

A→工具预设框：显示工具预设的有关内容。

B→□□□□ 选择范围运算：这4个图标用于计算当前要建立的选区与已经建立好的选区的关系。

"新选区"按钮□，用于建立单独的新选区；

"从选区添加"按钮□，用于将新建选区与原有选区合并，构成新的选区，简称为"加选"；

"从选区减去"按钮□，从原有选区基础上减去新建立的选区，将剩余部分构成选区，简称为"减选"；

"与选区交叉"按钮□，用于将前后两次选区的交叉部分构成新的选区，简称为"选择相交"。

C→"羽化"复选框：在羽化文本框中可设定所选区域边界的羽化程度。

D→"消除锯齿"复选框：选中该复选框可将所选区域边界的锯齿消除。

E→"样式"复选框：在该下拉列表中可变换不同的选区创建形式。

F→"正常"选项：选区大小由拖动鼠标来控制；

G→"固定比例"选项：只能按"宽度"和"高度"设置的比例来创建选区，默认为1∶1；

H→"固定大小"选项：按指定的"宽度"和"高度"值来创建选区。

操作演示：利用"矩形选框工具"绘制选区

01 打开素材图片：风景.tif，选择"矩形选框工具"□，便可在窗口随意绘制矩形选区，如图3-3-2所示。

图3-3-2 打开素材并绘制选区

02 单击属性栏上的"添加到选区"按钮□，在窗口随意绘制选区，如图3-3-3所示。

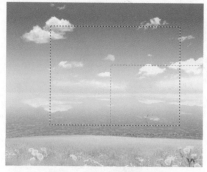

图3-3-3 绘制添加选区

03 绘制添加选区后，此时可观察到图像效果如图3-3-4所示。

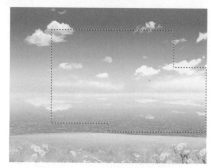

图3-3-4 绘制添加选区后效果

04 单击属性栏上的"从选区减去"按钮□，在窗口随意绘制减去选区，如图3-3-5所示。

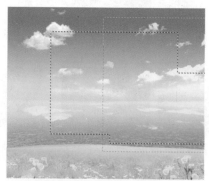

图3-3-5 绘制减去选区

05 绘制减去选区命令后，此时可观察到图像效果如图3-3-6所示。

图3-3-6 绘制减去选区效果

06 单击属性栏上的"与选区交叉"按钮▣，在窗口随意绘制交叉选区，最终效果如图3-3-7所示。

图3-3-7 绘制交叉选区效果

3.3.2 椭圆选框工具

"椭圆选框工具"◯，主要用于创建外形为椭圆形或正圆形的规则选区。

选择"椭圆选框工具"◯，属性栏按默认设置，拖动鼠标即可建立椭圆形选区或正圆形选区。"椭圆选框工具"属性栏上的设置与"矩形选框工具"属性栏上的设置相同。按住Alt键不放则会以起点为中心绘制椭圆选区，若同时按住Shift+Alt快捷键不放，则以起点为中心绘制正圆选区。

3.3.3 单行选框工具和单列选框工具

"单行选框工具"╍和"单列选框工具"▯，在要选择的区域旁边单击，然后将选框拖动到确切的位置。如果看不见选框，则增加图像视图的放大倍数。

操作演示：利用"单行选框工具"和"单列选框工具"绘制选区

01 按Ctrl+O快捷键，打开素材：花束.tif文件。选择"单行选框工具"╍，在窗口绘制单行选框，效果如图3-3-8所示。

图3-3-8 绘制单行选框

02 选择"单列选框工具"▯，在窗口绘制单列选框，效果如图3-3-9所示。

图3-3-9 绘制单列选择

3.4 选区的编辑命令

本节将介绍如何编辑选区。其中编辑选区主要包括：移动选区、增加或减少选区、选取相交的选区、变换选区、消除选区锯齿、羽化选区等。

3.4.1 羽化选区

"羽化"是图像处理中经常用到的一种操作。羽化操作可以在选区和背景之间建立一条模糊的过渡边缘，使选区产生"晕开"的效果。过渡边缘的宽度即

为"羽化半径"，以"像素"为单位。在Photoshop CS5中，可以通过建立选区前在属性栏中设置羽化值，也可在建立选区后通过菜单命令设置羽化效果。

操作演示：利用"羽化"命令羽化选区

01 打开素材：女孩.tif文件，选择"矩形选框工具"▢，在窗口绘制矩形选框，框选人物面部图像效果如图3-4-1所示。

图3-4-1 绘制单行选框

02 执行"选择"|"修改"|"羽化"命令，打开"羽化选区"对话框，设置参数为50像素，效果如图3-4-2所示。

图3-4-2 设置"羽化"参数

03 单击"确定"按钮，此时可观察到图像效果，如图3-4-3所示。

图3-4-3 "羽化"选区效果

3.4.2 变换选区

"变换选区"命令用于对已有选区做任意形状变换。执行"选择"|"变换选区"命令后，选区的边框上将出现8个控制点，把鼠标移入控制点中，可以拖曳控制点改变选区的尺寸。鼠标在选区以外时，将变为旋转样式指针，拖动鼠标会带动选区向任意方向旋转。鼠标在选区内时，将变成移动式指针，可拖动鼠标将选区移到预定位置。

3.4.3 修改选区

修改选区，主要是运用"选择"菜单下的"修改"子菜单中的命令，对选区进行边界、平滑、扩

展、收缩、羽化等修改。并且在执行该命令时，画像中必须存在选区，才可对其进行修改。

操作演示：利用"修改"命令修改选区

01 按Ctrl+O快捷键，打开素材：雏菊2.tif。选择"魔棒工具" ，在窗口单击花朵以外的图像，载入选区，并按Ctrl+Shift+ I快捷键，反选选区，效果如图3-4-4所示。

图3-4-4 打开素材并载入选区

02 执行"选择"|"修改"|"边界"命令，打开对话框，设置"宽度"为4像素，如图3-4-5所示。

图3-4-5 设置"边界"参数

03 执行"边界"命令后，设置前景色为红色，新建图层并填充选区内容，按Ctrl+D快捷键取消选区，效果如图3-4-6所示。

图3-4-6 填充颜色

3.4.4 调整边缘

"调整边缘"命令用于对已有选区做边缘检测、平滑、羽化、对比度、移动边缘等修改。运用任意选区工具在文件窗口中制作选区后，并执行"选

择"|"调整边缘"命令，便可打开"调整边缘"对话框，从而设置其参数。

操作演示：利用"调整边缘"命令调整选区

01 按Ctrl+O快捷键，打开素材：模特.tif，效果如图3-4-7所示。

图3-4-7　打开素材

02 选择"魔棒工具"，在窗口单击花朵以外的图像，载入选区，并按Ctrl+Shift+I快捷键，反选选区，效果如图3-4-8所示。

图3-4-8　载入选区

03 执行"选择"|"调整边缘"命令，打开"调整边缘"对话框，设置"边缘检测"的"半径"为0.7像素，如图3-4-9所示。

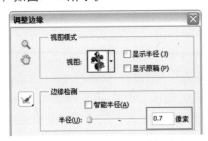

图3-4-9　设置"调整边缘"参数

04 设置"调整边缘"的"平滑"为28，"羽化"为0.7像素，"对比度"为18%，"移动边缘"为0%，"输出到"为"新建带有图层蒙版的图层"，如图3-4-10所示。

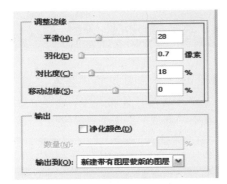

图3-4-10　设置"调整边缘"参数

05 单击"确定"按钮，此时可观察到"图层"面板自动生成"背景副本"图层，以及该图层的图层蒙版，效果如图3-4-11所示。

图3-4-11　面板效果

06 执行"调整边缘"命令后，此时可观察到图像最终效果如图3-4-12所示。

图3-4-12　最终效果

操作提示：

"调整边缘"命令中的"半径"选项的作用是，通过增大数值，将选区边缘变得更加柔和，特别适合调整具有柔软边缘的角色，比如，本例中女孩穿的毛衣、毛茸茸的帽子以及柔软的头发。如果边缘太过于生硬，在合成时会显得很假。用这个选项可以很方便地解决这个问题。"对比度"则和"半径"选项相反，增大数值可以将边缘变得非常硬。如果抠取的是边缘十分清晰的主体，可以利用这个选项增加边缘的清晰程度。增加平滑值可以将选区中的细节弱化，去除毛刺或缝隙，使选区更加平滑。

3.5 高级抠图工具

高级抠图工具主要是指"套索工具"组,在Photoshop CS5中运用"套索工具"能够快速创建不规则选区。其中"套索"工具组主要包括:"自由套索工具" ⨀、"多边形套索工具" ⨏、"磁性套索工具" ⨎。

3.5.1 套索工具

"套索工具" ⨀主要用于创建任意形状的选区。选择"套索工具" ⨀后,在属性栏中会显示其选项,如图3-5-1所示。其中各项功能与前面介绍的选框工具中的选项相同,在此不再叙述。

图3-5-1 "套索工具"的属性栏

操作演示:利用"套索工具"绘制选区

01 按Ctrl+O快捷键,打开素材:美女.tif文件。选择"套索工具" ⨀,按住鼠标拖拉随着鼠标的移动形成任意形状的选择范围,如图3-5-2所示。

图3-5-2 打开素材并绘制选区

02 释放鼠标,选区自动封闭形成选区,效果如图3-5-3所示。

图3-5-3 绘制选区后效果

3.5.2 多边形套索工具

"多边形套索工具" ⨏用于创建直线型的多边形选区。其属性栏与自由套索工具完全一样。如图3-5-4所示。

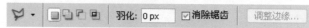

图3-5-4 "多边形套索工具"属性栏

如果在使用"多边形套索工具"进行选取的过程中按住Shift键不放,则可绘制出水平、垂直或成45度方向的线段;如果在绘制时按住Delete键不放,则会将最近选取的线段删除;如按住Esc键不放,则会取消此次操作。

3.5.3 磁性套索工具

使用"磁性套索工具"可以更加精确方便的选取所需范围,因为它具有吸附能力,所以使选出的图像更加自然。选择"磁性套索工具" ⨎,工具属性栏如图3-5-5所示。

图3-5-5 "磁性套索工具"属性栏

"磁性套索工具"比其他套索工具的属性栏多了4个选项,"宽度"、"对比度"、"频率"和"钢笔压力",下面别进行介绍。

A→"宽度":该选项中的数值可以设置"磁性套索工具"在选取时可检测的边缘宽度,取值范围在1~40像素之间,数值越小,检测越精确。

B→"对比度":该选项用于设置进行选取时的边缘反差,取值范围在1%~100%之间,数值越大,选取范围就越精确。

C→"频率":用于设置选取过程中产生的节点数,取值范围在0~100之间。数值越大,产生的节点越多。

D→"钢笔压力":用于设置绘图板的画笔压力。该选项只有在安装了绘图板及其驱动程序时才有效,勾选该选项后,可以根据画笔压力来设置选区。

操作演示:利用"磁性套索工具"绘制选区

01 按Ctrl+O快捷键,打开素材:花.tif,如图3-5-6所示。

图3-5-6　打开素材

02 选择"磁性套索工具" ，使用鼠标在图像中单击确定起始点，拖动鼠标沿图像边缘移动，路径上会自动产生节点，当选取终点回到起点时，节点变为选区，效果如图3-5-7所示。

图3-5-7　绘制选区

操作提示：

如果页面中有网格或参考线，使用"磁性套索工具" 可以很准确地沿网格或参考线进行范围选取。选取过程中按Delete键，可以删除最近的一个节点，重新选择此区域；按Esc键，则会退出选取。

3.5.4　移动工具与抠图工具的配合

运用"移动工具" ，能够快速移动或复制选区范围。选取范围是指在对图像编辑前，选取图像中的某一部分。并对选择区域进行色彩和色调操作，而不会影响到选区以外的部分。不过首次选取的位置和大小不一定准确，这时就有必要对所选区域进行大小和位置的改变。

创建选区后，选择任意一个选框工具，将鼠标移到选区中，当鼠标指针变为 时拖动鼠标，即可移动选区。在移动选区时有以下技巧可使操作更准确：

（1）拖动时按住Shift键可以将选区的移动方向限制为45度的倍数。

（2）按键盘上的→、←、↑、↓键可以分别将选区向右、左、上、下移动，并且每次移动1像素。

按住Shift键并按键盘上的→、←、↑、↓键可以分别将选区向右、左、上、下移动，并且每次移动10个像素。

（3）按住Ctrl键和Shift键再拖动选区，可将选择区域复制后拖动至另一个窗口的新层中，并且放置于该层的中心位置处。

（4）使用其他工具时，按下Ctrl键可快速切换到"移动"工具，释放Ctrl键后，将自动切换回原工具。这种临时切换对"钢笔"工具、"抓手"工具和"放大"工具等无效。

在移动选区时，必须确保选区属性栏中的"创建新选区"按钮 被按下，否则无法移动。选择选取范围工具时，使用键盘上的方向键也可以移动选区，按一次方向键移动一个像素的距离。无论使用哪种方法移动选区，如果按住Shift键，选区都会按水平、垂直或45度角的方向移动；如果按住Ctrl键，则会和选区中的图像一起移动。

3.6　智能抠图工具

在Photoshop CS5中智能抠图工具，主要包括："魔棒工具"、"快速选择工具"、"色彩范围"命令。运用以上任意工具或命令，都能快速对图像局部进行抠图处理。

3.6.1　魔棒工具

使用"魔棒工具" 简单的选取出所需范围，多用于颜色相同或相近的区域，只要在区域内单击便可选取。"魔棒工具" 组中还有一个"快速选择工具" ，它和"魔棒工具"有一样的功能。位置如图3-6-1所示。选择"魔棒工具" 后，"魔棒工具"属性栏如图3-6-2所示。

图3-6-1　"魔棒工具"组

图3-6-2　"魔棒工具"属性栏

A →"容差"：用于设置选取颜色范围的近似程度，

数值越小，选取的颜色范围越小，选择区域也越小。

　　B→"消除锯齿"：勾选该复选框，可以在选取范围的边缘消除锯齿，使选取边缘平滑。

　　C→"连续"：勾选该复选框，只能选择邻近区域中的相同像素。如果不勾选该复选框，则会选中图像中符合像素要求的所有区域。

　　D→"对所有图层取样"：该复选框主要应用于分层图，如果勾选掉该复选框，"魔棒工具" 只作用于当前图层；如果勾选该复选框，则会选取所有图层中邻近的颜色区域。

操作演示：利用"魔棒工具"快速抠图

01 打开素材：模特.tif，选择"魔棒工具" ，单击属性栏上的"添加到选区"按钮 ，在窗口单击白色像素，载入选区，效果如图3-6-3所示。

图3-6-3　绘制选区后效果

02 按Ctrl+Shift+I快捷键，反选选区，执行"羽化"命令，设置参数为2像素，如图3-6-4所示。单击"确定"按钮。

羽化半径(R)：2　像素

图3-6-4　涂抹图形

03 复制选区内容，选择"渐变工具" ，设置渐变为白色到蓝色，选择"背景"图层，单击"径向渐变"按钮 ，在窗口绘制径向渐变背景，图像最终效果如图3-6-5所示。

图3-6-5　最终效果

操作提示：

如果按住Shift键不放，使用"魔棒工具"逐个单击所需部分，也可以同时选中多个区域。勾选属性栏上的"连续"复选框与勾选掉"连续"复选框，载入图像选区的效果分别如图3-6-6所示。

　（a）勾选"连续"载入选区　　（b）取消"连续"载入选区

图3-6-6　取消与勾选"连续"复选框载入选区效果

3.6.2　快速选择工具

　　选择"快速选择工具" ，可以直接进行加选，而不需要用快捷键。只需按住鼠标不放单击所需要的区域，属性栏中也有新、加、减3种模式可供选择。"快速选择工具" 特别在选取颜色差异大的图像时会非常方便、迅速。

操作演示：利用"快速选择工具"快速抠图

01 按Ctrl+O快捷键，打开素材：花.tif，选择"快速选择工具" ，沿花朵外轮廓位置单击绘制选区，效果如图3-6-7所示。

图3-6-7　绘制选区后效果

02 单击"图层"面板下方的"创建新的填充或调整图层"按钮 ⊘，，选择"色相/饱和度"选项，设置参数为-123、0、0。如图3-6-8所示。

图3-6-8　设置"色相/饱和度"参数

03 执行"色相/饱和度"命令后，图像最终效果如图3-6-9所示。

图3-6-9　最终效果

3.6.3　色彩范围命令

"色彩范围"命令位于"选择"菜单中，用于在图像窗口中指定颜色来定义选区，并可通过指定其他颜色来增加或减少活动选区。默认情况下，在"色彩范围"对话框中，选区部分呈白色显示，"色彩范围"对话框如图3-6-10所示。

图3-6-10　"色彩范围"对话框

选择：在该下拉列表中，可选择所需的颜色范围。

本地化颜色簇：使用"范围"滑块以控制要包含在蒙版中的颜色与取样点的最大和最小距离。例如，图像在前景和背景中都包含一束黄色的花，但您只想选择前景中的花。对前景中的花进行颜色取样，并缩小范围，以避免选中背景中有相似颜色的花。

颜色容差：该选项是调整颜色选择范围的重要手段，拖动颜色容差下方的三角滑块或在文本框中直接输入数值可调整选择的色彩范围，增加颜色容差值将扩大选区范围。

范围：在预览窗口内显示选取范围的预览图像。

图像：在预览窗口内将显示整个图像的状态。

选区预览：在该下拉列表中可设置图像中所建立的色域选区预览效果。

反相：用于实现选取区域与未被选取区域之间相互切换。

吸管 ✔ ✔ ✔：左侧的吸管用于颜色取样，中间和右侧的吸管分别用于增加和减少选取的颜色范围。

载入(L)... 和 存储(S)... ：分别用于读取和保存色彩范围对话框中的设置。

"色彩范围"对话框中，"选区预览"选项的下拉列表中包含5个选项，如图3-6-11所示。

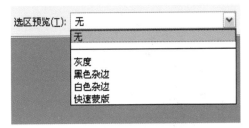

图3-6-11　"选区预览"下拉列表

选择"无"时，图像上没任何显示变化。

选择"灰度"时，原图变成灰阶预视图。

选择"黑色杂边"时，原图中没有选中的区域用黑色显示，选中的区域以彩色原图显示。

选择"白色杂边"时，原图中没有选中的区域用白色显示，选中的区域以彩色原图显示。

选择"快速蒙版"时，原图中没有选中的区域用内定的快速蒙版的颜色（50%的红色）显示，选中的区域以彩色原图显示。

3.7　擦除类抠图工具

在Photoshop CS5中，擦除类抠图工具主要包括：橡皮擦工具、背景橡皮擦工具、魔术橡皮擦工具；并且顾名思义，"橡皮擦"工具组，主要用于在绘图过程中，擦除不需要的图像。

3.7.1 橡皮擦工具

"橡皮擦工具" ✐主要用来擦除当前图像中的颜色。在工具箱中选择"橡皮擦工具" ✐，此时可观察其工具属性栏如图3-7-1所示。在图像中按住鼠标，同时拖移时，鼠标经过区域的像素将被改变为透明或背景色。若在"画笔"面板中将笔尖的间距设置为80%，便可在擦除的位置出现花边样的形状。

图3-7-1 "橡皮擦工具"属性栏

A → "模式"：用于设置橡皮擦的笔触特性。其下拉列表中包括："画笔"、"铅笔"和"块"3种方式。

B → "不透明度"：用于设置不透明度，在文本框中输入数值或拖动滑块，都可以设置不透明度。

C → "流量"：用于设置工具所描绘的笔画之间的连贯速度。

操作演示：利用"橡皮擦工具"快速制作花边相框

01 按Ctrl+O快捷键，打开素材：照片.tif，如图3-7-2所示。

图3-7-2 打开素材

02 选择"橡皮擦工具" ✐，按F5键打开"画笔"面板，单击"画笔笔尖形状"复选框，设置"大小"为150像素，"硬度"为100%，"间距"为100%，如图3-7-3所示。

图3-7-3 设置"画笔"参数

03 设置背景色为白色，按住Shift键在窗口等比例擦除

图像边缘，擦除完毕后，图像最终效果如图3-7-4所示。

图3-7-4 最终效果

3.7.2 背景橡皮擦工具

与"橡皮擦工具"相比，使用"背景橡皮擦工具" ✐可以将图像擦除到透明，它的属性栏如图3-7-5所示，具体设置如下：

图3-7-5 "背景橡皮擦工具"属性栏

A → "设置取样方式"：在"背景橡皮擦工具"属性栏中有3个按钮 ✐✐✐，依次为"连续"、"一次"、"背景色板"，单击任意一个按钮，可以设置取样的方式。"连续"：鼠标指针在图像中不同颜色区域移动，则工具箱中的背景色也将相应地发生变化，并不断地选取样色。"一次"：先单击选取一个基准色，然后一次把擦除工作做完，这样，它将把与基准色一样的颜色擦除掉。"背景色板"：表示以背景色作为取样颜色，只擦除选取中与背景色相似或相同的颜色。

B → "设置限制模式"：在"限制"下拉列表中可以设置擦除边界的连续性，其中包括"不连续"、"临近"和"查找边缘"3个选项。"不连续"：抹除出现在画笔上任何位置的样本颜色。"临近"：抹除包含样本颜色并且相互连接的区域。"查找边缘"：抹除包含样本颜色连接区域，同时更好地保留形状边缘的锐化程度。

C → "设置容差"：该项可以确定擦除图像或选取的容差范围1%~100%，其数值决定了将被擦除的颜色范围。数值越大，表明擦除的区域颜色与基准色相差越大。

D → "设置保护前景色"：把不希望被擦除的颜色设为前景色，再选中此复选框，既可达到擦除时保护颜色的目的，这正好与前面的"容差"相反。

3.7.3 魔术橡皮擦工具

"魔术橡皮擦工具"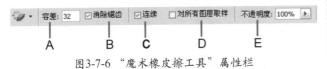是"魔棒工具"与"背景橡皮擦工具"的综合。它是一种根据像素颜色来擦除图像的工具，用"魔术橡皮擦工具"在图像中单击时，所有相似的颜色区域被擦掉而变成透明的区域，其属性栏如图3-7-6所示。

图3-7-6 "魔术橡皮擦工具"属性栏

A→"容差"：可以通过输入数值或拖动滑块进行调节，数值越大，擦除的颜色范围就越大。

B→"消除锯齿"：选中该复选框，图像在擦除后会保持较平滑的边缘。

C→"连续"：选中该复选框，仅擦除与点选颜色相邻的，并且在容差范围内的颜色；若勾选掉该复选框，则擦除与点选颜色相邻的和不相邻的，并且在容差范围内的颜色。

D→"对所有图层取样"：擦除所有图层中的图像。

E→"不透明度"：用于设置橡皮擦的不透明度，在文本框中输入数值或拖动滑块都可以设置不透明度。

操作演示：利用"魔术橡皮擦工具"快速擦除图像

01 按Ctrl+O快捷键，打开素材：花卉.tif，如图3-7-7所示。

图3-7-7 打开素材

02 选择"魔术橡皮擦工具"，在图像中擦除多余背景，效果如图3-7-8所示。

图3-7-8 擦除背景

3.8 巧妙的通道抠图

在Photoshop CS5中，抠图的方法有很多种，其中运用"通道"面板抠图是极其常用的一种抠图方式。其中通道的操作通常在"通道"面板中完成，包括：复制通道、分离通道、合并通道等；在制作过程中，结合这些通道的功能与Photoshop CS5中的工具、命令等，运用"通道"面板能够快速精准的对人物头发、婚纱等不宜抠取的图像，进行精细的抠图。

3.8.1 半透明抠取法

半透明抠取法，主要是运用"通道"面板中的各项功能与"加深"、"减淡"工具、"图层混合模式"等相结合，抠取婚纱为半透明状态。其中在"通道"面板中可通过面板前面的"可视"图标显示或隐藏通道。按住Shift键单击需要选择的通道，可同时选中多个通道。执行"窗口"|"通道"命令，可以显示

"通道"面板，如图3-8-1所示。

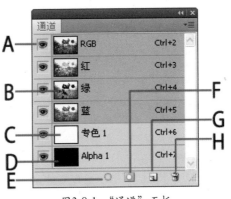

图3-8-1 "通道"面板

A→"指示图层可视性"按钮：单击此按钮，可隐藏或显示对应的通道。

B→"通道缩览图"：分别用于显示RGB、红、绿、蓝或专色、Alpha通道的色彩状态。

C→"专色通道"：专色，就是除了CMYK以外的颜色。如果要印刷带有专色的图像，就需要在图像中创建一个存储这种颜色的专色通道。专色通道是特殊的预混油墨，用来存放金银色以及一些特殊要求的专色，以替换或补充印刷色油墨。每一个专色通道都有一个属于自己的印版，如果要印刷带有专色的图像，则需要创建存储此颜色的专色通道，专色通道会作为一张单独的胶片输出。

D→"Alpha"通道：用于存储选择范围，可再次编辑。

E→"将通道作为选区载入"按钮：单击此按钮，可将当前通道中的内容转换为选区或将某一通道内容直接拖至该按钮上建立选区。

F→"将选区存储为通道"按钮：单击此按钮，可以将当前图像中的选取范围转变成蒙版保存到一个新增的Alpha通道中。该功能同"选择"|"存储选区"命令相同。

G→"新建通道"按钮：单击此按钮，可以快速建立一个新通道。

H→"删除通道"：单击此按钮，可以删除当前通道，使用鼠标拖动通道到该按钮上也可将其删除。

3.8.2 凌乱边缘抠取法

在"通道"面板中选择需要复制的通道，单击"通道"面板右上角的按钮，在打开的快捷菜单中选择"复制通道"选项，同样可打开"复制通道"对话框。如图3-8-2所示。此外，将需要复制的通道拖动到"通道"面板底部的按钮上，系统会使用默认的名称和设置来复制通道。

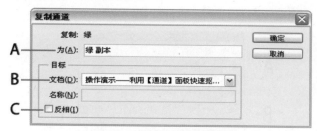

图3-8-2 "复制通道"对话框

A→"为"：用来输入新通道的名称。

B→"文档"：在该下拉列表中列出了所有打开的图像文件名，可以从中选择目标文件，如选择"新建"选项，则可创建一个新的图像文件，并将选中的通道复制到该文件中。

C→"反相"：将原通道中的内容反相后复制到新通道中。对Alpha通道进行反相操作相当于对选区进行反选操作。

操作演示：利用"通道"面板快速抠取头发

01 打开素材：人物.tif，选择"通道"面板，拖动"红"通道到"创建新通道"按钮上，复制出"红副本"通道，图像效果如图3-8-3所示。

图3-8-3 打开素材并复制通道

02 按Ctrl+L快捷键，打开"色阶"对话框，设置参数为172、1.00、215。选择"减淡工具"，设置"范围"为"高光"，"强度"为100%，在人物以外涂抹减淡，如图3-8-4所示。

图3-8-4 减淡效果

03 按住Ctrl键，单击"蓝副本"通道前面的"通道缩览图"载入选区，按Ctrl+Shift+I快捷键反选选区，单击RGB通道并返回文件窗口，如图3-8-5所示。

图3-8-5 载入选区

04 按Ctrl+J快捷键，复制选区内容到"图层1"并单击"背景"图层前面的"指示图层可视性"按钮👁，隐藏该图层观察效果如图3-8-6所示。

05 显示并选择"背景"图层。选择"钢笔工具"✐，沿人物外轮廓绘制路径，并按Ctrl+Enetr快捷键，转换路径为选区。效果如图3-8-7所示。

06 按Ctrl+J快捷键，复制选区内容到"图层2"，选择"背景"图层。选择"渐变工具"▦，绘制白色—蓝色渐变背景，最终效果如图3-8-8所示。

图3-8-6　复制选区内容　　图3-8-7　绘制并转换路径

图3-8-8　最终效果

3.9　选区的存储与载入

在制作过程中常常需要存储或载入图像局部的轮廓区域，此时就需要用到编辑选区中的存储与载入技巧，下面进行详细讲解，在Photoshop CS5中存储与载入选区的基础知识要点。

3.9.1　选区的保存

图像中的选取范围可以保存起来，可以在以后的操作中直接使用。保存后的选取范围显示在"通道"面板中，在需要时便可随时载入。任意选择一个选取工具，绘制一个选区。执行"选择"|"存储选区"命令，便可打开"存储选区"对话框，如图3-9-1所示。

图3-9-1　"存储选区"对话框

"文档"：用于指定保存选区的文件，默认为当前文件。如果在该下拉列表中选择"新建"选项，则会新建一个文件进行保存。

"通道"：用于指定保存选区的目的通道，默认选项为"新建"，即选取范围会被保存在新通道中。

"名称"：在该文本框中可以输入要保存选区的各称。

"操作"：该选项区域用于设置保存的选区与原选区之间的组合关系，默认选中"新建通道"选项。

其余3个选项只有在"通道"下拉列表框中选择了已保存的通道时才会被激活。

3.9.2　选区的载入

如果要使用保存的选区，执行"选择"|"载入选区"命令，便可打开"载入选区"对话框，如图3-9-2所示。

图3-9-2　"载入选区"对话框

"文档"：用于选择要载入选区的文件。

"通道"：用于选择要载入选区所在的通道。

"反相"：选中该复选框，可以载入反选后的选区。

"操作"：如果图像窗口中已存在选取范围，则该选项组中的所有选项都呈可用状态。

"新建选区"：选中该选项，可以用新载入的选区代替原有的选区。

"添加到选区"：选中该选项，可以将载入的选区与原选区相加。

"从选区中减去"：选中该选项，将载入的选区与原选区相减。

"与选区交叉"：选中该选项，得到载入的选区与原选区的交集部分。

操作演示：利用"载入选区"命令快速载入选区范围

01 按Ctrl+O快捷键，打开素材：野花2.tif文件，执行"选择"|"载入选区"命令，打开对话框，设置"通道"为"花朵外轮廓"，如图3-9-3所示。

图3-9-3 设置"载入选区"参数

02 单击"确定"按钮。确定选区载入，效果如图3-9-4所示。

图3-9-4 最终效果

3.10 实例应用：幸福的花海新娘

案例分析

本实例讲解制作"幸福的花海新娘"的应用方法；在制作过程中，主要运用了"渐变工具"绘制天空渐变色；其次运用"通道"面板、"移动工具"和"混合模式"等扣取并合成云朵图像；最后运用"色彩范围"和"色相/饱和度"等制作局部选区范围并调整其颜色。

操作步骤

01 执行"文件"|"打开"命令，打开素材图片：外景1.tif，如图3-10-1所示。

02 单击"图层"面板下方的"创建新图层"按钮，新建"图层1"。设置前景色为蓝色（R：0，G：187，B：255），选择"渐变工具"，单击属性栏上的"编辑渐变"按钮，打开"渐变编辑器"对话框，选择"预设"中的"前景色—透明"渐变，如图3-10-2所示。

图3-10-1 打开素材

图3-10-2　设置"渐变编辑器"参数

03 单击"确定"按钮，返回文件窗口，单击属性栏上的"线性渐变"按钮▇，在天空中绘制线性渐变色，效果如图3-10-3所示。

图3-10-3　绘制渐变色

04 执行"文件"|"打开"命令,打开素材图片:天空.tif。选择"通道"面板，按住Ctrl键单击"红"通道的通道缩览图载入选区，效果如图3-10-4所示。

图3-10-4　载入选区

05 选择"移动工具"▶✛，拖动"天空"文件窗口中的选区图像到"外景1"文件窗口中，此时自动生成"图层1"。按Ctrl+T快捷键，打开"自由变换"调节框，按住Shift键向外拖动调节框的角点，等比例放大图像到合适大小，按Enter键确定，效果如图3-10-5所示。

06 设置"图层1"的混合模式为"滤色"，选择"橡皮擦工具"✐，设置属性栏上的"画笔"为柔边圆150像素，"不透明度"为80%，"流量"为

100%，在窗口涂抹隐藏天空以外的多余云彩图像，效果如图3-10-6所示。

图3-10-5　导入素材　　　图3-10-6　擦除多余图像

07 按Ctrl+Shift+Alt+E快捷键，盖印可视图层，此时"图层"面板自动生成"图层3"。执行"选择"|"色彩范围"命令，打开"色彩范围"对话框，在文件窗口中单击花朵的深紫色像素取样颜色，设置"颜色容差"为72，如图3-10-7所示。

08 单击"确定"按钮，此时可观察到图像窗口将自动生成花朵范围的外轮廓选区，如图3-10-8所示。

图3-10-7　设置"色彩范围"参数　　图3-10-8　"色彩范围"效果

09 单击"图层"面板下方的"创建新的填充或调整图层"按钮⚫，选择"色相/饱和度"选项，打开"色相/饱和度"对话框，设置参数为46、27、0，如图3-10-9所示。

图3-10-9　设置"色相/饱和度"参数

10 执行"色相/饱和度"命令后，按Ctrl+Shift+Alt+E快捷键，盖印可视图层，此时"图层"面板自动生成"图层4"。此时可观察到图像效果如图3-10-10所示。

⑪ 执行"文件"|"打开"命令，打开素材图片：背景材质.tif，如图3-10-11所示。

图3-10-10 "色相/饱和度"效果　图3-10-11 背景材质.tif文件

⑫ 按Ctrl+O快捷键，打开素材：铁锈.tif文件。选择"移动工具" ▶╬，拖动"铁锈"文件窗口中的图像到"背景材质"文件窗口中，此时自动生成"图层1"，效果如图3-10-12所示。

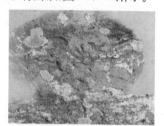

图3-10-12 打开并导入铁锈素材

⑬ 设置"图层1"的混合模式为"柔光"，效果如图3-10-13所示。

图3-10-13 "柔光"效果

⑭ 单击"图层"面板下方的"创建新的填充或调整图层"按钮 ◑，选择"色彩平衡"命令，打开"色彩平衡"对话框，设置参数为-51、19、-2，如图3-10-14所示。

⑮ 执行"色彩平衡"命令后，此时可观察到图像效果如图3-10-15所示。

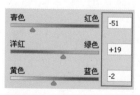

青色		红色
		-51
洋红		绿色
		+19
黄色		蓝色
		-2

图3-10-14 设置"色彩平衡"参数　图3-10-15 "色彩平衡"效果

⑯ 按Ctrl+O快捷键，打开素材：水墨1.tif文件。选择"移动工具" ▶╬，拖动"水墨1"文件窗口中的图像到"背景材质"文件窗口中，此时自动生成"图层2"。设置"图层2"的"不透明度"为90%，效果如图3-10-16所示。

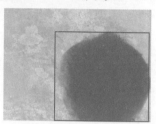

图3-10-16 导入素材

⑰ 选择"移动工具" ▶╬，拖动"婚纱1"文件窗口中的图像到"背景材质"文件窗口中，此时自动生成"图层3"。右键单击"图层3"后面的空白处，打开快捷菜单，选择"创建剪切蒙版"选项，效果如图3-10-17所示。

⑱ 按Ctrl+J快捷键，复制生成"图层3副本"并右键单击"图层3副本"用相同方法为其添加剪切蒙版，设置该副本图层的混合模式为"柔光"，效果如图3-10-18所示。

图3-10-17 合成素材　　图3-10-18 复制并创建蒙版

⑲ 打开并导入素材：水雾1.tif文件。并将其调整到窗口左侧，效果如图3-10-19所示。

图3-10-19 导入素材

⑳ 执行"图层"|"图层样式"|"投影"命令，打开"图层样式"对话框，设置"颜色"为深青色（R：68，G：117，B：113），其他参数保持默认，如图3-10-20所示。

㉑ 单击"确定"按钮，此时可观察到图像效果如图3-10-21所示。

图3-10-20　设置"投影"参数　　图3-10-21　"投影"效果

22 打开并导入素材：婚纱2.tif文件，右键单击新图层为其添加剪切蒙版，效果如图3-10-22所示。

图3-10-22　导入素材

23 分别打开并导入素材：水雾2.tif和水墨2.tif文件。设置"水墨2"图层的混合模式为"正片叠底"，"不透明度"为78%，效果如图3-10-23所示。

24 打开并导入素材：文字.tif文件，此时可观察到图像最终效果如图3-10-24所示。

图3-10-23　导入素材　　　图3-10-24　最终效果

3.11　实例应用：美丽的孔雀姑娘

案例分析

　　本实例讲解制作"美丽的孔雀姑娘"的操作方法；在制作过程中，主要运用了"通道"面板、"色阶"、"画笔工具"等对孔雀羽毛进行抠图处理；其次再运用"移动工具"、"曲线"、"投影"等合成美丽的孔雀姑娘效果。

操作步骤

01 执行"文件"|"打开"命令，打开素材图片：孔雀.tif，如图3-11-1所示。

图3-11-1　孔雀.tif文件

02 选择"通道"面板，拖动"蓝"通道到面板下方的"创建新通道"按钮上，复制出"蓝副本"通道，效果如图3-11-2所示。

03 按Ctrl+L快捷键，打开"色阶"对话框，设置参数为61、1.00、175，如图3-11-3所示。

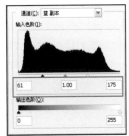

图3-11-2　复制通道　　图3-11-3　设置"色阶"参数

04 单击"确定"按钮，此时可观察到图像整体对比度加强，效果如图3-11-4所示。

05 设置前景色为黑色，选择"画笔工具"，设置属性栏上的"画笔"为柔边圆75像素，"不透明度"为100%，"流量"为100%，在孔雀以外涂抹绘制颜色，效果如图3-11-5所示。

06 按住Ctrl键单击"蓝副本"通道前面的通道缩览图

载入选区，如图3-11-6所示。

图3-11-4 "色阶"效果　　图3-11-5 绘制颜色

图3-11-6 载入选区

07 选择"RGB"通道并返回文件窗口，按Ctrl+J快捷键，复制选区内容到"图层1"当中。单击"背景"前面的"指示图层可视性"按钮 👁 ，隐藏该图层。观察图像效果如图3-11-7所示。

图3-11-7 复制并隐藏图层

08 设置前景色为紫红色(R：235，G：42，B：194)，在"图层1"下方新建"图层2"，按Alt+Delete快捷键，填充"图层2"为紫红色，效果如图3-11-8所示。

09 设置"图层1"的混合模式为"滤色"，选择"橡皮擦工具" 🧹 ，在窗口涂抹擦除孔雀以外的多余图像，效果如图3-11-9所示。

图3-11-8 新建并填充图层　　图3-11-9 擦除多余图像

10 按Ctrl+J快捷键，复制生成"图层1副本"并设置该图层的混合模式为"叠加"，效果如图3-11-10所示。

11 按Ctrl+O快捷键，打开素材：风景.tif文件。选择"移动工具" ▶⊕ ，拖动"美风景"文件窗口中的图像到"孔雀"文件窗口中，此时自动生成"图

层3"，拖动该图层到"图层1"下方，调整图层顺序，效果如图3-11-11所示。

图3-11-10 复制并更改图层混合　　图3-11-11 导入素材

12 选择"图层1副本"并执行"图层"｜"图层样式"｜"外发光"命令，打开"图层样式"对话框，设置"颜色"为蓝色（R：0，G：145，B：255），"大小"为158像素，其他参数保持默认，如图3-11-12所示。

图3-11-12 设置"外发光"参数

13 单击"确定"按钮，此时可观察到图像效果如图3-11-13所示。

图3-11-13 "外发光"效果

14 按Ctrl+O快捷键，打开素材：瑜伽.tif文件。选择"移动工具" ▶⊕ ，拖动"瑜伽"文件窗口中的图像到"孔雀"文件窗口中，此时自动生成"图层4"。拖动该图层到面板最上方，并按Ctrl+T快捷键，打开"自由变换"调节框，向内拖动调节框角点，等比例缩小图像到合适大小，如图3-11-14所示。按Enter键确定。

15 执行"图层"｜"图层样式"｜"投影"命令，打开"图层样式"对话框，设置"颜色"为深紫色（R：123，G：9，B：99），"距离"为4像素，"大小"为10像素，"角度"为90度，其他参数保持默认值，如图3-11-15所示。

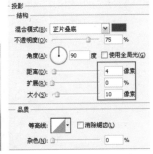

图3-11-14　导入素材　　图3-11-15　设置"投影"参数

16 单击"确定"按钮，此时可观察到图像效果如图3-11-16所示。

17 右键单击"图层4"下方的效果层，打开快捷菜单，选择"创建图层"选项，将该图层的效果层分离为新的图层，并选中该图层的投影层，选择"橡皮擦工具" ，擦除多余投影，效果如图3-11-17所示。

图3-11-16　"投影"效果　　图3-11-17　擦除多余图像

18 单击"图层"面板下方的"创建新的填充或调整图层"按钮 ，选择"曲线"选项，打开"曲线"对话框，向上调整曲线弧度，提高图像亮度，如图3-11-18所示。

19 右键单击"曲线1"调整图层，打开快捷菜单，选择"创建剪切蒙版"命令，此时可观察到图像最终效果如图3-11-19所示。

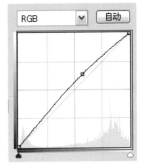

图3-11-18　调整"曲线"弧度　　图3-11-19　最终效果

3.12　实例应用：错过的摩天轮

案例分析

本实例讲解制作"错过的摩天轮"的应用方法；在制作过程中，主要运用了"色彩范围"制作摩天轮局部图像的选区范围；其次再运用"色相/饱和度"、"色彩平衡"、"照片滤镜"等调整图像局部或整体的色彩；最后再运用"曲线"命令和"通道"相搭配调整单通道色彩的整体对比度。

操作步骤

01 执行"文件"|"打开"命令，打开素材图片：摩天轮.tif。如图3-12-1所示。

02 执行"选择"|"色彩范围"命令，打开"色彩范围"对话框，在文件窗口中单击摩天轮的红色像素取样颜色，设置"颜色容差"为148，如图3-12-2所示。

提示：

在此运用"色彩范围"命令，其目的是为了抠取出摩天轮的轮廓范围，以便调整其局部的色彩。

03 单击"确定"按钮，此时可观察到文件窗口将自动生成红色像素的选区范围，效果如图3-12-3所示。

图3-12-1 摩天轮.tif文件   图3-12-2 设置"色彩范围"参数

图3-12-3 "色彩范围"效果

04 单击"图层"面板下方的"创建新的填充或调整图层"按钮，选择"色相/饱和度"命令，打开"色相/饱和度"对话框，设置参数为-59、0、0，如图3-12-4所示。

图3-12-4 设置"色相/饱和度"参数

05 执行"色相/饱和度"命令后，此时可观察到图像效果如图3-12-5所示。

06 单击"图层"面板下方的"创建新的填充或调整图层"按钮，选择"曲线"选项，打开"曲线"对话框，向下调整曲线弧度，如图3-12-6所示。

 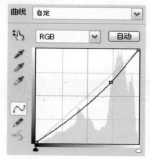

图3-12-5 "色相/饱和度"效果 图3-12-6 调整"曲线"弧度

07 执行"曲线"命令后，按住Ctrl键单击"色相/饱和度1"调整图层后面的图层蒙版缩览图载入选区，

并按Ctrl+Shift+Alt+E快捷键，反选选区，效果如图3-12-7所示。

图3-12-7 载入并反选选区

提示：

在此载入并反选选区，其目的是为了制作出摩天轮以外的天空范围区域选区，从而调整其局部的色彩。

08 单击"图层"面板下方的"创建新的填充或调整图层"按钮，选择"色相/饱和度"选项，打开"色相/饱和度"对话框，设置参数为-38、0、0，如图3-12-8所示。

09 执行"色相/饱和度"命令后，此时可观察到天空色彩变为如图3-12-9所示的色调。

图3-12-8 设置"色相/饱和度"参数 图3-12-9 "色相/饱和度"效果

10 按Ctrl+Shift+Alt+E快捷键，盖印可视图层，此时"图层"面板自动生成"图层1"。执行"滤镜"|"模糊"|"高斯模糊"命令，打开对话框，设置参数为5像素，如图3-12-10所示。

图3-12-10 设置"高斯模糊"参数

11 单击"确定"按钮，此时可观察到图像效果如图3-12-11所示。

12 设置"图层1"的混合模式为"柔光"，为图像添加柔化效果如图3-12-12所示。

图3-12-11 "高斯模糊"效果　　图3-12-12 "柔光"效果

13 单击"图层"面板下方的"创建新的填充或调整图层"按钮 ，选择"色彩平衡"命令，打开"色彩平衡"对话框，设置参数为-47、48、22，如图3-12-13所示。

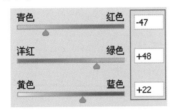

图3-12-13 设置"色彩平衡"参数

14 执行"色彩平衡"命令后，图像效果如图3-12-14所示。

15 设置"色彩平衡1"调整图层的混合模式为"正片叠底"，效果如图3-12-15所示。

图3-12-14 "色彩平衡"效果　　图3-12-15 "正片叠底"效果

16 设置前景色为灰色（R：138，G：138，B：138），按住 Ctrl 键单击"色相/饱和度1"调整图层后面的图层蒙版缩览图载入选区，并按 Alt+Delete 快捷键，填充蒙版，效果如图 3-12-16 所示。

17 单击"图层"面板下方的"创建新的填充或调整图层"按钮 ，选择"照片滤镜"选项，打开"照片滤镜"对话框，设置"滤镜"为深黄，"浓度"为36%，如图3-12-17所示。

18 执行"照片滤镜"命令后，此时可观察到图像效果如图3-12-18所示。

图3-12-16 载入选区并添　　图3-12-17 设置"照片滤镜"
　　　　　 加蒙版　　　　　　　　　　　参数

图3-12-18 "照片滤镜"效果

19 按Ctrl+Shift+Alt+E快捷键，盖印可视图层，此时"图层"面板自动生成"图层2"。执行"滤镜"|"模糊"|"高斯模糊"命令，打开对话框，设置参数为5像素，如图3-12-19所示。

图3-12-19 设置"高斯模糊"参数

20 单击"确定"按钮，此时可观察到图像效果如图3-12-20所示。

21 设置"图层2"的混合模式为"叠加"，"不透明度"为44%，效果如图3-12-21所示。

图3-12-20 "高斯模糊"效果　　图3-12-21 "叠加"效果

22 单击"图层"面板下方的"创建新的填充或调整图层"按钮 ，选择"曲线"选项，打开"曲线"

对话框，设置"通道"为绿，并调整绿通道曲线弧度，如图3-12-22所示。

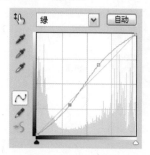

图3-12-22　调整"曲线"弧度

23 调整"曲线"曲线后，此时可观察到图像绿色像素整体对比度加强，效果如图3-12-23所示。

24 设置"通道"为红，并调整曲线弧度，如图3-12-24所示。

图3-12-23　调整绿
通道曲线效果

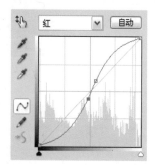

图3-12-24　调整"曲线"弧度

25 执行"曲线"命令后，此时可观察到图像效果如图3-12-25所示。

图3-12-25　"曲线"效果

26 设置前景色为灰色（R：138，G：138，B：138），背景色为白色，选择"渐变工具"，单击属性栏上的"编辑渐变"按钮，打开"渐变编辑器"对话框，在"预设"中选择"前景色—背景色"渐变，如图3-12-26所示。单击"确定"按钮。

27 单击属性栏上的"线性渐变"按钮，在曲线

蒙版中从右下向左上绘制渐变蒙版，效果如图3-12-27所示。

图3-12-26　设置"渐变编辑器"参数　图3-12-27　绘制蒙版后效果

28 单击"图层"面板下方的"创建新的填充或调整图层"按钮，选择"色彩平衡"选项，打开"色彩平衡"对话框，设置参数为23、19、-9，如图3-12-28所示。

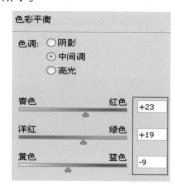

图3-12-28　设置"色彩平衡"参数

29 执行"色彩平衡"命令后，设置"色彩平衡2"的"不透明度"为56%，如图3-12-29所示。

30 按Ctrl+O快捷键，打开素材：文字.tif文件。选择"移动工具"，拖动"文字"文件窗口中的图像到"摩天轮"文件窗口中，此时图像最终效果制作完毕，效果如图3-12-30所示。

图3-12-29　"色彩平衡"效果　　图3-12-30　最终效果

3.13 实例应用：奇特的心形树

案例分析

　　本实例讲解制作"奇特的心形树"的操作方法；在制作过程中，主要运用了"渐变工具"绘制主题背景色彩；其次运用"钢笔工具"、"渐变工具"、"自定形状工具"、"自由变换"和"羽化"等制作心形树图像；最后运用"变形"、"画笔工具"、"图层样式"和"移动工具"等为图像添加红色桃心装饰以及点缀效果。

操作步骤

01 执行"文件"｜"新建"命令，打开"新建"对话框，设置"名称"为"奇特的心形树"，"宽度"为16厘米，"高度"为19厘米，"分辨率"为150像素/英寸，"颜色模式"为RGB颜色，"背景内容"为白色，如图3-13-1所示。

图3-13-1　设置"新建"参数

02 选择"渐变工具" ，单击属性栏上的"编辑渐变"按钮 ，打开"渐变编辑器"对话框，设置渐变色为：位置0 颜色（R：255，G：255，B：255）；位置37 颜色（R：197，G：227，B：206）；位置100 颜色（R：42，G：132，B：176）；如图3-13-2所示。

图3-13-2　设置"渐变编辑器"参数

03 单击"确定"按钮，返回文件窗口并单击属性栏上的"径向渐变"按钮 ，在窗口绘制径向渐变，效果如图3-13-3所示。

图3-13-3　绘制渐变

04 新建"图层1"，选择"钢笔工具" ，单击属性栏上的"路径"按钮 ，在窗口中绘制树干的外轮廓闭合路径，并按Ctrl+Enetr快捷键，转换路径为选区，效果如图3-13-4所示。

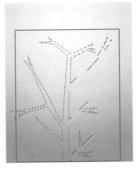

图3-13-4　绘制并转换路径

05 选择"渐变工具" ，单击属性栏上的"编辑渐变"按钮 ，打开"渐变编辑器"对话框，设置渐变色为：位置0 颜色（R：175，G：204，B：66）；位置100 颜色（R：105，G：73，B：24）；如图3-13-5所示。单击"确定"按钮。

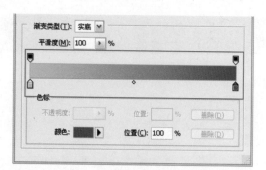

图3-13-5　设置"渐变编辑器"参数

06 单击属性栏上的"对称渐变"按钮 ▣，在选区内绘制渐变色，效果如图3-13-6所示。

图3-13-6　绘制渐变色

07 选择"自定形状工具" ，单击属性栏上的"自定形状拾色器"按钮 ·，打开面板，单击右上角的"菜单"按钮 ▶，选择"全部"命令，单击"确定"按钮，返回"自定形状"面板，选择"形状"为红心形卡，如图3-13-7所示。

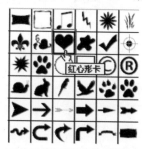

图3-13-7　设置"形状"参数

08 单击属性栏上的"路径"按钮 ，按住Shift键在窗口等比例绘制形状路径，如图3-13-8所示。

09 按Ctrl+Enetr快捷键，转换路径为选区，执行"选择"|"修改"|"羽化"命令，打开对话框，设置参数为20像素，单击"确定"按钮，观察效果如图3-13-9所示。

图3-13-8　绘制形状路径

图3-13-9　转换并羽化选区

10 选择"渐变工具" ，单击属性栏上的"编辑渐变"按钮 ，打开"渐变编辑器"对话框，设置渐变色为：位置0 颜色（R：220，G：231，B：189）；位置40 颜色（R：146，G：196，B：39）；位置100 颜色（R：74，G：164，B：47）；如图3-13-10所示。

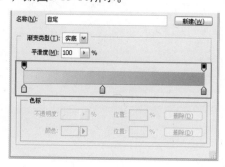

图3-13-10　设置"渐变编辑器"参数

11 单击"确定"按钮并单击属性栏上的"径向渐变"按钮 ▣，新建图层并在选区内绘制渐变色，效果如图3-13-11所示。

12 按Ctrl+D快捷键，取消选区。按Ctrl+T快捷键，打开"自由变换"调节框，单击右键选择"变形"选项，拖动调节框的控制柄对其进行变形，如图3-13-12所示。按Enter键确定。

图3-13-11　绘制渐变色

图3-13-12　变形图像

13 按Ctrl+J快捷键多次，分别复制出多个桃心图像，并按Ctrl+T快捷键，调整图像的大小以及视觉角度，效果如图3-13-13所示。

提示：

在复制图像后，可适当调整部分桃心图像到树干图层的下方，调整图层顺序，其目的是为了制作出更具层次感的图像效果。

14 在"图层"面板最上方新建图层，设置前景色为淡黄色（R：246，G：243，B：173），选择"画笔工具" ，在窗口随意单击绘制黄色点缀，效果如图3-13-14所示。

15 新建图层设置前景色为红色，选择"自定形状工具" ，单击属性栏上的"填充像素"按钮 ▢，在窗口等比例绘制形状，如图3-13-15所示。

图3-13-13 复制图层　　图3-13-14 绘制颜色

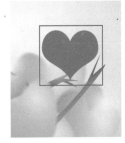

图3-13-15 绘制形状

16 执行"滤镜"|"模糊"|"高斯模糊"命令，设置参数为5像素，如图3-13-16所示。

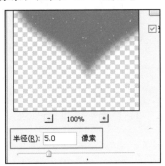

图3-13-16 设置"高斯模糊"参数

17 单击"确定"按钮，此时可观察到图像效果如图3-13-17所示。

18 按Ctrl+T快捷键，打开"自由变换"调节框，单击右键选择"变形"命令，拖动调节框的控制柄对其进行变形，如图3-13-18所示。按Enter键确定。

 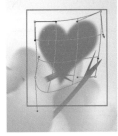

图3-13-17 "高斯模糊"效果　　图3-13-18 变形图像

19 执行"图层"|"图层样式"|"外发光"命令，打开"图层样式"对话框，设置混合模式为"正常"，"不透明度"为100%，"颜色"为粉红色（R：255，G：163，B：163），"大小"为32像素，其他参数保持默认，如图3-13-19所示。

图3-13-19 设置"外发光"参数

20 单击"内发光"复选框，设置混合模式为"正常"，"不透明度"为100%，"颜色"为红色（R：240，G：43，B：43），"大小"为68像素，如图3-13-20所示。

21 单击"确定"按钮并设置该图层的"填充"为0%。新建图层按住Shift键单击红色桃心图层，同时选中连续图层，并按Ctrl+E快捷键，合并图层为新图层。按Ctrl+J快捷键多次，分别复制出多个桃心图像，并按Ctrl+T快捷键，调整图像的大小以及视觉角度，如图3-13-21所示。

图3-13-20 设置"内发光"参数　　图3-13-21 复制图像

提示：

在此新建并合并图层，其目的是为了将桃心图层的效果层应用到图层当中。

22 新建图层选择"画笔工具"，按F5键打开"画笔"面板，勾选"画笔笔尖形状"复选框，设置"大小"为15像素，"间距"为173%，如图3-13-22所示。

23 勾选"形状动态"复选框，设置"大小抖动"为100%，"大小抖动"的"控制"为渐隐，参数为100，其他参数为0%，如图3-13-23所示。

24 新建图层设置前景色为白色，设置属性栏上的"不透明度"与"流量"为100%，并在窗口绘制点缀，效果如图3-13-24所示。

图3-13-22　设置画笔参数

图3-13-23　设置"形状动态"参数　图3-13-24　绘制装饰

25 单击"图层"面板下方的"创建新的填充或调整图层"按钮 ，选择"色阶"命令，打开"色阶"对话框，设置参数为32、1.00、249，如图3-13-25所示。

26 执行"色阶"命令后，此时可观察到图像整体对比度加强，效果如图3-13-26所示。

27 新建图层设置前景色为粉红色（R：254，G：

199，B：199），选择"画笔工具" ，在窗口随意单击绘制颜色，如图3-13-27所示。

28 按Ctrl+O快捷键，分别打开素材：花.tif、娃娃.tif文件，选择"移动工具" ，导入素材到窗口中并拖动娃娃图层到桃心图层的下方，调整图层顺序，此时可观察到图像最终效果制作完毕，效果如图3-13-28所示。

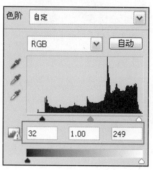

图3-13-25　设置"色阶"参数　　图3-13-26 "色阶"效果

图3-13-27　绘制颜色　　图3-13-28　最终效果

本章小结

　　通过以上学习，读者应该掌握"矩形选框工具"、"椭圆选框工具"、选区的编辑命令、"高级抠图工具"、"智能抠图工具"、"擦除类抠图工具"、巧妙的通道抠图等选区工具与抠图工具的应用知识要点，并且了解了精细抠取图像局部的各大操作技巧。

第4章

数码常见问题处理：使用辅助工具与颜色填充

本章主要讲解辅助工具与颜色的填充。在编辑图像时，灵活运用辅助工具可以提高工作效率和质量，其中辅助工具包括："缩放工具"、"抓手工具"、"裁剪工具"和"标尺工具"等等。然而不论是在处理图像或设计创作时，颜色的填充是不可缺少的。本章讲解的知识对以后的工作效率和设计的理念是至关重要的，所以值得读者们高度关注。

4.1 数码照片的纸品与尺寸规定

俗话说："没有规矩，不能成方圆"。因此，在生活中对数码照片的纸品和尺寸都是有一定的要求的。对于相片的纸品来说，它则分为很多类型。对于照片尺寸的规定则相对苛刻一些，例如：身份证的照片必须是32mm × 26mm、驾驶证的照片尺寸为22mm × 32mm等。

4.1.1 相片纸的种类

相片纸的种类有很多种，大体来说，分为国外的相纸和国内的相纸。其中国外的相纸，包括：日本的富士相纸、三菱相纸和柯尼相纸，美国的柯达相纸、德国的爱克发相纸；然而国内上市的相纸只有乐凯相纸。其中乐凯纸中又包括3种：一是普通纸，背面字黑

色；二是金相纸，背面字金色，三是数码金相纸，背面字金色。除此之外，每一种纸又分为4种：光面纸、珠面纸、细绒面纸、粗绒面纸。

4.1.2 相片尺寸的规定

照片尺寸一般是为英寸的，1英寸=2.54厘米。通常拍摄好的数码照片尺寸都不是标准的，用数码相机所拍出的图像一般是按计算机屏幕的分辨率来设定的，所以基本上都是4：3的比例，而标准照片尺寸的比例不同，如5寸照片的比例为10：7，6寸照片的尺寸为3：2，如不裁剪，在冲印的过程中，往往会在照片旁留下白边或者照片不完全。因此必须用软件对照片进行裁剪加工。常用的相片尺寸见表4-1-1所示。

表4-1-1　常用的相片尺寸

常用照片规格（英寸）	5寸	6寸	7寸	8寸	12寸	15寸
按厘米换算（cm）	5×3.5	6×4	7×5	8×6	12×10	15 × 10
像素	1200×840以上	1440×960以上	1680×1200以上	1920×1440以上	2500×2000以上	3000×2000

4.2 数码相机摄影的注意事项

摄影不等于按快门，摄影的重点是要体现出摄影师的想法，一张好的照片不仅仅是好看，否则只会沦为EYE CANDY(直接翻译：眼睛糖果)，所以看照片的时候，看的不仅仅是照片的形式，而是照片背后的意义。

最基本的，手不能抖，照片中杂物不能太多；拍景物时，要注意景深，如图4-2-1所示；拍人物时，要把对焦点控制在人身上，如图4-2-2所示。如果更深入一些，就需要用相关的软件读出照片上的相机所设置的参数，并在手动模式下参照那些数据进行拍照，再微调，最后对比照片，所得到的效果则是另一种体会。

图4-2-2　人物对焦

4.2.1 正确的端相机姿势

现在的数码相机拍出的照片一般都在800万像素以上，而数码相机的显示屏像素却普遍在23万像素左右，有一些中低端机型的像素数量甚至不足10万，所以它的显示精度远远无法媲美照片的精度。加上显示屏的亮度和色彩饱和度都有所提升，所以在不放大的情况下，通过相机屏幕是很难判断照片是否模糊的。在室内拍摄时，自动对焦确认之后，拍出来的照片很

图4-2-1　景深效果

多都是模糊的，难道是相机有问题？在快门速度低于1/50秒的时候只能通过打开闪光灯或调高ISO来达到快门速度，这样才能保证照片效果不会模糊。其中错误的持机方式如图4-2-3所示，正确的方法如图4-2-4所示。

图4-2-3 错误的方式

图4-2-4 正确的方式

但是闪光灯和高ISO都有各自的局限，有些拍摄场合是不能使用闪光灯的，而高ISO产生的噪点对于照片画面成像和印刷都是致命的缺陷。要让身体保持0.5秒左右的时间不产生抖动这是件成功率很低的事，呼吸和身体可以保持不动但心跳是不可能停止的，所以准备一个三脚架是保证拍摄高质量画面的重要保障，不过在没有携带三脚架的时候又怎么办呢？不用着急，因为可以自己制作一个！没错，就在周围去发现可以替代三脚架的东西，如图4-2-5所示。

图4-2-5 寻找三脚架的替代品

4.2.2 正确的构图角度

构图是摄影的重要部分，好的构图可以吸引人们眼球，从而带给人们美的享受，如图4-2-6所示。下面主要介绍这些构图的方式：

1、井字型构图：这种构图方式是假设画面的长宽各分为三等份，把相交的各点用直接连接，形成"井"字形，这样能使整张相片显得庄重、拘谨，而且主体形象格外醒目。

2、三角形构图：主要包括：正三角形构图、倒三角形构图和斜三角形构图。

a.正三角形构图：这种构图方式，可以给人以坚强、镇静的感觉。

b.倒三角形构图：具有明快、敞露的感觉，但是在它的左右两侧最好有些不同的变化，从而打破两边的绝对平衡，使画面免于呆板。

c.斜三角形构图：这种构图方式可以充分显示出生动活泼的趋势。

3、垂直式构图：这种构图方式是由垂直线条构成的，能将拍摄的景物表现得巍峨高大和富有气势。

4、斜线式构图：这种构图方式可以用来表示物体的运动、变化的构图方式，能使画面产生动感。其中动感的程度和角度有关，角度越大，其前进的动感越强烈，但角度不能大于45度。另外有水平式构图、曲线式构图、双对角线构图、延伸式构图等。

图4-2-6 构图效果

4.3 首选项设置

在图像处理中，根据需要可以通过首选项设置更改操作环境，从而提高工作速率。其中首选项设置包括：常规、界面、文件处理、性能、光标。接下来就一一讲解各选项的设置方法。

4.3.1 常规设置

"常规"设置是所有设置命令中最重要的命令。执行"编辑"|"首选项"|"常规"命令，打开"首选项"对话框，如图4-3-1所示。单击左侧列表中的选项，右侧即可显示相应的选项，并可根据需要对其进行不同的设置以优化工作环境，从而提高工作效率。

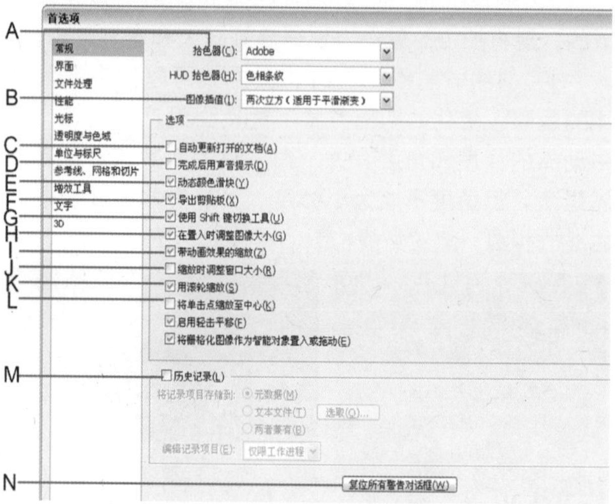

图4-3-1 "首选项"对话框

A→"拾色器"：允许在Adobe"默认颜色拾取器"和Windows"操作系统颜色拾取器"之间进行选择。一般使用Photoshop颜色拾取器，即Adobe。Macintonsh和Windows的颜色拾取器允许用户从操作系统的特殊颜色中进行选取。

B→"图像插值"：当对一幅图像重新取样时，用户可以设置默认值类型。"插值"是确定中间值的数学处理方法。在Photoshop的图像而言，这些中间值可以用来确定颜色。插值选项有5种，即"邻近"、"两次线性"、"两次立方"、"两次立方平滑"、"两次立方较锐利"。用户在重新取样时可以重载插值类型。

C→"自动更新打开的文档"：勾选此复选框，打开文件时会自动更新该文件。

D→"完成后用声音提示"：勾选此复选框，Photoshop在完成任务时，会发出蜂鸣声，从而提醒用户操作结束。

E→"动态颜色滑块"：调色板中的滑块显示代表当前颜色的颜色条。默认情况下，滑块动态显示颜色组合，可以直观地找到想要的颜色。如果勾选此复选框，滑块将保持不动。

F→"导出剪贴板"：该选项确定在退出Photoshop时，是否在剪贴板中保留信息，以备其他的应用程序使用。勾选掉此复选框，可以节约一些时间，因为Photoshop在退出之前不需将信息转成其他应用程序可读的格式。

G→"使用Shift键切换工具"：可以在分组的工具之间用Shift键进行切换。

H→"在置入时调整图像大小"：在置入图像时，是否在置入过程中调整图像大小从而适合目标区域。

I→"带动画效果的缩放"：勾选此复选框，在通过"缩放工具"来启用连续的放大或缩小时，可以平滑地从一种放大程度缩放到另一种程度。

J→"缩放时调整窗口大小"：在对图像进行缩放时，可以同时缩放窗口。

K→"用滚轮缩放"：勾选此复选框，在滚动鼠标的同时，图像大小也随之放大或缩小。

L→"将单击点缩放至中心"：勾选此复选框，会在单击时启用缩放视图。

M→"历史记录"：该选项区域中的"将记录项目存储到"包括3个单选按钮，分别是"元数据"、"文本文件"、"两者兼有"。

N→"复位所有警告对话框"：所有设置的为"隐藏"的对话框都会重新显示。

4.3.2 性能设置

编辑图像时，Photoshop使用操作系统所在的硬盘驱动器作为主暂存盘，因此，需要相当大的内存。在进行编辑图像操作时，要想加快Photoshop的运行速度，这时便可以用硬盘空间作为虚拟内存来弥补这一不足。执行"编辑"|"首选项"|"性能"命令，打开"首选项"对话框，如图4-3-2所示。

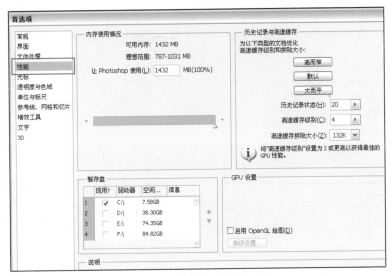

图4-3-2　"首选项"对话框

"GPU设置"选项区域：在该选项区域中，勾选"启用OpenGL绘图"复选框，则可以在Photoshop CS5中动态地缩放图像、旋转视图、进行3D相关操作；勾选掉时，将不能应用上述这些功能。勾选该复选框后，要单击"高级设置"按钮，打开"高级设置"对话框，对该功能进行详细设置。

提示：

在设置暂存盘时应注意几个方面：第一，不要将要编辑的大型文件所在的磁盘作为磁盘；第二，暂存盘和虚拟内存不能在同一磁盘；第三，暂存盘应该位于本地磁盘上；第四，暂存盘应该是一个常规的不可移动的介质；第五，Raid磁盘（磁盘阵列非常适合于专用暂存盘卷）；第六，包含暂存盘的磁盘应该定期地进行碎片整理。

4.3.3　单位与标尺设置

使用"标尺"工具可以精确测量和定位对象，执行"视图"｜"标尺"命令或按Ctrl+R快捷键，图像窗口顶部和左侧即会显示标尺。在进行图像编辑时，可以使用"移动工具" ▶⊕ 在标尺上拖动参考线测量和对齐对象。

执行"编辑"｜"首选项"｜"单位与标尺"命令，或直接在标尺上双击，打开"首选项"对话框，如图4-3-3所示。在"单位"选项区域中的"标尺"下拉列表中选择标尺的单位，其中包括：像素、英寸、厘米、毫米、点、派卡和百分比。设置完成后，单击"确定"按钮，即可重新定义标尺的单位。

图4-3-3　"首选项"对话框

4.3.4　网格与参考线设置

参考线和网格可以帮助用户精确定位图像或元素。参考线浮在图像的上方，它是非打印的。可以通过移动来去除参考线；也可以将参考线锁定，以防止其发生移位。可以在"视图"｜"显示"子菜单中选择"显示参考线"、"网格和切片"选项，选项前面打勾即为显示，如图4-3-4所示，反之即为隐藏。图像效果如图4-3-5所示，即为网格效果。

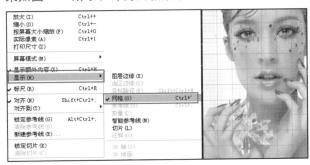

图4-3-4　选择命令　　　　图4-3-5　网格效果

在编辑图像时，经常会遇到图像的颜色与参考线或网络的颜色接近而不便于操作的情况，这时可以重

新设置参考线和网格的颜色及线型。执行"编辑"|"首选项"|"参考线、网格和切片"命令，打开"首选项"对话框，如图4-3-6所示，在对话框中可选择或自定义参考线、网格、和切片的"颜色"和"样式"等，各选项功能如下：

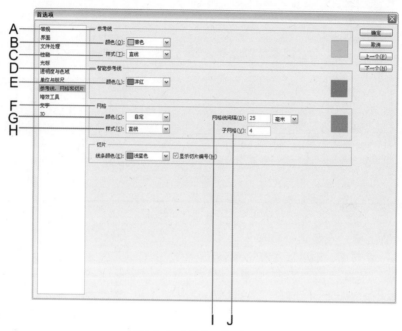

图4-3-6 "首选项"对话框

A→"参考线"：为了方便Photoshop内图像的对齐及页面显示的准确位置。

B→"颜色"：用于设置参考线的颜色，在下拉列表中有"自定义颜色"和浅蓝色、浅红色、绿色、中度蓝色、黄色、洋红、青色、浅灰色、黑色可供选择。

C→"样式"：显示参考线所用的样式，有直线和虚线两种样式。

D→"智能参考线"：显示智能参考线后，使用"移动工具" ⊕ 移动图形时，智能参考线会自动显示并帮助定位图像。

E→"颜色"：用于设置智能参考线的颜色，在下拉列表中有"自定义颜色"和浅蓝色、浅红色、绿色、中度蓝色、黄色、洋红、青色、浅灰色、黑色可供选择。

F→"网格"：为方便图像的对齐及定位而显示的状态。

G→"颜色"：用于设置网格的颜色，在下拉列表中有"自定义颜色"和浅蓝色、浅红色、绿色、中度蓝色、黄色、洋红、青色、浅灰色、黑色可供选择。

H→"样式"：设置绘制网格所有的样式，包括：直线、虚线和网点3种。

I→"网络线间隔"：设置主网格线的间距，单位有：毫米、像素、英寸、厘米、点、派卡、百分比可

供选择。

J→"子网格"：设置主网格中又分出的网格，数值可以在1~100范围内调节。

1. 移动参考线

在图像中显示标尺后，可以使用"移动工具" ⊕ 在标尺上拖移，拖曳参考线，在水平标尺上可以拖移，拉出水平参考线；在垂直标尺上可以拖移，拉出垂直参考线。参考线也可以移动，先选择"移动工具" ⊕ ，将鼠标指针放在参考线上，当指针变为 ⊕ 或 ⊕ 形状时，即可拖动参考线进行移动。

2. 智能参考线

在平时处理图像时，可以利用智能参考线来帮助校准图形、片断及选区，参考线和网格会自动显示在图像上，如图4-3-7所示。当显示智能参考线后，可以使用"移动工具" ⊕ 移动图形，则智能参考线自动显示并帮助校准图像。有时参考线设置多了会影响图像的浏览，可以选择"视图"|"显示"|"参考线"命令，暂时将参考线隐藏起来。再次执行此命令，参考线便会显示出来。

3. 紧贴参考线、网格

执行"视图"|"对齐到"子菜单中的"参考线"和"网格"命令，在进行操作时，鼠标指针在一定范围内会自动对齐参考和网格。

4．锁定参考线

设定参考线切片后，执行"窗口"|"锁定参考线"命令，可以将页面中的参考线锁定，使它不能进行移动和删除，这样就不怕不小心移动参考线的位置了。

5．删除参考线

执行"视图"|"清除参考线"命令，可以将页面窗口中不需要的参考线和切片删除。另外，直接使用"移动工具" 将参考线拖动到页面外也可以将其删除。

4.4 辅助工具的巧妙运用

运用Photoshop在处理图像的过程中，常常使用辅助工具。巧妙运用这些辅助工具能够提高工作效率，下面介绍辅助工具的使用方法。

4.4.1 缩放工具

使用"缩放工具" 可以放大或缩小图像显示比例，以方便地操作图像。选择"缩放工具" ，其工具属性栏如图4-4-1所示。

图4-4-1 "缩放工具"属性栏

A→"放大"：单击该按钮可以放大图像，单击一次，图像会以一系列预先定义的百分比进行放大。

B→"缩小"：单击该按钮可以缩小图像，单击一次，图像会以一系列预先定义的百分比进行缩小。

C→"调整窗口大小以满屏显示"：选中该复选框，可以改变窗口大小使其适应图像。

D→"缩放所有窗口"：选中该复选框，可以同时缩放所有打开的窗口。

E→"实际像素"：单击该按钮，系统将以100%的比例显示图像的实际大小。

F→"适合屏幕"：单击该按钮，系统将按照图像的实际大小，自动选择合适的图像显示比例和窗口大小，将图像完整地显示在屏幕中。

G→"填充屏幕"：单击该按钮，系统将按屏幕的大小，自动选择合适的图像显示比例和窗口大小，将图像完整地显示在屏幕上。

H→"打印尺寸"：单击该按钮，系统将基于预设的分辨率显示图像的实际打印尺寸。

应用动态缩放图像，需要选择"缩放工具" ，会看到指针变为一个中心带加号的放大镜 ，这时单击将要放大的区域中心，图像会放大；要缩小图像可按住Alt键，指针会变成一个带减号的图标 ，单击将要缩小的区域的中心即可。

操作演示：使用"缩放工具"缩小放大的图像

01 打开素材图片：漂亮女人.tif，选择"缩放工具" ，在图像人物脸部区域定义放大的区域，如图4-4-2所示。

图4-4-2 绘制放大区域点

02 放大后，图像效果如图4-4-3所示。

图4-4-3 放大效果

03 选择"缩放工具" ，按拄Alt键指针会变成一个带减号的图标 ，单击将要缩小的区域中心即可，如图4-4-4所示。

图4-4-4 单击图像

4.4.2 抓手工具

当图像放大到文件窗口无法完全显示的状态时，运用"抓手工具" 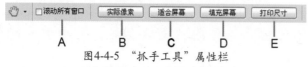拖动图像可查看图像的具体情况。在Photoshop中该工具可以说是最基本的工具，若绘图窗口不能完全显示图像内容时，使用此工具单击并拖动来移动图像，观察图像的每一个细节。选择"抓手工具" ，其工具属性栏如图4-4-5所示。

图4-4-5 "抓手工具"属性栏

A→"滚动所有窗口"：选中该复选框，可以对界面中的所有图像窗口进行平移。

B→"实际像素"：单击该按钮，系统将以100%的比例显示图像的实际大小。

C→"适合屏幕"：单击该按钮，系统将按照图像的实际大小，自动选择合适的图像显示比例和窗口大小，将图像完整地显示在屏幕上。

D→"填充屏幕"：单击该按钮，系统将按屏幕的大小，自动选择合适的图像显示比例和窗口大小。

E→"打印尺寸"：单击该按钮，系统将基于预设的分辨率显示图像的实际打印尺寸。

应用临时缩放图像的操作时，选择"缩放工具" ，按住H键，并在图像中单击，并按住鼠标，"缩放工具" 会变成"抓手工具" ，同时图像放大率会发生变化。释放鼠标，图像恢复到之前的放大级别，再释放H键，"抓手工具" 会再变成"缩放工具" 。

在"导航器"面板中移动矩形框也可以显示窗口的不同区域；但是如果图像在全屏显示模式下，则不能进行移动。移动窗口显示区域最快捷的方法是，无论使用的是哪个工具，按住空格键，都可以变为"抓手工具" ，对图像进行移动。

操作演示：使用"抓手工具"观察图像

01 按Ctrl+O快捷键打开素材图片：短发女人.tif，选择"抓手工具" ，在图像中单击右键，选择"按屏幕大小缩放"选项，如图4-4-6所示。

图4-4-6 选择"按屏幕大小缩放"命令

02 执行"窗口"|"导航器"命令，打开"导航器"面板，如图4-4-7所示。

图4-4-7 "导航器"面板

03 在"导航器"面板中移动矩形框也可以显示窗口的不同区域，如图4-4-8所示。

图4-4-8 移动矩形框

4.4.3 吸管工具

要处理图像时，需要从图像中获取颜色。如果要修补图像中某个区域的颜色，就要从该区域附近找出相近的颜色，并进行颜色的处理，这时需要用"吸管工具" ，而采集的色样可用于指定新的前景色或背景色。

利用"吸管工具" ，可以从图像中的任意点选择颜色，方法是选择"吸管工具" ，并单击图像中的取色位置。利用"吸管工具" 的工具属性栏可以设置取色方式，以便更准确地选取颜色。其中包括"取样点"、"3×3平均"、"5×5平均"等方式，如图4-4-9所示。同时，使用"吸管工具" 选取颜色时，按住Alt键可以选取背景色。为了了解某些点的颜色数值以便于颜色设置，Photoshop CS5来提供了"颜色取样器工具" ，如图4-4-10所示。利用该工具可以查看图像中关键点的颜色值。

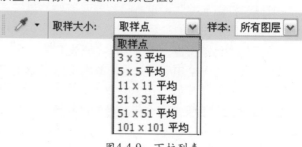

图4-4-9 下拉列表

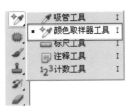

图4-4-10　选择工具

选择"颜色取样器工具"，单击图像人物的脸部进行取样，如图4-4-11所示，"信息"面板将自动打开，如图4-4-12所示，它可以显示出取样颜色的信息。

图4-4-11　吸取颜色 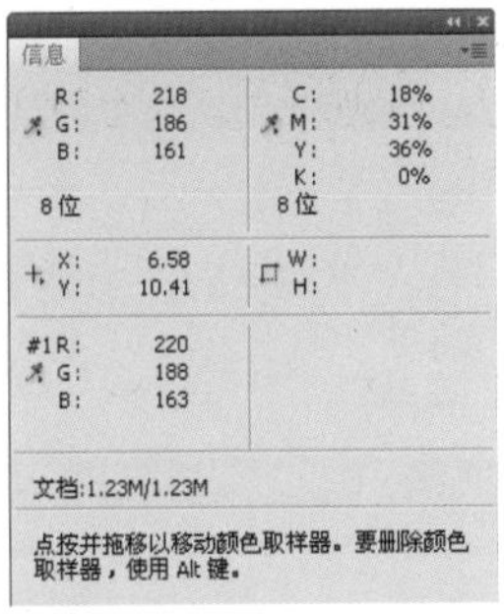　　图4-4-12　"信息"面板

提示：

用"颜色取样器工具"定点取样时，取样点不得超过4个。"颜色取样器工具"只能用于获取颜色信息，不能用于选取颜色，但是信息可以保存在图像中。

"吸管工具"也可以直接在"色板"面板中吸取所需要的颜色，只是在色板中吸取背景色时，不能按住Alt键，而是要按住键盘上的Ctrl键。若按住Alt键，则会将选取的颜色样本在"色板"面板中删除。

4.4.4　标尺工具

使用"标尺工具"可以测量图像的长度、宽度和倾斜度，从而精确对图像测量和定位对象。选择"标尺工具"，在图像中的任意位置拖移鼠标，创建测量线，属性栏中即会显示测量的结果，其属性栏如图4-4-13所示。

图4-4-13　"标尺工具"属性栏

A→"X值与Y值"：X值、Y值为测量起点的坐标值。

B→"W值与H值"：W值、H值为测量起点与终点的水平、垂直距离。

C→"A值"：A值为测量线与水平方向间的角度。

D→"L1"：L1值为当前测量线的长度。

E→"清除"按钮：单击"清除"按钮可以把当前测量的数值和图像中的测量线清除。

选取"标尺工具"工具，在图像中的任意位置拖移鼠标，创建一条测量线，按住Alt键，将光标移至刚才创建测量线的端点处，当显示为带加号角度符号时，拖移鼠标创建第2条测量线，此时属性栏中即会显示测量角的结果，其属性栏如图4-4-14所示。

图4-4-14　斜线的属性

X值、Y值为两条测量线的交点，即测量角的顶点坐标，A值为测量角的角度。L1值为第一条测量线的长度。L2值为第二条测量线的长度。

提示：

按住Shift键，在图像中拖移鼠标，可以创建水平、垂直或45°角倍数的测量线。

操作演示：使用"标尺工具"旋转图像

01 执行"文件"|"打开"命令，打开素材图片：艳丽女人.tif，选择"标尺工具"，在图像中绘制一条倾斜线，如图4-4-15所示。

图4-4-15　打开并绘制标尺

02 执行"图像"|"图像旋转"|"任意角度"命令，打开"旋转画布"命令，参数保持不变，如图4-4-16所示。单击"确定"按钮。

图4-4-16　设置"旋转画布"参数

03 执行"图像旋转"命令后，图像效果如图4-4-17所示。

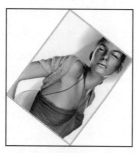

图4-4-17 "图像旋转"效果

4.4.5 裁剪工具

裁切是指保留图像中的一部分，并将其余部分删除或隐藏。Photoshop CS5中提供了多种裁切图像的方法，"裁切工具" 可以很方便地裁切图像。

选择"裁剪工具"，会显示"裁剪工具"选项栏，如图4-4-18所示。按住鼠标不放，在图像上拖动鼠标会出现带有8个控制点的裁剪框。把鼠标指针放在裁剪框的4个顶点上，按住鼠标拖动可以改变裁剪框的大小。

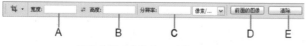

图4-4-18 "裁剪工具"属性栏

A→"宽度"：用于输入"宽度"值。

B→"高度"：用于输入"高度"值。

C→"分辨率"：用于输入分辨率。分辨率常用的单位是"像素/英寸"。当按Enter键确认后，所得图像大小与选项栏中所设定的尺寸及分辨率一致。也可以使"宽度"、"高度"和"分辨率"值保持空白，按住鼠标进行拖动，裁切后的图像与拖动框大小相同，分辨率与原图一致。

D→"前面的图像"：单击该按扭，裁剪选项栏中将自动填入当前图像的大小及分辨率。

E→"清除"：单击该按扭，裁剪选项栏中将显示出当前图像的大小及分辨率。

当使用"裁剪工具"设置好裁剪框之后，"裁剪工具"选项栏将变成如图4-4-19所示形式。

图4-4-19 "裁剪工具"选项栏

A→"裁剪区域"：该选项组包含两个选项，删除和隐藏。

B→"删除"：确认裁剪后，裁剪框以外的部分将被删除。

C→"隐藏"：裁剪框以外的部分被隐藏，使用

"移动工具"可以移动图像。

D→"屏蔽"：当用鼠标拖动形成裁剪框之后，裁剪框以外的部分将被透明的黑色遮盖。

E→"颜色"：单击"颜色"颜色块，即可在弹出的"拾色器"对话框中设置遮盖颜色。

F→"不透明度"：输入遮盖颜色的不透明度值，可改变裁剪框以外部分的不透明度。

G→"透视"：移动裁剪框的8个锚点，可以使需要裁剪的图像产生透视效果。

提示：

若"裁剪区域"对应的两个选项不可选，则说明当前图像只有背景图层。若要对其进行操作，可以双击背景图层，将背景图层转换为普通图层。

4.4.6 切片工具

使用"切片工具" ，可以将一个完整的图像切割成几部分。"切片工具" 主要用于分割图像。

选取工具箱中的"切片工具" ，将鼠标光标移动到图像中进行拖移，并释放鼠标，即在图像文件中创建了切片，如图4-4-20所示。

图4-4-20 创建切片

此时，将光标放置到选择切片的任一边缘位置，当显示为双向箭头时按下鼠标并拖移，可调整切片的大小。将光标移动到选择的切片内，按下鼠标并拖移，可调整切片的位置。释放鼠标后，图像文件中将产生新的切片。

选择"切片选择工具" ，它主要用于编辑切片，其属性栏如图4-4-21所示。

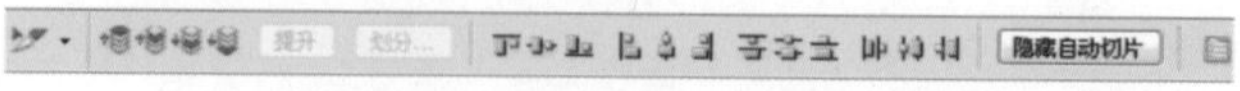

图4-4-21 "切片选择工具"属性栏

利用工具箱中的"切片选择工具" ，选择图像文件中切片名称显示为灰色的切片，并单击属性栏中的 提升 按钮，可以将当前选择的切片激活，即左上角的切片名称显示为蓝色。另外，单击属性栏中的 划分… 按钮，打开"划分切片"对话框，如图4-4-22所示，在对话框中可以对当前选择的切片进行均匀分隔。

图4-4-22 "划分切片"对话框

操作演示：使用"切片工具"创建切片

01 按Ctrl+O快捷键，打开素材图片：妖艳女人.tif，选择"切片工具"，在图像拖动创建多个切片，如图4-4-23所示。

图4-4-23 打开素材并创建切片

02 选择"切片选择工具"，选择其中一个切片，单击右键，打开快捷菜单，选择"删除切片"选项，如图4-4-24所示。该切片则自动被删除。

图4-4-24 选择"删除切片"命令

03 选择一个显示灰色的切片，单击右键，选择"提升到用户切片"选项，如图4-4-25所示。则该切片则被激活，名称显示为蓝色。

图4-4-25 选择"提升到用户切片"命令

4.5 颜色填充

在Photoshop中编辑图像时，颜色填充是基本操作之一。当需要对图像某个选区或整个图层的图像进行颜色填充时，就要用到"油漆桶"和"渐变"工具，为图像填充不同的颜色，能够制作出丰富多彩的设计作品。

4.5.1 渐变工具

使用"渐变工具"可以创建多种颜色的渐变效果，通过设置图层的混合模式、不透明度等参数可以表现丰富的图像效果。

选择"渐变工具"，其工具属性栏如图4-5-1所示。

图4-5-1 "渐变工具"属性栏

A→"编辑渐变色"：单击该渐变色编辑图标，可以打开"渐变编辑器"对话框，在该窗口中还可以自定义渐变色。

B→"渐变模式"：共有5种渐变模式，分别是"线性渐变"、"径向渐变"、"角度渐变"、"对称渐变"和"菱形渐变"，对应的渐变效果如图4-5-2所示。

C→"模式"：用于设置渐变工具的混合模式。

D→"不透明度"：用于设置渐变的不透明度。

E→"反向"：选中该复选框，可以将所应用的渐变效果反转。

F→"仿色"：选中该复选框，图像在应用渐变时可以产生抖动效果。

G→"透明区域"：选中该复选框，图像在应用渐变时可以产生透明效果。

线性渐变　　　　　　径向渐变

角度渐变　　　　对称渐变　　　　菱形渐变

图4-5-2　渐变效果

4.5.2　油漆桶工具

使用"油漆桶工具" 可以使用前景色或图案进行填充，使用此工具既方便又快捷。"油漆桶工具"选项栏如图4-5-3所示。

图4-5-3 "油漆桶工具"属性栏

A→"设置填充区域的源"：单击此选项的下拉按钮，选择前景色或图案来填充。

B→"模式"：选择填充时的混合模式。

C→"不透明度"：设置填充时的不透明度。

D→"容差"：设置填充时所取代的像素其色彩相近的程度，范围在0～255。

E→"消除锯齿"：选择此选项，可防止填充的范围产生锯齿。

F→"连续的"：选择此选项，将只填充在连续的像素上，否则整个图像即使不连续的像素只要在容差值范围内均可被填充。

G→"所有图层"：选择此选项，填充范围将跨越所有可见的图层，否则只能填充在当前的图层中。

操作演示：使用"油漆桶工具"填充图像色彩

01 按Ctrl+O快捷键,打开素材图片：玫瑰.tif，选择"钢笔工具" ，在图像沿花朵边缘绘制路径，如图4-5-4所示。

图4-5-4　打开并绘制路径

02 将路径载入选区，并创建"图层1"，设置前景色为红色，选择"油漆桶工具" ，填充前景色到选区，效果如图4-5-5所示。按Ctrl+D快捷键取消选区。

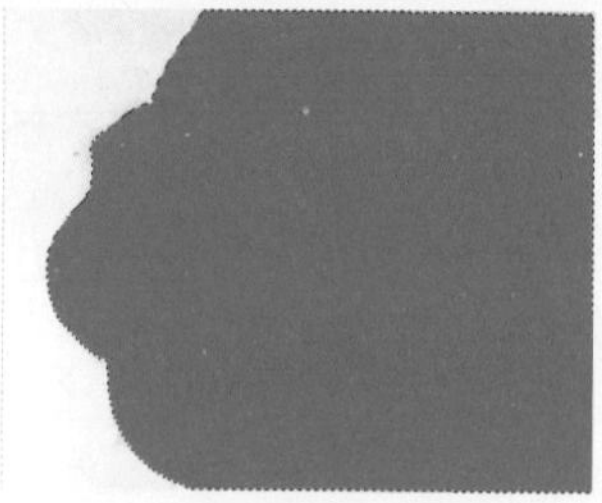

图4-5-5　填充前景色

03 设置"图层1"的图层混合模式为"减去"，图像最终效果如图4-5-6所示。

图4-5-6　最终效果

4.5.3　"色板"面板

为了便于快速选取颜色，因此Photoshop CS5提供了一个"色板"面板，此面板中的颜色都是预先设置好的，用户只能从中选取但不能自行进行调配。

执行"窗口"|"色板"命令，打开"色板"面板，如图4-5-7所示。

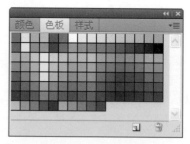

图4-5-7　"色板"面板

在"色板"面板中可以添加颜色、删除颜色。将工具箱中的前景色设置为要添加的颜色，打开"色板"面板，将光标移到面板的空白处，光标会变成"油漆桶" 形状，单击鼠标，即可打开"色板名称"对话框，如图4-5-8所示，单击"确定"按钮。

图4-5-8　"色板名称"对话框

在"色板"面板中，按住Alt键的同时选择要删除颜色的方格，此时光标会变成剪刀形状，单击鼠标即可将颜色方格删除；或者在"色板"面板选择要删除的颜色方格，单击右键，打开快捷菜单，选择"删除色格"选项也可以将颜色删除。

若按住Shift键，单击选中的颜色，工具箱中的前景色将被替换；若按住Ctrl键，单击选中的颜色，工具箱中的背景色将被替换。

经过多次颜色的增减之后，"色板"面板中的颜色会发生很大的变化，要想恢复"色板"面板在Photoshop的默认状态，单击面板中右上角的菜单按钮，打开的快捷菜单，如图4-5-9所示，选择"复位色板"命令，打开提示对话框，如图4-5-10所示，单击"确定"按钮即可。

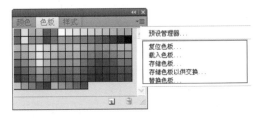

图4-5-9　打开快捷菜单

图4-5-10　打开提示对话框

4.5.4　"颜色"面板

使用"颜色"面板，可以很方便地设置当前使用的前景色和背景色。"颜色"面板与"拾色器"相似，在面板中包含前景色、背景色、取代色和色彩滑块。"颜色"面板所提供的是"RGB"颜色模式的滑块，如图4-5-11所示。

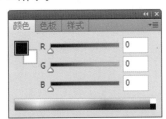

图4-5-11　"颜色"面板

若想使用其他模式的滑块进行颜色设置，则单击"颜色"面板右侧的按钮，在打开的菜单中选择6种不同模式的选项，如图4-5-12所示。

在"颜色"面板底部有一个颜色条，用于显示某种颜色模式的光谱，默认设置为RGB模式的光谱，使用颜色条也可以选取颜色，将鼠标指针移至颜色条内，变成吸管形状后，单击要选中的颜色即可。

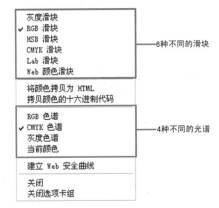

图4-5-12　打开菜单

选择不同的滑块模式，并分别观察"颜色"面板，如图4-5-13所示。同时，按住Shift键后单击光谱颜色条可以快速切换光滑显示模式，可以设置多种光谱，如选择面板菜单中的"建立Web安全曲线"选项，可以在"颜色"面板中选取网络安全色，即可选取出专门应用于网络中的颜色。

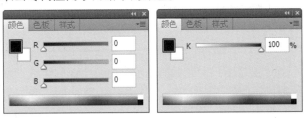

RGB滑块　　　　　　　　灰度滑块

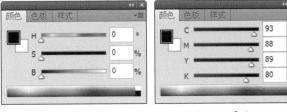

HSB滑块　　　　　　　　CMYK滑块

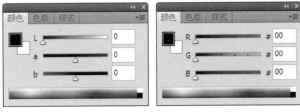

Lab滑块　　　　　　　Web Color滑块

图4-5-13　不同滑块模式

4.5.5　前景色

使用前景色来绘图、填色和描边图像。单击前景色的图标，可打开"拾色器"对话框，来设置前景色。

在工具箱中有一个颜色工具，如图4-5-14所示。可通过该工具设置前景色和背景色，或者切换前景色和背景色，也可按D键恢复默认的颜色设置。默认的前景色为黑色，背景色为白色。

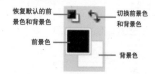

图4-5-14　设置颜色按钮

若要设置前景色或背景色，单击前景色或背景色的图标，可打开"拾色器"对话框，如图4-5-15所示。在该对话框的彩色域中单击来设置颜色，可以选取HSB、CMYK、Lab、RGB，4种模式之一。

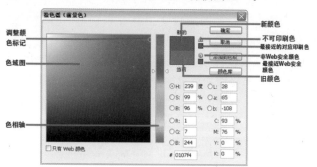

图4-5-15　"拾色器"对话框

"色域图"：此图的显示是由两个部分组成，水平轴代表颜色的饱和度，最左侧的彩度为0%，最右侧的彩度为100%；垂直轴代表颜色的亮度，从下面的黑色0%到最上面的白色100%。

"调整颜色标记"：根据色域图中的饱和度和亮度，在色域图中单击，一个小圆圈的标记会出现在此框中，此处就是当前所设置的颜色。

"色相轴"：在HSB区域中单击H文本框，则色彩滑块显示的就是色相轴，色相轴最上方就是0°红色，拖曳三角形滑块就从可从0°～360°来选择一个颜色的色相。

"新颜色"：此处显示的是当前调出的颜色，它会随时显示新设置的颜色。

"旧颜色"：当调出新颜色后，旧的颜色就会在此处显示，以供对新调出的颜色作比较。

"不可印刷色"：如果颜色的用途是用于印刷时，在新颜色的右侧如果有⚠警告框，表示此时设置的颜色无法以CMYK四色正确印刷出来。

"最接近的对应印刷色"：如果设置的颜色不能以CMYK四色正确印刷出来，单击此颜色框，即可将颜色调整为最接近的可以印刷出来的颜色。

"非Web安全颜色"：如果颜色的用途是用于网页设计时，在新颜色的右侧如果有⬤警告框，表示此时设置的颜色并不在网页安全色的216色色盘之中。

"最接近的对应Web安全颜色"：当设置的颜色不在网页安全色的216色色盘之中时，单击此颜色框，即可将颜色调整为最接近的网页安全色。

操作演示：利用前景色为文字描边

01 打开素材图片：鲜花.tif和文字.tif文件，选择"移动工具" ▶⊕，拖动文字到"鲜花"文件窗口中，生成"图层1"，调整文字大小，效果如图4-5-16所示。

图4-5-16　打开并移动图像

02 设置前景色为蓝色（R：56，G：49，B：194），执行"编辑"|"描边"命令，打开"描边"对话框，设置"宽度"为2像素，颜色为前景色，如图4-5-17所示。单击"确定"按钮。

图4-5-17　设置"描边"参数

03 执行"描边"命令后，文字效果如图4-5-18所示。

图4-5-18　"描边"效果

4.5.6　背景色

单击背景色图标，可打开"拾色器"对话框，来设置背景色。当使用橡皮擦或移除选取的图像内容时，被擦掉的色彩或移除的图像就由背景色来填充。

操作演示：运用背景色擦除部分图像

01 执行"文件"|"打开"命令，打开素材图片：时尚女人.tif，如图4-5-19所示。

图4-5-19　打开素材

02 设置背景色为绿色（R：0，G：255，B：90），选择"橡皮擦工具" ，设置"画笔"为喷溅50像素，涂抹擦拭图像部分图像，效果如图4-5-20所示。

图4-5-20　绘制放大区域

4.5.7　填充命令

使用"填充"命令，也可以对图像的全部或选区使用颜色、图案、历史状态等进行填充，同时可以设置填充的不透明度和混合模式。它与"填充图层"命令的区别在于不能自动生成新图层，不能随时更改填充的内容。

执行"编辑"|"填充"命令，或按Shift+F5快捷键，打开"填充"对话框，如图4-5-21所示。

图4-5-21　"填充"对话框

"使用"：在此选择填充类型，如图4-5-22所示，共包括9种填充类型。

"图案"：选择此项后，单击右侧的下拉按钮，打开"图案拾色器"对话框，如图4-5-23所示，从中选择一种图案进行填充，也可以单击菜单按钮，打开下拉列表如图4-5-24所示，载入其他图案。另外，还可以使用"定义图案"命令自定义图案进行填充。

"模式"：设置填充图案与当前要填充图像之间的混合模式。

"不透明度"：设置填充图案的不透明度。

"保留透明区域"：选择此选项，只对当前图层中的像素进行填充，透明区域不被填充。

　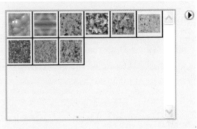

图4-5-22　"使用"类型　　　图4-5-23　"图案拾色器"对话框

图4-5-24　下拉菜单

操作演示：运用"填充"命令填充图案

01 打开素材图片：野花.tif，选择"钢笔工具"，为菊花绘制路径并载入选区，按Ctrl+Shift+I快捷键反向选区，如图4-5-25所示。

图4-5-25　绘制路径并反向选区

02 新建"图层1"，执行"编辑"|"填充"命令，打开"填充"对话框，设置"使用"为图案，"自定图案"为多刺的灌木，如图4-5-26所示。单击"确定"按钮。

图4-5-26　设置"填充"参数

[03] 执行"填充"命令后，按Ctrl+D快捷键取消选区。

设置"图层1"的图层混合模式为"明度"，最终效果如图4-5-27所示。

图4-5-27　最终效果

4.6　实例应用：调节与裁剪照片尺寸

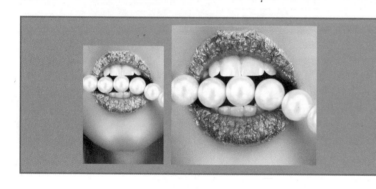

案例分析

　　本实例讲解"调节与裁剪照片尺寸"的操作步骤，通过"裁剪工具"绘制裁剪区域，并通过"色相/饱和度"命令调整图像色彩，从而确定到最终果。

制作步骤

[01] 执行"文件"｜"打开"命令，打开素材图片：性感嘴唇，如图4-6-1所示。

[02] 选择"裁剪工具" 📐，在图像拖移绘制裁剪选区，如图4-6-2所示。

[03] 确定裁剪区域后，按Enter键确定，效果如图4-6-3所示。

图4-6-3　裁剪效果

[04] 若觉得比例还不太合适，可继续在图像调整裁剪区域，如图4-6-4所示。

[05] 区域定义完成后，双击图像即可。图像效果如图4-6-5所示。

[06] 单击"图层"面板下方的"创建新的填充或调整图层"按钮 ⊘，选择"色相/饱和度"选项，打开"色相/饱和度"对话框，设置参数为-126、26、-10，如图4-6-6所示。

图4-6-1　打开素材

图4-6-2　绘制区域

图4-6-4 绘制区域　　　　图4-6-5 裁剪效果

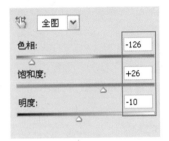

图4-6-6 设置"色相/饱和度"参数

07 执行"色相/饱和度"命令后，图像效果如图4-6-7所示。

08 选择"画笔工具" 🖌，设置"画笔"为柔边圆90像素，涂抹隐藏除嘴唇以外的效果，最终效果如图4-6-8所示。

图4-6-7 "色相/饱和度"效果　　图4-6-8 最终效果

4.7 实例应用：全景照片手动拼合

案例分析

　　本实例讲解"全景照片手动拼合"的操作步骤，通过"裁剪工具"绘制裁剪区域，并通过Photomerge自动拼合图像，通过"色相/饱和度"、"色彩平衡"命令使拼合的图像更自然、更精美。

制作步骤

01 执行"文件"｜"新建"命令，打开"新建"对话框，设置"名称"为"全景照片手动拼合"，"宽度"为15厘米，"高度"为10厘米，"分辨率"为150像素/英寸，"颜色模式"为RGB颜色，"背景内容"为白色，如图4-7-1所示。单击"确定"按钮。

02 执行"文件"｜"打开"命令，打开素材图片：风景-1.tif，如图4-7-2所示。

03 按Ctrl+O快捷键打开素材图片：风景-2.tif，如图4-7-3所示。

图4-7-1 "新建"文件

图4-7-2 打开素材　　　图4-7-3 打开素材

04 执行"文件"|"自动"|Photomerge命令，打开Photomerge对话框，单击"浏览"按钮，选择素材图片：风景-1.tif和风景-2.tif，如图4-7-4所示。单击"确定"按钮。

图4-7-4　Photomerge对话框

05 执行Photomerge命令后，系统将会自动以新建文件的形式把两张不同的素材图片进行拼接，效果如图4-7-5所示。

06 选择"移动工具"，拖动新建文件中图像到"全景照片手动拼合"文件窗口中，生成以素材图片命名的两个图层，如图4-7-6所示。

图4-7-5　Photomerge效果　　图4-7-6　拖动图像

07 按Ctrl+T快捷键调整图像，使其与窗口的宽度同样大小，如图4-7-7所示。按Enter键确定。

图4-7-7　调到图像大小

08 选择"裁剪工具"，为图像中多余的白色区域绘制剪裁选区，如图4-7-8所示。按Enter键确定。

09 选择制作风景的两个图层，按Ctrl+E快捷键合并图层，双击更名为"拼合图片"，如图4-7-9所示。

图4-7-8　裁剪图像　　图4-7-9　合并图层

10 单击"图层"面板下方的"创建新的填充或调整图层"按钮，选择"色相/饱和度"选项，打

开"色相/饱和度"对话框，设置参数为-13、13、0，如图4-7-10所示。

11 执行"色相/饱和度"命令后，图像效果如图4-7-11所示。

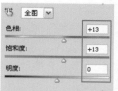

图4-7-10　设置"色　　图4-7-11　"色相/饱和度"效果
相/饱和度"参数

12 选择"画笔工具"，设置"画笔大小"为柔边圆90像素，涂抹隐藏图像蓝色过深的部分，效果如图4-7-12所示。

图4-7-12　涂抹效果

13 单击"图层"面板下方的"创建新的填充或调整图层"按钮，选择"色彩平衡"选项，打开"色彩平衡"对话框，设置参数为-89、-13、-92，如图4-7-13所示。

14 执行"色彩平衡"命令后，图像整体色彩更自然，效果如图4-7-14所示。

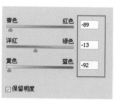

图4-7-13　设置"色彩平衡"参数　　图4-7-14　"色彩平衡"效果

15 按Ctrl+Shift+Alt+E快捷键盖印可视图层，生成"图层1"。执行"滤镜"|"模糊"|"高斯模糊"命令，打开"高斯模糊"对话框，设置"半径"为3像素，如图4-7-15所示。单击"确定"按钮。

16 执行"高斯模糊"命令后，设置图层混合模式为"柔光"，"不透明度"为50%，图像最终效果如图4-7-16所示。

图4-7-15　设置"高斯模糊"参数　　图4-7-16　最终效果

4.8 实例应用：重复与恢复数码照片

案例分析

本实例讲解"重复与恢复数码照片"的制作步骤，首先通过"色相/饱和度"与"色彩平衡"命令调整图像的整体色彩，再选择"画笔工具"在图像绘制图像，通过不同的撤销步骤的快捷键与"历史记录"的结合，从而得到最终结果。

制作步骤

01 执行"文件"｜"打开"命令，打开素材图片：性感女人，如图4-8-1所示。

02 单击"图层"面板下方的"创建新的填充或调整图层"按钮 ⊘.，选择"色相/饱和度"选项，打开"色相/饱和度"对话框，设置参数为19、17、0，如图4-8-2所示。

 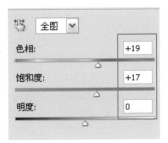

图4-8-1　打开素材　　图4-8-2　设置"色相/饱和度"参数

03 执行"色相/饱和度"命令后，图像效果如图4-8-3所示。

图4-8-3 "色相/饱和度"效果

04 单击"图层"面板下方的"创建新的填充或调整图层"按钮 ⊘.，选择"色彩平衡"选项，打开"色彩平衡"对话框，设置参数为-72、-6、62，如图4-8-4所示。

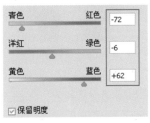

图4-8-4　设置"色彩平衡"参数

05 执行"色彩平衡"命令后，图像效果如图4-8-5所示。

06 单击"图层"面板下方的"创建新图层"按钮 ⊐.，新建"图层1"，设置前景色为白色。选择"画笔工具" ✐.，设置"画笔"为绒毛球 ✳，在图像中绘制3个不同大小的绒毛球图像，效果如图4-8-6所示。

图4-8-5 "色彩平衡"效果　　图4-8-6　绘制图像

07 按Ctrl+Z快捷键撤销上一步操作，其中一个绒毛被撤销了，效果如图4-8-7所示。

08 再按Ctrl+Z快捷键，之前被撤销的绒毛球被恢复了，效果如图4-8-8所示。

提示：

因此，按Ctrl+Z快捷键只能撤销一步操作。

09 按Ctrl+Alt+Z快捷键3次，图像中绒毛球则自动被撤销，效果如图4-8-9所示

图4-8-7 撤销步骤

图4-8-8 撤销步骤

图4-8-9 撤销步骤

图4-8-10 "历史记录"面板

图4-8-11 "历史记录"面板

10 撤销步骤后,则"历史记录"面板中的"画笔工具"的3个操作步骤则变成灰色, 如图4-8-10所示。

11 按Ctrl+Shift+Z快捷键3次,"历史记录"面板中的"画笔工具"的3个操作步骤被激活, 如图4-8-11所示,图像中绒毛也被恢复,效果如图4-8-12所示。

图4-8-12 撤销效果

4.9 实例应用：制作正规证件照

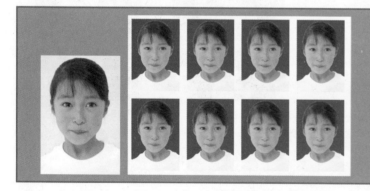

案例分析

本实例讲解"制作正规证件照"的操作步骤,主要运用"钢笔工具"绘制路径,再通过"裁剪工具"将图像裁到一定大小,并扩展画布,定义图案,最后新建文件执行"填充"命令即可。

制作步骤

01 按Ctrl+O快捷键打开素材图片：小女孩.tif, 如图4-9-1所示。

02 选择"钢笔工具" ，在图像中沿人物边缘绘制路径, 如图4-9-2所示。

03 按Ctrl+Enter快捷键载入选区,按Ctrl+Shift+I快捷键反向选区。单击"图层"面板下方的"创建新图层"按钮 ，新建"图层1", 设置前景色为红色（R：192，G：0，B：0）, 按Alt+Delete快捷键填充前景色到选区,效果如图4-9-3所示。按Ctrl+D快捷键取消选区。

图4-9-1 打开素材　图4-9-2 绘制路径

图4-9-3 反向并填充选区

04 按Ctrl+Shift+Alt+E快捷键盖印可视图层，生成"图层2"。选择"裁剪工具"，设置属性栏中"宽度"为3.3厘米，"高度"为4.8厘米，"分辨率"为150像素/厘米，在图像拖移绘制裁剪选区，如图4-9-4所示。按Enter键确定。

05 设置背景色为白色。执行"图像"|"画布大小"命令，打开"画布大小"对话框，设置"宽度"为3.8厘米，"高度"为5.3厘米，如图4-9-5所示。单击"确定"按钮。

图4-9-4 裁剪图层　图4-9-5 设置"画布大小"参数

提示：

设置的"宽度"和"高度"是在原图像基础上各添加0.5厘米。

06 执行"画布大小"命令后，图像自动从四面扩展，效果如图4-9-6所示。

图4-9-6 "画布大小"效果

07 执行"编辑"|"定义图案"命令，打开"图案名称"对话框，设置"名称"为"证件照片"，如图4-9-7所示。单击"确定"按钮。

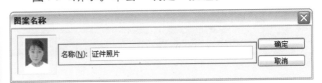

图4-9-7 设置"图案名称"参数

08 执行"文件"|"新建"命令，打开"新建"对话框，设置"名称"为"制作正规证件照"，"宽度"为19.5厘米，"高度"为13.5厘米，"分辨率"为300像素/英寸，"颜色模式"为RGB颜色，"背景内容"为白色，如图4-9-8所示。单击"确定"按钮。

图4-9-8 "新建"文件

09 执行"编辑"|"填充"命令，打开"填充"对话框，设置"使用"为图案，"自定图案"为证件照片，其他参数保持不变，如图4-9-9所示。单击"确定"按钮。

提示：

证件照片则是之前所定义的图案。

10 执行"填充"命令后，图像最终效果如图4-9-10所示。

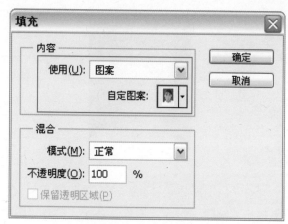

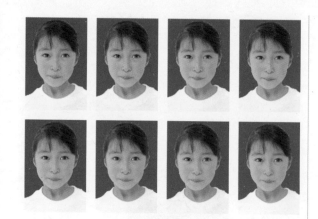

图4-9-9　设置"填充"参数　　　　　　　　　　　图4-9-10　最终效果

本章小结

　　本章讲解的是辅助工具与颜色填充。通过以上不同的实例的讲解与演练，读者们学习到各种不同的辅助工具的用法和不同的填充方式。同时，希望读者们在学习过程，能抓住重点，多方面思考并实践练习，这样才能熟练掌握Photoshop里各种工具和命令其中的奥妙所在。

第5章

数码照片瑕疵处理：使用修图工具与自动调色命令

本章将介绍对数码照片瑕疵处理方法，其主要运用修图工具与自动调色命令，其中包括"模糊工具"、"减淡工具"等，运用这些命令可以将有瑕疵、无色的照片，转换为色彩鲜艳且精美的图片。所以，灵活掌握好本章重点则为之后的技术合成做好铺垫。

5.1 人物化妆遮瑕的方法

爱美是每个人的天性，而脸颊却是体现美丽的关键，怎样才能使脸颊变得更美更洁白呢？这个问题其实不难解答。让脸颊变得干净无瑕的方法有很多，可以做手术，可以脱色，还可以借助护肤品慢慢治疗，而最简单快捷的方法应该是"化妆遮盖法"。如果脸上长有小雀斑、色斑、色素沉淀或是肤色不匀等问题，那就来学学这种"变脸"术，只需十分钟，脸上的斑点就会无影无踪。

首先准备一盒粉底霜(油质的)、一盒遮瑕膏(粉质的)、一支淡色唇膏，而最关键的是遮瑕膏。不要有什么错觉，认为这种产品是为专业美容师而准备的，自己使用难度很高，涂不好就会使脸上的肤色不均匀，或者像戴了假面具。其实不是这样的，遮瑕霜就像一块能抹去皮肤瑕疵的橡皮。用这块橡皮，可以把脸上不如意的地方都"擦"去，方便又好用，就像是用橡皮擦掉纸上的污渍一样方便。

化妆时要使用"遮瑕扫"，"遮瑕扫"有利于填补凹凸的疤痕，比用手指涂抹效果更好更服帖。但是"化妆遮盖法"并不适用所有类型的皮肤，有瑕疵的脸，不要化过浓的妆，否则脸上会显得有些脏。不要在正在发炎甚至化脓的暗疮上涂遮瑕霜，因为暗疮化脓或形成了伤口就很容易感染细菌，处理不当流出脓水就更糟糕了。如图5-1-1所示就是常见的化妆欣赏。

图5-1-1 化妆欣赏

5.1.1 传统化妆

人类从很早以前就已经开始化妆了，可以说是从远古时期，人类就开始化妆，无论是宗教信仰的需

要还是身份阶级的需要，总而言之作为一种装饰手段似乎是必须的，甚至可以说化妆能表现出历史，因为化妆几乎与人类的文明史一样的悠久漫长。它随着人类社会的进步而产生，随着人类社会的发展而发展。同时化妆能体现出人们爱美的心理愿望，也能反映出人们内心的欲望，能充分的表现出人内心最深处的东西。然而在时代发展迅速的今天，传统的化妆方法也得到爱美女性的认可，例如，在婚庆或电影中常见传统的化妆效果。传统化妆图片欣赏如图5-1-2所示。

图5-1-2 传统化妆图片欣赏

5.1.2 数码化妆

现今数码科技被引用到摄影领域，数码拍摄也就成为了流行。而当大家越来越关注数码技术，越来越喜欢数码拍摄，当越来越多的人为摄影师的高超技术叫好，为数码相机的卓越性能所折服时，您可曾想过一个棘手的问题？数码拍摄有其一定的独特性，有它特有的要求，而要配合数码相机拍摄的这些要求。在化妆上肯定与传统的化妆有所区别，而区别在哪里？须要着重注意的地方又在何处呢？

其实数码化妆要讲究4个方面的内容，一是干净度与均匀度，二是粉底的厚度，三是色彩的表现力与还原度，四是化妆师的创造力。由于数码相机的高清晰度与极高还原度，所以在做数码化妆时要注意，上粉底时必须表现得非常干净，同时粉底还要非常均匀。由于数码相机的高解析度，如果在上粉底时选择薄薄的粉底的话，那很可能出现脸上的瑕眦(如：痘痘、斑痕等)就无法被掩饰掉。从而这些瑕疵就会影响到整个面部，丑陋的小细节在图片上就"一览无遗"了。为了避免这种情况的发生，在处理数码妆面时就要特别注意，上粉底时要比传统化妆来得厚一些(以能掩饰掉脸上的瑕眦为标准)，化妆如图5-1-3所示。

图5-1-3　化妆图像

色彩方面的差别在于传统的妆面色彩易被摄影光线所"吃掉"，所以容易拍摄出色彩不匀感，甚至是色彩被完全吃掉，而根本无法在图片上表现出来。用数码相机拍摄出来的眉毛，色彩会显得很均匀，但是传统照片中模特的眉毛，在相同的打光角度下，很明显就会出现高光区的眉毛变得极浅，而不在高光区的眉毛会比高光区来得深的多，这样看上去就很不自然，很不匀称，所有在拍摄时，化妆师采用浓妆来弥补这个缺陷。

为了在拍摄时达到最佳效果，化妆师所特意设计的粉色眼影，表现得非常之清晰。而如果是在传统拍摄中就几乎看不出了。还有脸上的亮粉，及整个脸部的色彩还原度、真实度，数码与传统表现的差别就可以很清楚被反映出来。也正由于以上原因，所以在传统化妆时，大多化妆师会使用一些让东方人看起来较有层次的颜色。这样一来，就局限了化妆师色彩上的发挥。而且由于传统拍摄时色彩会被"吃掉"，所以有经验的化妆师会把色彩刻意用重一点，以便使最终拍摄出来的效果，不会与原先需要的感觉相差太多，随着时代的发展与进步就形成了现在的彩妆，如图5-1-4所示的是彩妆图像。

图5-1-4　彩妆欣赏

由于数码相机的卓越表现，所以给了化妆师一个更大更广阔的发挥创意的空间。传统的化妆师，经常会碰到这样的问题，精心设计的妆面与整体的造型，在现场看起来很漂亮，很新颖，很有特色，但是一旦被摄影成像时效果就全然不同，不止运用在脸上的色彩不能被表现出来，更有甚者有些小饰品会面目全非。比如在妆面上运用一些彩色的小羽毛变成了一个浓浓的色块，那就真是哭笑不得，郁闷不已。

不过这种情况在数码拍摄时就根本无须再"担惊受怕"了。数码摄影可以完美体现出那种质感与纤维感。所以在做数码妆时，化妆师可以大胆的运用色彩，大胆的运用小饰品，大胆的进行创意，而传统的化妆师却要顾虑到色彩的问题，图片表现的问题，所以约束重重，就无法尽情发挥了。从而显得单调，无创意。虽说创造力与化妆技巧没有太大的关系，但却是与传统数码化妆师所最大的区别，以下是数码化妆师的创新设计，如图5-1-5所示。

图5-1-5　创意彩妆欣赏

5.2 假发与饰品的运用

随着人们爱美心的提升和化妆技术的提高，人们开始向往更高的层次。于是越来越多的人开始佩戴饰品，例如，头花、发卡、项链、耳环等等，这些饰品更是为人们的美丽添加了新的亮点。然而一旦到了年纪或过多的拉、烫头发，就会出现脱发掉发的现象，为弥补脱发的不足，人们相继开始戴假发，且现今的假发质量好，造型好，既不伤头皮，也不会掉发，并且能有效的保护人们原有的头发，所以假发深受人们喜欢，而且越来越流行了。假发与饰品图片欣赏如图5-2-1所示。

图5-2-1 假发与饰品图片欣赏

5.2.1 假发的历史与作用

假发的流行不只是在现今时代，也盛行于中国古代。中国很早就出现假发，《诗经》中就多次提及。到了春秋时期（西元前770年—前476年），假发便在中国盛行。春秋时假发盛行，到了汉朝依据《周礼》制定了发型与发饰。周昉《簪花仕女图》中梳高髻的唐朝妇女，很可能就加上了假发，所以中国很早就出现假发，早期是上层社会女性的饰物，用来加在原有的头发上，令头发更浓密、做出较为复杂的发髻。三国时期妇女也常用假髻；北齐以后，假髻之形式向奇异化的方向发展，直到元朝时汉族妇女开始使用一种叫"鬏髻"假髻。清朝出现的鬏髻样式依然很多，但中华民国成立后，发型转趋简便，少用假发、假髻。

日本传统发型也经常加上假发。朝鲜半岛在高丽王朝（西元918年-1392年）开始盛行戴假髻。而非洲的古埃及人在四千多年前就开始用假发，也是世界上最早使用假发的民族，并将假发传到欧洲。假发出现在多种形式的表演艺术中，在英国和大部份英联邦国家，假发是大律师和法官的法庭服饰之一。下面欣赏几幅在古代流行的假发，如图5-2-2所示。

图5-2-2 古代发髻

假发有整发套、半发套、小发片、发束、发髻等多种。作为生活用的假发，除了遮掩秃发外也可作为变换发型使用。

整发套：发套后部有灵活的松紧带，可适应多种尺寸的头型。用于大面积掩饰或换发型。

半发套：可以弥补部分缺陷，如佩戴在前半部，可以遮盖稀疏脱发的前顶，佩戴在后半部可以使发蓬松或加长。半发套的佩戴，用发夹与自己的头发固定，前半片假发也可以在两侧定做带子，扎结在后脑的头发下，后半片假发也可以用发夹固定在发套内前缘边上，然后夹牢在自己的头发上。半发套的颜色和自己的发色要一致。

小发片：可以加强头发的量感，也可以做成各种花式造型固定在某一部位上，梳理和改变发型都很方便。如夹在前额头发上，作为"刘海"，也可以做成发髻装在后脑或头顶上。也可以在做成卷曲以后梳成卷曲的花样夹在适当的部位。小发片分量轻，一般多用发夹固定。

发束：各种不同长度的发束，可以派上不同的用场，如，补发、辫发等。比如短发可以扎在后脑，做成"马尾巴"；长的发束可以掺合在短发里梳发辫。发束一般多夹在自己的头发里，系紧固定。现今假发佩戴如图5-2-3所示。

图5-2-3　时尚假发

5.2.2　美瞳的装饰作用

"美瞳"原是指定强生出品的一种隐形眼镜，现在已经泛指全部彩色隐形眼镜，属于彩片。戴上去以后可以让眼睛看起来比较大，有效提升双眼的自然美，无论是闪亮迷人的淡金色、优雅深邃的黑色还是生动活泼的褐色都让双眼看起来更大更闪亮出众！

流行彩片隐形眼镜颜色选择有多种，棕色让眼睛显得水汪汪，灰色让你瞬间变泪眼；蓝色的美瞳让眼睛变的更忧郁；绿色的眼睛常让人感到神秘、并且有创造力；黑色显得眼睛又大又圆，正因为这些丰富多姿的色彩，所以美瞳更受爱美人的喜爱。但是"美瞳"也有副作用，它不宜经常或长期使用，一些价格便宜的彩色隐形眼镜可能会影响镜片透氧率及平滑性，会产生眼睛水肿、缺氧等不适现象影响眼睛健康，镜片中心光圈是固定的，夜间瞳孔放大，如超出镜片中心光圈则会产生眩光影响视力，尤其晚上开车更是危险。所以人们不只要追求美丽，还要保护自己的眼睛，"美瞳"图像如图5-2-4所示。

图5-2-4　美瞳的装饰作用

5.2.3　饰品在摄影中的作用

饰品的佩戴对于摄影来说是点精之笔。例如，新娘换穿的礼服较少或头发较短，不适合频繁更换发型时，头饰的运用就显得尤为重要了，在同一款礼服上选择不同的花饰，不同的佩戴位置，新娘在选择照片时会有更多的选择。娇艳欲滴的鲜花、晶莹剔透的水钻，精致的蕾丝贴片、现代的金属饰品、华丽的羽饰、仿真的绢花、颜色各异的纱网，无不为新娘的晚礼服锦上添花。在摄影中饰品的体现是不可缺少的，化妆师在化妆时都会注重头花与衣服，耳环与发型搭配等，饰品添加恰当，在拍摄过程中可谓是既不成为摄影焦点也不会觉得是多余累赘，饰品搭配出的效果会让人们眼前一亮，使人物看起来会更加漂亮。

不同的饰品搭配出的效果也会不一样，下面就来欣赏几幅搭配的图像，如图5-2-5所示。

图5-2-5　饰品摄影欣赏

5.3　修复工具组

本小节讲解修图工具的使用方法，"修图工具"主要包括："修复画笔工具"、"污点修复画笔工具"、"修补工具"、"红眼工具"、"仿制图章工具"以及"图案图章工具"，利用这些工具可为各种出现瑕疵和缺陷的图像进行修复，结合修饰工具的灵活就用能够更完美地处理这些图像。

5.3.1　污点修复画笔工具

"污点修复画笔工具"主要用于快速修复图像中的污点和其他的不理想部分，利用"污点修复画笔工具"修复图像时，是利用图像或图案中的样本像素进行绘制，并将样本像素中的纹理、光照、透明度和阴影等与主要修复的像素相匹配。

单击工具箱中的"污点修复画笔工具" ，或按J快捷键即可选择该工具。其属性栏如图5-3-1所示。

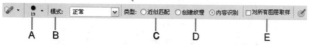

图5-3-1　"污点修复画笔工具"属性栏

A→"画笔"：所选择的笔应该比需要修复的地方稍大一些。

B→"模式"：可以在此选择混合模式。

C→"近似匹配"：以选区边缘的像素为参照来寻找一个图像区域，将这个图像区域作为被选区域的补丁。如果该选项没有达到满意的修复效果，则可以撤销这次的修复，再选中"创建纹理"单选按钮。

D→"创建纹理"：用选区的所有像素来创造一种纹理，并用这种纹理来修复有污点的位置。如果这种纹理不起作用，那么可以试着再次拖动有污点的地方。

E→"对所有图层取样"：勾选"对所有图层取样"选项，可从所有的可见图层中提取数据。勾选掉"对所有图层取样"选项，则只从被选取的图层中提取数据。

该工具的使用方法是在图像的污点上直接单击一次或单击并拖移，以消除区域中的污点。下面介绍使用"污点修复画笔工具" 的具体操作。

操作演示：利用"污点修复画笔工具"去除图像中的污点

01 执行"文件"|"打开"命令，打开素材图片：女

人.tif，如图5-3-2所示。

图5-3-2　打开素材

02 选择"污点修复画笔工具" ，在属性栏上设置"画笔大小"为13像素，设置"类型"为"近似匹配"，在人物脸部单击，图像效果如图5-3-3所示。

图5-3-3　修复效果

5.3.2　修复画笔工具

"修复画笔工具"可以修复图像中的缺陷，并能使修复的部分自然融入周围的图像。也就是说，可以将一幅图像或某一部分复制到同一幅或另一幅图像中，在复制填充图案时，会将取样点的像素自然融入复制的图像位置。"修复画笔工具"属性栏如图5-3-4所示。

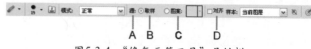

图5-3-4　"修复画笔工具"属性栏

A→"源"：设置"修复画笔工具"复制图像的来源，若选中"源"选项区域中的"取样"单选按钮，可以在图像上的某一点单击鼠标进行取样。若选中"源"选项区域中的"图案"单选按钮，可以使用Photoshop中的自带图案，或是自定义图案进行复制。

B→"取样"：选中此单选按钮后要按住Alt键进行取样，图像效果如图5-3-5所示。

C→"图案"：选中此单选按钮，在其弹出面板中选择图案或自定义图案进行填充，如图5-3-6所示。

图5-3-5 图像效果

图5-3-6 "图案"效果

D→"对齐"：勾选该复选框后，复制的图像将整体排列，即使在操作过程中间断也没有关系，若不选中此复选框，则在下次操作时，将重新复制图案。

操作演示：利用"修复画笔工具"修复图像

01 执行"文件"|"打开"命令，打开素材图片：美女.tif，如图5-3-7所示。

图5-3-7 打开素材

02 选择"修复画笔工具" ，设置"画笔大小"为13像素，设置"模式"为"正常"，设置"源"为"图案"，勾选"对齐"选项，设置"样本"为"当前图层"，按住Alt键，单击人物红斑旁洁净皮肤处，再单击红斑处，图像效果如图5-3-8所示。

图5-3-8 图像效果

5.3.3 修补工具

"修补工具" 可将选择的图像与所要修补位置的图像进行色彩、纹理和光照的匹配。使用"修补工具" 时，既可以使用已复制的选区进行修补，也可以使用由该工具选取的选区进行修补处理。

在工具箱中选择"修补工具" ，其工具属性栏如图5-3-9所示。

图5-3-9 "修补工具"属性栏

A→"运算方式"：该选项组共包括4种运算方式，依次为："新选区"、"添加到选区"、"从选区减去"和"与选区交叉"。

B→"修补"：该选项组包括两个选项，若选中"源"单选按钮，则图像中的选区将作为源图像区域，通过单击并拖移选区至目标区域即可实现修补的目的，若选中"目标"单选按钮，则以所选取的图像区域作为目标区域，将其移至所要修补的图像区域即可完成修补处理。

C→"透明"：选中该复选框，可以实现透明修补的目的。

D→"使用图案"：在图像中绘制选区后，该按钮即被激活，此时，便可以从其后的下拉面板中选择图案填充选区。

操作演示：利用"修补工具"命令复制图像

01 打开素材图片：美女-1.tif，选择"修补工具" ，圈出人物图像，载入选区，如图5-3-10所示。

图5-3-10 绘制选区

02 选择"矩形选框工具" ，拖动选区到如图5-3-11所示的位置。

图5-3-11　移动选区

03 选择"修补工具" ，单击属性栏上的"添加到选区"按钮，设置"修补"为"源"。拖移选区到人物处取样，按Ctrl+D快捷键取消选区，图像最终效果如图5-3-12所示。

图5-3-12　最终效果

5.3.4　红眼工具

"红眼工具"可以去掉闪光照片中人物的红眼及照片中动物的白眼或绿眼。"红眼工具"属性栏如图5-3-13所示。

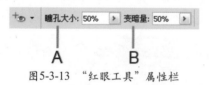

图5-3-13　"红眼工具"属性栏

A→"瞳孔大小"：调节瞳孔的大小，即眼球的黑色中心。

B→"变暗量"：设置瞳孔变暗量，其范围值为1~100。

操作演示：利用"红眼工具"修复红眼

01 执行"文件"|"打开"命令，打开素材图片：宝宝.tif，如图5-3-14所示。

图5-3-14　打开素材

02 选择"红眼工具" ，在属性栏上设置"瞳孔大小"为50%，"变暗量"为50%，在图像中单击人物左侧红色眼瞳，图像效果如图5-3-15所示。

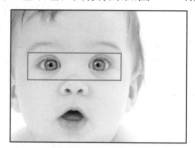

图5-3-15　图像效果

5.3.5　仿制图章工具

使用"仿制图章工具" 可以复制图像中的局部，也可以将选区中的图像仿制到另一幅图像中。

在工具箱中选择"仿制图章工具" ，其工具属性栏如图5-3-16所示。

图5-3-16　"仿制图章工具"属性栏

A→"画笔"：单击其后的下拉按钮 ，即可在弹出的下拉面板中选择画笔样式，设置画笔大小。

B→"模式"：单击其后的下拉按钮 ，可以从弹出的下拉列表中选择画笔的混合模式。

C→"不透明度"：用于设置画笔仿制出的不透明度，在文本框中输入数值或拖动滑块都可以设置不透明度。

D→"流量"：用于设置工具所描绘的笔画之间的连贯速度。

E→"喷枪"：单击该按钮 ，"仿制图章工具"的画笔将以喷枪的方式进行工作。

F→"对齐"：若选中该复选框，表示在复制图像的过程中，所复制的图像仍然是一幅完整的图像。

G→"样本"：包括"当前图层"、"当前和下方图层"和"所有图层"3个选项。

操作演示：使用"仿制图章工具"修复照片破损处

01 打开素材图片：小女孩.tif，选择"仿制图章工具" 🖊，单击属性栏上"画笔"的下拉按钮 ·，打开下拉面板，选择"画笔"为柔边圆50像素，如图5-3-17所示。

图5-3-17 设置"画笔"参数

02 按住Alt键不放，在有撕边附近处单击，释放Alt键，在撕边处单击，隐藏撕边图像，如图5-3-18所示。

图5-3-18 涂抹图像

03 使用"仿制图章工具"绘制后，图像的最终效果如图5-3-19所示

图5-3-19 最终效果

5.3.6 图案图章工具

"图案图章工具"也是用于复制图像的工具，不同的是"图案图章工具"仿制的来源是图案，所以"图案图章工具"不像"仿制图章工具"必须按Alt键来定义取样点。"图案图章工具"的属性栏如图5-3-20所示。

图5-3-20 "图案图章工具"属性栏

A→"图案"：选择此选项后，可以选择需要复制的图案。单击其右侧的按钮，会弹出"图案"面板，其中存储着已定义的图案，单击"图案"面板右上角的三角按钮，会弹出下拉菜单。在菜单中可以选择要添加的图案。如图5-3-21所示。

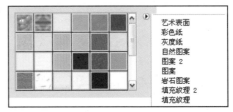

图5-3-21 "图案"面板

B→"对齐"：选中该复选框后，复制的图案会整齐排列，即使在操作的过程中，间断也没有关系。若没有选中此复选框，则在下次复制时会重新复制图案，将不考虑是否与前面复制的图案对齐，在默认的情况下，此复选框是选中的。

C→"印象派效果"：勾选该复选框，可以将印象派效果应用到图像中。

操作演示：利用"图案图章工具"添加花边图案

01 打开素材图片：女人.tif，选择"图案图章工具" 🖊，单击工具属性栏右侧的"切换画笔面板"按钮，选择如图5-3-22所示的图案。

图5-3-22 切换画笔面板

02 单击"图层"面板下方的"创建新图层"按钮 ，新建"图层1"，设置"画笔"为柔边缘50像素，在图中绘制图像，效果如图5-3-23所示。

图5-3-23 "对齐"效果

03 新建"图层2"，隐藏"图层1"。勾选掉"对齐"复选框，在图中绘制图像的效果如图5-3-24所示。

图5-3-24 图像效果

5.4 颜色修饰工具

利用Photoshop中的颜色类修饰工具调整图像颜色的深浅效果，能够精确细致地调整图像的细部色彩，让处理后的图像更完美。颜色类修饰工具，包括："减淡工具"、"加深工具"和"海绵工具"，本节主要讲解这些工具的使用方法。

5.4.1 减淡工具

"减淡工具"用来加亮图像局部。与摄影上的暗室一样，可以改变特定区域的曝光度。"减淡工具"的属性栏与"涂抹工具"的属性栏不同，在此主要介绍"范围"和"曝光度"两个选项，如图5-4-1所示。

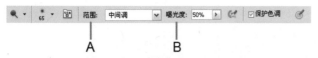

图5-4-1 "减淡工具"属性栏

A→"范围"：选择要处理的区域，有3个选项，"阴影"用于提高暗部及阴影区域的亮度；"中间调"用于提高灰度区域的高度；"高光"用于提高亮部区域的亮度。

B→"曝光度"：该选项可以设置曝光强度。

操作演示：利用"减淡工具"减淡图像色彩

01 执行"文件" | "打开"命令，打开素材图片：糖果.tif，如图5-4-2所示。

02 选择"减淡工具" ，设置"画笔"为柔边圆1000像素，"曝光度"为100%，在图中涂抹使其颜色减淡，图像的最终效果如图5-4-3所示。

图5-4-2 打开素材

图5-4-3 减淡效果

5.4.2 加深工具

"加深工具"与"减淡工具"正好相反，该工具可以将图像暗化，该工具属性栏与"减淡工具"属性栏相同，如图5-4-4所示。

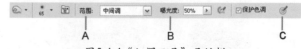

图5-4-4 "加深工具"属性栏

A→"范围"：在"范围"下拉列表中包含了"阴影"、"中间调"和"高光"选项，选择"阴影"选项，能够更改图像中暗部区域的像素，选择

"中间调"选项，能够更改图像中的颜色对应灰度为中间范围的部分像素，选择"高光"选项，能够更改图像中亮部区域的像素。

B→"曝光度"：设置"加深"工具的曝光度，范围在1%～100%之间。

C→"喷枪"：单击"喷枪"按钮，能够使"加深工具"的绘制效果具有喷枪效果。

操作演示：利用"加深工具"加深图像颜色

01 执行"文件"|"打开"命令，打开素材图片：花瓣.tif，如图5-4-5所示。

图5-4-5 打开素材

02 选择"加深工具" ，设置属性栏上的"画笔"为柔边圆100像素，"曝光度"为100%，在图像中涂抹使其颜色加深，图像效果如图5-4-6所示。

图5-4-6 加深效果

5.4.3 海绵工具

"海绵工具"用于调整色彩饱和度，它可以提高或降低色彩的饱和度，该工具属性栏如图5-4-7所示。"海绵工具"与"加深工具"的属性大不相同，在"模式"下拉列表中选择"降低饱和度"选项，可以降低颜色的饱和度，同时增加图像中的灰色调。

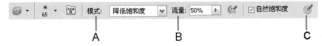

图5-4-7 "海绵工具"属性栏

A→"模式"：在"模式"下拉列表中包含了"降低饱和度"与"饱和"选项，选择"降低饱和度"选项，能减弱图像中的颜色饱和度，选择"饱

和"选项，能够增加图像中的颜色饱和度。

B→"流量"：设置"海绵工具"在图像中作用的速度。

C→"喷枪"：单击"喷枪"按钮，能够使"海绵工具"的绘制效果具有喷枪效果。

操作演示：利用"海绵工具"处理图像

01 打开素材图片：建筑.tif，按Ctrl+J快捷键复制"背景"图层，生成 "图层1"。选择"海绵工具" ，设置"画笔"为柔边圆300像素，"模式"为"降低饱和度"，在窗口中涂抹去掉图像色彩，图像效果如图5-4-8所示。

图5-4-8 "降低饱和度"效果

02 按Ctrl+J快捷键复制"背景"图层，生成 "背景副本"，隐藏"图层1"，设置"模式"为 "饱和"，在窗口中涂抹图像，如图5-4-9所示。

图5-4-9 "饱和"效果

03 按Ctrl+J快捷键复制"背景 副本"图层，生成"背景 副本2"，隐藏"背景 副本"，勾选掉"自然饱和度"复选框，涂抹图像，效果如图5-4-10所示。

图5-4-10 图像效果

5.5　效果修饰工具

在处理图像时，如果需要对图像进行模糊、锐化等修饰时，可以通过Photoshop中的"模糊工具"、"锐化工具"和"涂抹工具"实现。本节主要讲解这些工具的使用方法。

5.5.1　模糊工具

"模糊工具"可以柔化模糊图像，其工作原理是降低图像像素之间的反差，使图像的边界区域变得柔和，产生一种模糊的效果，该工具的属性栏如图5-5-1所示。

图5-5-1　"模糊工具"属性栏

A→"画笔"：单击"画笔"下拉按钮，即可在弹出的下拉面板中选择画笔类型和画笔大小。

B→"模式"：单击"模式"下拉按钮，可在其弹出下拉列表中选择画笔的混合模式，共包括"正常"、"变暗"、"变亮"、"色相"、"饱和度"、"颜色"和"亮度"7种混合模式。

C→"强度"：用于控制模糊程度，数值越大，所产生模糊的效果就越明显。

D→"对所有图层取样"：选中该复选框，将对所有图层的图像执行模糊处理；若不选中该复选框，则只对当前图层的图像执行模糊处理。

操作演示：利用"模糊工具"美化皮肤

01 执行"文件"｜"打开"命令，打开素材图片：人物.tif，如图5-5-2所示。

图5-5-2　打开素材

02 选择"模糊工具" ，设置"画笔"为柔边圆90像素，"强度"为100%，在图像中涂抹人物皮肤，图像的最终效果如图5-5-3所示。

图5-5-3　模糊效果

5.5.2　锐化工具

"锐化工具"与"模糊工具"恰好相反，该工具是将图像相似区域的清晰度提高，也就是增大像素之间的反差，该工具属性栏中的参数和"模糊工具"属性栏中的参数基本相同，如图5-5-4所示。

图5-5-4　"锐化工具"属性栏

操作演示：利用"锐化工具"锐化图像

01 执行"文件"｜"打开"命令，打开素材图片：花蕊.tif，如图5-5-5所示。

图5-5-5　打开素材

02 选择"锐化工具" ，设置"画笔"为柔边圆50像素，在花心处进行涂抹，对其进行锐化处理，图像的最终效果如图5-5-6所示。

图5-5-6　锐化效果

5.5.3 涂抹工具

"涂抹工具"在图像上用涂抹的方式柔和附近的像素，拖动鼠标，使笔触周围的像素随着鼠标移动而相互融合，从而创造柔和、模糊的效果。该工具属性栏如图5-5-7所示。

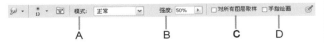

图5-5-7 "涂抹工具"属性栏

A→"模式"：在"模式"下拉列表中，包含："正常"、"变暗"、"变亮"、"色相"、"饱和度"、"颜色"和"高度"7个选项，可以根据不同的需要，在"模式"下拉列表中选择不同的模式。

B→"强度"：设置画笔的强度，参数值越大，涂抹的线条色越深。

C→"对所有图层取样"：勾选该复选框，使用"涂抹工具"时对所有图层都起作用。

D→"手指绘画"：勾选该复选框，类似于用手指蘸着前景色在图像中进行绘画涂抹。

操作演示：利用"涂抹工具"添加花朵颜色

01 打开素材图片：花.tif，选择"涂抹工具" ，设置属性栏上的"画笔"为柔边圆120像素，"强度"为80%，在图像中涂抹，效果如图5-5-8所示。

02 设置前景色为：红色（R：255，G：0，B：234），如图5-5-9所示，单击"确定"按钮。

图5-5-8 涂抹效果

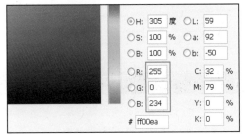

图5-5-9 设置前景色

03 勾选"手指绘画"复选框，在图像中涂抹，效果如图5-5-10所示。

图5-5-10 最终效果

5.6 实例应用：污点瑕疵修复处理

案例分析

本实例讲解"污点瑕疵修复处理"的处理方法；在处理过程中，主要运用了"仿制图章工具"覆盖人物污点图像，再用"磁性套索工具"定义选区，填充颜色，修复有污点的背景图像。

制作步骤

01 执行"文件" | "打开"命令，打开素材图片：小孩儿.tif，如图5-6-1所示。

02 按Ctrl+J快捷键复制"背景",生成"图层1"。选择"仿制图章工具" ,按住Alt键不放,在需要覆盖图像的一旁单击取样,释放Alt键后,涂抹需要覆盖的区域,如图5-6-2所示。

图5-6-1 打开素材　　　图5-6-2 涂抹图像

提示:

在涂抹过程中的十字图标代表取样区域,另外需要反复吸取图像相似的小区域,并且反复涂抹才能使覆盖区域更加自然。

03 涂抹完成后,小孩皮肤变得光滑,图像效果如图5-6-3所示。

04 选择工具箱中的"磁性套索工具" ,在属性栏中设置"羽化"为1像素,其他参数保持默认值。在图像中沿人物边缘拖移绘制选区,如图5-6-4所示。

提示:

"磁性套索工具"根据图像颜色差异自动识别选择区域,如有拾取到白色像素部分,可按"退格键"退回上一个节点,再手动单击要拾取部分。

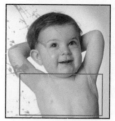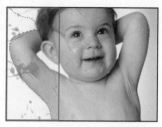

图5-6-5 涂抹效果　　　图5-6-4 绘制选区

05 设置前景色为灰色(R:245,G:243,B:246),如图5-6-5所示,单击"确定"按钮。

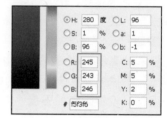

图5-6-5 设置前景色

06 按Alt+Delete快捷键,填充前景色到选区,效果如图5-6-6所示。

07 根据上述操作方法,用"仿制图章工具"与"磁性套索工具"涂抹填充图像其他地方,图像最终效果如图5-6-7所示。

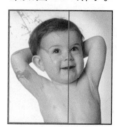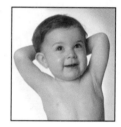

图5-6-6 填充效果　　　图5-6-7 最终效果

5.7　实例应用:红眼瑕疵修复处理

案例分析

　　本实例讲解"红眼瑕疵修复处理"的处理方法;在处理过程中,主要运用了"红眼工具"去除红眼,再用"画笔工具"绘制眼睛高光,最后用"色彩范围"命令载入选区,用"色相/饱和度"命令调整图像颜色,即可达到最终效果。

制作步骤

01 执行"文件"│"文件"│"打开"命令,打开素材图片:女孩.tif,如图5-7-1所示。

图5-7-1　打开素材

02　选择"红眼工具"，在属性栏上设置"瞳孔大小"为30%，"变暗量"为30%，在图像中单击人物红色眼瞳部分，图像效果如图5-7-2所示。

03　单击"图层"面板下方的"创建新图层"按钮，生成"图层1"。设置前景色为白色，选择"画笔工具"，设置属性栏上的"画笔"为柔边圆15像素，在人物眼睛处进行涂抹绘制颜色，如图5-7-3所示。

图5-7-2　图像效果

图5-7-3　涂抹效果

04　设置"图层1"的"不透明度"为10%，图像效果如图5-7-4所示。

图5-7-4　"不透明度"效果

提示：

除了设置图层的"不透明度"以外，还可以在上步操作中，设置画笔的"不透明度"和"流量"也可达到同样效果。

05　新建"图层2"，选择"画笔工具"，在人物瞳孔处进行涂抹绘制颜色，如图5-7-5所示。

06　设置"图层2"的"不透明度"为30%，图像效果如图5-7-6所示。

图5-7-5　涂抹效果　　　　图5-7-6　"不透明度"效果

07　按Ctrl+Shift+Alt+E快捷键，盖印可视图层，生成"图层3"，执行"选择"|"色彩范围"命令，打开"色彩范围"对话框，单击"添加到取样"按钮，在文件窗口中单击人物皮肤红色和头发部分，对话框如图5-7-7所示。

08　单击"确定"按钮，载入选区，如图5-7-8所示。

图5-7-7　拾取色彩范围　　　图5-7-8　载入选区

09　单击"图层"面板下方的"创建新的填充或调整图层"按钮，选择"色相/饱和度"命令，打开"色相/饱和度"对话框，设置参数为21、-60、14，如图5-7-9所示。

图5-7-9　"设置"色相/饱和度"参数

10　执行"色相/饱和度"命令后，图像效果如图5-7-10所示。

11　选择"画笔工具"，设置属性栏上的"画笔"为柔边圆50像素，"不透明度"为60%，"流量"为40%，设置前景色为白色，涂抹人物脸部红色部分与头发部分，图像最终效果如图5-7-11所示。

图5-7-10　"色相/饱和度"效果　　　图5-7-11　最终效果

5.8 实例应用：曝光照片修复处理

案例分析

　　本实例讲解"曝光照片修复处理"的处理方法。在处理过程中，首先运用了"曲线"命令调整图像的整体亮度，再用"加深工具"对图像进行涂抹，最后用"色相/饱和度"调整图像颜色。

制作步骤

01 按Ctrl+O快捷键，打开素材图片：时尚女人.tif，如图5-8-1所示。

02 单击"图层"面板下方的"创建新的填充或调整图层"按钮 ◑，选择"曲线"选项，打开"曲线"对话框，调整曲线弧度，如图5-8-2所示。

03 执行"曲线"命令后，图像效果如图5-8-3所示。

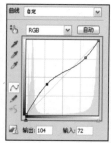

图5-8-1　打开素材　图5-8-2　调整曲线　图5-8-3　"曲线"效果

04 按Ctrl+Shift+Alt+E快捷键，盖印可视图层，生成"图层1"，选择"加深工具" ◉，设置属性栏上的"画笔"为柔边圆100像素，"范围"为"中间调"，"曝光度"为50%，在人物衣服褶皱处涂抹使其颜色加深，效果如图5-8-4所示。

05 单击"图层"面板下方的"创建新的填充或调整图层"按钮 ◑，选择"曲线"选项，打开"曲线"对话框，调整曲线弧度，如图5-8-5所示。

06 执行"曲线"命令后，图像效果如图5-8-6所示。

图5-8-4　加深效果　图5-8-5　调整弧度　图5-8-6　"曲线"效果

07 选择"画笔工具" ◢，设置属性栏上的"画笔"为柔边圆100像素，"不透明度"为60%，"流量"为50%，涂抹人物脸部与部分衣服褶皱处，图像效果如图5-8-7所示。

08 单击"图层"面板下方的"创建新的填充或调整图层"按钮 ◑，选择"色相/饱和度"选项，打开"色相/饱和度"对话框，设置参数为30、0、0，图像最终效果如图5-8-8所示。

图5-8-7　涂抹效果　图5-8-8　最终效果

5.9 实例应用：划痕照片修复处理

案例分析

　　本实例讲解"划痕照片修复处理"的处理方法。在处理过程中，首先执行"去色"命令，再用"仿制图章工具"覆盖划痕区域，然后用"矩形选框工具"定义选区，填充前景色，设置"图层样式"，最后用"照片滤镜"命令为图像添加陈旧颜色。

制作步骤

01 执行"文件"|"打开"命令，打开素材图片：美女.tif，如图5-9-1所示。

图5-9-1　打开素材

02 按Ctrl+J快捷键复制"背景"图层，生成"图层1"，按Ctrl+Shift+U快捷键执行"去色"命令，去除图像颜色，图像效果如图5-9-2所示。

图5-9-2　"去色"效果

03 选择"仿制图章工具"，按住Alt键不放，在需要覆盖划痕区域一旁单击取样，释放Alt键后，涂抹划痕处，图像效果如图5-9-3所示。

图5-9-3　涂抹效果

04 单击"图层"面板下方的"创建新图层"按钮，生成"图层2"。按住Ctrl键，单击"图层1"的"图层缩览图"，载入选区，选择工具箱中的"矩形选框工具"，单击属性栏"从选区减去"按钮，在图像中拖移并定义矩形选区，如图5-9-4所示。

图5-9-4　绘制选区

05 设置前景色为灰色（R：173，G：173，B：173），按Alt+Delete快捷键，填充前景色到选区，效果如图5-9-5所示。

图5-9-5　填充效果

06 单击"图层"面板下方的"添加图层样式"按钮，打开快捷菜单，选择"投影"选项，打开"图层样式"对话框，设置"投影"的"角度"为45，"距离"为9像素，"大小"为5像素，如图5-9-6所示。

图5-9-6 设置"投影"参数

07 选择"斜面和浮雕"复选框,设置"样式"为"内斜面","大小"为5像素,如图5-9-7所示。

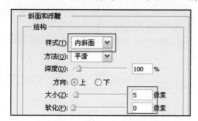

图5-9-7 设置"斜面和浮雕"参数

08 单击"确定"按钮,图像效果如图5-9-8所示。

图5-9-8 "图层样式"效果

09 单击"图层"面板下方的"创建新的填充或调整图层"按钮 ，选择"照片滤镜"选项,打开"照片滤镜"对话框,设置"颜色以"为黄色（R：213，G：137，B：0），"浓度"为52%,如图5-9-9所示。

图5-9-9 设置"照片滤镜"参数

10 执行"照片滤镜"命令后,图像最终效果如图5-9-10所示。

图5-9-10 最终效果

本章小结

通过本章对修图工具的学习,相信读者都对Photoshop CS5软件修图工具的使用有了更深的了解和掌握。希望读者能够熟悉Photoshop的工作界面,并掌握各个工具的使用方法和知识概念,多加练习,便能熟知方法和技巧,为之后学习更深层次的知识打下坚实的基础。

第6章

数码照片风景润色处理：
图层面板的运用

　　"图层"面板中的图层混合模式是 Photoshop 最强大的功能之一。在对数码照片风景润色处理中，常用图层混合模式决定其像素如何与图像中的下层像素进行混合，使用混合模式可以创建各种特殊效果。如晴朗明媚的阳光、霞光四射的云彩、烟雾缭绕的云海、林中透射的阳光等特效都可以通过设置图层混合模式制作出各种奇特的风景图像。本章重点讲解了对图层混合模式的实际应用，可运用于数码照片的后期处理。

6.1 自然风景的拍摄技巧

自然风景的变化速度早晚很快。要不错过一瞬间的摄影时机，了解任何条件下的自然现象，达到自然地观察自然界是非常重要的。在自然风景摄影实地上，除特殊情况外，照明光一般是为自然光所决定的，自己不能随意改变。这样，自然风景摄影受到几种无可奈何的制约。因此，构成画面时光线方向选择的问题是摄影的要点。构图因使用镜头的焦距、摄影距离、摄影位置、角度的组合不同而不同，并且根据摄影目的和表现对以上各种因素选择也不同，对此需广泛了解，自然风景图片如图6-1-1所示。

图6-1-1 自然风景图片

6.1.1 山景的拍摄技巧

拍摄山景，摄影爱好者就要付出一定的体力代价。那种站在山下举起相机仰拍的摄影者，很难拍摄出好作品，因为许多人对这个视觉效果的照片习以为常，没有新颖的感觉。如果摄影者站在所要拍摄山峰的同一高度举起相机，镜头里的山峦叠嶂，错落有序，画面就有了层次。当旅游摄影者站在山峰之巅向下俯拍，又有"一览众山小"的视觉效果，山景图片如图6-1-2所示。

图6-1-2 山景图片

6.1.2 水景的拍摄技巧

如果要拍摄风景中的河流或小溪，就要考虑它的特点以及如何在照片中表现这种特点。一条缓慢的大河与一条小溪的外观和感觉是完全不同的。水体可以是整幅照片的中心，也可以只是构图中的一个元素可以是对角线、水平线、或者作为框架内补充其他元素的形状。要仔细观察水中的倒影。一些情况下可以利用倒影增强照片的效果，比如，水面倒映出红叶的颜色，但另一些情况下也会分散注意力。为了在作品中消除或显现倒影，需要来回试着从不同的地点拍摄，或当阳光在另外一个角度时。使用偏光滤镜，可以一定程度上消除反射、提高对比度；调整偏光滤镜直到得到想要的效果，流水摄影图片如图6-1-3所示。

图6-1-3 流水摄影图片

6.1.3 行车中的拍摄技巧

纵向拍摄：可以让镜头捕捉到更多的信息，基本上包括从脚下一直到天空。画面留给天、草原和更多的部分，这样的画面更有种空旷和静谧的感觉。

横向拍摄：尽管纵向拍摄很有趣，然而横向拍摄更适合于主题拍摄。估计一下景观并确定那部分将是要突出表现的。将要突出的主题放在画面最重心的位置，这样既能突出主题又能把大的环境包括进去。

广角拍摄：广角拍摄会将天空很大的一部分显现出来创造出一幅优美图片，行车中拍摄的风景如图6-1-4所示。

图6-1-4　行车中拍摄的风景

6.1.4　烟花的拍摄技巧

　　烟花可谓是拍摄对象中比较难拍的一类，首先它是动态的，这要求考虑到曝光时间问题。第二，周围的环境也会影响着照片的可观性，还有天气等因素也会影响着拍摄的效果。

　　选择拍摄烟花的地点非常重要，如果是拍大场景的焰火，高处最好，同时附近的建筑物有起到衬托烟花的作用更妙，因为有参照物对比的照片更生动，有了建筑物的对比，就会显得烟花更加壮观。还要留意风向和风力，有风的天气是拍摄烟花的好日子。但如

果风力不够或没有风拍摄起来就会比较麻烦，因为烟花释放完会有浓烟产生，这些浓烟如果不尽快散去会降低甚至隔绝下一个烟花的效果，烟花图片如图6-1-5所示。

图6-1-5　烟花作品

6.2　城市风景的拍摄技巧

　　城市风景的拍摄技巧，从专业角度来说，最好是使用移轴镜头，它能防止建筑物的变形。但普通摄影爱好者不具备这个条件，也不必强求。使用不同的焦距拍摄建筑物，所产生的影像效果不同。我们把50mm焦距镜头称为标准镜头，其拍摄出来的照片与我们的视觉相同，最能反映事物的客观性。以这个焦距为基准，焦距越长，透视感越差。镜头焦距越短（28mm或24mm），建筑物变形越大，但透视效果好，画面的纵深感也能得到较好的表现，同时还能获得大范围的清晰度。

　　通常来说，我们最常用的是广角（24mm）至标准的（50mm）焦距，使用短焦距拍摄高楼大厦的优点前面已讲解，而主要的弊病是建筑物的变形（下大上小），因为建筑物外观多呈直线条，仰拍则变形更为严重。一般来说，竖幅画面拍摄有利于表现建筑物的高大雄伟，或街道的纵深感，横幅画面拍摄能较好地表现建筑群的林立，城市风景如图6-2-1所示。

图6-2-1　城市风景

6.2.1　阴天中的城市拍摄技巧

　　阴天中的城市拍摄技巧，首先，我们注意到阴天里所拍摄的图像一般会比较平淡，利用闪光灯补光时，也容易形成造成城市风景光线生硬而背景昏暗的现象。

阴天拍摄的曝光要注意，先尝试不要使用闪光灯，开大光圈及使用稍长的快门时间，快门若无法维持在安全快门，考虑再将 ISO 调高一级（或是使用脚架）。这样的方式，至少可以让主体与背景受光较一致。不会产生主体过亮，而背景过暗的情况。

若决定补光，闪光灯可用手动控制，注意补光的强度，不要高于现场的光线，也就是稍做补光就好。用好曝光组合，现场光的曝光效果受快门时间和光圈两个因素的控制，而在同步速度之内，闪光灯的曝光效果只受光圈控制，恰当运用曝光组合，可获得最佳效果，阴天中的城市如图6-2-2所示。

图6-2-2　阴天中的城市

6.2.2　晴天中的城市拍摄及技巧

经验一巧用白平衡：白平衡是数码相机所特有的概念，色温偏高会使图像整体偏蓝，偏冷。反之图像会偏红，偏暖。拍摄时带上一张白纸，手动设置白平衡时把白纸放在拍摄物品前面，再把镜头对准白纸，从而完成手动白平衡的设置。

经验二观察现场光：在外拍时特别要注意对光线位置的理解，尤其对在逆光拍摄和侧逆光拍摄时，背景的光线较亮，如果按照数码相机的测光读数进行曝光，很可能就会造成图像过曝的现象，所以应该减少半档或一档的曝光。

经验三注意拍摄姿势：很多摄影爱好者的拍摄姿势是不正确的，这很可能会造成图像的模糊，使作品毁于一旦。拍摄姿势应遵循的一个原则：尽量的去找支撑点，越稳越好。晴天中的城市风光，如图6-2-3所示。

图6-2-3　晴天城市风光

6.2.3　城市特色建筑物

建筑物显示出的城市文脉、风貌特色、时代特征

和人的精神，构成了建筑艺术的丰富内涵。特别是建筑物的标准化、商品化、国际化趋势。城市是由建筑物集群组成的，城市的风格是由这个城市里大多数建筑物的风格决定的，建筑物与城市之间应该构成一种和谐之美，城市特色建筑物如图6-2-4所示。

图6-2-4　特色建筑物

6.2.4　黑白色城市氛围

黑白色表现出抽象、简练的氛围。利用黑白影调，可以充分表现影像的潜质，有些是在彩色影调中难以表现的。特别是体验在黑白影像拍摄和制作过程中完全自主的品质控制的乐趣，与色彩缤纷的彩色摄影相比，黑白摄影只以黑、白和灰三种色调还原被摄对象，因此，它的品质控制就显得尤为重要，任何品质上的损失都会使黑白照片的感染力大打折扣。黑白城市风光，如图6-2-5所示。

图6-2-5　黑白城市风光

6.2.5　城市的夜景拍摄

夜景拍摄与一般的拍摄相比，有一些特殊性：

1．光圈优先：拍摄夜景，要特别注意运用光圈。光圈的大小不仅影响画面的清晰度，还能营造不同的视觉效果。一般来说拍摄夜景都用小光圈，一方面是希望景物的远近都清晰；另一方面，小光圈时，快门速度比较慢。

2．调整白平衡：选择不同的白平衡，将直接影响到照片的色调以及所表达的意境。拍摄时，可以通过相机的LCD，先观察不同白平衡下画面的感觉，再确定自己想要的色彩进行拍摄。

3．曝光补偿：夜景拍摄中，曝光补偿是很常用的，因为夜景中明暗反差比较大，容易使灯光、建筑物过曝。

4．对焦：由于普通DC在光线不足时很难对景物准确对焦，所以在进行夜景拍摄时，尽量将对焦点锁定在较为明亮的景物上，然后再进行构图。城市夜景，如图6-2-6所示。

图6-2-6　城市夜景

6.2.6　城市建筑的拍摄技巧

1．选择画面的视点：拍摄城市建筑，无论拍摄单个建筑或群体建筑，为了寻找最佳的摄影视点，摄影者一定要事先全方位考虑一下所拍建筑周围所有可能的视点，并锁定一、二个具有代表特色的能使所拍城市建筑产生魅力和个性的视点来进行重点拍摄。

2．把握画面的基调：把握当今建筑特征的最好方法就是运用特定季节或气候条件的光线和色彩来造成一种相应的情调，日光的变化能迅速改变建筑物的外貌和色彩气氛，因此，认真选择不同季节，不同时间段的日光照射就可以使拍出的画面创造出一种特殊的气氛来。

3．强调画面的冲击力：新世纪的城市建筑，通常是引人注目的。摄影者实际拍摄时，不要墨守成规，要有意识打破常规，采用灵活多样富有创新精神的方法来处理画面。城市建筑物的照片，如图 6-2-7 所示。

图6-2-7　城市建筑物

6.3　图层面板中的编辑操作

"图层"面板中通过对图层进行编辑操作，可以达到意想不到的图像效果。其中包括图层的锁定、图层的合并、图层的链接、图层的应用等，下面将详细介绍和演示对"图层"面板中的编辑操作过程。"图层"面板如图6-3-1所示。

图6-3-1　"图层"面板

"图层"面板中各按钮的功能如下：

A→"锁定透明像素"按钮 ▨：单击该按钮，可锁定图像中的透明像素部分，使之不能对其进行任何操作编辑。

B→"锁定图像像素"按钮 ✐：单击该按钮，可锁定图像像素，不能对图层中的图像进行编辑处理，但是可以移动图层中的图像。

C→"锁定位置"按钮 ✛：单击该按钮，锁定图像位置，使图像位置固定，但能对图层中的图像进行操作编辑。

D→"锁定全部"按钮 🔒：单击该按钮，锁定图像，不仅锁定图像位置，还锁定了图像像素不能进行编辑处理。

E→"链接图层"按钮 🔗：同时选中多个图层，单击该按钮，对选中的图层进行链接并能对链接图层进行同时编辑操作。

F→"添加图层样式"按钮 fx.：单击该按钮，能够为图层中的图像添加样式。

G→"添加图层蒙版"按钮 ▢：单击该按钮，能够为图层添加蒙版。

H→"创建新的填充或调整图层"按钮 ◕：单击该按钮，可为图层中的图像执行调整颜色和色调调整等命令。

I→"创建新组"按钮 ▢：单击该按钮，能在"图层"面板中创建新组，以方便对图层的管理。

J→"创建新图层"按钮 ▫：单击该按钮，能在"图层"面板中创建普通图层。

K→"删除图层"按钮 🗑：选中图层后，单击该按钮，可删除选中的图层。

6.3.1 图层的锁定

通常锁定图层是为了保护图层中的图像不受任何操作的影响，或在某个图层中完成操作后对图层进行锁定。"图层"面板中的锁定，包括：锁定图层透明像素、锁定图层像素、锁定全部、锁定位置等功能。

操作演示：图层的锁定操作

01 按Ctrl+O快捷键，打开素材图片：梦幻花朵.tif，新建"图层1"，再定义椭圆选区，如图6-3-2所示。

图6-3-2 绘制椭圆选区

02 单击"设置前景色"按钮■，设置前景色为蓝色（R：7，G：151，B：252），填充前景色，如图6-3-3所示。

图6-3-3 填充前景色

03 设置"图层1"的图层混合模式为"叠加"，再单击"锁定透明像素"按钮▣，如图6-3-4所示。

图6-3-4 设置图层混合模式

04 设置前景色为白色，填充前景色，图像效果如图6-3-5所示。

图6-3-5 填充前景色

05 单击"锁定图像像素"按钮✏，并对图像进行编辑，会弹出对话框，告知无法进行编辑，如图6-3-6所示。

图6-3-6 锁定图像像素

06 单击"图层"面板下方的"锁定全部"按钮🔒，同样不能对图像进编辑操作，如图6-3-7所示。

图6-3-7 锁定全部图像

操作提示：

单击"图层"面板下方的"锁定位置"按钮✚，可以对图像进行编辑操作，只是不能移动图像位置。

6.3.2 图层的合并

图像处理完成后，"图层"面板可能会有大量的图层，这时可以通过对图层的合并来缩小图像文件的大小，方便保存。下面介绍对图层合并的具体操作。

操作演示：图层合并的多种方法

01 执行"文件"|"打开"命令，打开素材图片：图层合并的多种方法.psd，如图6-3-8所示。

图6-3-8 打开素材

02 选择"文字"图层和"图层1"单击右键，打开快捷菜单，执行"合并图层"命令，如图6-3-9所示。

图6-3-9 执行"合并图层"命令

03 执行"合并图层"命令后，合并为"图层1"，如图6-3-10所示。

图6-3-10 合并图层

04 选择"图层2"单击右键，打开快捷菜单，执行"向下合并"命令，合并为"图层1"，如图6-3-11所示。

图6-3-11 执行"向下合并"命令

05 按Ctrl+Shift+Alt+E快捷键盖印可见图层，生成"图层7"，如图6-3-12所示。

06 隐藏除"背景"、"背景 副本"图层以外的其他图层，单击右键打开快捷菜单，执行"合并可见图层"命令，合并为"背景"图层，如图6-3-13 所示。

图6-3-12 盖印可见图层

图6-3-13 合并可见图层

操作提示：

执行"向下合并"命令，也可按Ctrl+E快捷键向下合并图层。执行"合并可见图层"命令，也可按Ctrl+Shift+E快捷键合并可见图层。

6.3.3 图层的链接

在对图像进行编辑处理过程中，如果需要同时对几个图层中的图像进行编辑或移动时，可先把这几个图层链接起来形成多个图层或组，然后便可对这几个图层同时进行操作编辑。通过图层的链接能快捷地对图像进行处理操作，提高工作效率。以下将具体介绍使用图层链接的运用方法。

操作演示：使用图层链接的方法

01 执行"文件"|"打开"命令，打开素材图片：使用图层链接的方法.psd，在"图层"面板中，选中"图层1"和"图层2"，如图6-3-14所示。

图6-3-14 打开素材

02 单击"图层"面板下方的"链接图层"按钮 🔗，即可将选中的图层进行链接，如图6-3-15所示。

图6-3-15　链接图层

03 选择"移动工具" ►+，向上移动链接图层中的图像，被选中的图层会一起移动，如图6-3-16所示。

图6-3-16　移动图像

04 选中链接图层，执行"图层"|"锁定图层"命令，勾选"位置"复选框，如图6-3-17所示。单击"确定"按钮。

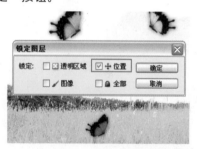

图6-3-17　锁定图层位置

05 按住 Shift 键不放，单击链接图层后面的"链接"图标 🔗，图层链接图标转换为 ✕，如图 6-3-18所示。

图6-3-18　暂停链接

06 再次按住Shift键不放，单击链接图层后面 ✕ 图标，即可启用链接，如图6-3-19所示。

图6-3-19　启用链接

6.3.4　图层组的应用

在处理图像过程中，特别是对于有多个图层的合成图像，图层过多不便于对图层进行管理，利用图层组可以方便处理图层。在"图层"面板中，新建图层组，并将相关的图层移动到图层组中，再对图层组中的图层进行编辑处理，下面将具体介绍图层组的使用方法。

操作演示：对图层组进行操作

01 按Ctrl+O快捷键，打开素材：对图层进行操作.psd，单击"图层"面板下方"创建新组"按钮 📁，生成"组1"，如图6-3-20所示。

图6-3-20　创建图层组

02 按住Shift键不放，选中"背景"图层和"组1"图层中间的所有图层，拖动到"组1"中，如图6-3-21所示。

图6-3-21　拖动图层

03 单击"组1"图层前三角形符号，选中图层全部在"组1"中，如图6-3-22所示。

图6-3-22 "组1"图层

6.4 图层混合模式

在编辑处理图像的过程中，为了对图像之间进行混合处理，通常运用图层混合模式。可通过设置图层的"不透明度"和"填充不透明度"来决定图像的显示程度，利用图层混合模式混合图像时，还可以隐藏一些图像的细节，从而可达到奇妙的图像效果。图层混合模式有很多种，主要由5类混合模式组成。图层混合模式种类如图6-4-1所示。

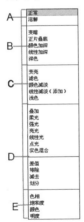

图6-4-1 图层混合模式

A→组合混合：包含"正常"和"溶解"两种混合模式，与图层的"不透明度"相配合才会产生一定的混合效果。

B→加深混合：包括："变暗"、"正片叠底"、"颜色加深"、"线性加深"和"深色"5种混合模式，使用这5种混合模式可将当前图像与原图像进行比较，使底层图像变暗。

C→减淡混合：它与加深混合图像效果相反，都可能加亮底层图像。

D→对比混合：对比混合综合了加深和减淡混合的特点，并且还可以比较当前图像与底层图像。

E →色彩混合：色彩的三要素包括："色相"、"饱和度"和"明度"，使用色彩混合模式合成图像时，会将色彩三要素中的一种或两种应用在图像中上。

6.4.1 减淡混合

减淡混合是比较常用的一种图层混合模式，减淡混合模式，包括："变亮"、"滤色"、"颜色减淡"、"线性减淡"和"浅色"5种图层混合模式。下面介绍这几种混合模式的具体运用。

操作演示：减淡混合特效

01 执行"文件"|"打开"命令，打开素材图片：梦幻风景.tif，如图6-4-2所示。

图6-4-2 打开素材

02 打开素材图片：海滩.tif，移动到操作文件窗口中，生成"图层1"调整图像的大小和位置后，设置图层混合模式为"变亮"，图像效果如图6-4-3所示。

图6-4-3 图层混合模式为"变亮"

03 设置"图层1"的图层混合模式为"滤色"，图像效果如图6-4-4所示。

图6-4-4　图层混合模式为"滤色"

04 设置"图层1"的图层混合模式为"颜色减淡"，图像效果如图6-4-5所示。

图6-4-5　图层混合模式为"颜色减淡"

05 设置"图层1"的图层混合模式为"线性减淡（添加）"，图像效果如图6-4-6所示。

图6-4-6　图层混合模式为"线性减淡（添加）"

06 设置"图层1"的图层混合模式为"浅色"，图像效果如图6-4-7所示。

图6-4-7　图层混合模式为"浅色"

操作提示：

使用减淡混合，图像都会变亮，如果减少图层的"不透明度"可减少图像亮度。

6.4.2　加深混合

加深混合包括5种图层混合模式，分别是"变暗"、"正片叠底"、"颜色加深"、"线性加深"和"深色"混合模式。最常用的是"正片叠底"混合模式。这些混合模式可以查看每个通道中的颜色信息，图像颜色都是比较暗的颜色。对加深混合的具体介绍如下。

操作演示：加深混合特效

01 执行"文件"｜"打开"命令，打开素材图片：优美风景.tif，如图6-4-8所示。

图6-4-8　打开素材

02 复制出"背景 副本"图层，设置图层混合模式为"变暗"，图像效果如图6-4-9所示。

图6-4-9　图层混合模式为"变暗"

03 设置"背景 副本"的图层混合模式为"正片叠底"，图像效果如图6-4-10所示。

图6-4-10　图层混合模式为"正片叠底"

04 设置"背景 副本"的图层混合模式为"颜色加深"，图像效果如图6-4-11所示。

05 设置"背景 副本"的图层混合模式为"线性加深"，图像效果如图6-4-12所示。

图6-4-11　图层混合模式为"颜色加深"

图6-4-12　图层混合模式为"线性加深"

06 设置"背景 副本"的图层混合模式为"深色"，
图像效果如图6-4-13所示。

图6-4-13　图层混合模式为"深色"

操作提示：

加深混合的图像效果都是变暗，同样可以设置图层的
"不透明度"降低变暗程度。

6.4.3　对比混合

对比混合分为"对比型混合"和"比较型混合"
共有混合模式11种，下面以"叠加"和"差值"两种
图层混合模式为例来进行具体操作演示。

操作演示：对比混合特效

01 执行"文件"|"打开"命令，打开素材图片：梦
幻花海1.tif，如图6-4-14所示。

02 打开素材图片：梦幻花海2.tif，移动到操作文件窗
口中，生成"图层1"，设图层混合模式为"叠
加"，如图6-4-15所示。

图6-4-14　打开素材

图6-4-15　图层混合模式为"叠加"

03 设置"图层1"的图层混合模式为"差值"，图像
效果如图6-4-16所示。

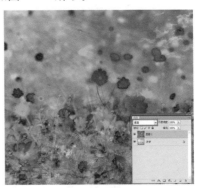

图6-4-16　图层混合模式为"差值"

6.4.4　色彩混合

色彩混合包括："色相"、"饱和度"、"颜色"
和"明度"4种图层混合模式，使用色彩混合模式混合
图像时，可使图像颜色更加鲜艳夺目。色彩混合是指
当前选定颜色与图象原有的底色进行混合，从而产生
一种结果色，不同的色彩混合模式可以产生不同的效
果，具体操作如下。

操作演示：色彩混合特效

01 执行"文件"|"打开"命令，打开素材图片：向
日葵.tif，如图6-4-17所示。

图6-4-17　打开素材

02　打开素材图片：黄色花朵.tif，移动操作文件窗口中，调整图像的大小和位置，生成"图层1"，如图6-4-18所示。

图6-4-18　移动图像

03　设置"图层1"的图层混合模式为"色相"，图像效果如图6-4-19所示。

图6-4-19　图层混合模式为"色相"

04　设置"图层1"的图层混合模式为"饱和度"，图像效果如图6-4-20所示。

图6-4-20　图层混合模式为"饱和度"

05　设置"图层1"的图层混合模式为"颜色"，图像效果如图6-4-21所示。

06　设置"图层1"的图层混合模式为"明度"，图像效果如图6-4-22所示。

图6-4-21　图层混合模式为"颜色"

图6-4-22　图层混合模式为"明度"

操作提示：

色彩的三要素是由色相、饱和度和明度组合而成，其中"颜色"混合模式是利用基色的明度及混合色的色相、饱和度创建的结果色，这样可以保留图像中的灰阶，对单色图像上色和给彩色图像着色都非常重要。

6.4.5　混合模式与图层

在处理图像的过程中，图层混合模式的运用有相当重要的作用。用其决定当前图像中的像素如何与底层图像中像素合并在一起，从而轻松制作出特殊效果。利用图层混合模式与图层制作图像特效的具体操作如下。

操作演示：混合模式与图层的运用

01　执行"文件"|"打开"命令，打开素材图片：湖边风景.psd，如图6-4-23所示。

图6-4-23　打开素材

02　单击"图层"面板下方的"创建新的填充或调整图层"按钮，选择"曲线"选项，打开"曲线"对话框，调整曲线弧度，如图6-4-24所示。

03　执行"曲线"命令后，图像效果如图6-4-25所示。

图6-4-24 调整曲线弧度　　图6-4-25 图像效果

04 新建"图层1"填充为黑色，执行"滤镜"｜"渲染"｜"镜头光晕"命令，打开"镜头光晕"对话框，设置参数如图6-4-26所示。

图6-4-26 设置参数

05 执行"镜头光晕"命令后，图像效果如图6-4-27所示。

图6-4-27 图像效果

06 设置"图层1"的图层混合模式为"滤色"，图像最终效果如图6-4-28所示。

图6-4-28 最终效果

6.5 实例应用：润饰晴朗明媚的阳光

案例分析

　　本实例讲解"润饰晴朗明媚的阳光"的制作方法。首先为图像添加阳光效果，使图像充满生机，再调整图像亮度和饱和度，使颜色饱满，则可达到晴朗明媚的阳光效果。

制作步骤

01 执行"文件"｜"打开"命令，打开素材图片：花田.tif，如图6-5-1所示。

图6-5-1 打开素材

02 复制出"背景 副本"图层，执行"滤镜"｜"渲染"｜"镜

头光晕"命令，打开"镜头光晕"对话框，设置参数如图 6-5-2 所示。单击"确定"按钮。

图6-5-2 执行"镜头光晕"命令

03 执行"镜头光晕"命令后，图像效果如图6-5-3所示。

图6-5-3　图像效果

04 复制出"背景 副本2"图层,设置图层混合模式为"滤色","不透明度"为50%,图像效果如图6-5-4所示。

图6-5-4　图层混合模式

05 此时"图层"面板,如图6-5-5所示。

06 单击"图层"面板下方的"创建新的填充或调整图层"按钮 ⊘.,打开快捷菜单,选择"曲线"选项,打开"曲线"对话框,调整曲线弧度,如图6-5-6所示。

图6-5-5　"图层"面板

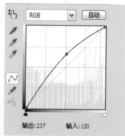

图6-5-6　调整曲线弧度

07 执行"曲线"命令后,图像效果如图6-5-7所示。

08 单击"图层"面板下方的"创建新的填充或调整图层"按钮 ⊘.,打开快捷菜单,选择"色相/饱和度"选项,打开"色相/饱和度"对话框,设置参数为15、0、0,其他参数保持默认值。如图6-5-8所示。

图6-5-7　图像效果　　　图6-5-8　设置参数

09 执行"色相/饱和度"命令后,图像最终效果如图6-5-9所示。

图6-5-9　最终效果

提示:

按Ctrl+U快捷键,可打开"色相/饱和度"对话框,或者执行"图像"|"调整"|"色相/饱和度"命令,打开"色相/饱和度"对话框。

6.6　实例应用:润饰清爽安静的清晨

案例分析

　　本实例讲解"润饰清爽安静的清晨"的制作过程。首先为图像叠加一层绿色图像,再调整图像的颜色、饱和度和亮度,使图像中的风景看起来清爽干净,则达到清爽安静的清晨风光。

制作步骤

01 执行"文件"|"打开"命令，打开素材图片：清晨.tif，如图6-6-1所示。

图6-6-1 打开素材

02 新建"图层1"，单击工具箱下方的"设置前景色"按钮■，设置前景色为绿色（R：22，G：183，B：22）。单击"确定"按钮。按Alt+Delete快捷键，填充"图层1"为绿色，效果如图6-6-2所示。

03 设置"图层1"的图层混合模式为"叠加"，如图6-6-3所示。

图6-6-2 填充前景色　　　图6-6-3 图层混合模式

04 单击"图层"面板下方的"添加图层蒙版"按钮
🔘，为图层添加蒙版，选择"画笔工具"✎，设置属性栏上的"画笔"为柔边圆100像素，"不透明度"为80%，"流量"为75%，涂抹隐藏部分图像，图像效果如图6-6-4所示。

图6-6-4 涂抹效果

05 单击"图层"面板下方的"创建新的填充或调整图层"按钮🔘，打开快捷菜单，选择"曲线"选项，打开"曲线"对话框，调整曲线弧度，如图6-6-5所示。

06 设置"通道"为绿，调整曲线弧度，如图6-6-6所示。

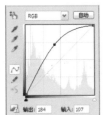
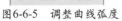

图6-6-5 调整曲线弧度　　图6-6-6 调整曲线弧度

07 执行"曲线"命令后，图像效果如图6-6-7所示。

08 单击"图层1"的"图层蒙版缩览图"，选择"画笔工具"，设置属性栏上的"画笔"为柔边圆100像素，"不透明度"为80%，"流量"为75%，涂抹出天空和椅子草地部分图像，图像效果如图6-6-8所示。

图6-6-7 图像效果　　　图6-6-8 涂抹效果

09 单击"图层"面板下方的"创建新的填充或调整图层"按钮🔘，打开快捷菜单，选择"色彩平衡"选项，打开"色彩平衡"对话框，设置参数如图6-6-9所示。

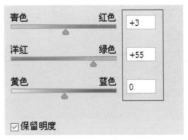

图6-6-9 设置参数

10 执行"色彩平衡"命令后，图像效果如图6-6-10所示。

11 单击"色彩平衡1"图层的"图层蒙版缩览图"，选择"画笔工具"✎，设置属性栏上的"画笔"为柔边圆100像素，"不透明度"为80%，"流量"为75%，涂抹出天空、椅子和草地部分图像，图像效果如图6-6-11所示。

图6-6-10 图像效果　　　图6-6-11 涂抹效果

提示：

选择"橡皮擦工具"✎，同样可涂抹掉多余的图像部分。

12 单击"图层"面板下方的"创建新的填充或调整图层"按钮🔘，打开快捷菜单，选择"曲线"选项，打开"曲线"对话框，调到曲线弧度，如图6-6-12所示。

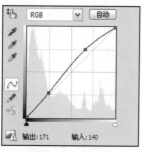

图6-6-12　调整曲线弧度

13 执行"曲线"命令后，图像亮度提高，最终效果如图6-6-13所示。

图6-6-13　最终效果

6.7 实例应用：润饰霞光四射的云彩

案例分析

　　本实例讲解"润饰霞光四射的云彩"的制作过程。首先执行"动感模糊"命令，再设置"图层混合模式"，最后执行"色阶"和"色相／饱和度"命令，则可达到最终效果。

制作步骤

01 执行"文件"|"打开"命令，打开素材图片：霞光.tif，如图6-7-1所示。

02 复制出"背景 副本"图层，执行"滤镜"|"模糊"|"动感模糊"命令，打开"动感模糊"对话框，设置"角度"为90度，"距离"为55像素，如图6-7-2所示。单击"确定"按钮。

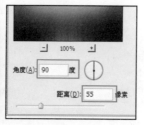

图6-7-1　打开素材　　图6-7-2　执行"动感模糊"命令

03 执行"动感模糊"命令后，图像效果如图6-7-3所示。

图6-7-3　图像效果

04 设置"背景 副本"图层的混合模式为"线性减淡（添加）"，"不透明度"为50%，图像效果如图6-7-4所示。

图6-7-4　图层混合模式

05 单击"图层"面板下方的"创建新的填充或调整图层"按钮 ⊘.，打开快捷菜单，选择"色阶"选项，打开"色阶"对话框，设置参数为0、1.67、218，其他参数保持默认，如图6-7-5所示。单击"确定"按钮。

06 执行"色阶"命令后，图像效果如图6-7-6所示。

提示：

执行"图像"|"调整"|"色阶"命令，也可打开"色阶"对话框，或按Ctrl+L快捷键，打开"色阶"对话框。

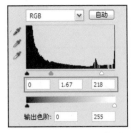

图6-7-5　设置"色阶"参数　　图6-7-6　图像效果

07　单击"图层"面板下方的"创建新的填充或调整图层"按钮，打开快捷菜单，选择"曲线"选项，打开"曲线"对话框，调整曲线弧度，如图6-7-7所示。

08　执行"曲线"命令后，图像效果如图6-7-8所示。

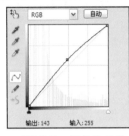

图6-7-7　调整曲线弧度　　图6-7-8　图像效果

09　单击"图层"面板下方的"创建新的填充或调整图层"按钮，打开快捷菜单，选择"色彩平衡"

命令，打开"色彩平衡"对话框，设置参数为71、-29、-22，其他参数保持默认值，如图6-7-9所示。单击"确定"按钮。

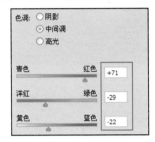

图6-7-9　设置参数

10　执行"色彩平衡"命令后，图像最终效果如图6-7-10所示。

图6-7-10　最终效果

6.8　实例应用：润饰烟雾缭绕的云海

案例分析

　　本实例讲解"润饰烟雾缭绕的云海"的制作过程。首先执行"曲线"和"色阶"命令，调整图像亮度，再执行"分层云彩"命令并设置图层混合模式，制作出云雾效果，修饰图像后，便可达到宛如仙境的美丽云海奇景。

制作步骤

01　执行"文件"|"打开"命令，打开素材图片：山峰.tif，如图6-8-1所示。

02　单击"图层"面板下方的"创建新的填充或调整图层"按钮，打开快捷菜单，选择"曲线"选项，打开"曲线"对话框，调整曲线弧度，如图6-8-2所示。

03　执行"曲线"命令后，图像效果如图6-8-3所示。

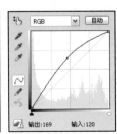

图6-8-1　打开素材　　　图6-8-2　调整曲线弧度

图6-8-3　图像效果

04　单击"图层"面板下方的"创建新的填充或调整图层"按钮 🔾. ，打开快捷菜单，选择"色阶"选项，打开"色阶"对话框，设置参数为0、1.39、230，如图6-8-4所示。单击"确定"按钮。

05　执行"色阶"命令后，图像效果如图6-8-5所示。

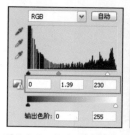 

图6-8-4　执行"色阶"命令　　图6-8-5　图像效果

06　单击"色阶 1"的图层蒙版缩览图，选择"画笔工具" 🖌，设置属性栏上的"画笔"为柔边圆100像素，"不透明度"为30%，"流量"为75%，在图像窗口中涂抹过亮的部分，图像效果如图6-8-6所示。

图6-8-6　涂抹效果

07　新建"图层1"，设置前景色为黑色，按Ctrl+Delete快捷键，填充"图层1"为黑色，图像效果如图6-8-7所示。

08　执行"滤镜"｜"渲染"｜"分层云彩"命令，效果如图6-8-8所示。

图6-8-7　填充前景色　　图6-8-8　执行"分层云彩"命令

09　设置"图层1"的混合模式为"滤色"，图像效果如图6-8-9所示。

图6-8-9　图像效果

提示：

如果效果不明显，可按Ctrl+F快捷键，重复上一步滤镜操作，此时纹理线条会变得更清晰且对比度加强。

10　单击"图层"面板下方的"添加图层蒙版"按钮 ▢，为"图层1"添加蒙版，选择"画笔工具" 🖌，设置属性栏上的"画笔"为柔边圆100像素，"不透明度"为50%，"流量"为75%，在图像窗口中涂抹部分图像，图像效果如图6-8-10所示。

11　拖动"图层1"图层到"图层"面板下方的"创建新图层"按钮 ▢上，复制出"图层1 副本"图层。设置图层混合模式为"柔光"，"图层"面板如图6-8-11所示。

图6-8-10　涂抹效果　　图6-8-11　"图层"面板

12　设置图层混合模式后，图像最终效果如图 6-8-12所示。

图6-8-12　最终效果

6.9 实例应用：润饰清凉冰爽的溪流

案例分析

本实案例讲解"润饰清凉冰爽的溪流"的制作过程。首先把溪水处理成绿色，再通过执行"色相／饱和度"和"曲线"等命令，使溪水更加碧绿自然。则达到最终效果。

制作步骤

01 执行"文件"|"打开"命令，打开素材图片：溪流.tif，如图6-9-1所示。

02 复制出"背景 副本"图层，新建"图层1"。单击工具箱下方的"设置前景色"按钮■，设置前景色为绿色（R：22，G：183，B：22），单击"确定"按钮。按Alt+Delete快捷键，填充"图层1"为绿色，效果如图6-9-2所示。

图6-9-1 打开素材　　　图6-9-2 填充前景色

03 设置"图层1"的混合模式为"叠加"，效果如图6-9-3所示。

图6-9-3 设置"图层混合模式"

04 单击"图层"面板下方的"添加图层蒙版"按钮 ■ ，为"图层1"添加蒙版，选择"画笔工具" ，设置属性栏上的"画笔"为柔边圆80像素，"不透明度"为50%，"流量"为75%，在图像窗口中涂抹除溪流以外的部分，效果如图6-9-4所示。

05 单击"图层"面板下方的"创建新的填充或调整图

层"按钮 ，打开快捷菜单，选择"色相/饱和度"选项，打开"色相/饱和度"对话框，设置参数为87、-52、0，其他参数保持默认，如图6-9-5所示。

图6-9-4 涂抹效果　　　图6-9-5 设置参数

06 执行"色相/饱和度"命令后，图像效果如图6-9-6所示。

图6-9-6 图像效果

07 单击"色相/饱和度1"的图层蒙版缩览图，选择"画笔工具" ，设置"画笔"为柔边圆100像素，"不透明度"为80%，"流量"为50%，在图像中涂抹除溪流以外的部分，图像效果如图6-9-7所示。

08 单击"图层"面板下方的"创建新的填充或调整图层"按钮 ，打开快捷菜单，选择"曲线"选项，打开"曲线"对话框，设置"通道"为绿，调整曲线弧度，如图6-9-8所示。

09 设置"通道"为蓝,调整曲线弧度,如图6-9-9所示。

图6-9-7　涂抹图像效果　　　　图6-9-8　调整曲线弧度

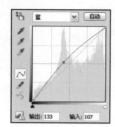

图6-9-9　调整曲线弧度

10 执行"曲线"命令后，图像效果如图6-9-10所示。

11 单击"曲线1"的图层蒙版缩览图，选择"画笔工具"，设置属性栏上的"画笔"为柔边圆100像素，"不透明度"为80%，"流量"为50%，在文件窗口涂抹除溪流以外的部分，图像效果如图6-9-11所示。

图6-9-10　图像效果　　　　图6-9-11　涂抹效果

12 单击"图层"面板下方的"创建新的填充或调整图

层"按钮，打开快捷菜单，选择"色彩平衡"选项，打开"色彩平衡"对话框，设置参数为5、100、-8，如图6-9-12所示。

提示：

执行"图像"|"调整"|"曲线"命令或按Ctrl+M快捷键，也都可以打开"曲线"对话框，进行调整曲线弧度。

13 执行"色彩平衡"后，图像效果如图6-9-13所示。

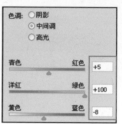

图6-9-12　设置参数　　　　图6-9-13　图像效果

14 单击"色彩平衡1"的图层蒙版缩览图，选择"画笔工具"，涂抹出水中的石头部分，图像最终效果如图6-9-14所示。

图6-9-14　最终效果

6.10　实例应用：润饰林中透射的阳光

案例分析

　　本实例讲解"润饰林中透射的阳光"的制作过程。首先为图像添加阳光效果，在制作出阳光透入树林的层次感，调整图像整体亮度，便可达到最终效果。

制作步骤

01 执行"文件"|"打开"命令，打开素材图片：树林.tif，如图6-10-1所示。

02 复制"背景"图层为"背景 副本"图层，执行"滤镜"|"渲染"|"镜头光晕"命令，打开"镜头光晕"对

话框，设置"亮度"为100%，"镜头类型"为"50-300毫米变焦"。如图6-10-2所示。单击"确定"按钮。

图6-10-1　打开素材　　图6-10-2　执行"镜头光晕"命令

03 执行"镜头光晕"命令后，图像效果如图6-10-3所示。

图6-10-3　图像效果

04 新建"图层1"，选择"直线工具" ，单击属性栏上的"填充像素"按钮 ，在图像中绘制直线，如图6-10-4所示。

05 执行"滤镜"|"扭曲"|"极坐标"命令，打开"极坐标"对话框，选中"平面坐标到极坐标"，如图6-10-5所示。单击"确定"按钮。

图6-10-4　绘制直线　　图6-10-5　执行"极坐标"命令

06 执行"极坐标"命令后，效果如图6-10-6所示。

图6-10-6　图像效果

07 设置"图层1"的混合模式为"叠加"，效果如图6-10-7所示。

08 按Ctrl+T快捷键，打开"自由变换"调节框，单击右键打开快捷菜单，执行"变形"命令，对图形进行变形，如图6-10-8所示，按Enter键确定。

09 执行"变形"命令后，图像效果如图6-10-9所示。

提示：

执行"编辑"|"变换"|"变形"命令，也可对图像进行变形处理。

图6-10-7　改变"图层混合模式"

图6-10-8　图形变形　　图6-10-9　变形效果

10 设置"图层1"的"不透明度"为40%，图像效果如图6-10-10所示。

11 单击"图层"面板下方的"创建新的填充或调整图层"按钮 ，打开快捷菜单，选择"曲线"选项，打开"曲线"对话框，调整曲线弧度，如图6-10-11所示。

 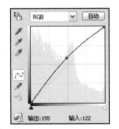

图6-10-10　图像效果　　图6-10-11　调整曲线弧度

12 执行"曲线"命令后，图像最终效果如图6-10-12所示。

图6-10-12　最终效果

6.11 实例应用：润饰莹莹水波中的倒影

案例分析

本实例讲解"润饰莹莹水波中的倒影"的制作过程。首先添加小岛在水中，再制作出小岛的倒影部分，最后调整图像的整体亮度，则可形成莹莹水波中的倒影图像效果。

制作步骤

01 执行"文件"|"打开"命令，打开素材图片：大海.tif，如图6-11-1所示。

02 执行"文件"|"打开"命令，打开素材图片：小岛.tif，选择"椭圆选框工具" ○，在图像窗口中定义椭圆选区。如图6-11-2所示。

图6-11-1 打开素材　　　图6-11-2 绘制椭圆选区

03 选择"移动工具" ▶╁，拖动"小岛"图像窗口中的选区到操作图像窗口中，此时自动生成"图层1"，如图6-11-3所示。

图6-11-3 移动图像

提示：

选择"椭圆选框工具" ○，按Shift键不放，在图像窗口中拖移绘制正圆选区。或者按住Shift+Alt快捷键不放从中心向外绘制正圆选区。

04 单击"图层"面板下方的"添加图层蒙版"按钮 ▢，添加蒙版图层，选择"画笔工具" ✎，设置"画笔"为柔边圆100px，"不透明度"为50%，

"流量"为75%，在图像中涂抹小岛边缘，如图6-11-4所示。

05 复制"图层1 副本"图层，执行"编辑"|"变换"|"垂直翻转"命令，垂直翻转小岛图像，放到合适的位置，如图6-11-5所示。

图6-11-4 涂抹图像　　　图6-11-5 垂直翻转小岛

06 设置"图层1 副本"图层的混合模式为"正片叠底"，"不透明度"为80%，图像效果如图6-11-6所示。

图6-11-6 图像效果

07 单击"图层"面板下方的"创建新的填充或调整图层"按钮 ◑，打开快捷菜单，选择"曲线"选项，打开"曲线"对话框，调整曲线弧度，如图6-11-7所示。

08 执行"曲线"命令后，图像效果如图6-11-8所示。

09 单击"曲线"图层的图层蒙版缩览图，选择"画笔工具" ✎，设置"画笔"为柔边圆100像素，"不透明度"为80%，"流量"为75%，在图像中涂抹出小岛的倒影部分，图像最终效果如图6-11-9所示。

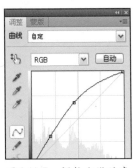

图6-11-7　调整曲线弧度　　　　图6-11-8　图像效果　　　　　图6-11-9　最终效果

 本章小结

　　一些数码照片在美观上总有一定的缺陷，所以在对图片进行后期处理时，为了使图像效果更加逼真、奇特。常设置图层混合模式来处理风景图像，使之更加具有神秘感，弥补原本照片中的美中不足，起到画龙点睛的作用。本章全面培析了对图层混合模式的实际操作方法，希望读者通过本章的学习，能运用到实际工作中。

第7章

数码照片人物美容处理：图层蒙版的运用

图层蒙版源于绘画和摄影领域，在Photoshop中，蒙版起遮罩作用。蒙版覆盖在当前图层上，蒙版区域和被蒙版区域相对独立，对蒙版进行编辑操作，间接可以控制被蒙版图层的显隐。图层蒙版中的白色区域可以使被蒙版图层中的这一区域显示，而灰色区域可以使被蒙版图层中的这一区域以半透明方式显示。图层蒙版多用于制作合成图像，特别在对人物美容处理上更能体现出蒙版的奇妙之处。

7.1 女人的脸型与化妆技巧

脸型，就是指面部轮廓的形状。脸的上半部是由上颌骨、颧骨、颞骨、额骨和顶骨构成的圆弧形结构，下半部则取决于下颌骨的形态。颌骨在整个脸型中起着尤其重要的作用，决定脸型的基础结构。针对不同的脸型，化妆的方法也不同，化妆之前要做好美容，化妆效果才会更好。梦幻妆容欣赏，如图7-1-1和图7-1-2所示。

图7-1-1 靓丽的彩妆美女

图7-1-2 梦幻妆容

下面介绍美容的一些方法：

消除眼肿小方法：眼睛浮肿的MM可以用冻牛奶来作冷敷。或将甘菊茶包放入冰箱冷却后取出来敷在眼皮上。一边作冷敷一边念咒语，还要想象着自己眼睛很有神的样子！当天晚上，就将枕头的高度调高一些，而且还要记住，睡前不可以喝太多的水！如此坚持半个月，眼睛就不会再浮肿了。如果发现长了一颗痘痘，就赶紧切一片黄瓜下来，敷在痘痘上。

皮肤变白小方法：这个小方法可以让黑MM在短期内变得很美白，一些朋友用过都觉得很灵！这就是牛奶粥增白小方法。首先，要准备新鲜牛奶1杯，粳米50克，一点酥油，一点白糖，然后将米煮成粥，一边将牛奶倒入粥里，再放入酥油和白糖搅匀即可，只要坚持一个月，每天都喝一碗这样的粥，一个月以后，就会发现自己的皮肤变白不少了！

告别黑头小方法：有黑头的MM可以滴2滴"婴儿油"在鼻子上，并用中指和无名指进行按摩，按摩的时候，力度一定要轻柔，可以不断的加入"婴儿油"，当你感觉到有小颗粒出现的时候，把手指用纸巾清洁干净，再接着按摩，按摩时要避免有青春痘的地方，不能太用力，否则可能会把鼻子按红的，那可就不好看了！而且，按摩时间不要超过1小时！

7.1.1 各类化妆品的作用

化妆品的种类分为护肤、发用、美容三大类，时尚彩妆如图7-1-3所示。

护肤类：洁肤化妆品、化妆水、护肤化妆品、防皱抗老化妆品。

发用类：洗发、护发、整发、修发用品。

美容类：唇膏、胭脂、眉笔、眼影、眼线膏、睫毛膏、指甲油、面膜、香粉、香水。

图7-1-3 时尚彩妆

各类化妆品的作用：

护肤品的作用：大多数化妆品中都含有各种脂质体，脂质体具有导入性、缓释性、稳定性、保护性、定向性。护肤品的作用是帮助调理改善人体皮肤肤质，促进皮肤更新，维持皮肤健康自然的状态，延缓皮肤的衰老。

发用品的作用：一般的发用品气味较好，具有去头屑功能、焗油功能、染发功能、防止脱发、柔顺营养、防止分岔等功能。使头发乌黑亮丽、丝丝柔滑、富有弹性。

美容品的作用：在日常生活和工作中每个人的修饰打扮、仪表、风度、举止言谈都能构成每个人的独特形象，也反映了人的修养与内涵。化妆是一种修饰美化艺术，不同的场合应该施以不同的妆扮，才能使人们藏缺扬优，起到美化形象的作用。靓丽妆容如图7-1-4所示。

图7-1-4 靓丽妆容

7.1.2 适合脸型的化妆技法

人的脸型是没法改变的，对于不同的脸型，采用不同的化妆方法，却能发挥特殊的效果，增添其美丽之感。各种脸型选择的化妆方法也不同，不同脸型的彩妆图片如图7-1-5~图7-1-10所示。

图7-1-5 蓝色彩妆

图7-1-6 时尚彩妆

图7-1-7 可爱彩妆

图7-1-8 淡雅妆容

图7-1-9 漂亮彩妆美女

图7-1-10　潮流彩妆

椭圆脸型：椭圆脸型是最理想的脸型，所以要尽量保持其完整。这一脸型的化妆要着重自然不要有所掩饰。

眉毛：顺着眼睛把眉毛修成正弧形，位置适中，眉头与内眼角齐。

胭脂：抹在颧骨最高处，而向后向上化开。

嘴唇：依唇样涂成最自然的样子，除非嘴唇过大或过小。

发式：采用中分头路，左右均衡的发型最为理想。

长脸型：属于这种脸型的，应利用化妆来增加面部宽阔感。

眉毛：位置不可太高而有角，眉毛尤不应高翘。

胭脂：抹在颧骨的最高处与太阳穴下方所构成的曲线部位，然后向上向外抹出，前端距离鼻子要远些。

嘴唇：可稍微涂得厚些。两颊下陷成窄小者，宜在后两部位敷淡色粉底成光影，使其显得较为丰满。

发式：可采用7：3或更偏分的头路，这样可使脸看起来宽些，发型以往下覆着两侧有素软发卷为合适。

圆型脸型：这种脸型是可爱的，要修改成理想的椭圆形并不困难。

眉毛：不可平直和起角，但并不可太弯，应为自然的弧形和带少许弯曲。

胭脂：涂法是从颧骨一直延伸到下颚部，必要时可利用暗色粉底做成阴影。

嘴唇：部分上唇化成阔而浅的弓形，均匀涂成圆形小嘴。

发式：以6：4的比例来分头路最好，这样可使脸不显得那么圆。

方形脸型：化妆时要注意增加柔和感，以掩饰脸上的方角。这种脸型的人，两边颧骨很突出。因此要设法以掩饰。

眉毛：眉毛要稍阔而微弯，不可有角。

胭脂：不妨涂得丰满一些，可用暗色粉底来改变面部轮廓。

发式：头发四、六分或中分都可，偏分时，侧发型可造成不平衡的感觉。

三角脸型：三角脸型即额部较窄而两腮大，显得上小下阔，此类脸型的化妆秘诀要跟圆脸，四方脸差不多。

眉毛：宜保持原状态。

胭脂：由眼尾外方向抹涂，对于两腮可用较深的粉底来掩饰。

嘴唇：唇角稍向上翘。

发式：头发以7：3来偏分，使额部看来阔。发型以波浪或卷发增加上方的力量。

倒三角型：比脸型与三角型脸型刚好相反，它亦即是人们所说的瓜子脸，心型脸，它的特点是上阔下尖。

眉毛：眉形应顺着眼睛的位置，不可向上倾斜。

胭脂：涂在颧骨最高处，并向上向后化开。

嘴唇：要显得柔和。如果下巴显得特别尖小的人，脸的下部便要用浅色的粉底，前额宜用较深的粉底。

发式：头发以四、六偏分法来使额部显得小一点，发型要造成大量的发卷而蓬松，并遮掩部分前额。

7.2　摄影前的美容急救知识

在摄影之前必须了解一些美容常识，脸部的妆一般只能保持一定的时间，时间长了颜色就会发生质变。补妆的定义就是，补画化妆品在脸部已质变的部位。

肌肤分泌的油脂及汗水很容易令妆容脱落，而在干燥的天气，若只扑上干粉作补妆，便不能令干粉紧贴面部，反而在肌肤表面形成粉粒，甚至是干纹。所以，补妆之前，可以先在面部喷上保湿喷雾，让水分渗透肌肤之内，提供足够的滋润，再补上干粉，便可令妆容贴服自然，而且效果更持久，如图7-2-1所示。

图7-2-1　国外摄影作品

由于面部不同部位的油脂分泌也有不同，所以要认清以下几个部位：

T字位：油脂分泌特别旺盛，粉底吸收不了油脂，便会泛起油光，宜先采用控油产品。

眼睛四周：有些人的眼头及眼尾位置的肤色特别深，黑眼圈更是不少人的大敌，宜先用遮瑕膏遮掩；若眼线及睫毛液脱落，也会令眼部周围的颜色变黑，可用棉棒扫走，再补上粉底。

眼睛下方：不少面部动作也会牵连到眼睛下方的位置，令粉底容易积聚在细纹之间，补妆时便要将粉底涂抹均匀。

鼻翼位置：分泌的油脂及汗液会令粉底积聚在鼻翼位置，补妆时宜用海绵的角位将粉底扫均匀。

经典摄影作品如图7-2-2所示。

图7-2-2　经典摄影作品

7.2.1　摄影前夕的准备工作

选择好影楼之后，可以为拍照做一些适当的准备。室内摄影和室外作品欣赏如图7-2-3所示。

下面为大家重点介绍一下摄影前夕该注意的问题：

摄影前一天，心情要放松，晚间减少饮水，早点休息，保证充足睡眠，这样第二天拍起来眼睛会更加明亮，精神百倍。如果早上眼睛有些浮肿，可用毛巾

包上冰块外敷眼睛。

摄影前一天，应预先修剪指甲。

摄影前一天，建议女士提前准备好无肩带式的文胸，以及前排扣的上衣，避免换衣时弄坏化妆。

摄影前一天，最好去修剪一下头发，不要喷发胶，这样便于第2天吹头，做发型。

摄影当天，最好不要佩带一些贵重物品或饰品，以免在忙碌中遗失。

摄影当天，可选择一双白色的中跟鞋，有时拍照时间会比较长，一双好鞋也许会给你带来一天好心情。

摄影时，千万不要戴太多首饰，并且注意搭配，以免流于俗气。

摄影时，男士的西装不要太紧身，以免举手投足不方便。女士服装一尘不染，拍出来的画面才会自然。

摄影时，要和摄影师培养好默契，敞开心胸去拍照。

图7-2-3　室内和室外摄影作品

7.2.2　摄影前夕的饮食与减肥

摄影前夕一定要注意饮食习惯和健康知识，保持苗条健康的身体状况。特别是婚纱照摄影前期一定要注意这些问题。

婚礼是穿上婚纱做最美丽动人的新娘，可是又不想太费力，别担心，只要合理的进行饮食，就能轻松塑造健康完美体形，下面就是为你准备的新娘健康饮食合理瘦身手册，婚纱摄影欣赏如图7-2-4所示。

图7-2-4　国外婚纱摄影

多喝水或低卡路里的饮料

人们有时候弄不清自己是饥饿还是口渴，所以会在不知不觉中摄入了多余的热量，而事实上只需要一杯凉开水就能解决问题。

在适当的时间吃适当的水果

有的人天生不喜欢吃水果蔬菜，很有可能是因为他们没有在适当的季节吃。只有吃时令水果和蔬菜才是最好的，因为时令水果蔬菜最自然最美味。

全身都动起来

专家建议不要把运动与减肥必然联系起来，也不要以为你运动了，就可以多吃一点。因为这样，很容易让你产生抵触情绪和负面心理效应，让你越来越讨厌运动。运动时，只要想着，运动有利于健康，可以让你心情愉快，生命在于运动。无论你需不需要减肥，运动永远都是对你有利的。国外婚纱摄影作品欣赏如图7-2-5所示。

图7-2-5 婚纱摄影

7.2.3 摄影过程中的补妆小常识

摄影过程中的补妆小常识有以下几点：

手指化妆好工具：大拇指是涂抹粉底的绝佳工具，而且大拇指的效果好过上粉底用的海绵，也比粉底刷方便。无名指是点按遮瑕膏的绝佳工具。小指是简单清除多余底妆的最好小扫帚。尤其是对于眼周，有多余累赘的粉底，用小指轻轻扫就好很多了。

蜜粉：蜜粉最完美的用法是在底妆完成后先用圆形海绵扑在面部按压一边，之后用蜜粉刷沾少量全脸拂拭，再用未沾蜜粉的蜜粉扫全脸拂拭,扫除多余蜜粉。切记，粉底液和蜜粉之间千万不能再用粉饼。很多人喜欢在粉底液之后再用粉饼，之后再用蜜粉，以为这样能取得更完美无瑕的效果，事实上这种做法反而会破坏妆容。因为粉饼往往比较干，容易产生粉沟。

粉底：粉底的使用和卸妆油正相反，宁可少一点，也不能多。多了的话就影响透明度，极其容易脱妆，而且加重清洁负担，给皮肤造成不必要的麻烦。而少一点的话，反而有可能更自然，且脱妆概率大大降低。摄影前化妆造型如图7-2-6所示。

图7-2-6 摄影妆容

7.3 蒙版的运用

"蒙版"多运用于制作合成图像，是一种特殊的选区，但它的目的并不是对选区进行操作，相反，而是要保护选区的不被操作。同时，不处于蒙版范围的地方则可以进行编辑与处理蒙版。虽然是选区，但是作用跟常规的选区颇为不同。常规的选区表现了一种操作趋向，即将对所选区域进行处理；而"蒙版"却相反，是对所选区域进行保护，让其免于操作，而对非掩盖的地方应用操作。

7.3.1 蒙版的类型

蒙版的类型主要包括："快速蒙版"、"图层蒙版"和"矢量蒙版"三大类。运用这些蒙版在制作合成图像时，更加方便，能精确对蒙版区域和无蒙版区域进作编辑和操作。

快速蒙版

单击"以快速蒙版模式编辑"按钮 ，可以立刻将选区转换为蒙版，对该蒙版进行编辑后，可以将蒙版转换为一个精确的选区。

1. 创建快速蒙版

确定一个选区，单击"以快速蒙版模式编辑"按钮 ，便可创建一个"快速蒙版"。在"通道"面板中形成一个"快速蒙版"通道，如图7-3-1所示。

2. 删除快速蒙版

删除"快速蒙版"有几种方法分别如下所示：

方法一：拖动"快速蒙版"通道到"通道"面板下方的"删除当前通道"按钮 上，即可删除"快速蒙版"。

方法二：选择"快速蒙版"通道，按Delete键删除。

方法三：选择"快速蒙版"通道，单击右键，在打开的快捷菜单中执行"删除通道"命令，即可删除"快速蒙版"，如图7-3-2所示。

图7-3-1　通道面板

图7-3-2　删除通道

图层蒙版

创建"图层蒙版"可以遮盖掉图层中不需要的部分，而不必真正破坏图层的像素。图层蒙版可以理解为在当前图层上面覆盖一层玻璃片，这种玻璃片有透明的和黑色不透明两种，前者显示全部，后者隐藏部分。使用各种绘图工具在蒙版上（既玻璃片上）涂色（只能涂黑、白、灰色），涂黑色的地方蒙版变为不透明，看不见当前图层的图像，涂白色则使涂色部分变为透明可看到当前图层上的图像，图灰色使蒙版变为半透明，透明的程度由涂色的灰度深浅控制。

1. 创建图层蒙版

选中一个图层，单击"图层"面板下方的"添加图层蒙版"按钮，为图层添加蒙版。如果所选中的图层未确定一个选取范围，那么所创建的"图层蒙版"是一个空白的蒙版，所以在创建"图层蒙版"之前先要载入选区，随后对"图层蒙版"进行编辑。为图层添加"图层蒙版"后，"图层"面板如图7-3-3所示，在"通道"面板中会出现相应的"图层蒙版"通道，如图7-3-4所示。

图7-3-3　添加图层蒙版

图7-3-4　通道面板

2. 删除图层蒙版

删除图层蒙版的方法有以下几种：

方法一：选择图层蒙版的缩览图，单击"图层"面板下方的"删除图层"按钮，便可删除"图层蒙版"。

方法二：选择图层蒙版的缩览图，单击右键，打

开快捷菜单，执行"删除图层蒙版"命令，即可删除"图层蒙版"，如图7-3-5所示。

方法三：选择"通道"面板，拖动图层蒙版通道到"通道"面板下方的"删除当前通道"按钮上，也可删除"图层蒙版"。或单击右键，打开快捷菜单，执行"删除通道"命令，回到"图层"面板，图层蒙版也被删除，如图7-3-6所示。

图7-3-5　删除图层蒙版

图7-3-6　删除通道

矢量蒙版

矢量蒙版和图层蒙版的意思是一样的，只不过用法不一样，矢量蒙版顾名思义，就是配合矢量工具使用，先选择需要处理的图层并为该图层添加"矢量蒙版"，再配合路径工具使用，总之矢量蒙版是控制图层的显示范围的。

1. 创建矢量蒙版

首先确定一个选区，再选择"蒙版"面板，单击"选择矢量蒙版"按钮，即可对这个选区添加一个"矢量蒙版"，如图7-3-7所示。图层面板如图7-3-8所示。

图7-3-7　创建矢量蒙版

图7-3-8　图层面板

2. 删除矢量蒙版

删除矢量蒙版的方法如下：

方法一：选择"矢量蒙版"的图层缩览图，单击"图层"面板下方的"删除图层"按钮🗑️，打开"删除矢量蒙版图层"对话框，单击"确定"按钮，便可删除"矢量蒙版"。

方法二：选择"矢量蒙版"的图层缩览图，单击右键，打开快捷菜单，执行"删除矢量蒙版"命令，即可删除"矢量蒙版"，如图7-3-9所示。

图7-3-9 删除矢量蒙版

方法三：选择"矢量蒙版"的图层缩览图，按Delete键删除"矢量蒙版"。

方法四：选择"蒙版"面板，单击"删除蒙版"按钮🗑️，可删除"矢量蒙版"。

提示：

执行"图层"|"矢量蒙版"|"删除"命令，也可删除"矢量蒙版"。

操作演示：蒙版的各种形式

01 执行"文件"|"打开"命令，打开素材图片：金发美女.tif，复制出"背景 副本"图层，选择"钢笔工具"🖊️，沿人物绘制路径。将路径转换为选区，为图层添加蒙版，隐藏"背景"图层，效果如图7-3-10所示。

图7-3-10 添加图层蒙版

02 单击工具箱下方的"以快速蒙版模式编辑"按

钮🔲，进入快速蒙版编辑模式，图像效果如图7-3-11所示。

图7-3-11 添加快速蒙版

03 选择"蒙版"面板，单击"选择矢量蒙版"按钮，创建"矢量蒙版"，选择"钢笔工具"🖊️，沿人物边缘绘制路径，如图7-3-12所示。

图7-3-12 矢量蒙版

操作提示：

单击工具箱下方的"以快速蒙版模式编辑"按钮🔲，进入快速蒙版编辑模式，在"通道"面板中双击"快速蒙版"缩览图，打开"快速蒙版选项"对话框，打开拾色器可改变"被蒙版区域"和"所选区域"的颜色。如图7-3-13~图7-3-15所示。

图7-3-13 改变被蒙版区域颜色

图7-3-14 改变所选区域颜色

图7-3-15　改变颜色

7.3.2　编辑各种蒙版

1.编辑快速蒙版

创建"快速蒙版"之后，双击"快速蒙版"的缩览图，便可打开"快速蒙版选项"对话框，设置好参数后，可对"快速蒙版"进行编辑，如图7-3-16所示。

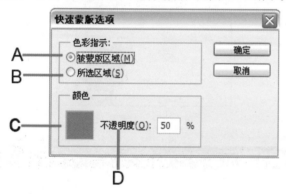

图7-3-16　快速蒙版对话框

A→"被蒙版区域"：该单选按钮为默认选项，选择后，被遮盖的区域为选取范围以外的区域。

B→"所选区域"：选中该单选按钮，选取范围内的区域为被遮盖的区域，按住Alt键不放并单击"以快速蒙版模式编辑"按钮，可以在"被蒙版区域"和"所选区域"之间进行转换。

C→"颜色"：单击颜色块，打开"拾色器"对话框，可以对蒙版颜色进行设置。

D→"不透明度"：用于设置蒙版颜色的不透明度。

2.编辑图层蒙版

选择"图层蒙版"图层，"图层"面板如图7-3-17所示。选择"画笔工具"，设置前景色为黑色，涂抹图像窗口中的图像，此时选区有所变化，"图层蒙版缩览图"也随之而变，如图7-3-18所示。

提示：

若前景色为白色，涂抹图像将显示被蒙版区域。若为黑色，涂抹图像将增加被蒙版区域范围。

图7-3-17　图层面板　　图7-3-18　涂抹蒙版区域图像

3.编辑矢量蒙版

创建"矢量蒙版"后，可看到"矢量蒙版缩览图"呈一个空白的矢量蒙版。选择"钢笔工具"，单击属性栏上的"路径"按钮，在图像中绘制路径。可在"矢量蒙版缩览图"中看所选区域呈灰色显示，可编辑选区内容，"图层"面板如图7-3-19所示。此时"蒙版"面板如图7-3-20所示。

图7-3-19　图层面板　　图7-3-20　蒙版面板

操作演示：快速蒙版的应用

01　执行"文件"|"打开"命令，打开素材图片：快乐美女.tif，复制图层，图像效果如图7-3-21所示。

图7-3-21　打开素材

02　选择"椭圆选框工具"，按Shift键不放，在图像窗口中拖移定义正圆选区。如图7-3-22所示。

图7-3-22　绘制正圆选区

146

03 反向选区，单击工具栏下方的"以快速蒙版模式编辑"按钮，进入快速蒙版编辑模式，图像效果如图7-3-23所示。

图7-3-23　进入快速蒙版编辑模式

04 执行"滤镜"｜"扭曲"｜"玻璃"命令，打开"玻璃"对话框，设置参数如图7-3-24所示。

图7-3-24　设置参数

05 执行"玻璃"命令后，图像效果如图7-3-25所示。

图7-3-25　玻璃效果

06 按Q键，退出快速蒙版，形成选区，删除选区内容，隐藏"背景"图层，最终效果如图7-3-26所示。

图7-3-26　最终效果

操作提示：

选择工具栏中的"椭圆选框工具" ⃝，按住Shift+Alt键不放，可从中心往外绘制正圆选区。

7.3.3　蒙版与工具的运用

蒙版普遍应用于制作合成图像，特别是与一些工具的搭配与使用，可制作广告、杂志、海报等常见的图像效果。下面一起来分析蒙版与工具的具体运用，操作步骤如下。

操作演示：利用蒙版制作合成图像

01 执行"文件"｜"打开"命令，打开素材图片：花朵.tif，再按Ctrl+O快捷键，打开素材图片：美女.tif，选择"移动工具" ⊕，移动图像到操作图像窗口中，生成"图层1"，调整图像大小和位置，如图7-3-27所示，按Enter键确定。

图7-3-27　调整图像的大小和位置

02 单击"图层"面板下方的"添加图层蒙版"按钮 ⬚，为图层添加蒙版，选择"画笔工具" ✎，涂抹图像边缘，隐藏部分图像，"图层"面板如图7-3-28所示。

图7-3-28　添加图层蒙版

03 选择"画笔工具" ✎，涂抹后，图像最终效果如图7-3-29所示。

图7-3-29　最终效果

7.4 实例应用：修饰平滑年轻的肌肤

案例分析

　　本实例讲解"修饰平滑年轻的肌肤"的制作方法。主要通过运用"污点修复画笔工具"去除人物面部皱纹，再执行"曲线"命令调整图像亮度，则可达到最终效果。

制作步骤

01 执行"文件"|"打开"命令，打开素材图片：老人.tif，如图7-4-1所示。

图7-4-1　打开素材

02 拖动"背景"图层到"图层"面板下方的"创建新图层"按钮 ▣ 上，复制出"背景 副本"图层。选择"污点修复画笔工具" ✐，在属性栏上设置"画笔大小"为30像素，设置"类型"为"内容识别"。拖动鼠标去除人物脸部皱纹，如图7-4-2所示。

03 去除皱纹之后，图像效果如图7-4-3所示。

图7-4-2　去除皱纹　　图7-4-3　图像效果

提示：

选择"仿制图章工具" ▲，按住Alt键不放，在"皮肤光滑处"单击取样，释放Alt键后，涂抹有皱纹的区域，也可达到同样的效果。

04 选择工具箱中的"磁性套索工具" ▷，在图像窗口中沿人物面部边缘拖移定义选区，如图7-4-4所示。

图7-4-4　绘制选区

05 按Ctrl+J快捷键，复制选区内容生成"图层1"。单击"图层"面板下方的"添加图层蒙版"按钮 ▣，为"图层1"添加蒙版。"图层"面板如图7-4-5所示。

06 选择"通道"面板，单击"图层1蒙版"通道。蒙版效果如图7-4-6所示。

图7-4-5　图层面板　　　　图7-4-6　蒙版效果

07 选择"画笔工具" ✐，设置属性栏上的"画笔"为柔边圆45像素，"不透明度"为80%，"流量"为50%，在图像窗口中涂抹面部边缘部分，图像效果如图7-4-7所示。

08 返回"图层"面板，按住Ctrl键不放，单击"图层1"蒙版的缩览图，载入选区，效果如图7-4-8所示。

09 单击"图层"面板下方的"创建新的填充或调整图

层"按钮 ，打开快捷菜单，选择"曲线"选项，打开"曲线"对话框，调整曲线弧度，如图7-4-9所示。

10 执行"曲线"命令后，最终图像效果如图7-4-10所示。

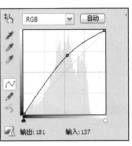

图7-4-7 涂抹效果　　图7-4-8 载入选区　　图7-4-9 调整曲线弧度　　图7-4-10 最终效果

7.5 实例应用：修饰自然淡雅的生活妆

案例分析

　　本实例讲解"修饰自然淡雅的生活妆"的制作方法。主要通过执行"色相/饱和度"、"色阶"等命令对嘴唇进行上色，再通过改变前景色选择"画笔工具"绘制眼影。最后使用"画笔工具"并设置"图层混合模式"为人物添加腮红，则可达到清爽淡雅的生活妆效果。

制作步骤

01 执行"文件"|"打开"命令，打开素材图片：美女.tif。如图7-5-1所示。

02 选择"钢笔工具" ，单击属性栏上的"路径"按钮 ，在图像中沿人物嘴唇边缘绘制路径。如图7-5-2所示。

03 按Ctrl+Enter快捷键载入选区，再按Ctrl+J快捷键复制选区，生成"图层1"，载入"图层1"选区，如图7-5-3所示。

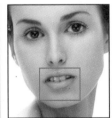
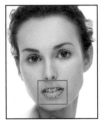

图7-5-1 打开素材　　图7-5-2 绘制路径　　图7-5-3 载入选区

04 单击"图层"面板下方的"创建新的填充或调整图层"按钮 ，打开快捷菜单，选择"色相/饱和度"选项，打开"色相/饱和度"对话框，设置参数为-25、27、0，其他参数保持默认，如图7-5-4所示。

05 执行"色相/饱和度"命令后，图像效果如图7-5-5所示。

图7-5-4 设置参数　　图7-5-5 图像效果

06 单击"色相/饱和度1"图层的蒙版缩览图，打开"蒙版"面板，设置"羽化"为10px，如图7-5-6所示。

图7-5-6 设置参数

07 设置"羽化"参数后，图像效果如图7-5-7所示。

08 载入"图层1"选区，单击"图层"面板下方的

"创建新的填充或调整图层"按钮 🖊，打开快捷菜单，选择"色阶"命令，打开"色阶"对话框，设置参数为14、1.05、249，其他参数保持默认值。如图7-5-8所示。

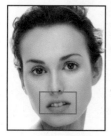 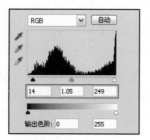

图7-5-7　图像效果　　　图7-5-8　设置"色阶"参数

09 执行"色阶"命令后，图像效果如图7-5-9所示。

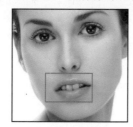

图7-5-9　图像效果

10 单击"图层"面板下方的"创建新图层"按钮 🖿，新建"图层2"。单击"设置前景色"按钮 ■，设置前景色为紫色（R：221，G：134，B：229），单击"确定"按钮。选择"画笔工具" 🖊，设置"画笔"为柔边圆30像素，"不透明度"为100%，"流量"为50%，在人物上眼皮处涂抹绘制颜色，图像效果如图7-5-10所示。

11 执行"滤镜"|"杂色"|"添加杂色"命令，打开"添加杂色"对话框，设置"数量"为5%，"分布"为"高斯分布"，勾选"单色"复选框。如图7-5-11所示。单击"确定"按钮。

图7-5-10　绘制颜色　　　图7-5-11　设置参数

12 执行"添加杂色"命令后，图像效果如图7-5-12所示。

图7-5-12　图像效果

13 单击"图层"面板下方的"添加图层蒙版"按钮 🔲，为图层添加蒙版，选择"画笔工具" 🖊，设置属性栏上的"画笔"为柔边圆100像素，"不透明度"为40%，"流量"为50%，涂抹多余颜色图像，效果如图7-5-13所示。

14 单击"图层"面板下方的"创建新的填充或调整图层"按钮 🖊，打开快捷菜单，选择"曲线"选项，打开"曲线"对话框，调整曲线弧度，如图7-5-14所示。

图7-5-13　涂抹效果　　　图7-5-14　调整曲线弧度

15 执行"曲线"命令后，在该图层上单击右键选择"创建剪切蒙版"命令，图像效果如图7-5-15所示。

图7-5-15　图像亮度提高

提示：

选择"橡皮擦工具" 🖊，也可涂抹掉多余图像。

16 单击"图层"面板下方的"创建新图层"按钮 🖿，新建"图层3"。单击"设置前景色"按钮 ■，设置前景色为墨绿色（R：12，G：33，B：8），单击"确定"按钮。选择"画笔工具" 🖊，设置"画笔"为柔边圆30像素，"不透明度"为80%，"流量"为50%，在人物下眼皮处涂抹绘制颜色，图像效果如图7-5-16所示。

17 单击"图层"面板下方的"添加图层蒙版"按钮 🔲，为图层添加蒙版，选择"画笔工具" 🖊，设置属性栏上的"画笔"为柔边圆45像素，"不透明度"为30%，"流量"为50%，涂抹掉多余颜色图像，效果如图7-5-17所示。

图7-5-16　绘制颜色　　　图7-5-17　涂抹效果

18 单击"图层"面板下方的"创建新的填充或调整图层"按钮 🖊，打开快捷菜单，选择"曲线"命令，打开"曲线"对话框，调整曲线弧度，如图7-5-18所示。

19 执行"曲线"命令后图像效果如图7-5-19所示。

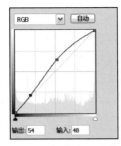 

图7-5-18 调整曲线弧度 图7-5-19 "曲线"效果

20 选择"曲线2"图层蒙版，选择"画笔工具" ✐对人物肩部效果进行涂抹隐藏，效果如图7-5-20所示。

21 新建图层，选择"画笔工具" ✐，设置属性栏上的"画笔"为柔边圆70像素，"不透明度"为30%，"流量"为40%，设置前景色为粉色（R：252，G：219，B：230），在人物脸部进行涂抹，效果如图7-5-21所示。

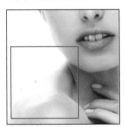 

图7-5-20 隐藏效果 图7-5-21 涂抹效果

22 设置"图层混合模式"为线性加深，图像效果如图7-5-22所示。

23 单击"图层"面板下方的"创建新的填充或调整图层"按钮 ✐.，打开快捷菜单，选择"色彩平衡"命令，打开"色彩平衡"对话框，设置参数为-37、-29、-1。如图7-5-23所示。

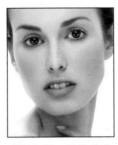 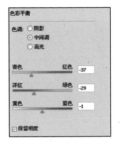

图7-5-22 图像效果 图7-5-23 设置参数

24 执行"曲线"命令后，图像最终效果如图7-5-24所示。

图7-5-24 最终效果

7.6 实例应用：修饰丰厚性感的嘴唇

案例分析

本实例讲解"修饰丰厚性感的嘴唇"的制作方法。主要通过对嘴唇进行上色再执行"色相/饱和度"、"色彩平衡"、"色阶"和"曲线"等命令，使色彩更加鲜艳夺目。

制作步骤

01 执行"文件"|"打开"命令，打开素材图片：性感女人.tif。如图7-6-1所示。

02 选择"钢笔工具" ✐，单击属性栏上"路径"按钮 ✐，在图像中沿人物嘴唇绘制路径，如图7-6-2所示。

03 按Ctrl+Enter快捷键载入选区，再按Ctrl+J快捷键，复制选区，生成"图层1"。新建图层，载入"图层1"选区，设置前景色为桃红色（R：129，G：43，B：173），填充前景色到选区并取消选区，效果如图7-6-3所示。

图7-6-1 打开素材

图7-6-2 绘制路径

图7-6-3 填充颜色

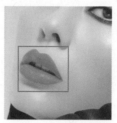
图7-6-7 图像效果

图7-6-8 设置"色彩平衡"参数

04 设置"图层混合模式"为柔光,效果如图7-6-4所示。

图7-6-4 设置混合模式

05 载入"图层1"选区,单击"图层"面板下方的"创建新的填充或调整图层"按钮 ◎,选择"照片滤镜"命令,参数为默认值,图像效果如图7-6-5所示。

06 按住"Ctrl"键不放,单击"图层1"的缩览图,载入选区。单击"图层"面板下方的"创建新的填充或调整图层"按钮 ◎,选择"色相/饱和度"命令,打开"色相/饱和度"对话框,设置参数为-41、-10、-4。如图7-6-6所示。

图7-6-5 图像效果　　　图7-6-6 设置参数

提示:

打开"通道"面板中的控制菜单,执行"快速蒙版选项"命令,也可打开"快速蒙版选项"对话框。

07 执行"色相/饱和度"命令后,图像效果如图7-6-7所示。

08 单击"图层"面板下方的"创建新的填充或调整图层"按钮 ◎,打开快捷菜单,选择"色彩平衡"选项,打开"色彩平衡"对话框,设置参数为-68、-100、-87,如图7-6-8所示。

09 执行"色彩平衡"命令后,图像效果如图7-6-9所示。

图7-6-9 色彩平衡效果

10 单击"图层"面板下方的"创建新的填充或调整图层"按钮 ◎,打开快捷菜单,选择"色阶"命令,打开"色阶"对话框,设置参数为0、0.64、189,如图7-6-10所示。

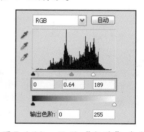

图7-6-10 设置"色阶"参数

11 执行"色阶"命令后,图像效果如图7-6-11所示。

12 单击"图层"面板下方的"创建新的填充或调整图层"按钮 ◎,打开快捷菜单,选择"曲线"命令,打开"曲线"对话框,调整曲线弧度,如图7-6-12所示。

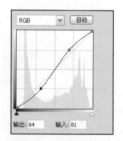

图7-6-11 色阶效果　　　图7-6-12 调整曲线弧度

13 执行"曲线"命令后,图像效果如图7-6-13所示。

14 单击"图层"面板下方的"创建新的填充或调整图层"按钮 ◎,打开快捷菜单,选择"色阶"选项,打开"色阶"对话框,设置参数为0、0.83、255,如图7-6-14所示。

15 执行"色阶"命令后,图像最终效果如图7-6-15所示。

图7-6-13　图像效果

图7-6-14　设置"色阶"参数

图7-6-15　最终效果

7.7　实例应用：修饰绝美高挺的鼻梁

案例分析

本实例讲解"修饰绝美高挺的鼻梁"的制作方法。主要通过执行"液化"命令，对鼻子进行变形，再执行"曲线"命令，调整图像的亮度。便可使扁平的鼻子变换成无与伦比的高挺鼻梁。

制作步骤

01 执行"文件"|"打开"命令，打开素材图片：彩妆美女.tif。如图7-7-1所示。

02 拖动"背景"图层到"图层"面板下方的"创建新图层"按钮 上，复制出"背景 副本"图层。执行"滤镜"|"液化"命令，打开"液化"对话框，单击工具箱中的"向前变形工具" ，拖动鼠标向前，对人物鼻子进行变形，如图7-7-2所示。

03 执行"液化"命令后，图像效果如图7-7-3所示。

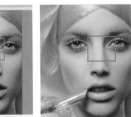
图7-7-1　打开素材　　图7-7-2　对鼻子　　图7-7-3　图像效果
　　　　　　　　　　进行变形操作

提示：

单击"移动工具" ，按住Shift+Alt键不放，水平或垂直拖移并复制出副本图层。

04 选择"钢笔工具" ，在图像中沿人物面部边缘绘制路径，如图7-7-4所示。

05 按Ctrl+Enter键载入选区，再按Ctrl+J快捷键，复制选区，生成"图层1"。单击"图层"面板下方的"添加图层蒙版"按钮 ，为图层添加蒙版。打开"蒙版"面板，如图7-7-5所示。

图7-7-4　绘制路径　　　　图7-7-5　蒙版面板

06 在"蒙版"面板中单击"颜色范围"按钮 ，打开"色彩范围"对话框，如图7-7-6所示。

07 此时鼠标变成"吸管工具"形状 ，在图像中单击面部高光部分，选取颜色范围，如图7-7-7所示。

图7-7-6　"色彩范围"对话框　　图7-7-7　选取颜色范围

08 回到"色彩范围"对话框，此时"范围"参数为100%，如图7-7-8所示。

09 返回"图层"面板，单击"图层1"蒙版缩览图，载入选区，如图7-7-9所示。

图7-7-8　参数变化　　　图7-7-9　载入选区

10 单击"图层"面板下方的"创建新的填充或调整图层"按钮，打开快捷菜单，选择"曲线"命令，打开"曲线"对话框，调整曲线弧度，如图7-7-10所示。

11 执行"曲线"命令后，图像效果如图7-7-11所示。

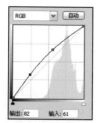

图7-7-10　调整曲线弧度　　图7-7-11　提高选区亮度

12 选择"背景"图层，单击"图层"面板下方的"创建新的填充或调整图层"按钮，打开快捷菜单，选择"曲线"命令，打开"曲线"对话框，调整曲线弧度，如图7-7-12所示。

图7-7-12　调整曲线弧度

13 设置"通道"为红，调整曲线弧度，如图7-7-13所示。

14 执行"曲线"命令后，调整整个图像的亮度，最终效果如图7-7-14所示。

图7-7-13　调整曲线弧度　　图7-7-14　最终效果

7.8　实例应用：修饰自然洁白的牙齿

案例分析

本实例讲解"修饰自然洁白的牙齿"的制作方法。首选选取牙齿部分，再执行"亮度/对比度"和"色阶"等命令，对牙齿进行美白。最后执行"曲线"和"色阶"等命令调整整个图像的亮度，则可达到最终效果。

制作步骤

01 执行"文件"|"打开"命令，打开素材图片：快乐女人.tif，如图7-8-1所示。

02 选择"魔棒工具"，单击属性栏上的"添加到选区"按钮，在图像中单击牙齿部分载入选区，如图7-8-2所示。

03 按Ctrl+J快捷键，复制选区，生成"图层1"。载入"图层1"选区，单击"图层"面板下方的"创

建新的填充或调整图层"按钮，打开快捷菜单，选择"色阶"命令，打开"色阶"对话框，设置参数为0、1.34、202，如图7-8-3所示。

提示：

按住Shift键不放，可以加选选区，按住Alt键不放，可减选选区。

图7-8-1　打开素材

图7-8-2　载入选区

图7-8-6　"亮度/对比度"效果

图7-8-7　设置参数

08 执行"色阶"命令后，图像效果如图7-8-8所示。

09 选择"色阶2"图层蒙版，选择"画笔工具" 对人物嘴唇、眉毛和头发等处进行涂抹隐藏，图像效果如图7-8-9所示。

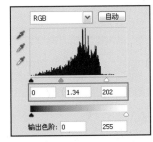

图7-8-3　设置"羽化"参数

04 执行"色阶"命令后图像效果如图7-8-4所示。

05 载入"图层1"选区，单击"图层"面板下方的"创建新的填充或调整图层"按钮，打开快捷菜单，选择"亮度/对比度"命令，打开"亮度/对比度"对话框，设置参数为53、-30，如图7-8-5所示。

图7-8-8　"色阶"效果

图7-8-9　涂抹隐藏效果

10 单击"图层"面板下方的"创建新的填充或调整图层"按钮，打开快捷菜单，选择"曲线"命令，打开"曲线"对话框，调整曲线弧度，如图7-8-10所示。

11 执行"曲线"命令后，图像最终效果如图7-8-11所示。

图7-8-4　"色阶"效果

图7-8-5　设置参数

06 执行"亮度/对比度"命令后，图像效果如图7-8-6所示。

07 选择"背景"图层，单击"图层"面板下方的"创建新的填充或调整图层"按钮，打开快捷菜单，选择"色阶"命令，打开"色阶"对话框，设置参数为0、1.42、247，如图7-8-7所示。

图7-8-10　调整曲线弧度

图7-8-11　最终效果

7.9　实例应用：修饰有神的魅力眼瞳

案例分析

　　本实例讲解"修饰有神的魅力眼瞳"的制作方法。主要通过执行"色阶"命令，调整人物眼珠的高光和阴影部分，使眼睛炯炯有神。最后执行"曲线"命令，则可达到最终效果。

制作步骤

01 执行"文件"|"打开"命令，打开素材图片：清秀美女.tif，如图7-9-1所示。

02 选择"椭圆选框工具"◯，在人物左眼珠处拖移定义椭圆选区，如图7-9-2所示。

图7-9-1 打开素材　　　图7-9-2 绘制椭圆选区

03 按Ctrl+J快捷键，复制选区，生成"图层2"。单击"图层"面板下方的"创建新的填充或调整图层"按钮 ◯，打开快捷菜单，选择"色阶"选项，打开"色阶"对话框，设置参数为0、3.42、199，其他参数保持默认，如图7-9-3所示。

04 切换到"蒙版"面板，设置"羽化"为2px，如图7-9-4所示。

图7-9-3 设置"色阶"参数　　　图7-9-4 蒙版面板

提示：

选择"套索工具"、"多边形套索工具"和"磁性套索工具"等也可定义选区。

05 执行"色阶"命令和设置"羽化"参数后，图像效果如图7-9-5所示。

06 选择"椭圆选框工具"◯，在人物右眼珠处拖移绘制椭圆选区，如图7-9-6所示。

图7-9-5 图像效果　　　图7-9-6 绘制椭圆选区

07 按Ctrl+J快捷键，复制选区，生成"图层2"。单击"图层"面板下方的"创建新的填充或调整图层"按钮，打开快捷菜单，选择"色阶"命令，打开"色阶"对话框，设置参数为0、3.48、162，

其他参数保持默认值。如图7-9-7所示。

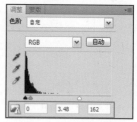

图7-9-7 设置"色阶"参数

08 切换到"蒙版"面板，设置"羽化"为5px，如图7-9-8所示。

09 执行"色阶"命令和设置"羽化"参数后，图像效果如图7-9-9所示。

图7-9-8 设置"羽化"参数　　　图7-9-9 图像效果

10 选择"背景"图层，单击"图层"面板下方的"创建新的填充或调整图层"按钮 ◯，打开快捷菜单，选择"亮度/对比度"选项，打开"亮度/对比度"对话框，设置参数为40、40，其他参数保持默认，如图7-9-10所示。

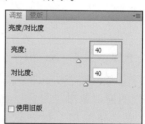

图7-9-10 设置"亮度/对比度"参数

11 执行"亮度/对比度"命令后，图像效果如图7-9-11所示。

12 单击"图层"面板下方的"创建新的填充或调整图层"按钮 ◯，打开快捷菜单，选择"色阶"选项，打开"色阶"对话框，设置参数为0、0.82、246，其他参数保持默认，如图7-9-12所示。

 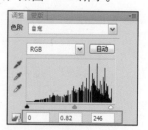

图7-9-11 图像效果　　　图7-9-12 设置"色阶"参数

13 执行"色阶"命令后，图像效果如图7-9-13所示。

14 选择最上方图层，单击"图层"面板下方的"创建新的填充或调整图层"按钮，打开快捷菜单，选择"曲线"命令，打开"曲线"对话框，调整曲线弧度，如图7-9-14所示。

图7-9-13　图像效果　　图7-9-14　调整曲线弧度

15 执行"曲线"命令后，图像效果如图7-9-15所示。

图7-9-15　最终效果

7.10　实例应用：修饰时尚的板栗色卷发

案例分析

本实例讲解"修饰时尚的板栗色卷发"的制作方法。主要通过对抠出的头发执行"色相/饱和度"、"色彩平衡"和"高度/对比度"等命令，把头发调成板栗色。再执行"曲线"命令调整整个图像的亮度，则可达到最终效果。

制作步骤

01 执行"文件"|"打开"命令，打开素材图片：卷发美女.tif，如图7-10-1所示。

02 选择"通道"面板，拖动"蓝"通道到面板下方的"创建新通道"按钮上，复制出"蓝 副本"通道，再拖动"蓝 副本"通道到面板下方的"创建新通道"按钮上，复制出"蓝 副本2"通道，如图7-10-2所示。

03 按住Ctrl键不放，单击"蓝 副本2"通道的缩览图，载入选区，按Ctrl+Shift+I快捷键反向选区。图像效果如图7-10-3所示。

图7-10-1 打开素材　图7-10-2 通道面板　图7-10-3 载入选区

04 返回"图层"面板，按Ctrl+J快捷键复制选区中的图像，此时生成"图层1"，隐藏"背景"图层，图像效果如图7-10-4所示。

05 单击"图层"面板下方的"添加图层蒙版"按钮，为图层添加蒙版，选择"画笔工具"，设置属性栏上的"画笔"为柔边圆100像素，"不透明度"为60%，"流量"为75%，在图像窗口中涂抹除头发以外的部分，如图7-10-5所示。

图7-10-4　选区图像　　图7-10-5　涂抹效果

06 单击"图层"面板下方的"创建新的填充或调整图层"按钮，打开快捷菜单，选择"色相/饱和度"选项，打开"色相/饱和度"对话框，设置参

157

数为-14、19、0，其他参数保持默认，如图7-10-6所示。

07 执行"色相/饱和度"命令后，图像效果如图7-10-7所示。

图7-10-6 设置参数

图7-10-7 图像效果

提示：

选择"钢笔工具" 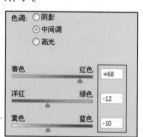，绘制路径，按Ctrl+Enter键，将路径转换为选区。

08 单击"图层"面板下方的"创建新的填充或调整图层"按钮，打开快捷菜单，选择"色彩平衡"选项，打开"色彩平衡"对话框，设置参数为68、-12、-10，其他参数保持默认，如图7-10-8所示。

09 执行"色彩平衡"命令后，图像效果如图7-10-9所示。

图7-10-8 设置"色彩平衡"参数

图7-10-9 图像效果

10 单击"图层"面板下方的"创建新的填充或调整图层"按钮，打开快捷菜单，选择"亮度/对比度"选项，打开"亮度/对比度"对话框，设置参数为5、26，其他参数保持默认，如图7-10-10所示。

11 执行"亮度/对比度"命令后，图像效果如图7-10-11所示。

图7-10-10 设置"亮度/对比度"参数

图7-10-11 图像效果

12 选择"背景"图层，单击"图层"面板下方的"创建新的填充或调整图层"按钮，打开快捷菜单，选择"曲线"选项，打开"曲线"对话框，调整曲线弧度，如图7-10-12所示。

13 执行"曲线"命令后，图像最终效果如图7-10-13所示。

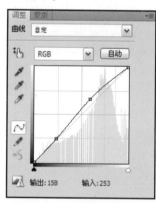
图7-10-12 调整曲线弧度

图7-10-13 最终效果

本章小结

　　本章通过对图层蒙版的运用进行全面分析和实例讲解，对以后制作复杂的合成图像打下了扎实的基础，详细剖析了人物美容处理，特别对人物摄影的后期处理有很大的帮助。希望读者认真阅读本章内容并能运用到实际操作中。

第8章

数码照片文字与相框：文字工具与图层样式的运用

　　本章介绍文字工具与图层样式的运用，一个优秀的作品是离不开优秀的文字设计。同时，图层样式的功能不容忽视。使用图层样式可以创建各种不同图像效果，也可以制作出充满创意的平面设计作品；本章一方面介绍了多种与众不同的特效文字，帮助初学者快速入门，另一方面也介绍了几种漂亮的相框制作，为设计之路添砖加瓦。希望读者能够掌握本章的重点，举一反三，制作出更多更好的优秀作品。

8.1 文字的功能及其重要性

文字的主要功能是在视觉传达中向大众传达作者的意图和各种信息，要达到这一目的必须考虑文字的整体诉求效果，给人以清晰的视觉印象，如图8-1-1所示。一些好的文字可以有效地传达作者的意图，表达设计的主题和构想意念，从而给人以美的享受。

图8-1-1 文字效果

文字是人类文化的重要组成部分。无论在何种视觉媒体中，文字和图片都是其两大构成要素。文字排列组合的好坏直接影响版面的视觉传达效果。因此，文字设计是增强视觉传达效果，提高作品的诉求力，赋予版面审美价值的一种重要构成技术。

8.1.1 文字在视觉上所带来影响

在视觉传达的过程中，文字作为画面的形象要素之一，具有传达感情的功能，因而它必须具有视觉上的美感，能够给人以美的感受。字型设计良好，组合巧妙的文字能使人感到愉快，留下美好的印象，从而获得良好的心理反应。反之，则使人看后心里不愉快，视觉上难以产生美感，甚至会让观众拒而不看，这样势必难以传达出作者想表现出的意图和构想，如图8-1-2所示。

图8-1-2 文字欣赏

8.1.2 文字设计的原则

信息传播是文字设计的一大功能，也是最基本的功能。文字设计重要的一点在于要服从表述主题的要求，要与其内容吻合一致，不能相互脱离，更不能相互冲突，破坏了文字的诉求效果。尤其在商品广告的文字设计上，更应该注意任何一条标题，一个字体标志，一个商品品牌都是有其自身内涵的，将它正确无误地传达给消费者是文字设计的目的，否则将失去了它的功能。抽象的笔画通过设计后所形成的文字形式，往往具有明确的倾向，这一文字的形式感应与传达内容是一致的。如，生产女性用品的企业，其广告的文字必须具有柔美秀丽的风采，工艺品广告文字则多采用不同感觉的手写文字、书法等，以体现工艺品的艺术风格和情趣。

8.1.3 文字组合的重要性

文字设计的成功与否，不仅在于字体自身的书写，同时也在于其运用的排列组合是否得当。如果一件作品中的文字排列不当，拥挤杂乱，缺乏视线流动的顺序，不仅会影响字体本身的美感，也不利于观众进行有效的阅读，则难以产生良好的视觉传达效果。要取得良好的排列效果，关键在于找出不同字体之间的内在联系，对其不同的对立因素予以和谐的组合，在保持其各自的个性特征的同时，又取得整体的协调感。文字的组合中，人们的阅读习惯文字组合的目的，是为了增强其视觉传达功能，赋予审美情感，诱导人们有兴趣的进行阅读，如图8-1-3所示。因此在组合方式上就需要顺应人们心理感受的顺序。

图8-1-3 文字组合效果

8.2 相框的种类与装饰作用

相框主要是用于相片的四边定位，及加强它的美观性。也利于保护相片的质量，像带有玻璃的相框，可以防相片变质发黄等。相框分为5种类型，分别是：木制相框类、塑胶相框、数码相框、电子相框、其他材料，比如，由金属四边做成的那种都是为了美观性加强。

8.2.1　质感类相框的效果

相框在人们生活中四处可寻，人们家里的墙壁上、或书桌上都会摆放着一些珍贵的相片。则相框最主要的用途是美化图像，起着装饰的作用。质感类相框，具有立体感和庄重感，它在视觉上则是另一种不同的享受，其效果如图8-2-1所示。

图8-2-1　质感相框

8.2.2　素材拼贴相框效果

素材拼贴相框，顾名思义它是由不同的素材拼合成的相框。因为素材的不同，这类的相框各式各样，例如，由糖果组成的、花朵组成的、蝴蝶组成的等等。这种相框给人们带来一种欢快、愉悦的感觉，如图8-2-2所示。

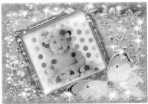

图8-2-2　素材拼贴相框

8.2.3　卡通类相框效果

卡通类相框是日常生活中最常见的一种相框，它主要的特征是由不同的卡通图像或物品所组成的四边。卡通类相框适合为儿童的相片进行装饰，因为它的本质就是可爱、乖巧型的，其效果如图8-2-3所示。

图8-2-3　卡通类相框

8.3　文字工具

"文字工具"包括："横排文字工具" T、"直排文字工具" T、"横排文字蒙版工具" 和"直排文字蒙版工具" ，下面就一一介绍它们的使用方法及用途。

8.3.1　横排文字工具

横排与直排文字工具是最常用的，输入文字之前，可以在文字工具对应的选项栏中进行相关的参数设置。下面详细地介绍这两种文字工具的使用方法。

选择"横排文字工具" T，其属性栏如图8-3-1所示。"横排文字工具"用于向图像中添加横排格式的文本。

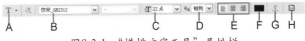

图8-3-1　"横排文字工具"属性栏

A→"改变文字方向"：单击此按钮，可使文字在横排与直排之间进行切换。

B→"设置字体"：在此下拉列表中可以选择字体。

C→"设置字号"：在此下拉列表中可以选择文字的大小。

D→"设置消除锯齿方法"：在此下拉列表中可以选择文字的消除锯齿方法，决定文字边缘的平滑程度，包括"无"、"锐化"、"犀利"、"浑厚"和"平滑"5种。

E→"设置文字对齐"［≣≣≣］：单击不同的对齐图标，可以以不同的方式对齐文字。

F→"设置文字颜色"□：单击此颜色块，打开"拾色器"对话框，设置不同的颜色。

G→"设置文字变形"［工］：只有在文件中输入文本后，此按钮才可被激活。单击此按钮，弹出"变形文字"对话框，从中设置适当的参数，设置变形文字效果。

H→"切换字符调板"：单击此按钮，可控制"字符"面板及"段落"面板的显示或隐藏。

输入或修改文字后，单击属性栏中的［◯］按钮，将取消刚才的输入或修改操作；单击属性栏中的［✔］按钮，将确认刚才的输入或修改操作。

8.3.2　直排文字工具

"直排文字工具"［工］用于向图像中添加垂直格式的文本。创建直排文本的方法与创建横排文本的方法相同，只是得到的文本呈竖向排列，选择"直排文字工具"［工］，其属性栏与"横排文字工具"也基本相同。

操作演示：为图像添加直排文字

01 按"Ctrl+O"快捷键打开素材图片：风车.tif，如图8-3-2所示。

图8-3-2　打开素材

02 选择"直排文字工具"［工］，设置属性栏中的参数，在图像输入文字，按Ctrl+Enter快捷键确定，效果如图8-3-3所示。

图8-3-3　输入文字

操作提示：

按T键可以选择文字工具，按Shift+T快捷键可以在文字工具中进行切换，从而快速选择所需的文字工具。

8.3.3　横排文字蒙版工具

选择"横排文字蒙版工具"［工］在图像中单击，输入文字后，并取消此工具的选中状态，被输入的文字变成选区。在前景色中设置颜色能够对文字选区进行填充，然而文字选区也与普通选区一样，可进行填充、羽化、描边、变换选区等操作。

操作演示：为图像添加横排文字

01 打开素材图片：夏日风景.tif，选择"横排文字蒙版工具"［工］，设置属性栏中的参数，在图像输入文字，如图8-3-4所示。

图8-3-4　打开素材并输入文字

02 输入完成后，按Ctrl+Enter快捷键确定，文字自动生成选区，如图8-3-5所示。

图8-3-5　生成选区

03 新建"图层1"，设置前景色为紫色（R：241，G：14，B：233），填充前景色到选区，按Ctrl+D快捷键取消选区，文字效果如图8-3-6所示。

图8-3-6　填充前景色

8.3.4　直排文字蒙版工具

使用"直排文字蒙版工具"，可得到直排文字形状的选区。创建直排文本选区的方法与创建横排文本选区的方法相同，只是得到的文本选区呈竖向排列。

8.4　文字变形

Photoshop提供了非常丰富的文字格式化功能，利用变形文字功能可以制作出丰富多彩的文字变形效果，使文字的样式更多。在"变形文字"对话中选择需要的样式，即可对文字应用变形。本小节则介绍对文字变形的操作。

8.4.1　变形文字对话框

在图像窗口中输入文字后，通常会为文字进行变形处理。执行"图层"|"文字"|"文字变形"命令，打开"变形文字"对话框，如图8-4-1所示。在对话框中选择不同的变形样式。下面介绍文字变形的具体操作。

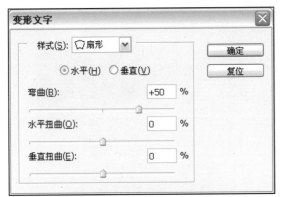

图8-4-1　"变形文字"对话框

"样式"：在其下拉列表中，可为文字设置一种变形样式，有扇形、拱形、旗帜、鱼眼等15种样式。

"水平或垂直"：设置调整变形文字的方向。

"弯曲"：指定对图层应用的变形强度。

"水平扭曲和垂直扭曲"：可对文字应用透视变形。

操作演示：为图像添加变形文字效果

01 打开素材图片：手链.tif，选择"横排文字工具"T.，在图像中输入文字，按Ctrl+Enter快捷键确定，效果如图8-4-2所示。

02 执行"图层"|"文字"|"变形文字"命令，打开"变形文字"对话框，设置"样式"为"扇形"，单击"确定"按钮，效果如图8-4-3所示。

图8-4-2　打开素材并输入文字

图8-4-3　"扇形"效果

03 打开"变形文字"对话框，设置"样式"为"膨胀"，单击"确定"按钮，效果如图8-4-4所示。

图8-4-4　"膨胀"效果

8.4.2　文字与路径的结合

这节中将具体介绍文字与路径的结合，工作路径是出现在"路径"面板中并定义形状轮廓的一种临时路径，基于文本图层创建工作路径之后，即可像处理任何其他路径一样存储和处理该路径。但是无法以文本的形式编辑路径中的字符，不过原文本图层将保持不变并可编辑。

8.5 文字与图层样式

在图像窗口输入文字后，可以对文字进行特效处理。在"图层新式"对话框中可以对文字添加投影、外发光、内发光、斜面和浮雕等图层样式，让文字效果多元化。本节将以文字的投影效果、斜面和浮雕效果、颜色叠加效果为例，具体介绍文字与图层样式的应用。

8.5.1 文字和投影效果

运用"投影"图层样式对文字进行处理的具体操作步骤如下：

操作演示：添加投影的文字效果

01 执行"文件"|"打开"命令，打开素材图片：摩天轮.tif，选择"横排文字工具" T.，设置属性栏中的参数，在图像输入文字，按Ctrl+Enter快捷键确定，效果如图8-5-1所示。

图8-5-1 打开素材并输入文字

02 单击"添加图层样式"按钮 fx.，选择"投影"选项，设置参数如图8-5-2所示，单击"确定"按钮。

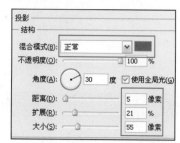

图8-5-2 设置"投影"参数

03 添加"图层样式"命令后，图像中文字效果如图8-5-3所示。

图8-5-3 "投影"效果

8.5.2 斜面和浮雕效果

"斜面和浮雕"命令，可以使图像中文字更有立体感，接下来就应用该图层样式，为图像添加文字。其具体操作步骤如下：

操作演示：添加斜面和浮雕的文字效果

01 打开素材图片：铅笔.tif，选择"横排文字工具" T.，在图像输入文字，按Ctrl+Enter快捷键确定，如图8-5-4所示。

图8-5-4 打开素材并输入文字

02 单击"添加图层样式"按钮 fx.，选择"斜面和浮雕"选项，设置参数如图8-5-5所示，单击"确定"按钮。

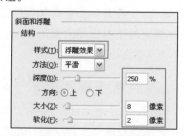

图8-5-5 设置"斜面和浮雕"参数

03 添加"图层样式"命令后，图像中文字效果如图8-5-6所示。

图8-5-6 "斜面和浮雕"效果

8.5.3 颜色叠加效果

前面使用图层样式为文字添加了"投影"、"斜面和浮雕"效果，下面利用图层样式为图像添加"颜色叠加"效果的文字。其具体操作步骤如下：

操作演示：添加颜色叠加的文字效果

01 打开素材图片：花朵.tif，选择"横排文字工具" T，在图像输入文字，如图8-5-7所示。按Ctrl+Enter快捷键确定。

图8-5-7 打开素材

02 单击"添加图层样式"按钮 fx，选择"颜色叠加"选项，设置参数如图8-5-8所示。单击"确定"按钮。

图8-5-8 设置"颜色叠加"参数

03 添加"图层样式"命令后，图像中文字效果如图8-5-9所示。

图8-5-9 "颜色叠加"效果

8.6 文字面板

Photoshop提供了非常丰富的文字格式化功能，这些功能都集中在"字符"和"段落"面板中。利用这两个面板，可快速地调整出变化多样、美观的文字排列效果。要做到文字运用得当，就必须掌握设置字符属性的"字符"面板和设置段落属性的"段落"面板的相关操作方法，下面详细地介绍这两个面板。

8.6.1 "字符"面板

使用文字工具输入文字后，使用"字符"面板可重新设置字符的属性，如，字体、字号、行距、字间距等字符属性，"字符"面板如图8-6-1所示，其中的一些参数与文字选项栏中的相同，在此不再重述，下

面只介绍不同的参数。

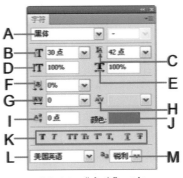

图8-6-1 "字符"面板

A→"设置字体系列"：在该下拉列表中可以选择所需字体。

B→"设置字体字号"：在该下拉列表中可以选择文字的大小字号，或在该文本框内输入数值。

C→"设置行距"：用于设置两行文字之间的距离，数值越大行间距越大。可直接输入数值或在下拉列表中选择一个数值。

D→"垂直缩放"：在此文本框中输入百分比，可调整字体垂直方向上的比例。

E→"水平缩放"：在此文本框中输入百分比，可调整字体水平方向上的比例。

F→"比例间距"：此选项按指定的百分比数值减少字符周围的空间。当向字符添加比例间距时，字符两侧的间距按相同的百分比减小。

G→"设置字间距"：只有选中文字时此选项才可用，用来控制所有选中文字的间距，数值越大间距越大。

H→"字符微调"：只有文字光标插入文字中此选项才可用。在文本框中输入数值，或在下拉列表中选择一个数值，可以设置光标距前一个字符的距离。

I→"设置基线偏移"：在该文本框中用于设置所选中字符与基线的距离。在文本框中输入正值，可以使文字向上移动；输入负值，可以使文字向下移动。

J→"设置文字颜色"：单击色块，在打开的对话框中设置文本颜色，单击"确定"按钮即可。

K→"字体特殊样式"：选中要改变字体样式的文字，单击其中的图标，即可添加特殊字体样式。

L→"语言设置"：在该下拉列表中选择所需的语言。

M→"消除锯齿方法"：在该下拉列表中包括5个选项，分别是：无、锐利、犀利、浑厚、平滑。

8.6.2 "段落"面板

使用"段落"面板设置段落对齐及缩进方式，或设置段前段后的间距，能够增强文字的可读性与美观性，"段落"面板如图8-6-2所示。

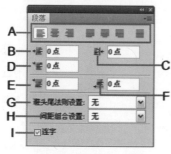

图8-6-2 "段落"面板

A→"对齐方式"：段落文字的排列共有左对齐、居中对齐、右对齐、尾行左对齐、尾行居中对齐、尾行右对齐、全部对齐等7种对齐方式。

B→"左缩进"按钮：用于设置当前段落的左侧相对于左定界框的缩进值。

C→"右缩进"按钮：用于设置当前段落的左侧相对于右定界框的缩进值。

D→"首行缩进"按钮：用于设置选中段落的首行相对其他行的缩进值。

E→"段前添加空格"按钮：用于设置当前段落与上一段落之间的间距。

F→"段的添加空格"按钮：用于设置当前段落与下一段落之间的间距。

G→"避头尾法则设置"：设置换行的方式。不能出现在一行的开头或结尾的字符称为避头尾字符。

H→"间距组合设置"：确定日语文字中标点、符号、数字以及其他字符类别之间的间距。

I→"连字"：设置手动或自动断字，仅适用于Roman字符。

操作演示：运用"段落"面板调整文字

01 打开素材图片：孤单女人.tif，选择"横排文字工具" T.，在图像中输入文字，按Ctrl+Enter快捷键确定，效果如图8-6-3所示。

图8-6-3 打开素材并输入文字

02 执行"窗口"|"段落"命令，打开"段落"对话框，设置"左缩进"为8点，"段前添加空格"为30点，如图8-6-4所示。

图8-6-4 调整文字

03 调整段落字后，文字效果如图8-6-5所示。

图8-6-5 文字效果

8.6.3 创建文字选区

创建文字选区有多种方法，可以通过使用"横排文字蒙版工具" 或"直排文字蒙版工具" ，在图像中输入文字后，文字转换成选区，前面也具体介绍了这两种方法的使用。同样，也可通过"钢笔工具"勾画文字路径，再将路径转换为选区，或在图像中输入文字，按Ctrl键载入文字选区即可。

8.6.4 检查文字拼写

文字拼写检查功能可以改正文档的拼写和语法错误，首先将要编辑的文字图层设为当前图层，然后执行"编辑"|"拼写检查"命令，打开"拼写检查"对话框，如图8-6-6所示。在"更改为"文本框中输入要替换的文字，而后单击"更改"按钮即可。

图8-6-6 "拼写检查"对话框

"忽略"按钮 忽略(I) ：单击该按钮表示不改变拼写检查的结果。

"全部忽略"按钮 全部忽略(G) ：单击该按钮表示不

改变所有拼写检查结果。

"更改"按钮 更改(C) ：单击该按钮表示允许校正错误的拼写方法。

"更改全部"按钮 更改全部(L) ：单击该按钮会自动更改所有拼写检查结果。

"添加"按钮 添加(A) ：如果在"建议"列表中没有被辨认的单词，可以在"更改到"文本框中输入正确的拼写，并单击按钮。检查完毕后，单击 完成(D) 按钮结束拼写检查。选中"检查所有图层"复选框，可以对多个文字图层进行拼写检查。

8.6.5 查找和替换文本

Photoshop能够进行文本搜索及文本替换，选择需要查找替换的文本图层，执行"编辑"|"查找和替换文本"命令，打开"查找和替换文本"对话框，如图8-6-7所示。使用该命令修改文字的具体操作步骤如下：

图8-6-7 "查找和替换文本"对话框

单击"查找下一个"按钮，系统当自动在文字中选中被查找的文字。若没发现要求查找的文本，会出现提示框，若在"更改到"文本框输入替换文本，单击 更改(H) 按钮会自动替换文本。

在"查找和替换文本"对话框下方有4个复选框，其中"搜索所有图层"选项表示是否查找其他的文字图层；"向前"选项表示搜索的顺序是由后向前进行搜索；"区分大小写"选项表示是否区分大小写；"全字匹配"选项表示是否以整个词作为搜索对象。

操作演示：运用"查找和替换文本"命令
修改文字

01 打开素材图片：风车tif，选择"横排文字工具" ，设置属性栏中的参数，在图像中输入文字，按Ctrl+Enter快捷键确定，效果如图8-6-8所示。

图8-6-8　打开素材并输入文字

图8-6-9　设置"查找内容"参数

02 执行"编辑"|"查找和替换文本"命令，打开
"查找和替换文本"对话框，在"查找内容"
文本框中输入"你"，"更改为"输入ni，如图
8-6-9所示。单击"更改全部"按钮。

03 执行"查找和替换文本"命令后，文字效果如图
8-6-10所示。

图8-6-10　"查找和替换文本"效果

8.7　文字图层的各种编辑

使用文字工具输入文字后，除了使用"字符"和
"段落"面板对文本进行编辑外，还有很多种编辑方
法，下面对其进行详细的介绍。

8.7.1　改变文字图层类型

建立了文字图层后，还可以在任意时刻将其在段
落文字与点文字之间进行转换。

在"图层"面板中选择需转换的段落文字图层，
执行"图层"|"文字"|"转换为点文本"命令，即可
将选中的段落文字图层转换为点文字图层。

将点文字图层转换为段落文字图层，执行"图
层"|"文字"|"转换为段落文本"命令即可将选中的
点文字图层转换为段落文字图层。

将点文字图层转换为段落文字图层的过程中，每
一行文字将会被作为一个段落。

将段落文字图层转换为点文字图层的过程中，系
统将在每行文字的末尾添加一个换行符，从而使其成
为独立的文本行。此外，在转换之前，如果段落文字
图层中的某些文字超出文本框范围，没有显示出来，
则这部分文字在转换过程中将被删除。

若要对文字使用一些滤镜效果，可以执行"图
层"|"栅格化"|"文字"命令，将文字转换为点阵
图。此时文字便不具有文字的属性，不可以更改字
体、字号等，但可将这些文字作为图像来编辑。

操作演示："栅格化"文字图层

01 按"Ctrl+O"快捷键打开素材图片：蒲公英.tif，
选择"横排文字工具" T.，在图像输入文字，按
Ctrl+Enter快捷键确定，效果如图8-7-1所示。

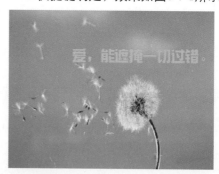

图8-7-1　打开素材并输入文字

02 复制文字图层，单击右键，打开快捷菜单，选择
"栅格化文字"选项，文字图层则自动生成普通
图层，如图8-7-2所示。

图8-7-2　"栅格化文字"效果

03 选择"渐变工具" ，设置"渐变色"为"色谱"，将文字载入选区并绘制渐变，效果如图8-7-3所示。按Ctrl+D快捷键取消选区。

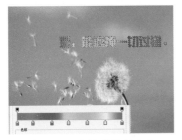

图8-7-3　编辑并绘制渐变

8.7.2　改变文字排列方向

除了在创建文字的过程中选择水平排列或垂直排列之外，有时为了需求，要改变文字的排列方向，这时可执行下列操作。

（1）应用"更改文本方向"按钮

要更改文本的方向，首先要使用文字工具选中文字或文字所在的图层，在属性栏中单击 按钮，可使文字在垂直和水平排列之间切换，如图8-7-4所示的水平排列文字，在单击 按钮后，文字变成了垂直排列，如图8-7-5所示。

（2）"垂直"命令

要将水平排列的文本更改为垂直排列的文本，首先选中文字或文字所在的图层，执行"图层"|"文字"|"垂直"命令即可。

（3）"水平"命令

要将垂直排列的文本更改为水平排列的文本，首先选中文字或文字所在的图层，执行"图层"|"文字"|"水平"命令即可。

图8-7-4　水平排列　　　　图8-7-5　垂直排列

8.7.3　变换文字样式

对文字图层可以执行"编辑"|"自由变换"命令，或按Ctrl+T快捷键，进行自由变换或执行"编

辑"|"变换"命令，选择相应的变换项。对文字图层进行变换时，可发现"扭曲"和"透视"命令不能使用，如图8-7-6所示。要使文字进行"扭曲"和"透视"变换时，首先要在文字图层上单击鼠标右键，在弹出的快捷菜单中选择"栅格化文字"选项，然后再执行"自由变换"命令或"变换"命令。此时，所有的命令都可使用了，如图8-7-7所示。将文字图层栅格化后，调整透视后的效果如图8-7-8所示。

图8-7-6　未激活　　　　图8-7-7　激活状态

图8-7-8　"透视"效果

8.7.4　将文字转换为形状

当将文字转换为形状时，文字图层被转换为具有矢量蒙版的图层。可以编辑矢量蒙版并对图层应用图层样式，但是无法再在图层中对文字进行编辑。选中文字图层，执行"图层"|"文字"|"转换为形状"命令即可将选中的文字图层转换为一个形状图层，并将原图层中的文字轮廓作为新图层上的剪贴路径，与创建工作路径不同，转换为形状图层后，原来的文字图层将被删除，被替换为一个形状图层。

8.7.5　将文字转换为路径

首先在"图层"面板中选中某个文字图层，执行"图层"|"文字"|"创建工作路径"命令，即可根据选中图层中文字的轮廓创建一个工作路径，删除文字图层可见文字转为路径后。其具体操作步骤如下。

操作演示：将文字转换为路径

01 执行"文件"|"打开"命令，打开素材图片：潮流人物.tif，如图8-7-9所示。

图8-7-9　打开素材

02 选择"横排文字工具"T，设置属性栏中的参数，在图像输入文字，按Ctrl+Enter快捷键确定，效果如图8-7-10所示。

图8-7-10　输入文字

03 选择文字图层，单击右键，打开快捷菜单，选择"创建工作路径"选项，删除文字图层，效果如图8-7-11所示。

图8-7-11　创建工作路径

04 选择"直接选择工具"，选中"典"字，执行"编辑"|"变换"|"透视"命令，对路径进行透视变形，如图8-7-12所示。按Enter键确定。

图8-7-12　变形路径

05 新建"图层1"，将路径载入选区。执行"编辑"|"描边"命令，打开"描边"对话框，设置"宽度"为2像素，如图8-7-13所示。单击"确定"按钮。

图8-7-13　设置"描边"参数

06 执行"描边"命令后，按Ctrl+D快捷键取消选区，文字效果如图8-7-14所示。

图8-7-14　"描边"效果

8.7.6　在路径上创建文本

首先绘制好开放路径或闭合路径，再使用文字工具在路径上或路径区域内输入文字，文字就会按路径方向排列，完成以后还可以继续调整路径，文字会自动适应变化。使用路径流排文字可以在图像中制作出更丰富的文字排列效果，使文字的排列形式不再是单调的水平或垂直方向，可以是曲线型的，还可以将文字纳入一个规则或不规则的路径形状内。

8.8　图层样式的配合

"图层样式"能够将平面图形转化为具有材质和光线效果的立体图形，在合成图像时它是必不可少的。其中包括："斜面和浮雕"、"外发光"、"内发光"、"颜色叠加"和"描边"等命令，利用这些命令可以使图像更加丰富多彩。但"图层样式"只能应用于普通图层，若想为背景图层添加图层样式，则要将其转换为普通图层才能操作。

8.8.1 高级图像混合

在Photoshop中高级图像混合参数，可以在"图层样式"对话框中设置。执行"图像"|"图层样式"|"混合选项"命令，即可打开设置混合选项的对话框。与"图层混合模式"、"图层不透明度"等相比，高级混合模式功能很少用，只在一些特殊情况下，使用高级混合模式可以完成需要的操作。

执行"图层"|"图层样式"|"混合选项"命令，或单击"图层"面板底部的 *fx.* 按钮，在打开的菜单中选择"混合选项"命令，对话框如图8-8-1所示。

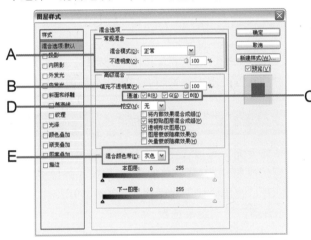

图8-8-1 "图层样式"对话框

A→"常规混合"：该选项区域中包括："混合模式"下拉列表和"不透明度"。"混合模式"用于设置图层的混合模式；"不透明度"用于设置图层的不透明度，将不透明度设置为100%与70%后的图像效果，如图8-8-2和图8-8-3所示。

B→"填充不透明度"：可以选择不同的通道来设置不透明度。

C→"通道"：可以对不同的通道进行混合。

D→"挖空"：指出哪些图层需要穿透，以显示其他图层内容。选择"无"选项则表示不挖空图层；选择"浅"选项则表示图像向下挖空到第一个可能的停止点；选择"深"选项则表示图像向下挖空到背景图层。

E→"混合颜色带"：在该下拉列表中包含4个颜色通道选项。若选择"灰色"选项，则表示作用于所有通道的混合；若选择其他选项，则表示单个通道内的混合。

图8-8-2 "不透明度"为100% 图8-8-3 "不透明度"为70%

8.8.2 投影

运用"投影"功能，能够在选定的图像中添加阴影，从而使图像更具立体和层次感。在"图层样式"对话框中勾选"投影"复选框。在该对话框中可以设置阴影的颜色、不透明度和距离等参数。

执行"图层"|"图层样式"|"投影"命令，打开"图层样式"对话框，如图8-8-4所示，或在"图层"面板下方单击 *fx.* 按钮，在其打开的菜单中选择"投影"选项。

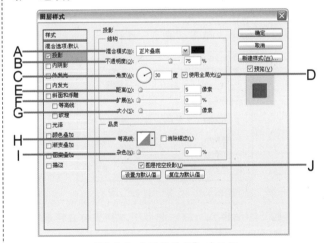

图8-8-4 "图层样式"对话框

A→"混合模式"：调整阴影与下一图层的混合模式，单击其右侧的颜色块可以设置阴影的颜色。

B→"不透明度"：设置阴影的不透明度。

C→"角度"：设置阴影的角度。

D→"使用全局光"：勾选该复选框后，所有图层应用投影样式时，所产生的光源角度都一样。若不勾选该复选框，则只应用于当前图层。

E→"距离"：设置阴影与图层之间的距离。

F→"扩展"：设置阴影大小，输入的数值越大，阴影越重。

G→"大小"：决定产生阴影的大小。数值越大，投影越大，并会产生从阴影到透明的渐变效果。

H→"等高线"：用来设置投影所采用的轮廓样式，轮廓的作用是加强投影不同的立体效果。

I→"杂色"：在生成的阴影中加入杂点，产生特殊的效果。

J→"图层挖空投影"：指定生成的投影是否与当前图像所在的图层相分离。

操作演示：运用"投影"命令调整图像

01 按Ctrl+O快捷键打开素材图片：快乐女人.tif，选择"钢笔工具" ![钢笔]，沿人物边缘绘制路径，如图8-8-5所示。

图8-8-5　绘制路径

02 将路径载入选区并复制选区内容。单击"添加图层样式"按钮 ![fx]，选择"投影"选项，设置参数如图8-8-6所示。单击"确定"按钮。

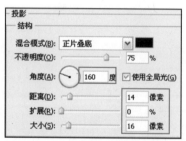

图8-8-6　设置"投影"参数

03 添加"图层样式"后，图像中人物更有立体感，效果如图8-8-7所示。

图8-8-7　"投影"效果

8.8.3　内阴影

在"图层样式"对话框中勾选"内阴影"复选框后，能够为图层中的图像的边缘内添加阴影，以使图层具有凹陷的外观效果。

在"图层"面板下方单击 ![fx] 按钮，打开菜单，选择"内阴影"选项，打开"图层样式"对话框，如图8-8-8所示。或者执行"图层"|"图层样式"|"内阴影"命令。

图8-8-8　"图层样式"对话框

"阻塞"：用于设置图像与阴影之间内缩尺寸。

8.8.4　外发光

"外发光"可以在图像外缘添加光晕效果。选中图层后，执行"图层"|"图层样式"|"外发光"命令，打开"图层样式"对话框，如图8-8-9所示，在其中可以设置不透明度等参数。

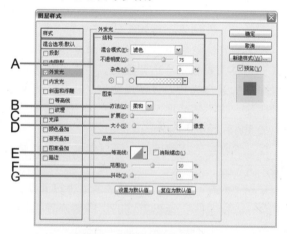

图8-8-9　"图层样式"对话框

A→"结构"：在该选项区域中，可以设置"混合模式"、"不透明度"和"杂色"等参数；"图素"选项区域用于对"方法"、"扩展"和"大小"等参数进行设置；"品质"选项区域中可以对轮廓范围等进行设置。同时，设置发光的颜色，可以设置为纯色或渐变色两种方式的发光效果。

B→"方法"：设置发光光源边缘元素的模式，

其中包括"柔和"和"精确"两种光晕模式。

C→"扩展"：设置边缘向外扩展的数值。

D→"大小"：通过输入数值或拖动滑块，控制光晕的柔化程度。

E→"等高线"：设置外发光的轮廓形状。

F→"范围"：用于设置轮廓线的运用。数值越大，用来界定渐变形状的色彩分布越明显。

G→"抖动"：设置外发光产生一种溶解效果的大小。

操作演示：运用"外发光"命令调整图像

01 打开素材图片：杯子.tif，选择"钢笔工具" ，沿杯子边缘绘制路径，按Ctrl+Enter快捷键载入选区，如图8-8-10所示。

图8-8-10　载入选区

02 复制选区内容，单击"添加图层样式"按钮 ，选择"外发光"选项，设置参数如图8-8-11所示。单击"确定"按钮。

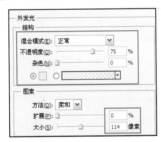

图8-8-11　设置"外发光"参数

03 添加"图层样式"后，图像效果如图8-8-12所示。

图8-8-12　"外发光"效果

8.8.5　内发光

"内发光"效果可以在图像内侧边缘产生光晕，它和"外发光"相似，如果图像的颜色较浅，发光颜色就必须选择较深的，这样制作的效果才会比较明显。执行"图层"|"图层样式"|"内发光"命令，打开"图层样式"对话框，如图8-8-13所示。除了"源"选项以外，"内发光"的选项和"外发光"相同。

图8-8-13　"图层样式"对话框

"源"：设置发光源的位置。"居中"选项是从图层中的图像边缘的中央发光，"边缘"选项是从图层中的图像边缘的内侧发光。

8.8.6　斜面和浮雕

"斜面和浮雕"命令用于为图层添加高光与阴影的组合效果，从而可使图像上直接制作各种立体效果。执行"图层"|"图层样式"|"斜面和浮雕"命令，打开"图层样式"对话框，如图8-8-14所示，下面就具体介绍各参数的用途。

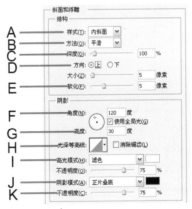

图8-8-14　"图层样式"对话框

A→"样式"：该选项的下拉列表中，包括："外斜面"、"内斜面"、"浮雕效果"、"枕状浮雕"和"描边浮雕"选项，进行不同设置后产生不同的浮雕效果。

B→"方法"：该选项的下拉列表中，包括："平滑"、"雕刻清晰"和"雕刻柔和"3个选项。选择"平滑"选项，可以对斜角的边缘进行模糊；选择

"雕刻清晰"选项，可以消除锯齿形状的硬边杂边，能够增强图像边缘的立体效果；选择"雕刻柔和"选项，主要用于设置较大范围的杂边。

C→"深度"：用于设置图层效果的深度。该选项数值越大，得到的浮雕阴影效果就越深。

D→"方向"：用于改变立体效果的光源方向，包括"上"和"下"两种光源方向。

E→"软化"：用于设置阴影边缘过渡的大小。

F→"角度"：用于设置立体光源的角度。

G→"高度"：用于设置立体光源的高度。

H→"光泽等高线"：决定被编辑图层效果的光泽程度。

I→"高光模式"：用于设置高光部分的混合模式，单击其后面的颜色块，可设置高光部分的颜色。

J→"阴影模式"：用于设置暗调部分的混合模式，它后面的颜色块用于改变暗调部分的颜色。

K→"不透明度"：用于设置亮部与暗部的不透明度。

操作演示：运用"斜面和浮雕"命令调整图像

01 打开素材图片：刷笔.tif，选择"钢笔工具" ，沿火机边缘绘制路径，按Ctrl+Enter快捷键载入选区，如图8-8-15所示。

图8-8-15　载入选区

02 复制选区内容，单击"添加图层样式"按钮 *fx.*，选择"斜面和浮雕"选项，设置参数如图8-8-16所示。单击"确定"按钮。

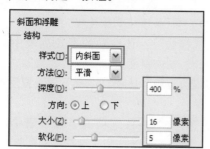

图8-8-16　设置"斜面和浮雕"参数

03 添加"图层样式"后，图像效果如图8-8-17所示。

图8-8-17　"斜面和浮雕"效果

8.8.7　光泽

"光泽"命令是根据图层图像的形状应用阴影，通过控制阴影的混合模式、颜色、角度、距离、大小等属性，在图层图像上形成各种光泽。然而光泽效果和图层轮廓有关，即使参数设置完全一样，不同图层添加"光泽"图层样式后产生的效果也不相同。

8.8.8　颜色叠加

"颜色叠加"命令可以为当前图层填充一种颜色。执行"图层"|"图层样式"|"颜色叠加"命令，打开"图层样式"对话框，如图8-8-18所示。下面介绍设置"颜色叠加"图层样式的具体操作。

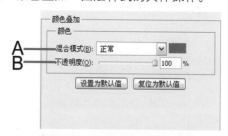

图8-8-18　"图层样式"对话框

A→"混合模式"：设置所添加的颜色与图像的混合模式，单击"混合模式"旁边的颜色块可以设置颜色。

B→"不透明度"：设置颜色叠加的不透明度。

操作演示：运用"颜色叠加"命令调整图像

01 打开素材图片：女人.tif，选择"魔棒工具" ，单击图像白色像素区域绘制选区。反向选区，效果如图8-8-19所示。

02 按Ctrl+J快捷键复制选区内容，单击"添加图层样式"按钮 *fx.*，选择"颜色叠加"选项，设置参数如图8-8-20所示。单击"确定"按钮。

图8-8-19 反向选区

图8-8-20 设置"颜色叠加"参数

03 添加"图层样式"后，图像效果如图8-8-21所示。

图8-8-21 "颜色叠加"效果

8.8.9 渐变叠加

"渐变叠加"命令是为图层添加渐变颜色填充效果，它和"渐变工具"差不多，不过在角度上更容易掌握。此外，它还添加了"与图层对齐"选项（用于对齐渐变和图层），以及控制渐变大小的缩放选项。

执行"图层"|"图层样式"|"渐变叠加"命令，打开"图层样式"对话框，如图8-8-22所示，设置参数。

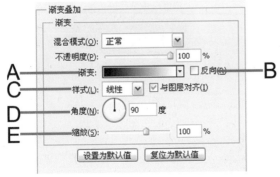

图8-8-22 "图层样式"对话框

A→"渐变"：用于渐变的种类，还可以自定义渐变效果。

B→"反向"：勾选该复选框，可以反转设置渐变颜色的方向。

C→"样式"：在该下拉列表可以选择渐变类型，包括："线性渐变"、"径向渐变"、"角度渐变"、"对称渐变"和"菱形渐变"5个选项。

D→"角度"：用于设置渐变的角度。

E→"缩放"：设置渐变效果的缩放比例。

8.8.10 图案叠加

"图案叠加"命令可在图层上填充图案，这种效果与使用"填充"命令填充类似。执行"图层"|"图层样式"|"图案叠加"命令，或在"图层"面板的底部单击 *fx* 按钮，在打开的菜单中选择"图案叠加"选项，在对话框中可以选择图案类型，而且可以载入更多的图案类型。下面介绍"图案叠加"的具体操作步骤。

操作演示：运用"图案叠加"命令调整图像

01 打开素材图片：悲伤女人.tif，和文字.tif，选择"移动工具" ，拖动文字到"悲伤女人"图像窗口中，生成"图层1"，调整图像大小，效果如图8-8-23所示。

图8-8-23 打开并移动素材

02 单击"添加图层样式"按钮 *fx* ，选择"图案叠加"选项，设置混合模式为"点光"，"图案"为"扎染" ，"缩放"为260%，如图8-8-24所示。单击"确定"按钮。

图8-8-24 设置"图案叠加"参数

03 添加"图层样式"后，图像效果如图8-8-25所示。

图8-8-25 "图案叠加"效果

8.8.11 描边

　　"描边"命令会在当前图层的图像边缘上产生一种描边效果，在使用"描边"命令时可用颜色、渐变和图案3种方式为当前图层中的图像进行描边。除了描边宽度、位置、混合模式、不透明度这些共有的选项外，还可以设置描边的填充类型等相关选项。

　　执行"图层"|"图层样式"|"描边"命令，打开"图层样式"对话框并进行设置，如图8-8-26所示；或在"图层"面板下方单击 *fx.* 按钮，在其打开的菜单中选择"描边"选项。

图8-8-26 "图层样式"对话框

　　A→"大小"：设置描边的宽度。

　　B→"位置"：设置描边的位置，有"外部"、"内部"和"居中"3种位置可选择。

　　C→"填充类型"：用于设置描边区域的填充内容，包括："颜色"、"渐变"和"图案"3个选项。

操作演示：运用"描边"命令调整图像

01 打开素材图片：天使.tif和艺术文字.tif，选择"移动工具" ▶╋，拖动文字到"天使"图像窗口中，生成"图层1"，按Ctrl+T快捷键旋转并调整文字大小，如图8-8-27所示。按Enter键确定。

图8-8-27 打开并移动素材

05 单击"添加图层样式"按钮 *fx.*，选择"描边"选项，设置"大小"为2像素，"颜色"为红色（R：177，G：8，B：11），如图8-8-28所示。单击"确定"按钮。

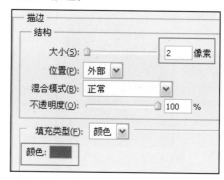

图8-8-28 设置"描边"参数

03 添加"图层样式"后，图像中文字效果如图8-8-29所示。

图8-8-29 "描边"效果

8.9 实例应用：草地文字

案例分析

本实例讲解"草地文字"的制作步骤，在本制作过程中分别运用了"钢笔工具"和"图层样式"命令，并利用"动感模糊"命令制作文字的投影，完美的呈现出效果逼真的草地字效。

制作步骤

01 执行"文件"|"新建"命令，打开"新建"对话框，设置"名称"为"草地文字"，"宽度"为10厘米，"高度"为7.5厘米，"分辨率"为300像素/英寸，"颜色模式"为RGB颜色，"背景内容"为白色，如图8-9-1所示。单击"确定"按钮。

图8-9-1 "新建"文件

02 选择工具箱中的"渐变工具"，在属性栏中单击"编辑渐变"按钮，打开"渐变编辑器"对话框，设置：位置 0 颜色（R：204，G：225，B：111）；位置 100 颜色（R：75，G：153，B：48）；如图 8-9-2 所示，单击"确定"按钮。

图8-9-2 编辑渐变

03 单击"创建新图层"按钮，新建"图层1"。在属性栏中单击"径向渐变"按钮，在窗口中由左上角向右下角斜线拖移填充渐变色，效果如图8-9-3所示。

04 单击"创建新图层"按钮，新建"图层2"。按D键恢复默认前景色与背景色，执行"滤镜"|"渲染"|"云彩"命令，效果如图 8-9-4 所示。

图8-9-3 绘制渐变　　　图8-9-4 "云彩"效果

05 设置"图层2"的混合模式为"正片叠底"，"不透明度"为40%，图像效果如图8-9-5所示。

06 单击面板下方的"添加图层蒙版"按钮，选择"画笔工具"，设置"画笔"为柔边圆200像素，在图像中间位置进行涂抹，隐藏部分图像。效果如图8-9-6所示。

图8-9-5 "正片叠底"效果　　　图8-9-6 涂抹效果

07 按 Ctrl+Shift+Alt+E 快捷键盖印可视图层，生成"图层3"。执行"滤镜"|"纹理"|"纹理化"命令，打开"纹理化"对话框。设置"纹理"为"砖形"，"缩放"为50%，"凸现"为3，"光照"为"右"，勾选"反相"复选框，如图 8-9-7 所示。

图8-9-7 设置"纹理化"参数

08 执行"纹理化"命令后，图像效果如图8-9-8所示。

09 按Ctrl+O快捷键，打开素材图片:草地.tif，如图8-9-9所示。

图8-9-8 "纹理化"效果　　　图8-9-9 打开素材

10 选择工具箱中的"移动工具" ，拖动图像到操作文件窗口中，生成"图层4"。按Ctrl+T快捷键，调整并移动到合适位置，按Enter键确定。图像效果如图8-9-10所示。

11 选择工具箱中的"横排文字工具" ，设置前景色为黑色，设置属性栏中的参数，在窗口中输入文字HAVE，设置该文字图层的"不透明度"为50%，如图8-9-11所示。

图8-9-10 移动并调整图像　　　图8-9-11 输入文字

12 选择"钢笔工具" ，在窗口中沿着文字轮廓位置绘制闭合路径，效果如图8-9-12所示

提示：
该路径之所以参差不齐，是为了增强它的草地文字效果。

提示：
打开"自由变换"调节框，按住Shift键，拖动调节框的角点，可等比例缩放图形。

13 按Ctrl+Enter快捷键将路径转换为选区，选择"图层4"，按Ctrl+J快捷键复制选区内容生成"图层5"。单击"图层4"和文字图层前的"指示图层可视性"按钮，隐藏图层，效果如图8-9-13所示。

图8-9-12 绘制路径　　　图8-9-13 复制选区内容

14 单击"图层"面板下方的"添加图层样式"按钮，选择"投影"命令，打开"图层样式"对话框，设置"不透明度"为50%，"距离"为15像素，"大小"为20像素，其他参数保持不变，如图8-9-14所示。

图8-9-14 设置"投影"参数

15 勾选"斜面和浮雕"复选框，设置"深度"为215，"大小"为10像素，高光模式"不透明度"为20%，阴影模式"不透明度"为15%，其他参数保持不变，如图8-9-15所示。

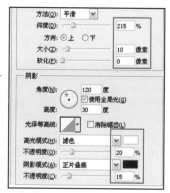

图8-9-15 设置"斜面和浮雕"参数

16 勾选"光泽"复选框，设置"颜色"为绿色（R：53，G：138，B：16），"不透明度"为55%，其他参数不变，如图8-9-16所示。单击"确定"按钮。

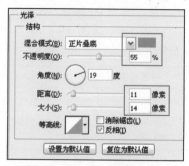

图8-9-16 设置"光泽"参数

17 添加"图层样式"后，图像效果如图8-9-17所示。

18 单击"图层"面板下方的"创建新图层"按钮 ，新建"图层6"。按住Ctrl键不放，单击"图层5"的图层缩览图载入选区，按Alt+Delete快捷键将选区内填充为前景色，并按Ctrl+D快捷键取消选区，效果如图8-9-18所示。

图8-9-17 "图层样式"效果　　图8-9-18 填充前景色

19 执行"滤镜"|"模糊"|"动感模糊"命令，打开"动感模糊"对话框，设置"角度"为-50度，"距离"为45像素，如图8-9-19所示。单击"确定"按钮。

图8-9-19 设置"动感模糊"参数

20 执行"动感模糊"命令后，图像效果如图8-9-20所示。

21 选择"图层6"，拖动该图层到"图层5"的下方，如图8-9-21所示。

图8-9-20 "动感模糊"效果　　图8-9-21 拖动图层

22 选择"移动工具"，将图像稍向右移动，图像效果如图8-9-22所示。

图8-9-22 移动图像

提示：

向右移动图像主要是为了让文字更具立体感，同时也让草地文字效果更逼真。

23 采用相同的制作方法，将其余的文字制作出立体的"草地"字效，图像效果如图8-9-23所示。

24 选择"图层4"，设置图层混合模式为"滤色"，"不透明度"为30%，效果如图8-9-24所示。

图8-9-23 草地文字效果　　图8-9-24 "滤色"效果

25 单击"图层"面板下方的"创建新的填充或调整图层"按钮，选择"亮度/对比度"选项，打开"亮度/对比度"对话框，设置参数为5、20，如图8-9-25所示。

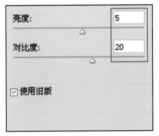

图8-9-25设置 "亮度/对比度"参数

26 执行"亮度/对比度"命令后，图像亮度与对比增加，效果如图8-9-26所示。

图8-9-26 "亮度/对比度"效果

27 在图层最上方新建"图层13"，设置前景色为绿色（R：125，G：221，B：96）。选择"自定形状工具"，设置"形状"为"花7"，在图像中绘制不同大小的花朵图形，最终效果如图8-9-27所示。

图8-9-27 最终效果

8.10 实例应用：玻璃文字

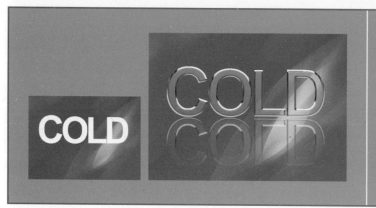

案例分析

　　本实例讲解"玻璃文字"的操作步骤，首先在图像中输入文字，运用"高斯模糊"和"光照效果"命令，打造立体的玻璃字效，再运用"曲线"和"色相/饱和度"命令分别调整出玻璃文字边缘晶莹剔透的效果并为其边缘上色，最后制作倒影，则可达到最终效果。

制作步骤

01　执行"文件"|"打开"命令，打开素材图片：炫丽背景.tif，如图8-10-1所示。

02　选择具箱中的"横排文字工具" T.，在属性栏中设置"字体"为Arial，"字体大小"为90点，在窗口输入文字，效果如图8-10-2所示。

图8-10-1　打开素材　　　　图8-10-2　输入文字

03　单击"图层"面板下方的"创建新图层"按钮 ，新建"图层1"，设置前景色为灰色（R：175，G：175，B：175）。按住 Ctrl 键，单击文字图层的"图层缩览图"选区，按 Alt+Delete 快捷键将选区内填充前景色，如图8-10-3 所示。

04　选择"通道"面板，单击"图层"面板下方的"创建新通道"按钮 ，新建 Alpha1 通道。按 D 键默认前景色和背景色，按 Alt+Delete 快捷键填充前景色选区，如图 8-10-4 所示。按 Ctrl+D 快捷键取消选区。

图8-10-3　填充前景色　　　图8-10-4　新建通道并填充

05　执行"滤镜"|"模糊"|"高斯模糊"命令，打开对话框，设置"半径"为4像素，如图8-10-5所示。单击"确定"按钮。

06　执行"高斯模糊"命令后，图像效果如图 8-10-6 所示。

图8-10-5　设置"高斯模糊"参数　　图8-10-6　"高斯模糊"效果

07　返回"图层"面板，选择"图层1"，执行"滤镜"|"渲染"|"光照效果"命令，打开"光照效果"对话框，调整对话框左侧光照中心，设置"纹理通道"为Alpha 1，"高度"为25，其他参数不变，如图8-10-7所示。单击"确定"按钮。

图8-10-7　设置"光照效果"的参数

08 执行"光照效果"命令后，文字效果如图8-10-8所示。

图8-10-8 "光照效果"效果

提示：

光照效果对话框中的"纹理通道"可以作为Alpha通道添加到图像中的灰度图像（称作"凹凸图"）控制光照效果。可以将任何灰度图像作为Alpha通道添加到图像中，也可创建新的Alpha通道并向其中添加纹理，得到浮雕式文本效果。

09 按Ctrl+J快捷键复制图层，生成"图层1副本"。按住Ctrl键，单击"图层1"的"图层缩览图"载入选区。执行"选择"|"修改"|"收缩"命令，打开"收缩选区"对话框，设置"收缩量"为6像素，如图8-10-9所示。

图8-10-9 设置"收缩选区"参数

10 执行"收缩"命令后，按Delete键删除选区内容，单击"图层1 副本"前的"指示图层可视性"的按钮👁，隐藏该图层，效果如图8-10-10所示。

提示：

隐藏"图层1副本"只是为便于观察文字效果。在操作时，可不必操作这一步骤。

11 显示"图层1 副本"，按住Ctrl键，单击"图层1"的"图层缩览图"将其载入选区。单击"图层"面板下方的"创建新的填充或调整图层"按钮🖤，选择"曲线"选项，打开"曲线"对话框，调整曲线弧度，如图8-10-11所示。

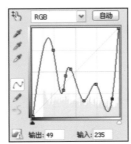

图8-10-10 删除选区内容   图8-10-11 调整弧度

12 选择"钢笔工具" ，在窗口中沿着文字轮廓位置绘制闭合路径，效果如图8-9-12所示。

提示：

创建新的填充或调整图层与图像菜单中的调整区别：使用创建新的填充图层时，被调整的图层上方会出现一个新图层，如果想要去掉调整的效果，只要将上面的图层删除即可。创建调整图层方便，而且创建调整图层后默认带一个蒙版，可以编辑蒙版，使局部作用。而图像菜单中的则只能在原图层调整。两者效果是一样的。

13 载入"图层1"的选区，单击"创建新的填充或调整图层"按钮🖤，选择"色相/饱和度"命令，打开"色相/饱和度"对话框，勾选"着色"复选框，设置参数为245、30、0，如图8-10-13所示。

图8-10-12 "曲线"效果   图8-10-13 设置"色相/饱和度"参数

14 执行"色相/饱和度"命令后，文字效果如图8-10-14所示。

15 选择"图层1副本"，设置该图层的"不透明度"为30%，效果如图8-10-15所示。

图8-10-14 "色相/饱和度"效果   图8-10-15 "不透明度"效果

16 单击"文字图层"和"背景"前面的"指示图层可见性"按钮👁，隐藏图层。按Ctrl+ Shift+Alt+E快捷键盖印可视图层，生成"图层2"，如图8-10-16所示。

17 设置"图层2"的"不透明度"为50%，按Ctrl+T快捷键，打开"自由变换"调节框，单击右键，打开快捷菜单，选择"垂直翻转"选项，向下移动图像到文字下方，形成"倒影"，如图8-10-17所示。按Enter键确定。

图8-10-16　盖印图层　　　图8-10-17　翻转并移动图像

18 单击面板下方的"添加图层蒙版"按钮，选择"渐
变工具"，设置"渐变色"为黑白渐变，在图
像下方1/2处，从下往上拖移绘制渐变色，使文字
倒影形成渐隐的效果，效果如图8-10-18所示。

19 单击"图层"面板下方的"创建新的填充或调整
图层"按钮，选择"亮度/对比度"选项，打开
"亮度/对比度"对话框，设置参数为18、32，如
图8-10-19所示。

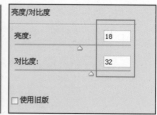

图8-10-18　绘制渐变　　图8-10-19　设置"亮度/对比度"参数

20 执行"亮度/对比度"命令后，图像亮度和对比度
提高，最终效果如图8-10-20所示。

图8-10-20　最终效果

8.11 实例应用：火焰文字

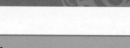

案例分析

　　本实例讲解"火焰文字"的制作步骤，
首先运用"风"命令，为文字绘制的边缘制
作丝状效果；再模糊文字，运用"色相/饱
和度"，为文字添加火焰的颜色效果，最后
制作倒影效果。

制作步骤

01 执行"文件"|"新建"命令,打开"新建"对话框,
设置"名称"为"火焰文字"，"宽度"为10厘米，
"高度"为7.5厘米，"分辨率"为300像素/英寸，
"颜色模式"为RGB颜色，"背景内容"为白色，
如图8-11-1所示。单击"确定"按钮。

02 设置前景色为黑色，按Alt+Delete快捷键填充前
景色。选择"横排文字工具"，设置属性栏
中"字体"为Times New Roman，"字号"为76
点，"颜色"为白色，在文件窗口中输入文字
FIRE，按Ctrl+Enter快捷键确定，效果如图8-11-2
所示。

图8-11-1　"新建"文件　　　图8-11-2　输入文字

03 按Ctrl+Shift+Alt+E快捷键，盖印可视图层，生成
"图层1"。执行"图层"|"图像旋转"|"90度
（顺时针）"命令，效果如图8-11-3所示。

04 执行"滤镜"|"风格化"|"风"命令，打开"风"对话框，设置"方法"为"风"，"方向"为"向左"，如图8-11-4所示。单击"确定"按钮。

 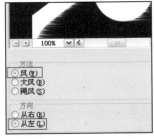

图8-11-3 旋转图像　　图8-11-4 设置"风"参数

05 执行"风"命令后，图像中文字效果如图8-11-5所示。

06 按"Ctrl+F"快捷键3次，重复上一次滤镜操作3次，效果如图8-11-6所示。

图8-11-5 "风"效果　　图8-11-6 重复操作

07 执行"图像"|"图像旋转"|"90度（逆时针）"命令，效果如图8-11-7所示。

08 执行"滤镜"|"模糊"|"高斯模糊"命令，打开"高斯模糊"对话框，设置"半径"为4像素，如图8-11-8所示。单击"确定"按钮。

图8-11-7 旋转图像　　图8-11-8 设置"高斯模糊"参数

09 执行"高斯模糊"命令后，文字效果如图8-11-9所示。

图8-11-9 "高斯模糊"效果

10 按"Ctrl+U"快捷键执行"色相/饱和度"命令，打开"色相/饱和度"对话框，勾选"着色"复选框，设置参数为40、100、0，如图8-11-10所示。

单击"确定"按钮。

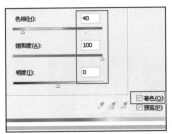

图8-11-10 设置"色相/饱和度"参数

11 执行"色相/饱和度"命令后，文字效果如图8-11-11所示。

图8-11-11 "色相/饱和度"效果

12 按Ctrl+J快捷键复制"图层1"，生成"图层1 副本"。按Ctrl+U快捷键执行"色相/饱和度"命令，打开"色相/饱和度"对话框，勾选"着色"复选框，设置参数为0、100、0，如图8-11-12所示。单击"确定"按钮。

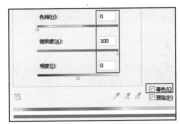

图8-11-12 设置"色相/饱和度"参数

13 执行"色相/饱和度"命令后，设置"图层1 副本"的图层混合模式为"颜色减淡"，效果如图8-11-13所示。

14 选择"图层1"和"图层1 副本"，按Ctrl+E快捷键向下合并图层，双击更名为"火焰"，如图8-11-14所示。

图8-11-13 "颜色减淡"效果　　图8-11-14 合并并命名

15 执行"滤镜"展开参数选项|"液化"命令，打开"液化"对话框，选择"向前变形工具"，设

置"工具选项"中的参数为98、41、80，在对话框中为文字制作火焰效果，如图8-11-15所示。

图8-11-15　变形处理

16 处理完成后，单击"确定"按钮。效果如图8-11-16所示。

17 按Ctrl+J快捷键复制"火焰"图层，生成"火焰副本"。选择"涂抹工具"，设置"画笔"为圆边圆45像素，"压力"为65%，在火焰上轻轻涂抹，对火焰进行修饰，使它的内外火焰完全融合，并让火势更强烈一些，效果如图8-11-17所示。

图8-11-16　"液化"效果　　　图8-11-17　涂抹效果

提示：

在涂抹过程中，要不断改变笔头的大小和压力，以适应不同需要。还要注意火焰的颜色，从外层的中心依次是红—黄—白。这一步没什么难点，关键在于耐心。

18 按Ctrl+Shift+Alt+E快捷键，盖印可视图层，生成"图层1"。设置图层混合模式为"滤色"，"不透明度"为60%，效果如图8-11-18所示。

19 盖印可视图层，生成"图层2"，设置图层混合模式为"滤色"。选择"移动工具"，按Ctrl+T快捷键打开"自由变换"调节框，单击右键，打开快捷菜单，选择"垂直翻转"选项，并向下移动文字，如图8-11-19所示。按Enter键确定。

图8-11-18　"滤色"效果　　图8-11-19　翻转并移动文字

20 单击"图层"面板下方的"添加图层蒙版"按钮，选择"渐变工具"，设置"渐变色"为黑白渐变，在图像中由下往上拖移绘制渐变色，使图像出现倒影效果。最终效果如图8-11-20所示。

图8-11-20　最终效果

8.12　实例应用：木质相框

案例分析

　　本实例讲解"木质相框"的制作方法，主要运用"矩形选框工具"绘制不同的选区，再复制选区内容；为图像添加"图层样式"，从而使图像更有立体感。导入素材，对图像进行调色，则可达到最终效果。

制作步骤

01 执行"文件"|"打开"命令，打开素材图片：木头.tif，如图8-12-1所示。

02 选择"矩形选框工具"，在图像中定义矩形选区，如图8-12-2所示。

图8-12-1 打开素材　　　　图8-12-2 绘制选区

03 单击属性栏中"从选区减去"按钮，在图像中绘制比之前选区小一点的矩形选区，如图8-12-3所示。

04 按Ctrl+J快捷键复制选区内容，生成"图层1"。单击"背景"图层前的"指示图层可视性"按钮，隐藏该图层。图像效果如图8-12-4所示。

图8-12-3 绘制相减选区　　图8-12-4 复制选区内容

05 单击"图层"面板下方的"添加图层样式"按钮，选择"斜面和浮雕"选项，打开"图层样式"对话框，设置"深度"为281%，"方向"为"上"，"大小"为18像素，阴影"不透明度"为30%，如图8-12-5所示。单击"确定"按钮。

06 添加"图层样式"后，图像立体感增加，效果如图8-12-6所示。

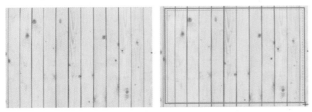

图8-12-5 设置"斜　　　　图8-12-6 "斜面和浮
面和浮雕"参数　　　　　　雕"效果

07 显示"背景"图层，选择"矩形选框工具"，在图像中绘制相减选区，如图8-12-7所示。

08 按Ctrl+J快捷键复制选区内容，生成"图层2"。

隐藏"背景"图层，效果如图8-12-8所示。

 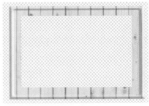

图8-12-7 绘制相减选区　　图8-12-8 复制选区内容

09 单击"图层"面板下方的"添加图层样式"按钮，选择"斜面和浮雕"选项，打开"图层样式"对话框，设置"深度"为350%，"大小"为13像素，"高光不透明度"为94%，阴影"不透明度"为44%，如图8-12-9所示。单击"确定"按钮。

图8-12-9 设置"斜面和浮雕"参数

10 添加"图层样式"后，图像效果如图8-12-10所示。

11 显示"背景"图层，选择"矩形选框工具"，在图像中定义相减选区，如图8-12-11所示。

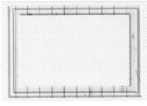 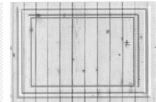

图8-12-10 "图层样式"效果　　图8-12-11 绘制相减选区

12 按Ctrl+J快捷键复制选区内容，生成"图层3"。隐藏"背景"图层，效果如图8-12-12所示。

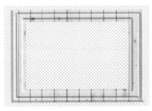

图8-12-12 复制选区内容

13 单击"添加图层样式"按钮，选择"斜面和浮雕"选项，设置"深度"为351%，"大小"为10像素，阴影"不透明度"为20%，如图8-12-13所示。

14 勾选"光泽"复选框，设置"不透明度"为30%，"角度"为128度，"距离"为1像素，"大小"

为3像素,如图8-12-14所示。

图8-12-13 设置"斜面和浮雕"参数

图8-12-14 设置"光泽"参数

15 勾选"颜色叠加"复选框,设置混合模式为"正常","颜色"为泥黄色(R:206,G:116,B:45),其他参数保持不变,如图8-12-15所示。单击"确定"按钮。

图8-12-15 设置"颜色叠加"参数

16 添加"图层样式"后,相框整体更具立体感,效果如图8-12-16所示。

17 单击"图层"面板下方的"创建新图层"按钮 ,新建"图层4",选择"自定形状工具" ,设置"形状"为"花形装饰1" ,单击"填充像素"按钮 ,在相框左上角绘制花形装饰图形,如图8-12-17所示。

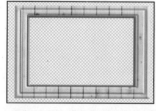

图8-12-16 "图层样式"效果

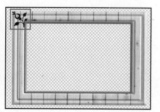

图8-12-17 绘制图像

18 单击"添加图层样式"按钮 ,选择"斜面和浮雕"选项,设置"样式"为"枕头浮雕","深度"为350%,"大小"为6像素,阴影"不透明度"为40%,如图8-12-18所示。

图8-12-18 设置"斜面和浮雕"参数

19 勾选"颜色叠加"复选框,设置混合模式为"正常","颜色"为泥黄色(R:186,G:122,B:44),其他参数保持不变,如图8-12-19所示。

图8-12-19 设置"颜色叠加"参数

20 勾选"描边"复选框,设置"大小"为4像素,"颜色"为白色,如图8-12-20所示。单击"确定"按钮。

21 添加"图层样式"后,图像效果如图8-12-21所示。

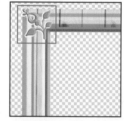

图8-12-20 设置"描边"参数　　图8-12-21 "图层样式"效果

22 按Ctrl+J快捷键复制图层,生成"图层4 副本"。按Ctrl+T快捷键旋转图像,并移动图像到相框右下角,如图8-12-22所示。按Enter键确定。

23 按Ctrl+O快捷键打开素材图片:风景.tif,如图8-12-23所示。

图8-12-22 旋转并移动图像　　图8-12-23 打开素材

24 选择"移动工具",拖动图像到"木头"图像窗口中,生成"图层5",拖动该图层到"背景"图层上方,并调整图像大小,图像效果如图8-12-24所示。

25　单击"图层"面板下方的"创建新的填充或调整图层"按钮 ，选择"曲线"选项，打开"曲线"对话框，调整曲线弧度，如图8-12-25所示。

图8-12-24　移动并调整图像　　图8-12-25　调整弧度

26　执行"曲线"命令后，图像亮度提高，效果如图8-12-26所示。

27　单击"图层"面板下方的"创建新的填充或调整图层"按钮 ，选择"色彩平衡"选项，打开"色彩平衡"对话框，设置参数为-16、19、45，图像中风景色彩更自然，最终效果如图8-12-27所示。

图8-12-26　"曲线"效果　　　图8-12-27　最终效果

8.13　实例应用：水晶相框

案例分析

　　本实例讲解"水晶相框"的制作步骤；在制作过程中主要运用了"钢笔工具"绘制路径，再添加不同的"图层样式"，使图像产生水晶质感，再导入素材，制作倒影效果，最后运用"画笔工具"绘制星光，从而达到最终效果。

制作步骤

01　执行"文件"|"新建"命令，打开"新建"对话框，设置"名称"为"水晶相框"，"宽度"为15厘米，"高度"为12.5厘米，"分辨率"为150像素/英寸，"颜色模式"为RGB颜色，"背景内容"为白色，如图8-13-1所示。单击"确定"按钮。

图8-13-1　"新建"文件

02　单击"图层"面板下方的"创建新图层"按钮，新建"图层1"，设置前景色为深蓝色（R：19，G：21，B：142）。选择"圆角矩形工具"，单击属性栏上的"填充像素"按钮，设置"半径"

为80像素，在窗口中绘制圆角矩形，如图8-13-2所示。

03　单击"图层"面板下方的"创建新图层"按钮，新建"图层2"，设置前景色为天蓝色（R：7，G：141，B：255）。选择"自定形状工具"，设置"形状"为"横幅"，在窗口中拖移绘制横幅图形，效果如图8-13-3所示。

图8-13-2　绘制图像　　　图8-13-3　绘制图形

04　按住Ctrl键，单击"图层1"的图层缩览图载入选区，如图8-13-4所示。

05　选择"图层2"，按Ctrl+Shift+I快捷键反向选区，按Delete键删除选区内容，效果如图8-13-5所示。

按Ctrl+D快捷键取消选区。

图8-13-4 载入选区　　　图8-13-5 反向并删除内容

06 设置"图层2"的图层混合模式为"颜色"，图像效果如图8-13-6所示。

图8-13-6 "颜色"效果

07 选择"图层1"，单击"图层"面板下方的"添加图层样式"按钮 *fx.*，选择"内发光"选项，打开"图层样式"对话框，设置"大小"为38像素，"等高线"为"锥形" ，如图8-13-7所示。

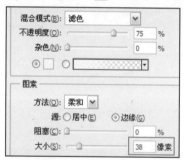

图8-13-7 设置"内发光"参数

08 勾选"斜面和浮雕"复选框，设置"大小"为68像素，"光泽等高线"为"环形" ，如图8-13-8所示。单击"确定"按钮。

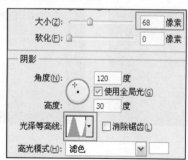

图8-13-8 设置"斜面和浮雕"参数

09 添加"图层样式"命令后，图像效果如图8-13-9所示。

10 新建"图层3"，选择"钢笔工具" ，在图像窗口中绘制路径，如图8-13-10所示。

图8-13-9 "图层样式"效果　　图8-13-10 绘制路径

11 绘制完成后，按Ctrl+Enter快捷键将路径载入选区。选择"渐变工具" ，单击属性栏上的"编辑渐变"按钮 ，打开"渐变编辑器"对话框，设置渐变色为：位置0 颜色：（R：0，G：6，B：187）；位置50 颜色：（R：1，G：1，B：88）；位置100 颜色：（R：0，G：0，B：21）；如图8-13-11所示，单击"确定"按钮。

12 单击属性栏上的"径向渐变"按钮 ，在图像窗口中拖移绘制渐变色，效果如图8-13-12所示。按Ctrl+D快捷键取消选区。

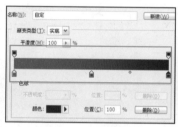 

图8-13-11 编辑渐变　　　图8-13-12 绘制渐变

13 新建"图层4"，设置前景色为白色，选择"钢笔工具" ，在图像上绘制路径，如图8-13-13所示。

14 绘制完成后，按Ctrl+Enter快捷键载入选区。按Alt+Delete快捷键填充前景色到选区，按Ctrl+D快捷键取消选区，效果如图8-13-14所示。

图8-13-13 绘制路径　　　图8-13-14 填充前景色

15 设置"图层4"的图层混合模式为"叠加"，并按Ctrl+J快捷键复制图层，生成"图层4 副本"，图像效果如图8-13-15所示。

16 执行"滤镜"|"模糊"|"高斯模糊"命令，打开"高斯模糊"对话框，设置"半径"为8像素，如图8-13-16所示。单击"确定"按钮。

17 执行"高斯模糊"命令后，图像效果如图8-13-17所示。

图8-13-15　"叠加"效果　　图8-13-16　设置"高斯模糊"参数

18 按Ctrl+J快捷键复制"图层4 副本"，生成"图层4 副本2"，设置"不透明度"为40%，效果如图8-13-18所示。

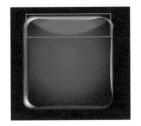 

图8-13-17　"高斯模糊"效果　　图8-13-18　"不透明度"效果

19 选择"图层3"，单击"添加图层样式"按钮 _fx._，选择"外发光"命令，打开"图层样式"对话框，设置"不透明度"为50%，"扩展"为6%，"大小"为15像素，"等高线"为"高斯-反转" ◣，如图8-13-19所示。

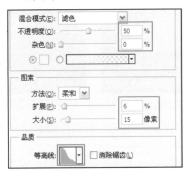

图8-13-19　设置"外发光"参数

20 勾选"内发光"复选框，设置混合模式为"线性减淡"，"颜色"为灰色（R：96，G：96，B：90），"大小"为60像素，"光泽等高线"为"锯齿2" ⩗⩗，如图8-13-20所示。单击"确定"按钮。

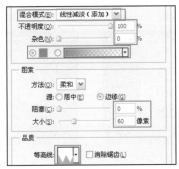

图8-13-20　设置"内发光"参数

21 添加"图层样式"后，图像效果如图8-13-21所示。

图8-13-21　"图层样式"效果

22 选择"钢笔工具" _◊_，在图像下方绘制路径并载入选区，如图8-13-22所示。

23 新建"图层5"，填充前景色为白色，设置图层混合模式为"叠加"，效果如图8-13-23所示。按Ctrl+D快捷键取消选区。

图8-13-22　绘制路径并载入选区　图8-13-23　"叠加"效果

24 单击"图层"面板下方的"创建新图层"按钮 🖿，新建"图层6"，选择"椭圆选框工具" ○，设置属性栏上"半径"为7像素，在图像窗口中绘制椭圆选区，填充前景色到选区，效果如图8-13-24所示。按Ctrl+D快捷键取消选区。

25 按Ctrl+T快捷键旋转拉伸图像，并调整其位置，按Enter键确定，效果如图8-13-25所示。

 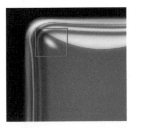

图8-13-24　绘制并填充选区　　图8-13-25　调整图像

26 新建"图层7"，选择"椭圆选框工具" ○，设置属性栏上"半径"为0像素，在图像中绘制椭圆选区，填充前景色为白色，按Ctrl+D快捷键取消选区，效果如图8-13-26所示。

27 选择"图层6"和"图层7"，拖动图层到"图层"面板下方的"创建新图层"按钮 🖿 上，复制出"图层6 副本"和"图层7 副本"，并旋转移动图像，效果如图8-13-27所示。

图8-13-26 绘制并填充选区　　图8-13-27 复制并调整图像

28 执行"文件"|"打开"命令，打开素材图片：美女.tif，如图8-13-28所示。

图8-13-28 打开素材

29 选择"移动工具" ，拖动图像到操作图像窗口中，生成"图层8"，调整图像位置，图像效果如图8-13-29所示。

30 按住Ctrl键，单击"图层3"的图层缩览图载入选区，按Ctrl+J快捷键复制选区内容，生成"图层9"。选择"图层8"，按Delete键删除该图层，图像效果如图8-13-30所示。

图8-13-29 移动并调整图像　　图8-13-30 复制选区内容

31 按Ctrl+T快捷键调整图像大小，如图8-13-31所示。按Enter键确定。

32 设置"图层9"的图层混合模式为"滤色"，效果如图8-13-32所示。

图8-13-31 调整图像大小　　图8-13-32 "滤色"效果

33 选择除"背景"图层以外的图层，按Ctrl+E快捷键合并图层，并双击更名为"相框"。按Ctrl+T快捷键缩小，并向上移动图像位置，如图8-13-33所示。按Enter键确定。

34 按Ctrl+J快捷键复制图层，生成"相框 副本"，按Ctrl+T快捷键打开"自由变换"调节框，单击右键，打开快捷菜单，选择"垂直翻转"选项，并向下移动图像。按Enter键确定，效果如图8-13-34所示。

图8-13-33 合并并调整图像　图8-13-34 翻转并移动图像

35 单击"图层"面板下方的"添加图层蒙版"按钮，选择"渐变工具"，设置"渐变色"为黑白渐变，单击属性栏上的"线性渐变"按钮，在图像窗口中拖移绘制渐变色，使倒影形成渐变效果。图像效果如图8-13-35所示。

36 单击"图层"面板下方的"创建新图层"按钮，新建"图层1"，选择"画笔工具"，设置"画笔"为柔边圆35像素，在图像中单击绘制白色圆点，如图8-13-36所示。

图8-13-35 绘制渐变色　　图8-13-36 绘制圆点

37 设置不同大小的画笔，在图像绘制圆点图像，效果如图8-13-37所示。

38 新建"图层2"，选择"画笔工具"，单击属性栏上的"画笔选取器"按钮，打开下拉面板，单击右上角的"弹出菜单"按钮，选择"混合画笔"命令，此时将弹出询问框，单击"追加"按钮。返回面板，选择"画笔"为"交叉排线"，在文件窗口中绘制不同大小的交叉排线图像，最终效果如图8-13-38所示。

图8-13-37 绘制图像　　图8-13-38 最终效果

8.14 实例应用：马赛克相框

案例分析

本实例讲解"马赛克相框"的操作步骤，在制作过程中主要通过"矩形选框工具"定义选区，运用"点状化"、"碎片"、"马赛克"和"锐化"等命令则可简单的制作出时尚漂亮的马赛克边框，并对选区进行"描边"，则可达到最终效果。

制作步骤

01 执行"文件"|"打开"命令，打开素材图片：魅力女人.tif，如图8-14-1所示。

02 按Ctrl+J快捷键复制"背景"图层，生成"图层1"。选择"矩形选框工具" ，绘制矩形选区，如图8-14-2所示。

图8-14-1　打开素材　　　　　图8-14-2　绘制选区

03 按Q键进入"快速蒙版"编辑模式，执行"滤镜"|"像素化"|"点状化"命令，打开"点状化"对话框，设置"单元格大小"为25，如图8-14-3所示。单击"确定"按钮。

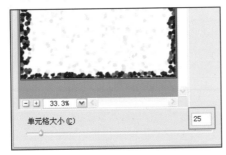

图8-14-3　设置"点状化"参数

04 执行"点状化"命令后，图像效果如图8-14-4所示。

05 执行"滤镜"|"像素化"|"碎片"命令，并按Ctrl+F快捷键重复上一次滤镜操作，效果如图8-14-5所示。

图8-14-4　"点状化"效果　　　图8-14-5　"碎片"效果

06 执行"滤镜"|"像素化"|"马赛克"命令，打开"马赛克"对话框，设置"单元格大小"为10方形，如图8-14-6所示。单击"确定"按钮。

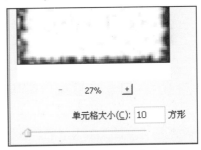

图8-14-6　设置"马赛克"参数

07 执行"马赛克"命令后，图像效果如图8-14-7所示。

08 执行"滤镜"|"锐化"|"锐化"命令，按Ctrl+F快捷键3次，重复上一次滤镜操作3次，效果如图8-14-8所示。

图8-14-7　"马赛克"效果　　　图8-14-8　"锐化"效果

09 按Q键退出"快速蒙版"编辑模式，自动生成选区，新建"图层2"。执行"编辑"|"描边"命令，打开"描边"对话框，设置"宽度"为4像素，"颜色"为白色，其他参数保持不变，如图8-14-9所示。单击"确定"按钮。

10 执行"描边"命令后，制作马赛克相框则完成，最终效果如图8-14-10所示。

图8-14-9 设置"描边"参数

图8-14-10 最终效果

本章小结

　　本章通过不同的案例来介绍文字工具和图层样式的功能与运用，在制作过程中，运用文字工具或图层样式命令可以将一张平淡无奇的图片，变得有声有色；与此同时，读者也可以对Photoshop有更深的了解。希望读者们学习完之后能够多练习，只有勤于练习才能制作和设计出令人叹为观止的作品，才能灵活运用Photoshop CS5其他更深的功能。

第9章

数码照片特效艺术处理：
滤镜的运用

本章主要介绍"滤镜"命令里各项滤镜的作用，运用这些命令可以快捷地制作出多种迷幻色彩的艺术效果图片，调整图像色彩，如逼真的素描效果、云雾效果、放射效果等。如果读者能够熟练掌握这些命令，将其应用到摄影后期处理中，将为大家展现出一个奇妙炫彩的特效世界，达到冲击观众的眼球的视觉效果。希望读者能够深入了解本章内容并融会贯通地使用到自己的工作中。

9.1 神奇特效的美化作用

Photoshop是一套优秀的图像美化软件,在图像上可以对图像中的人物进行美化,例如:美哲肌肤、为人物上妆、添加饰品、改变脸型等,用一句俗语来说就是:"丑女变美女,美女变仙女,这就是Photoshop的神奇功能"。

9.1.1 美容作用

美容一词可以从"容"和"美"两个角度来理解。"容"包括脸、仪态和修饰三层意思。"美"则具有形容词和动词的两层含义。形容词表明的是美容的结果和目的是美丽的、好看的;动词则表明的是美容的过程,即美化和改变的意思。美容是人们为把自己变得更漂亮而采用的方法,通过化妆、保养肌肤、吃营养品来美容肌肤,如何美容护肤呢?

首先多喝水,保证水分,保证每天8小时以上的睡眠!油性皮肤要做到面部清洁,先要用水洗干净,用温和的洁面皂将脸洗一遍。这样就达到了去油的效果。其次是化妆水要起到控油和清洁毛孔的作用,最好是含有少量的酒精。防晒品最好用清爽一点的,可以试试不是很油的隔离霜。面膜要做做补水面膜。如果肤质很好的话那就不要使用粉底了,使用隔离霜就能起到作用。简而言之,大量补水和舒适的睡眠是美容护肤最重要的方法。常见的美容护肤产品如图9-1-1所示。

图9-1-1 护肤产品欣赏

人们对自己的皮肤保养极其重视,那么对于拍摄出的图像效果又该怎么对它进行美容呢?这就是

Photoshop神奇特效之一了,对人物皮肤的处理可以采用"画笔工具"、"钢笔工具"、"蒙版"命令、"曲线"命令和"色彩平衡"命令等等。Photoshop软件可以对图像中的雀斑、痘痘、暗黄肌肤等进行美白,达到比真实皮肤还要白的效果。下面欣赏用Photoshop美白的图像效果如图9-1-2所示。

图9-1-2 美白肌肤图像

9.1.2 修饰作用

在Photoshop CS5中哪种命令可以改变人物胖瘦呢?答案是"液化"滤镜,它主要作用是对图像进行变形。"液化"滤镜可用于推、拉、旋转、反射、折叠和膨胀图像的任意区域。扭曲效果可以是细微的也可以是剧烈的,这就使"液化"命令成为修饰图像和创建艺术效果的强大工具。然后对图像色彩进行调整,通过对"曲线"和"色阶"等命令的参数进行不同的设置,可改变图像的色彩平衡,使图像更精美。下面欣赏两组"液化"命令前后对比效果图,如图9-1-3所示。

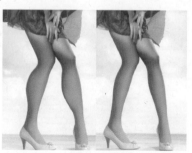

图9-1-3 "液化"命令对比效果图

9.1.3 美化作用

运用Photoshop软件也可以对图像的整体或局部进行色彩调整，"色阶"、"曲线"、"色相/饱和度"和"照片滤镜"等调整命令就是处理图像颜色的主要命令。轻松使用各个图像调整命令，可达到无损调整并增强图像的颜色和色调的效果，这就是Photoshop软件处理图像的又一重要功能，运用这些命令可以更换

图像背景颜色、美白皮肤、处理图像从单一色彩变为七彩的效果等，下面欣赏几组对图像进行调整的前后对比效果图，如图9-1-4所示。

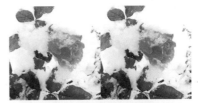

图9-1-4 图像美化前后对比效果

9.2 外挂滤镜提高影楼的制作效率

外挂滤镜就是由第三方厂商为Photoshop所生产的滤镜，它们不仅种类齐全，品种繁多而且功能强大，同时版本与种类也在不断升级与更新。外挂滤镜的作用：优化印刷图像、优化WEB图像、提高工作效率、提供创意滤镜和创建三维效果。有了它，Photoshop就会更加如虎添翼，它能够以让人难以置信的简单方法来实现惊人的效果。下面欣赏外挂滤镜制作的图像特效，如图9-2-1所示。

图9-2-1 图像特效

9.2.1 外挂滤镜的种类

外挂滤镜是厂商为Photoshop 所生产的滤镜，不但数量庞大、种类繁多、功能不一，而且版本和种类也在不断升级和更新。Photoshop外挂滤镜，外挂是扩展寄主应用软件的补充性程序。寄主程序根据需要把外挂程序调入和调出内存。由于不是在基本应用软件中写入的固定代码，因此，外挂具有很大的灵活性，最重要的是，可以根据意愿来更新外挂，而不必更新整个应用程序，著名的外挂滤镜有 KPT、PhotoTools、Eye Candy、Xenofen、Ulead Effects 等。利用外挂滤镜制作个性图像如图9-2-2所示。

图9-2-2 个性图像

9.2.2 外挂滤镜的效果

外挂滤镜方便实用，种类繁多，易于掌握，就算是初学者也能很容易地制作出精美的图像特效。正是这些滤镜的种类越来越多，功能越来越强大，才使得Photoshop的爱好者有增无减。图像特效制作效果如图9-2-3所示。

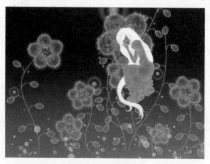

图9-2-3　外挂效果

9.3　独立特色滤镜

Photoshop CS5中的"滤镜"菜单中有20种特殊的命令，包括"转换为智能滤镜"、"滤镜库"、"镜头校正"、"液化"、"消失点"等，下面就分别介绍这20种滤镜的使用方法。

9.3.1 转换为智能滤镜

"转换为智能滤镜"命令是Photoshop CS5中新增加的一个命令，它的作用是记录了对滤镜里的命令操作过程，如果对滤镜效果不满意，利用"转换为智能滤镜"命令就可以对其参数进行更改或删除。

操作演示：利用"转换为智能滤镜"命令
制作素描效果

01 打开素材图片：靓丽女人.tif，执行"图像"|"调整"|"去色"命令，去掉图像颜色，图像效果如图9-3-1所示。

图9-3-2　"图层"面板

03 执行"滤镜"|"风格化"|"查找边缘"命令，图像最终效果如图9-3-3所示。

图9-3-3　最终效果

图9-3-1　"去色"效果

02 执行"滤镜"|"转换为智能滤镜"命令，弹出警示对话框，单击"确定"按钮，"图层"面板如图9-3-2所示。

9.3.2 滤镜库

"滤镜库"中有多种滤镜，在"滤镜"菜单中，执行"滤镜库"命令，如图9-3-4所示，打开"滤镜库"对话框，有6种滤镜命令，包括"风格化"、"画笔描边"、"扭曲"、"素描"、"纹理"和"艺术效果"命令，如图9-3-5所示。

图9-3-4 执行"滤镜库"命令

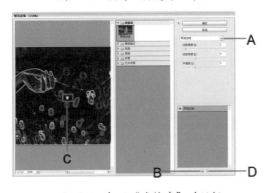

图9-3-5 打开"滤镜库"对话框

A→⊡按钮：单击"滤镜库"对话框右侧的下三角按钮⊡，可以根据需要选择不同的滤镜。

B→"新建图层"按钮：单击"滤镜库"对话框右下角的"新建效果图层"按钮，得到一个新的滤镜效果图层。

C→"抓手工具"，将光标放置到图像缩览图区域，可使用"抓手工具"，在预览区域中拖移，以查看图像的其他区域。

D→"删除效果图层"按钮，选中需要删除的滤镜效果图层，并单击"删除效果图层"按钮即可删除。

9.3.3 镜头校正

在Photoshop CS5中"镜头校正"命令也是新增加的一个滤镜命令，"镜头校正"滤镜是极佳的校正工具，对付桶形、枕形失真、晕影（图片边缘角落较黑）、色差（图像边缘的一圈色边，比如，紫边）等现象极为有效，而且比"自由变换"更加精确。

单击属性菜单栏中的"滤镜"命令，选择"镜头校正"命令，如图9-3-6所示，打开"镜头校正"对话框，如图9-3-7所示。

图9-3-6 执行"镜头校正"命令

图9-3-7 "打开镜头校正"对话框

A→"移去扭曲工具"：单击"移动网格工具"，将光标放置到图像缩览图区域中，在预览区域中向中心拖动或拖离中心以校失。

B→"拉直工具"：单击"拉直工具"，将光标放置到图像缩览图区域中轻微拖动鼠标，绘制一条直线，以将图像拉直到新的横轴或纵轴。

C→"移动网格工具"：单击"移动网格工具"，将光标放置到图像缩览图区域，在预览区域中拖移，使网格对齐图像。

D→"抓手工具"：将光标放置到图像缩览图区域，可使用"抓手工具"，在预览区域中拖移，以查看图像的其他区域。

E→"缩放工具"：将光标放置到图像缩览图区域，单击放大图像，按住Alt键，单击缩小图像。

9.3.4 液化

"液化"命令可对图像进行折叠、膨胀、变形、旋转、推、拉等操作，可根据需要对图像进行细微或剧烈处理。"液化"命令是修饰图像和创建艺术效果的重要工具，功能强大，可以对人物进行修饰，还可以制作出火焰、云彩、波浪等各种特殊效果。

在"滤镜"菜单中，执行"液化"命令，如图9-3-8所示，弹出"液化"对话框，如图9-3-9所示，工具栏如图9-3-10所示。

图9-3-8　执行"液化"命令

图9-3-9　"液化"对话框　　图9-3-10　液化工具

　　A→"向前变形工具" ：在图像上进行拖拉，可以使图像按照鼠标拖拉的方向进行变形，从而产生弯曲效果。

　　B→"重建工具" ：用于在图像经过液化变形后，可以使被操作区域恢复原状。

　　C→"顺时针旋转扭曲工具" ：在图像上进行拖拉，图像会产生顺时针旋转变形效果。

　　D→"褶皱工具" ：在图像上进行拖拉，图像会向中心收缩，形成挤压效果。

　　E→"膨胀工具" ：在图像上进行拖拉，图像背离操作中心点，从而产生膨胀效果。

　　F→"左推工具" ：在图像上进行拖拉，图像会随其移动。

　　G→"镜像工具" ：在图像上进行拖拉，图像产生镜像效果。

　　H→"湍流工具" ：用此工具可以使图像发生变形的同时，产生流动效果。

　　I→"冻结蒙版工具" ：可将不需要作液化变化的部分用"冻结工具"保护起来，用此工具涂抹过的图像，不能进行其编辑操作。

　　J→"解冻蒙版工具" ：可以将被冻结的区域擦除，使其可编辑。

　　K→"抓手工具" ：图像不能完全显示时，使用此工具可移动并观察图像的每一部分。

　　L→"缩放工具" ：通过对图像的缩放可进行精确的调整显示比例。

操作演示：利用"液化"命令修饰人物脸部

01　执行"文件"|"打开"命令，打开素材图片：女人.tif，执行"滤镜"|"液化"命令，打开对话框，设置参数为250、50、100，如图9-3-11所示。

图9-3-11　设置"液化"参数

02　在预览区域中单击人物下巴并向前推移，使其变形，如图9-3-12所示。

图9-3-12　调整图像

03　变形完成后，单击"确定"按钮，图像最终效果如图9-3-13所示。

图9-3-13　最终效果

操作提示：

除"重建工具"可以恢复原图像以外，还可以按Ctrl+Z快捷键，返回上一步操作。

9.3.5　消失点

　　使用"消失点"滤镜可以对图像中的瑕疵进行修复，也可对文件图像中的透视平面进行空间上的特效处理。透视平面是指图像中任何矩形物体的透视侧面，"消失点"滤镜可在这个透视平面上进行编辑。

执行"滤镜"|"消失点"命令，弹出对话框，如图9-3-14所示。可在此对话中进行编辑。

图9-3-14 打开"消失点"对话框

A→"编辑平面工具"：如果对创建的网格平面不满意，可以选择此工具进行位置和角度等的修改。

B→"创建平面工具"：可以按照物体透视角度创建网格平面。

C→"选框工具"：用于绘制正方形或长方形的选区。

D→"图章工具"：该工具的使用方法与工具栏中的"仿制图章工具"类似。

E→"画笔工具"：用所选的颜色绘制图像。

F→"吸管工具"：在单击预览图像时，可以提取一种颜色用于绘画。

9.4 风格化

"风格化"滤镜组有9种滤镜效果，包括："查找边缘"、"等高线"、"风"、"浮雕效果"和"扩散"等，通过置换像素和查找并增加图像的对比度，在选区中生成绘画或印象派的效果。利用"风格化"滤镜组的命令可以制作多种特殊效果，如，水墨效果、烟花效果等。

9.4.1 查找边缘与等高线

使用"查找边缘"滤镜可以查找对比强烈的图像边缘，并用线条勾勒出图像的边缘，生成图像周围的边界。使用"等高线"滤镜命令可以查找图像中主要亮度区域并勾勒突出边缘，以获得与等高线图中的线条类似的效果。

执行"滤镜"|"风格化"|"等高线"命令，如图9-4-1所示，打开"等高线"对话框，如图9-4-2所示。

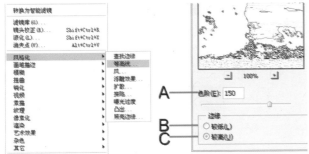

9-4-1 执行"等高线"命令 9-4-2 打开"等高线"对话框

A→"色阶"：用于设置查找图像边缘的色阶值。

B→"较低"：选择此单选按钮，则查找的颜色值高于指定的色阶边缘。

C→"较高"：选择此单选按钮，则查找的颜色值低于指定的色阶边缘。

操作演示：利用"查找边缘"与"等高线"命令制作蜡笔效果

01 执行"文件"|"打开"命令，打开素材图片：海滩.tif，如图9-4-3所示。

图9-4-3 打开素材

02 按Ctrl+J快捷键复制"背景"图层，生成"图层1"，隐藏"图层1"，选择"背景"图层，执行"滤镜"|"风格化"|"查找边缘"，图像效果如图9-4-4所示。

图9-4-4 "查找边缘"效果

03 显示并选择"图层1",执行"滤镜"|"风格化"|"等高线"命令,打开对话框,设置参数为150,单击"确定"按钮,设置图层混合模式为"叠加",图像最终效果如图9-4-5所示。

图9-4-5 最终效果

9.4.2 风

使用"风"滤镜可以在图像中绘制细小的水平线条,以获得风吹的效果,可以根据需要设置不同大小的风效果。

执行"滤镜"|"风格化"|"风"命令,如图9-4-6所示,打开"风"对话框,参数面板如图9-4-7所示。

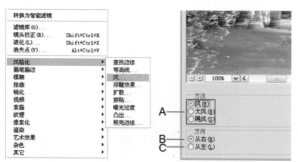

图9-4-6 执行"风"命令　　图9-4-7 打开"风"对话框

A→"风"、"大风"、"飓风":在"方法"选项内包括"风"、"大风"、"飓风"3种产生滤镜效果的方法,3种方法产生的效果基本相同,只是产生风的强度不同。

B→"从右":选择此单选按钮,则图像将从右向左产生起风效果。

C→"从左":选择此单选按钮,则图像将从左向右产生起风效果。

9.4.3 浮雕效果

使用"浮雕效果"滤镜,可以通过将选区的填充色转换为灰色,并用原来填充色描绘边缘,从而使选区显得凸起或凹陷,制作出浮雕效果。执行"滤

镜"|"风格化"|"浮雕效果"命令,如图9-4-8所示,打开"浮雕效果"对话框,参数如图9-4-9所示。

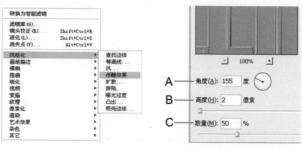

图9-4-8 执行"浮　　图9-4-9 打开"浮
雕效果"命令　　　　雕效果"对话框

A→"角度":此选项用于设置光线照射方向,范围为-360度~360度。-360度可以使表面凹陷,360度可以使表面凸起。

B→"高度":此选项用于设置图像中凸出区域的凸出程度。

C→"数量":此选项用于设置原图像中颜色的保留程度,当输入的数值为0时,图像变为单一颜色。

操作演示:利用"浮雕效果"命令制作文字浮雕

01 打开素材图片:创意文字.tif,按Ctrl+J快捷键复制"背景"图层,生成"图层1"。执行"滤镜"|"风格化"|"浮雕效果"命令,打开"浮雕效果"对话框,如图9-4-10所示。

图9-4-10 打开对话框

02 设置参数,"角度"为155度,"高度"为10像素,"数量"为100%,如图9-4-11所示。

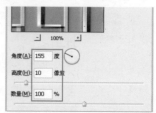

图9-4-11 设置"浮雕效果"参数

03 单击"确定"按钮,图像最终效果如图9-4-12所示。

图9-4-12 最终效果

9.4.4 扩散

使用"扩散"滤镜，可以搅乱图像中的各个像素，使图像的焦点虚化，从而产生透过玻璃观察图像的效果。

执行"滤镜"|"风格化"|"扩散"命令，如图 9-4-13 所示，打开"扩散"对话框，参数如图 9-4-14 所示。

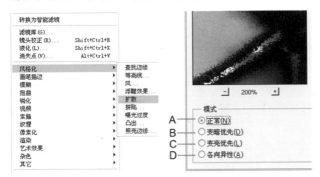

图9-4-13 执行"扩散"命令 图9-4-14 打开"扩散"对话框

A→"正常"：选择此单选按钮可以使像素随机移动。

B→"变暗优先"：选择此单选按钮可以用较暗的像素替换较亮的像素。

C→"变亮优先"：选择此单选按钮可以用较亮的像素替换较暗的像素。

D→"各向异性"：选择此单选按钮可以在颜色变化最小的方向上搅乱像素。

9.4.5 拼贴与凸出

使用"拼贴"滤镜可以将图像分解为一系列拼贴，使选区偏离其原来的位置。使用"凸出"滤镜可以赋予立方体或锥体的立体纹理效果。

执行"滤镜"|"风格化"|"拼贴"命令，打开"拼贴"对话框，参数如图9-4-15所示；执行"滤镜"|"风格化"|"凸出"命令，打开"凸出"对话框，参数如图9-4-16所示。

图9-4-15 打开"拼贴"对话框

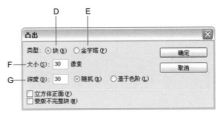

图9-4-16 打开"凸出"对话框

A→"拼贴数"：用于设置图像调整方向上分割块的数量。

B→"最大位移"：用于设置生成方块偏移的距离。

C→"填充空白区域用"：该选项区域，包括："背景色"、"前景颜色"、"反向图像"和"未改变的图像"4个单选按钮，可选择任意一个单选按钮填充拼贴之间的区域。

D→"块"：选中此单选按钮可以创建一个方形的下面和4处侧面的对象。

E→"金字塔"：选中此单选按钮可能创建具有相交于一点的4个三角形侧面的对象。

F→"大小"：在此文本框中输入2-255之间的像素值，可以确定对象基底任一边的长度。

G→"深度"：在此文本框中输入1-255之间的值，可以表示最高的对象凸起的高度。

操作演示：利用"拼贴与凸出"命令制作立体拼贴效果

01 打开素材图片：海面.tif，按Ctrl+J快捷键复制"背景"图层，生成"图层1"，如图9-4-17所示。

图9-4-17 设置"拼贴"参数

02 设置背景色为"黑色"，执行"滤镜"|"风格化"|"拼贴"命令，打开"拼贴"对话框，设置"拼贴数"为8，单击"确定"按钮，图像效果如图9-4-18所示。

图9-4-18 "拼贴"效果

03 执行"滤镜"|"风格化"|"凸出"命令，打开"凸出"对话框，设置"大小"为20像素，深度为20，单击"确定"按钮，图像效果如图9-4-19所示。

图9-4-19 最终效果

9.4.6 曝光过度

"曝光过度"滤镜是使图像产生正片与负片混合的效果，这种效果类似于电影中将摄影照片短暂曝光的效果。

操作演示：利用"曝光过度"命令制作照片曝光效果

01 执行"文件"|"打开"命令，打开素材图片：小女孩.tif，如图9-4-20所示。

图9-4-20 打开素材

02 按Ctrl+J快捷键复制"背景"图层，生成"图层1"。执行"滤镜"|"风格化"|"曝光过度"命令，图像效果如图9-4-21所示。

图9-4-21 "曝光过度"效果

9.4.7 照亮边缘

"照亮边缘"滤镜是向图像添加类似霓虹灯的光亮，其目的是突出图像的边缘。

执行"滤镜"|"风格化"|"照亮边缘"命令，如图9-4-22所示，打开"照亮边缘"对话框，参数如图9-4-23所示。

图9-4-22 执行"照亮边缘"命令

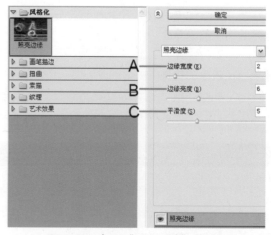

图9-4-23 打开"照亮边缘"对话框

A→"边缘宽度"：此选项用于设置发光边缘的宽度。

B→"边缘亮度"：此选项用于设置发光边缘的亮度。

C→"平滑度"：此选项用于设置发光边缘的平滑程度。

9.5 画笔描边滤镜组

"画笔描边"滤镜组共有8种滤镜命令，其中包括"成角的线条"、"墨水轮廓"、"喷溅和喷色描边"、"强化的边缘"和"深色线条"等。通过使用不同的画笔和油墨描边效果，可以创造出自然绘画效果的外观。

9.5.1 成角的线条

"成角的线条"滤镜主要是使用对角描边重新绘制图像，用相反方向的线条来绘制图像的亮部区域与暗部区域。

操作演示：利用"成角的线条"命令制作雨景

01 执行"文件"|"打开"命令，打开素材图片：花苞.tif，如图9-5-1所示。

图9-5-1 打开素材

02 新建"图层1"，设置前景色为白色，按Alt+Enter快捷键，填充白色。执行"滤镜"|"杂色"|"添加杂色"命令，打开对话框，设置参数"数量"为30%，"分布"为"高斯分布"，单击"确定"按钮，图像效果如图9-5-2所示。

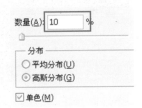

图9-5-2 "添加杂色"效果

03 执行"滤镜"|"画笔描边"|"成角的线条"命令，设置参数为0、50、10，单击"确定"按钮，

设置图层混合模式为"划分"，按Ctrl+J快捷键复制"图层1"，生成"图层1副本"，设置"不透明度"为50%，图像最终效果如图9-5-3所示。

图9-5-3 最终效果

9.5.2 墨水轮廓

"墨水轮廓"滤镜运用钢笔画的风格，用纤细的线条在原细节上重绘图像。

操作演示：利用"墨水轮廓"命令制作钢笔画效果

01 打开素材图片：湖岸风景.tif，按Ctrl+J快捷键复制"背景"图层，生成"图层1"。执行"滤镜"|"画笔描边"|"墨水轮廓"，打开"墨水轮廓"对话框，设置参数为4，2，34，单击"确定"按钮，如图9-5-4所示。

图9-5-4 设置"墨水轮廓"参数

02 执行"图层"|"调整"|"去色"命令，图像效果如图9-5-5所示。

图9-5-5 "去色"效果

03 按Ctrl+J快捷键复制"图层1"图层,生成"图层1副本"。执行"滤镜"|"风格化"|"查找边缘"命令,设置"图层混合模式"为实色混合,"不透明度"为20%,图像最终效果如图9-5-6所示。

图9-5-6 最终效果

9.5.3 喷溅和喷色描边

"喷溅"滤镜可以模拟喷溅枪的效果,以简化图像的整体效果,"喷色描边"滤镜使用图像主色,用成角的喷溅的颜色线条重新绘画图像。

操作演示:利用"喷溅和喷色描边"命令制作喷溅效果

01 打开素材图片:海滩风景.tif,执行"滤镜"|"画笔描边"|"喷溅"命令,打开"喷溅"对话框,单击"喷溅"对话框右下角的"新建效果图层"按钮,设置参数为15、8,如图9-5-7所示。

图9-5-7 打开素材

02 在对话框中,选择"喷色描边"命令,单击"喷色描边"对话框右下角的"新建效果图层"按钮,设置参数为12、7,如图9-5-8所示。

图9-5-8 最终效果

9.5.4 强化的边缘与深色描边

"强化的边缘"滤镜主要作用是强化图像的边缘,设置亮度较高的边缘时,强化效果类似于白色粉笔效果。设置亮度较低的边缘时,强化效果类似于黑色油墨。"深色线条"滤镜使用短的、绷紧的深色线条绘制暗部区域,使用长的白色线条来控制亮部区域。

操作演示:利用"强化的边缘"与"深色描边"命令强化图像边缘

01 执行"文件"|"打开"命令,打开素材图片:仰望.tif,执行"滤镜"|"画笔描边"|"强化的边缘"命令,打开"强化的边缘"对话框,单击对话框右下角的"新建效果图层"按钮,设置参数为4、50、3,如图9-5-9所示。

图9-5-9 "强化的边缘"效果

02 在对话框中,选择"深色线条"命令,设置参数为8、9、5,单击"确定"按钮,图像最终效果如图9-5-10所示。

图9-5-10 "深色线条"效果

9.5.5 烟灰墨

"烟灰墨"滤镜可以制作日本画风格的效果,使图像看起来像用蘸满油墨的画笔在宣纸上绘制而成,同时用非常黑的油墨创建柔和的模糊边缘。

操作演示：利用"烟灰墨"命令制作油画效果

01 执行"文件"｜"打开"命令，打开素材图片：树林.tif，如图9-5-11所示。

图9-5-11 打开素材

02 执行"滤镜"｜"画笔描边"｜"烟灰墨"命令，打开"烟灰墨"对话框，设置参数为11、5、21，如图9-5-12所示。

图9-5-12 "烟灰墨"效果

9.5.6 阴影线

"阴影线"滤镜在保留原始图像的细节和特征的情况下，用模拟的铅笔阴影线添加纹理，并可使彩色

区域的边缘变得粗糙。

操作演示：利用"阴影线"命令制作布纹效果

01 执行"文件"｜"打开"命令，打开素材图片：景色.tif，按Ctrl+J快捷键复制图层，生成"图层1"，执行"滤镜"｜"画笔描边"｜"阴影线"命令，打开"阴影线"对话框，设置参数为21、11、1，如图9-5-13所示。

图9-5-13 设置"阴影线"参数

02 按Ctrl+J快捷键，复制"图层1"，生成"图层1副本"，设置图层混合模式为"叠加"，图像最终效果如图9-5-14所示。

图9-5-14 最终效果

9.6 模糊滤镜组

"模糊"滤镜组共有11种滤镜，其中包括："表面模糊"、"动感模糊"、"径向模糊"、"方框模糊"和"高斯模糊"等，使用"模糊"滤镜组中的滤镜可以对选区或整个图像进行模糊柔化，产生平滑过渡的效果，也可以使用该组滤镜去除图像中的杂色，使图像变得柔和，还可以使用部分滤镜命令修饰图像或为图像增加动感效果，如可以制作动感的下雨效果。

9.6.1 表面模糊

"表面模糊"滤镜可以使图像保留图像边缘，同时添加模糊效果，此滤镜可以创建特殊效果并消除杂色或颗粒度。

9.6.2 动感模糊与径向模糊

"动感模糊"滤镜可以使图像沿着指定方向且指定强度进行模糊。此滤镜的效果类似于以固定的曝光时间给一个正在移动的对象拍照。"径向模糊"滤镜可以模拟移动或旋转的相机所产生的模糊效果。

操作演示：利用"动感模糊"与"径向模糊"命令制作光芒四射效果

01 打开素材图片：夕阳.tif，按Ctrl+J快捷键复制"背景"，生成"图层1"。执行"滤镜"|"模糊"|"动感模糊"命令，打开对话框，设置参数"角度"为90度，"距离"为10像素，单击"确定"按钮，效果如图9-6-1所示。

图9-6-1 设置"动感模糊"参数

02 取消"连续"复选框的勾选，选择"魔棒工具" ，在窗口中单击浅黄色像素载入选区，如图9-6-2所示。

图9-6-2 载入选区

03 按Ctrl+J快捷键复制选区内容，生成"图层2"，执行"滤镜"|"模糊"|"径向模糊"命令，打开对话框，设置参数如图9-6-3所示。

图9-6-3 设置"径向模糊"参数

04 单击"确定"按钮，隐藏"图层1"的可视性，"径向模糊"效果如图9-6-4所示。

05 按Ctrl+J快捷键复制"图层2"，生成"图层2副本"。设置"图层混合模式"为亮光，"不透明度"为50%，图像效果如图9-6-5所示。

图9-6-4 "径向模糊"效果

图9-6-5 复制效果

06 单击"图层"面板下方的"创建新的填充或调整图层"按钮 ，选择"色彩平衡"命令，打开"色彩平衡"对话框，设置参数为0、-10、-31，图像最终效果如图9-6-6所示。

图9-6-6 最终效果

9.6.3 方框模糊

"方框模糊"滤镜是基于相邻像素的平均颜色值来模糊图像，可以用于计算给定像素的平均值的区域大小，设置的半径越大，产生的模糊效果越明显。

9.6.4 高斯模糊与特殊模糊

"高斯模糊"滤镜通过控制模糊半径来对图像模糊效果处理，使用此滤镜可为图像添加低频细节，并产生一种朦胧效果。"特殊模糊"滤镜可以精确地模糊图像。

操作演示：利用"高斯模糊"与"特殊模糊"命令制作图像模糊效果

01 执行"文件"|"打开"命令,打开素材图片：玫瑰.tif,复制图层,执行"滤镜"|"模糊"|"高斯模糊"命令,打开"高斯模糊"对话框,设置参数"半径"为5,单击"确定"按钮,图像效果如图9-6-7所示。

图9-6-7 "高斯模糊"效果

02 执行"滤镜"|"模糊"|"特殊模糊"命令,打开"特殊模糊"对话框,设置参数"半径"为20,"阈值"为80,"品质"为"低","模式"为"叠加边缘",单击"确定"按钮,如图9-6-8所示。

图9-6-8 "特殊模糊"效果

9.6.5 模糊与进一步模糊

"模糊"滤镜与"进一步模糊"滤镜都是在图像中有显著颜色变化的消除杂色,从而产生轻微的模糊效果。

"模糊"滤镜通过平衡已定义的线条和遮蔽区域的清晰边缘旁边的像素,使图像中的颜色变化显得比较柔和。"进一步模糊"滤镜得到的效果是应用3~4次"模糊"滤镜效果。

9.6.6 镜头模糊和形状模糊

"镜头模糊"滤镜可为图像添加模糊效果,从而使景深效果更强,使图像中的一些对象在焦点内,而另一些区域变得模糊。此滤镜使用深度映射来确定像素在图像中的位置,在选择了深度映射的情况下,也可以使用十字光标来设置指定的模糊起点。

"形状模糊"滤镜是使用指定的形状来创建模糊,可以选择任意形状来制作图像的模糊效果。

9.6.7 平均

"平均"滤镜是根据图像色彩的多少分布,找出图像或选区的平均颜色,并用该颜色填充图像或选区,可以使图像得到平滑的外观。

操作演示：利用"平均"命令制作平滑背景

01 执行"文件"|"打开"命令,打开素材图片：花.tif,选择"磁性套索工具"，在图像窗口中沿花边缘拖移定义选区,按Ctrl+Shift+I快捷键反向选区,如图9-6-9所示。

图9-6-9 绘制选区

02 执行"滤镜"|"模糊"|"平均"命令,图像效果如图9-6-10所示。

图9-6-10 "平均"效果

9.7 扭曲滤镜组

"扭曲"滤镜组其有13种滤镜，其中包括："波浪"、"海洋波纹"、"波纹"、"水波"、"玻璃"和"极坐标"等。此滤镜组主要是对图像进行几何扭曲，创建3D或其他图像效果。

9.7.1 波浪与海洋波纹

"波浪"滤镜是在图像上创建波状起伏的图像，制作出波浪效果。"海洋波纹"滤镜可以将随机分隔的波纹添加到图像表面，制作出在水里看图像的效果。

操作演示：利用"波浪"与"海洋波纹"命令制作波纹效果

01 执行"文件"|"打开"命令,打开素材图片:女性.tif,执行"滤镜"|"扭曲"|"波浪"命令,打开对话框,设置参数如图9-7-1所示。单击"确定"按钮。

图9-7-1 "波浪"效果

02 执行"滤镜"|"扭曲"|"海洋波纹"命令，打开对话框，设置参数为5、15，图像效果如图9-7-2所示。

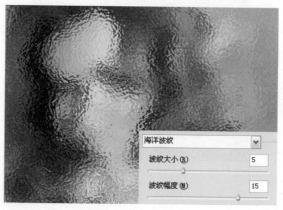

图9-7-2 "海洋波纹"效果

9.7.2 波纹与水波

"波纹"滤镜是通过在选区上创建波状起伏的图像模拟水池表面的波纹。"水波"滤镜可根据图像像素的半径将选区径向扭曲，从而产生类似于水波的效果。

操作演示：利用"波纹"与"水波"命令制作扭曲效果

01 执行"文件"|"打开"命令，打开素材图片：夏日饮品.tif，执行"滤镜"|"扭曲"|"波纹"命令，打开"波纹"对话框，设置参数"数量"为538%，单击"确定"按钮,图像效果如图9-7-3所示。

图9-7-3 "波纹"效果

02 执行"滤镜"|"扭曲"|"水波"命令，打开"水波"对话框，设置参数为17、12，"样式"为围绕中心，单击"确定"按钮，图像最终效果如图9-7-4所示。

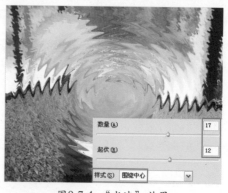

图9-7-4 "水波"效果

9.7.3　玻璃与极坐标

"琉璃"滤镜可以使图像看起来像是透过不同类型的玻璃看到的图像效果。应用"极坐标"滤镜时，可以选择将选区从平面坐标转换到极坐标，或者将选区从极坐标转换到平面坐标，从而产生扭曲变形的图像效果。

操作演示：利用"琉璃"与"极坐标"命令制作玻璃效果

01 执行"文件"|"打开"命令，打开素材图片：教堂.tif，执行"滤镜"|"扭曲"|"玻璃"命令，打开"玻璃"对话框，设置参数为5、5、150，"纹理"为小镜头，单击"确定"按钮，效果如图9-7-5所示。

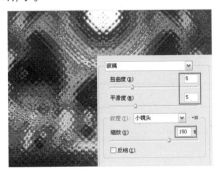

图9-7-5　"琉璃"效果

02 执行"滤镜"|"扭曲"|"极坐标"命令，打开"极坐标"对话框，选择"极坐标到平面坐标"，单击"确定"按钮，图像最终效果如图9-7-6所示。

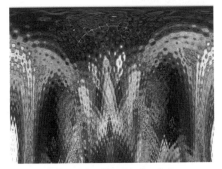

图9-7-6　"极坐标"效果

9.7.4　挤压与球面化

"挤压"滤镜可以挤压选区内的图像，从而使图像产生凸起或凹陷的效果。"球面化"滤镜可以在图像中心产生球形的凸起或凹陷效果，使图像具有3D效果。

9.7.5　扩散亮光与旋转扭曲

"扩散亮光"滤镜通过扩散图像中的白色区域，使图像从选区中心向外渐隐亮光，从而产生朦胧效果。"旋转扭曲"滤镜可以旋转选区内的图像，图像中心的旋转程度比边缘的旋转程度大。

操作演示：利用"扩散亮光"与"旋转扭曲"命令制作朦胧扭曲效果

01 打开素材图片：梦幻风景.tif，执行"滤镜"|"扭曲"|"扩散亮光"命令，打开"扩散亮光"对话框，设置参数为3、8、11，单击"确定"按钮，图像效果如图9-7-7所示。

图9-7-7　"扩散亮光"效果

02 执行"滤镜"|"扭曲"|"旋转扭曲"命令，打开"旋转扭曲"对话框，设置参数"角度"为 -60，单击"确定"按钮，图像最终效果如图 9-7-8 所示。

图9-7-8　"旋转扭曲"效果

9.7.6　切变

"切变"滤镜是通过调整"切变"对话框中曲线来扭曲图像。

操作演示：利用"切变"命令扭曲图像

01 执行"文件"|"打开"命令，打开素材图片：林

209

子.tif，如图9-7-9所示。

图9-7-9　打开素材

02 执行"滤镜"|"扭曲"|"切变"命令，打开"切变"对话框，调整曲线，单击"确定"按钮，图像效果如图9-7-10所示。

图9-7-10　图像效果

9.7.7　置换

"置换"滤镜需要使用一个PSD格式的图像作为置换图，并对置换图像进行相关的设置，以确定当前图像如何根据位移图像发生弯曲和破碎的效果。

操作演示：利用"置换"命令扭曲图像

01 执行"文件"|"打开"命令，打开素材图片：山峦.tif，执行"滤镜"|"扭曲"|"置换"命令，打开"置换"对话框，设置参数为20、20，如图9-7-11所示。

图9-7-11　设置"置换"参数

02 单击"确定"按钮，弹出"选择一个置换图"对话框，选择图像：置换.psd，单击"打开"按钮，图像效果如图9-7-12所示。

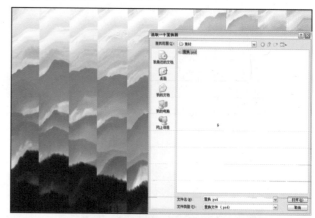

图9-7-12　最终效果

9.8　素描滤镜组

"素描"滤镜组共有14种滤镜效果，其中包括："半调图案"、"便条纸"、"粉笔"、"炭笔"、"铬黄"和"绘画笔"等，可以使用这些滤镜制作3D效果，将纹理添加到图像上，还适用于创建美术或手绘外观的图像效果。下面对本组进行具体介绍。

9.8.1　半调图案与便条纸

"半调图案"滤镜使用前景色与背景色，在保持图像中连续色调范围的同时模拟半调网屏的效果。"便条纸"滤镜可以使图像简化，制作出具有浮雕凹陷和纸颗粒纹理的效果。

执行"滤镜"|"素描"|"半调图案"命令，打开对话框，如图9-8-1所示，选择"便条线"命令，如图9-8-2所示。

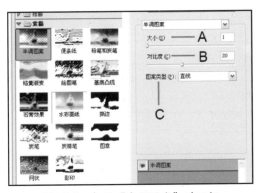

图9-8-1 打开"半调图案"对话框

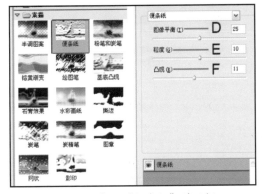

图9-8-2 打开"便条纸"对话框

A→"大小"：调整当前文件图像纹理的大小。

B→"对比度"：调整图像以及纹理色彩的对比度。

C→"图案类型"："图案类型"包含："圆圈"、"网点"和"直线"三种类型。

D→"图像平衡"：调整当前图像的平衡程度。

E→"粒度"：调整当前文件图像便条纸的粒度。

F→"凸现"：调整当前文件图像粒度的凸出程度。

操作演示：利用"半调图案"与"便条纸"命令制作网点效果

01 打开素材图片：模特.tif，执行"滤镜"|"素描"|"半调图案"命令，打开对话框，设置参数为2、10，"图案类型"为网点，单击"确定"按钮，图像效果如图9-8-3所示。

图9-8-3 "半调图案"效果

02 选择"便条纸"命令，设置参数为6、12、7，单击"确定"命令，图像最终效果如图9-8-4所示。

图9-8-4 "便条纸"效果

9.8.2 粉笔和炭笔与绘画笔

"粉笔和炭笔"滤镜可以重绘图像的高光和中间调，在图像的阴影区域用黑色对角炭笔结条进行替换，并用粗糙粉笔绘制中间调的灰色背景。"绘画笔"滤镜是使用细小的线状油墨描边以捕捉原图像中的细节，使用前景色作为油墨，使用背景色作为纸张，以替换原图像中的颜色。

执行"滤镜"|"素描"|"粉笔和炭笔"命令，打开对话框，如图9-8-5所示，选择"绘画笔"选项，如图9-8-6所示。

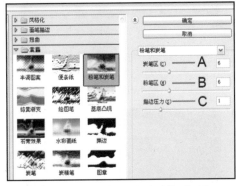

图9-8-5 打开"粉笔和炭笔"对话框

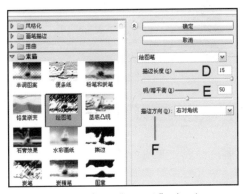

图9-8-6 打开"绘画笔"对话框

A→"炭笔区"：调整炭笔区域程度。

B→"粉笔区"：调整粉笔区域程度。

C→"描边压力"：调整粉笔和炭笔描边的压力。

D→"描边长度"：调整当前文件图像"绘图笔"线长的长度。

E→"明/暗平衡"：调整当前文件图像明暗平衡度。

F→"描边方向"：包含"右对角线"、"水平"、"左对角线"和"垂直"选项。

9.8.3 铬黄

"铬黄"滤镜可以渲染图像，使图像具有擦亮的铬黄表面效果，且图像的颜色失去，只存在黑、灰二种，但表面会根据图像进行铬黄纹理，有些像波浪。

操作演示：利用"铬黄"命令调整图像

01 执行"文件"|"打开"命令，打开素材图片：花.tif，如图9-8-7所示。

图9-8-7 打开素材

02 执行"滤镜"|"素描"|"铬黄"命令，打开"铬黄"对话框，设置参数为4、4，单击"确定"按钮，图像效果如图9-8-8所示。

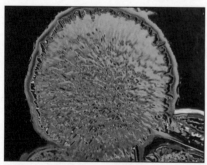

图9-8-8 图像效果

9.8.4 基底凸现与石膏效果

"基底凸现"滤镜可以使凸显呈现较为细腻的浮雕效果，并可根据需要加入光照效果，以突出浮雕表面的变化。使用"石膏效果"滤镜可以按照石膏效果

来制作图像，用前景色和主背景色为图像上色。较暗区域上升，较亮区域下沉。

执行"滤镜"|"素描"|"基底凸现"命令，打开对话框，如图9-8-9所示，选择"石膏效果"选项，如图9-8-10所示。

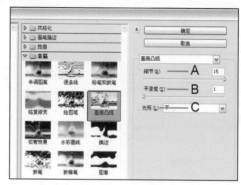

图9-8-9 打开"基底凸现"对话框

图9-8-10 打开"石膏效果"对话框

A→"细节"：调整当前文件图像基底凸现的程度。

B→"平滑度"：调整当前文件图像基底凸现的平滑程度。

C→"光照"：控制光照方向。

D→"图像平衡"：调节前景色和背景色之间的平衡。该值越小背景占的份额越大，该值越大前景色占有份额越大。

E→"平滑度"：控制图像的圆滑程度。

F→"光照"：控制光照位置。

9.8.5 水彩画纸

"水彩画纸"滤镜使图像好像是绘制在潮湿的纤维上，颜色溢出、混合、产生渗透的效果，以制作颜色流动并混合的特殊艺术效果。

操作演示：利用"水彩画纸"命令制作水彩效果

01 执行"文件"|"打开"命令，打开素材图片：铅笔.tif，如图9-8-11所示。

图9-8-11　打开素材

02 执行"滤镜"|"素描"|"水彩画纸"命令，打开对话框，设置参数为15、60、80，单击"确定"按钮，图像效果如图9-8-12所示。

图9-8-12　图像效果

9.8.6　撕边与图章

　　"撕边"滤镜可以使图像由粗糙的、撕破的纸片状重建图像，使用前景色为图像着色。"图章"滤镜可以简化图像，使图像效果类似于用橡皮或木制图章创建而成。

　　执行"滤镜"|"素描"|"撕边"命令，打开对话框，如图9-8-13所示，选择"图章"选项，如图9-8-14所示。

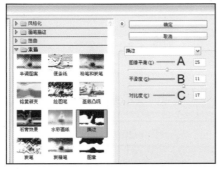

图9-8-13　打开"撕边"对话框

图9-8-14　打开"图章"对话框

A→"图像平衡"：调整当前图像的图像平衡程度。

B→"平滑度"：调整当前图像撕边的平滑程度。

C→"对比度"：调整当前文件图像色彩的对比度。

D→"明暗平衡"：调整当前图像明暗平衡的程度。

E→"平滑"：调整当前图像平滑程度。

9.8.7　炭笔与炭精笔

　　"炭笔"滤镜可以使图像产生色调分离的涂抹效果，图像中的主要边缘由粗线条进行绘制，而中间色调用对角描边进行绘制。"炭精笔"滤镜可以在图像上模拟浓黑和纯白的炭精笔纹理，用前景色描绘暗部区域，用背景色描绘亮部区域。

　　执行"滤镜"|"素描"|"炭笔"命令，打开对话框，如图9-8-15所示，选择"炭精笔"选项，如图9-8-16所示。

图9-8-15　打开"炭笔"对话框

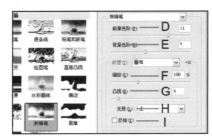

图9-8-16　打开"炭精笔"对话框

A→"炭笔粗细"：调整炭笔的粗细。

B→"细节"：调整当前图像炭笔的细节。

C→"明/暗平衡"：调整当前图像炭笔明暗的平衡程度。

D→"前景色阶"：设置前景色的范围。

E→"背景色阶"：设置背景色的范围。

F→"缩放"：设置纹理的缩放比例。

G→"凸现"：设置纹理的明显程度。

H→"光照"：选择光照的方向。

I→"反相"：反转光照方向。

操作演示：利用"炭笔"与"炭精笔"命令制作手绘效果

01 打开素材图片：小女孩.tif，执行"滤镜"|"素描"|"炭笔"命令，打开对话框，设置参数为2、5、50，单击"确定"按钮，图像效果如图9-8-17所示。

图9-8-17 "炭笔"效果

02 按Ctrl+Z快捷键，撤销上一步操作，执行"滤镜"|"素描"|"炭精笔"命令，打开对话框，设置参数，单击"确定"按钮，图像最终效果如图9-8-18所示。

图9-8-18 最终效果

9.8.8 网状与影印

"网状"滤镜可以模拟胶片乳胶的可控收缩和扭曲来创建图像，使图像在阴影部分呈现结块状，在高光部分呈现轻微颗粒化效果。"影印"滤镜可以模仿由前景色和背景色模拟复印机影印图像效果，只复制

图像的暗部区域，而将中间色调改为黑色或白色。

操作演示：利用"网状"与"影印"命令制作素描效果

01 打开素材图片：美女.tif，执行"滤镜"|"素描"|"网状"命令，打开对话框，设置参数为28、23、5，单击"确定"按钮，图像效果如图9-8-19所示。

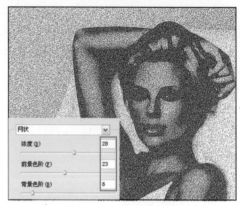

图9-8-19 "网状"效果

02 按Ctrl+Z快捷键，撤销上一步操作，执行"滤镜"|"素描"|"影印"命令，设置参数为1、45，单击"确定"按钮，图像效果如图9-8-20所示。

图9-8-20 图像效果

9.9 渲染滤镜组

"渲染"滤镜组，包括："云彩"、"分层云彩"、"光照效果"、"镜头光晕"和"纤维"5种滤镜。可以使用本组滤镜为图像制作云彩图案、折射图案、模拟光反射等效果。下面来详细介绍每个滤镜的功能以及操作方法。

9.9.1 云彩与分层云彩

"云彩"滤镜是用介于前景色与背景色之间的随机值生成柔和的云彩图案。"分层云彩"滤镜与"云彩"滤镜的原理相同，但是使用"分层云彩"滤镜时，图像中的某些部分会被反相为云彩图像。

操作演示：利用"云彩"与"分层云彩"命令制作云彩

01 打开素材图片：溪水.tif，按Ctrl+J快捷键复制"背景"图层，生成"图层1"，执行"滤镜"|"渲染"|"云彩"命令，图像效果如图9-9-1所示。

图9-9-1　"云彩"效果

02 设置图层混合模式为"滤色"，"不透明度"为80%，图像效果如图9-9-2所示。

图9-9-2　"滤色"效果

03 按Ctrl+Alt+Z快捷键三次，撤销上一步操作，执行"滤镜"|"渲染"|"分层云彩"命令，图像效果如图9-9-3所示。

图9-9-3　"分层云彩"效果

9.9.2　光照效果与镜头光晕

"光照效果"滤镜可以给RGB格式的图像增加不同的光照效果，可以使用灰度图像的纹理创建类似于3D效果的图像，并可存储自建的光照样式，以便应用于其他图像。"镜头光晕"滤镜可以模拟亮光照射到相机所产生的折射效果。

执行"滤镜"|"渲染"|"光照效果"命令，打开

对话框，如图9-9-4所示，执行"滤镜"|"渲染"|"镜头光晕"命令，打开对话框，如图9-9-5所示。

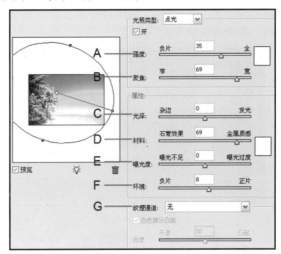

图9-9-6　打开"光照效果"对话框

图9-9-5　打开"镜头光晕"对话框

A→"强度"：通过拖曳滑块调节光源的强度，还可以在右侧的颜色框中选择一种灯光的颜色。

B→"聚焦"：可以调节光线的宽窄。

C→"光泽"：可以调节表面的光滑度。

D→"材料"：可以设置对象表面对光照的反射度。

E→"曝光度"：可以设置光照光与反射光所用的比例。

F→"环境"：可以设置光照范围的大小。

G→"纹理通道"：下拉列表中可以选择"无"、"红"、"绿"和"蓝"。选择通道，可拖曳滑块调节纹理。

H→"亮度"：可调节反射光的强度，取值范围是10%～300%。

I→"镜头类型"：可选择"50～300mm变焦镜"、"35mm聚焦"、"105mm聚焦"和"电影聚焦"的定焦镜。

操作演示：利用"光照效果"与"镜头光晕"命令制作光照效果

01 打开素材图片：海滩.tif，按Ctrl+J快捷键复制"背

景"图层，生成"图层1"，执行"滤镜"|"渲染"|"光照效果"命令，打开对话框，设置参数为默认值，"颜色"为白色，单击"确定"按钮，图像效果如图9-9-6所示。

图9-9-6 光照效果

02 单击"图层"面板下方按钮 ⌐」，新建"图层2"。设置前景色为黑色，按Alt+Delete快捷键填充前景色，执行"滤镜"|"渲染"|"镜头光晕"命令，打开对话框，设置参数如图9-9-7所示。

图9-9-7 "镜头光晕"效果

03 单击"确定"按钮，设置图层混合模式为"滤色"，图像最终效果如图9-9-8所示。

图9-9-8 "滤色"效果

9.9.3 纤维

"纤维"滤镜是使用前景色与背景色编制纤维的外观。

操作演示：利用"纤维"滤镜制作木质纤维效果

01 执行"文件"|"打开"命令，打开素材图片：花.tif，选择"魔棒工具" ，设置"容差"为10，在窗口中单击白色像素载入选区，如图9-9-9所示。

图9-9-9 打开素材

02 反向选区，按Ctrl+J快捷键，生成"图层1"。设置前景色为红色，执行"滤镜"|"渲染"|"纤维"命令，打开对话框，设置参数为25、4，单击"确定"按钮，图像效如图9-9-10所示。

图9-9-10 设置"纤维"参数

03 单击"图层"面板下方按钮 *fx*，选择"投影"命令，设置参数"角度"为17度，"距离"为13像素，"大小"为5像素，单击"确定"按钮，图像最终效果如图9-9-11所示。

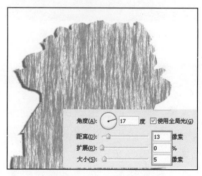

图9-9-11 最终效果

9.10 艺术效果滤镜组

"艺术效果"滤镜组，包括："壁画"、"彩色铅笔"、"粗糙蜡笔"、"底纹效果"、"调色刀"、"干画笔"、"海报边缘"和"海绵"等15种滤镜。使用本组滤镜可以为图像制作绘画或艺术效果。下面详细介绍该组滤镜的功能和具体操作。

9.10.1 壁画与干画笔

"壁画"滤镜是用小块颜料以短而圆的粗略涂抹的笔触重新绘制一种粗糙风格的图像。"干画笔"滤镜命令可以制作用干画笔技术绘制边缘的图像，此滤镜通过将图像的颜色范围减小为普通颜色范围来简化图像。

操作演示：利用"壁画与干画笔"命令处理图像

01 执行"文件"|"打开"命令，打开素材图片：花.tif，如图9-10-1所示。

图9-10-1 打开素材

02 执行"滤镜"|"艺术效果"|"壁画"命令，打开对话框，设置参数为4、4、1，单击"确定"按钮，图像效果如图9-10-2所示。

图9-10-2 "壁画"效果

03 按Ctrl+Z快捷键撤销上一步操作，执行"艺术效果"|"干画笔"命令，设置参数为0、0、3，单击"确定"按钮，图像效果如图9-10-3所示。

图9-10-3 "干画笔"效果

9.10.2 彩色铅笔与粗糙画笔

"彩色铅笔"滤镜可以制作用各种颜色的铅笔，在纯色背景上绘制的图像效果，所绘图像中重要的边缘被保留，外观以粗糙阴影线状态显示。"粗糙蜡笔"滤镜命令可在布满纹理的图像背景上应用彩色画笔描边。

操作演示：利用"彩色铅笔"与"粗糙画笔"命令处理图像

01 打开素材图片：小路.tif，执行"滤镜"|"艺术效果"|"彩色铅笔"命令，打开对话框，设置参数为22、8、37，单击"确定"按钮，图像效果如图9-10-4所示。

图9-10-4 "彩色铅笔"效果

02 按Ctrl+Z快捷键，撤销上一步操作，执行"滤镜"|"艺术效果"|"粗糙画笔"命令，打开对话框，设置参数，单击"确定"按钮，图像效果如图9-10-5所示。

图9-10-5 "粗糙画笔"效果

9.10.3 底纹效果与胶片颗粒

"底纹效果"滤镜可以在带纹理的背景上绘制图像，并将最终图像绘制在原图像上。"胶片颗粒"滤镜可以将平滑图案应用在图像的阴影和中间色调部分，将一种更平滑、更高饱和度的图案添加到亮部区域。

操作演示：利用"底纹效果"与"胶片颗粒"命令处理图像

01 打开素材图片：竹.tif，执行"滤镜"|"艺术效果"|"底纹效果"命令，设置参数为20、26、180、10，单击"确定"按钮，如图9-10-6所示。

图9-10-6 底纹效果

02 按Ctrl+Z快捷键，撤销上一步操作，执行"滤镜"|"艺术效果"|"胶片颗粒"命令，设置参数为4、0、4，图像效果如图9-10-7所示。

图9-10-7 "胶片颗粒"效果

9.10.4 调色刀与木刻

"调色刀"滤镜可以减少图像中的细节，得到描绘得很淡的画布效果。"木刻"滤镜可以将图像描绘成由几层边缘粗糙的彩纸剪片组成的效果。

执行"滤镜"|"艺术效果"|"调色刀"命令，打开对话框，如图9-10-8所示，执行"滤镜"|"艺术效果"|"木刻"命令，打开对话框，如图9-10-9所示。

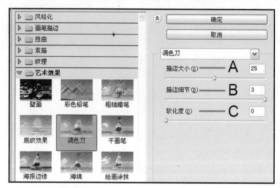

图9-10-8 打开"调色刀"对话框

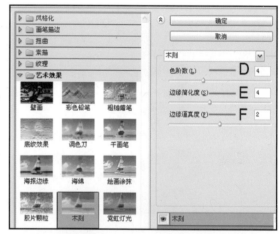

图9-10-9 打开"木刻"对话框

A→"描边大小"：值越小，图像的轮廓显示越清晰。

B→"描边细节"：值越大，图像越细致。

C→"软化度"：值越大，图像的边线越模糊。

D→"色阶数"：值越大，表现的图像颜色越多，显示效果越细腻。

E→"边缘简化度"：设置线条的范围。

F→"边缘逼真度"：设置线条的准确度。

9.10.5 海报边缘与水彩

"海报边缘"滤镜可以减少图像中的颜色数量，查找图像的边缘并在边缘上绘制黑色线条。"水彩"滤镜以水彩的风格绘制图像，使用蘸了水和颜料的中号画笔绘制简化了的图像细节，使图像颜色饱满。

执行"滤镜"｜"艺术效果"｜"海报边缘"命令，打开对话框，如图9-10-10所示，执行"滤镜"｜"艺术效果"｜"水彩"命令，打开对话框，如图9-10-11所示。

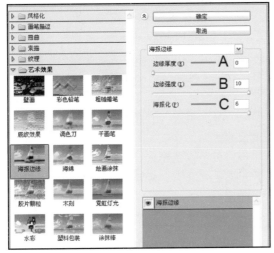

图9-10-10 打开"海报边缘"对话框

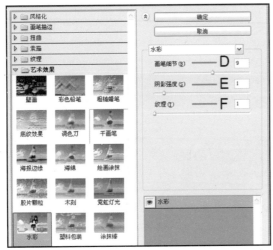

图9-10-11 打开"水彩"对话框

A→"边缘厚度"：值越大，轮廓就越粗。

B→"边缘强度"：值越小，轮廓的颜色越深。

C→"海报化"：设置图像中颜色的浓度。

D→"画笔细节"：值越大，表现的图像越细致。

E→"阴影强度"：值越大，应用在边线区域的颜色越深。

F→"纹理"：使用值调整质感的应用范围。

9.10.6 海绵与霓虹灯光

"海绵"滤镜使用颜色对比强烈且纹理较重的区域绘制图像，得到类似海绵绘画的效果。"霓虹灯光"滤镜可以将各种类型的灯光添加到图像中的对象

上，得到类似霓虹灯一样的发光效果。

操作演示：利用"海绵"与"霓虹灯光"命令处理图像

01 打开素材图片：田园.tif，执行"滤镜"｜"艺术效果"｜"海绵"命令，打开对话框，设置参数为5、15、10，单击"确定"按钮，图像效果如图9-10-12所示。

图9-10-12 "海绵"效果

02 按Ctrl+Z快捷键，撤销上一步操作，执行"滤镜"｜"艺术效果"｜"霓虹灯光"命令，打开对话框，设置参数为10、27，颜色为红色（R：255，G：0，B：210），单击"确定"按钮，图像效果如图9-10-13所示。

图9-10-13 "霓虹灯光"效果

9.10.7 绘画涂抹、塑料包装与涂抹棒

"绘画涂抹"可以选取各种大小和类型的画笔来创建绘画效果，使图像产生模糊的艺术效果。"塑料包装"滤镜可以给图像涂抹上一层光亮的塑料，以强化图像中的线条及表面细节。"涂抹棒"滤镜则是使用黑色的短线条涂抹图像的暗部区域，使图像显得更加柔和。

执行"滤镜"｜"艺术效果"｜"绘画涂抹"命令，打开对话框，如图9-10-14所示，执行"滤镜"｜"艺术

效果"|"塑料包装"命令，打开对话框，如图9-10-15
所示。执行"滤镜"|"艺术效果"|"涂抹棒"命令，
打开对话框，如图9-10-16所示。

图9-10-16 "涂抹棒"对话框

图9-10-14 "绘画涂抹"对话框

A→"画笔大小"：值越大，图像越粗糙。

B→"锐化程度"：设置图像的锐化程度。

C→"画笔类型"：设置画笔的种类。

D→"高光强度"：值越大，图像表面反射光的
强度就会越大。

E→"细节"：值越大，塑料表面的效果范围越大。

F→"平滑度"：值越大，图像上应用的透明薄
膜效果越温顺。

G→"描边长度"：设置画笔笔触的长度。

H→"高光区域"：设置高光区域的大小。

I→"强度"：值较大，可在图像的阴影上应用滤
镜效果。

图9-10-15 "塑料包装"对话框

9.11 实例应用：制作朦胧的云雾效果

案例分析

　　本实例讲解"制作朦胧的云雾效果"的
图像特效；先使用"色相/饱和度"命令调
整图像的明暗度，再使用"云彩"命令和
"图层蒙版"制作出蒙蒙的雾气效果，最后
使用"照片滤镜"命令为图像添加颜色。

制作步骤

01 执行"文件"|"打开"命令，打开素材图片：山
　　峰.tif，如图9-11-1所示。

02 单击"图层"面板下方的"创建新的填充或调整
　　图层"按钮 ⬤,，选择"色相/饱和度"选项，打开
　　"色相/饱和度"对话框，设置参数为0、30、0，
　　如图9-11-2所示。

03 执行"色相/饱和度"命令后，图像亮度增加，效
　　果如图9-11-3所示。

图9-11-1 打开素材　　图9-11-2 设置"色相/饱和度"参数

04 单击"图层"面板下方的"创建新图层"按钮 ⬜，新建"图层 1"。按 D 键恢复默认的前景色与背景色，执行"渲染"|"云彩"命令，效果如图 9-11-4 所示。

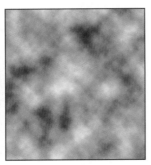

图9-11-3　"色相/饱和度"效果　　图9-11-4　"云彩"效果

提示：

新建图层的方法有很多种，除了以上方法，还可以按 Ctrl+Shift+N快捷键达到新建图层的目的。

05 按住Alt键，单击"图层"面板下方的"添加图层蒙版"按钮，选择"画笔工具"，设置"大小"为200，"不透明度"为30%，"流量"为40%，按X键切换前景色与背景色，在图中涂抹，为图像添加云雾，图像效果如图9-11-5所示。

06 新建"图层2"，涂抹上步操作所绘制出的灰色云雾，效果如图9-11-6所示。

图9-11-5　涂抹效果　　　　图9-11-6　涂抹效果

提示：

设置"不透明度"与"流量"的目的是为让涂抹出的云雾效果有一种不透明的效果，这样就可以方便在操作过程中可多次涂抹，制作出云雾较厚的效果。

07 新建"图层3"。执行"渲染"|"云彩"命令，添加图层蒙版，使用"画笔工具"在图中涂抹，图像效果如图9-11-7所示。

08 设置"图层3"的图层混合模式为"颜色减淡"，图像效果如图9-11-8所示。

图9-11-7　涂抹效果　　　图9-11-8　"颜色减淡"效果

提示：

再次执行"云彩"效果的目的是为增强云雾的浓密程度，使云雾效果更接近自然。

09 单击"图层"面板下方的"创建新的填充或调整图层"按钮，选择"照片滤镜"选项，打开"照片滤镜"对话框，设置参数"滤镜"为"深蓝"，"浓度"为15%，如图9-11-9所示。

10 执行"照片滤镜"命令后，图像最终效果如图9-11-10所示。

图9-11-9　设置"照片滤镜"参数　　图9-11-10　最终效果

提示：

选择"深蓝"选项，其目的是为了使图像整体效果看起来较清爽，而不是给人一种灰蒙蒙的感觉。"浓度"参数大小可自定。

9.12 实例应用：制作沙沙的小雨效果

案例分析

　　本实例讲解"制作沙沙的小雨效果"的图像特效；通过"曲线"命令调整图像亮度，再通过"点状化"、"阈值"、"动感模糊"等滤镜制作出下雨的特效，从而完成最终效果。

制作步骤

01 执行"文件"|"打开"命令，打开素材图片：灯光.tif，如图9-12-1所示。

提示：

打开文件的方法有多种，按Ctrl+O快捷键也可执行"打开"命令。

02 单击"图层"面板下方的"创建新的填充或调整图层"按钮 ⊘.，选择"曲线"选项，打开"曲线"对话框，调整曲线弧度，如图9-12-2所示。

图9-12-1　打开素材　　　图9-12-2　调整弧度

03 执行"曲线"命令，图像亮度提高，效果如图9-12-3所示。

04 单击"图层"面板下方的"创建新图层"按钮 ▯，新建"图层1"。设置前景色为黑色，按Alt+Delete快捷键填充前景色，如图9-12-4所示。

图9-12-3　"曲线"效果　　　图9-12-4　填充前景色

05 执行"滤镜"|"像素化"|"点状化"命令，打开

"点状化"对话框，设置"单元格大小"为5，如图9-12-5所示，单击"确定"按钮。

06 执行"点状化"命令后，图像效果如图 9-12-6 所示。

图9-12-5　设置参数　　　图9-12-6　"点状化"效果

07 执行"图像"|"调整"|"阈值"命令，打开"阈值"对话框，设置"阈值色阶"为1，如图9-12-7所示，单击"确定"按钮。

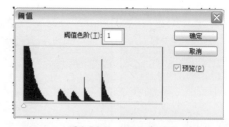

图9-12-7　设置参数

08 执行"阈值"命令后，图像效果如图9-12-8所示。

09 执行"滤镜"|"模糊"|"动感模糊"命令，打开"动感模糊"对话框，设置"角度"为75度，"距离"为20像素，如图9-12-9所示，单击"确定"按钮。

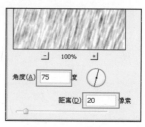

图9-12-8　"阈值"效果　　　图9-12-9　设置参数

10 执行"动感模糊"命令后，图像如图9-12-10所示。

图9-12-10 "动感模糊"效果

11 设置"图层1"的图层混合模式为"划分"，效果如图9-12-11所示。

12 单击"图层"面板下方"添加图层蒙版"按钮 ，选择"画笔工具" ，设置"画笔"为150像素，"不透明度"为45%，"流量"为60%，涂抹隐藏较亮的雨滴，效果如图9-12-12所示。

图9-12-11 "划分"效果　　图9-12-12 涂抹效果

提示：

使用画笔工具涂抹图像其目的是为了让灯光上的雨滴不过于明显，这样雨滴效果就更接近自然。

13 单击"图层"面板下方的"创建新的填充或调整图

层"按钮 ，选择"曲线"选项，打开"曲线"对话框，调整曲线弧度，如图9-12-13所示。

14 执行"曲线"命令后，图像效果如图9-12-14所示。

图9-12-13 调整弧度　　图9-12-14 "曲线"效果

15 按Ctrl+Shift+Alt+E快捷键，盖印可视图层，生成"图层2"，执行"滤镜"|"模糊"|"高斯模糊"，设置参数为1像素，如图9-12-15所示，单击"确定"按钮。

16 单击"图层"面板下方的"创建新的填充或调整图层"按钮 ，选择"自然饱和度"选项，设置参数为-1、-28，单击"确定"按钮，图像最终效果如图9-12-16所示。

图9-12-15 设置"高斯模糊"参数　　图9-12-16 最终效果

9.13 实例应用：制作淡雅的素描效果

案例分析

本实例讲解"制作淡雅的素描效果"的操作方法，先对人物进行去色，再通过"反相"和"高斯模糊"命令使人物变清晰，然后运用"粗糙蜡笔"和"高反差保留"命令制作出素描效果。

制作步骤

01 执行"文件"|"打开"命令，打开素材图片：美女.tif，如图9-13-1所示。

02 单击"图层"面板下方的"创建新的填充或调整图层"按钮 ⊘.，选择"色阶"选项，打开"色阶"对话框，设置参数为 40、0.76、215，如图 9-13-2 所示。

图9-13-1 打开素材

图9-13-2 设置"色阶"参数

03 执行"色阶"命令后，图像对比度增强，效果如图 9-13-3所示。

04 按 Ctrl+Shift+Alt+E 快捷键，盖印可视图层，此时"图层"面板自动生成"图层 1"，执行"图像"|"调整"|"去色"命令，效果如图 9-13-4 所示。

图9-13-3 "色阶"效果

图9-13-4 "去色"效果

提示：

执行"去色"命令，去掉图像的颜色，方便以后对图像的操作，制作出素描的效果。

05 按Ctrl+J快捷键复制"图层1"，生成"图层1副本"。按Ctrl+I快捷键将图像反相，效果如图9-13-5所示。

06 设置"图层1副本"的图层混合模式为"颜色减淡"，效果如图9-13-6所示。

图9-13-5 "反相"效果

图9-13-6 "颜色减淡"效果

07 执行"滤镜"|"模糊"|"高斯模糊"命令，打开"高斯模糊"对话框，设置"半径"为12像素，如图9-13-7所示，单击"确定"按钮。

08 执行"高斯模糊"命令后，图像效果如图9-13-8所示。

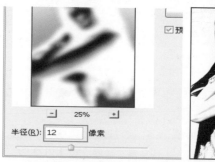

图9-13-7 设置"高斯模糊参数"　图9-13-8 "高斯模糊"效果

提示：

使用"高斯模糊"命令是为了让人物细节部分变得模糊，像素大小可自行拖动滑块设置。

09 单击"图层"面板下方的"创建新的填充或调整图层"按钮 ⊘.，选择"亮度/对比度"命令，打开"亮度/对比度"对话框，设置参数为35、12，如图9-13-9所示。

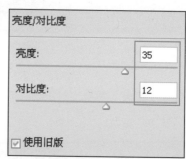

图9-13-9 设置"亮度/对比度"参数

10 执行"亮度/对比度"命令后，图像效果如图9-13-10所示。

11 按Ctrl+Shift+Alt+E快捷键，盖印可视图层，此时"图层"面板自动生成"图层2"，按Ctrl+J快捷键复制"图层2"，生成"图层2副本"，如图9-13-11所示。

图9-13-10 "亮度/对比度"效果　图9-13-11 复制图层

⑫ 执行"滤镜"|"其他"|"高反差保留"命令，打开"高反差保留"对话框，设置"半径"为2像素，如图9-13-12所示，单击"确定"按钮。

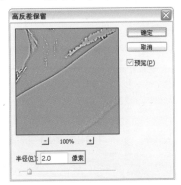

图9-13-12 设置"高反差保留"参数

提示：

"高反差保留"命令可以在颜色强烈转变区域的指定半径内，保留边缘细节，并抑制图像的其余部分。所以，利用该滤镜效果可快速将图像变清晰。

⑬ 执行"高反差保留"命令后，图像效果如图9-13-13所示。

图9-13-13 "高反差保留"效果

⑭ 设置"图层2副本"的图层混合模式为"实色混合"，效果如图9-13-14所示。

⑮ 按Ctrl+Shift+Alt+E快捷键，盖印可视图层，自动生成"图层3"，如图9-13-15所示。

图9-13-14 "实色混合"效果　　图9-13-15 盖印图层

⑯ 执行"滤镜"|"艺术效果"|"粗糙蜡笔"命令，打开"粗糙蜡笔"对话框，设置"描边长度"为15，"描边细节"为5，"纹理"为画布，"缩放"为80%，"凸现"为10，"光照"为"下"，如图9-13-16所示，单击"确定"按钮。

⑰ 执行"粗糙蜡笔"命令后，图像最终效果如图9-13-17所示。

图9-13-16 设置"粗糙蜡笔"参数　　图9-13-17 最终效果

9.14 实例应用：制作厚重的油画效果

案例分析

　　本实例讲解"制作厚重的油画效果"的图像特效，先使用"高斯模糊"、"彩块化"和"晶格化"等命令制作出油画效果，再导入素材制作出纹理，则可达到最终效果。

制作步骤

01 执行"文件"|"打开"命令,打开素材图片:枫林.tif,如图9-14-1所示。

图9-14-1　打开素材

02 拖动"背景"图层到"图层"面板下方的"创建新图层"按钮 上,复制出"背景 副本"图层。设置图层混合模式为"叠加",效果如图 9-14-2 所示。

图9-14-2　"叠加"效果

03 按 Ctrl+Shift+Alt+E 快捷键,盖印可视图层,生成"图层 1",执行"滤镜"|"模糊"|"高斯模糊"命令,打开"高斯模糊"对话框,设置参数为 1,单击"确定"按钮,图像效果如图 9-14-3 所示。

图9-14-3　"高斯模糊"效果

04 执行"滤镜"|"像素化"|"彩块化"命令,图像效果如图9-14-4所示。

图9-14-4　"彩块化"效果

05 执行"滤镜"|"像素化"|"晶格化"命令,打开"晶格化"对话框,设置参数为5,如图9-14-5所示,单击"确定"按钮。

06 执行"晶格化"命令后,图像效果如图 9-14-6 所示。

图9-14-5　设置"晶格化"参数

图9-14-6　"晶格化"效果

07 执行"滤镜"|"模糊"|"高斯模糊"命令,打开"高斯模糊"对话框,设置参数为1,单击"确定"按钮,图像效果如图9-14-7所示。

图9-14-7　"高斯模糊"效果

08 按Ctrl+O快捷键打开素材图片:油画纹理.tif,选择"移动工具" ,拖动"油画纹理"文件窗口中的图像到操作文件窗口中,自动生成"图层2"。设置"图层混合模式"为线性光,"不透明度"为30%,图像效果如图9-14-8所示。

图9-14-8　"线性光"效果

09 按Ctrl+J快捷键复制"图层2",生成"图层2副本",设置"不透明度"为40%,图像最终效果如图9-14-9所示。

图9-14-9　最终效果

9.15 实例应用：制作浸染的水墨效果

案例分析

本实例讲解"制作浸染水墨效果"的操作方法，首先执行"去色"命令去除图像色彩，再通过"亮度／对比度"和"高斯模糊"等命令使图像变模糊，然后运用"查找边缘"和"色相／饱和度"等命令制作出水墨效果。

制作步骤

01 执行"文件"|"打开"命令，打开素材图片：江南水乡.tif，如图9-15-1所示。

02 按Ctrl+J快捷键复制"背景"图层，生成"背景 副本"，执行"图像"|"调整"|"去色"命令，图像效果如图9-15-2所示。

图9-15-1 打开素材　　　图9-15-2 "去色"效果

03 单击"图层"面板下方的"创建新的填充或调整图层"按钮 ，选择"亮度/对比度"命令，打开"亮度/对比度"对话框，设置参数为35、50，如图9-15-3所示。

亮度/对比度

| 亮度： | 35 |
| 对比度： | 50 |

☑ 使用旧版

图9-15-3 设置"亮度/对比度"参数

04 执行"亮度/对比度"命令后，图像效果如图9-15-4所示。

05 按Ctrl+Shift+Alt+E快捷键，盖印可视图层，生成"图层1"。执行"滤镜"|"模糊"|"高斯模糊"命令，打开"高斯模糊"对话框，设置"半径"为2像素，如图9-15-5所示。

图9-15-4 "亮度/对　　图9-15-5 设置"高
比度"效果　　　　斯模糊"参数

06 执行"高斯模糊"命令后，图像效果如图9-15-6所示。

图9-15-6 "高斯模糊"效果

提示：

使用"高斯模糊"命令的目的是模糊图像中的生硬边缘，使其看起来更柔和。

07 执行"滤镜"|"杂色"|"中间值"命令，打开"中间值"对话框，设置参数为3像素，如图9-15-7所示，单击"确定"按钮。

图9-15-7 设置"中间值"参数

08 执行"中间值"命令后,图像效果如图9-15-8所示。

09 选择"背景 副本"图层,按Ctrl+J快捷键复制"背景 副本"图层,生成"背景 副本2",拖动"背景 副本2"到图像的最上方,如图9-15-9所示。

图9-15-8 "中间值"效果　　图9-15-9 复制图层

提示:

"背景副本2"置于最上方其目的方便对显示的图像进行操作,不会被下一图层遮盖。

10 单击"图层"面板下方的"创建新的填充或调整图层"按钮 ◯.,选择"亮度/对比度"选项,打开"亮度/对比度"对话框,设置参数为3、40,图像效果如图9-15-10所示。

图9-15-10 "亮度/对比度"效果

11 按Ctrl+Shift+Alt+E快捷键,盖印可视图层,自动生成"图层2"。执行"滤镜"|"风格化"|"查找边缘"命令,图像效果如图9-15-11所示。

12 单击"图层"面板下方的"创建新的填充或调整图层"按钮 ◯.,选择"曲线"选项,打开"曲线"对话框,调整曲线弧度,如图9-15-12所示。

 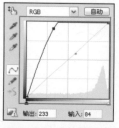

图9-15-11 复制并移动图层　　图9-15-12 调整弧度

提示:

使用"曲线"命令是为让图像中灰色部分变白,黑白对比就会更明显,图像中黑色线条也会更明显。

13 执行"曲线"命令后,图像效果如图9-15-13所示。

14 按Ctrl+Shift+Alt+E快捷键,盖印可视图层,生成"图层3"。执行"滤镜"|"模糊"|"高斯模糊"命令,打开"高斯模糊"对话框,设置"半径"为1像素,图像效果如图9-15-14所示。

图9-15-13 "曲线"效果　　图9-15-14 "高斯模糊"效果

提示:

执行"高斯模糊"命令,其目的是使图像细节部分变模糊,也增强了颜色浓度。

15 选择"背景 副本"图层,按Ctrl+J快捷键复制"背景 副本",生成"背景 副本3",拖动"背景 副本3"到图像的最上方,如图9-15-15所示。

图9-15-15 设置"粗糙蜡笔"参数

16 单击"图层"面板下方的"创建新的填充或调整图层"按钮 ◯.,选择"亮度/对比度"选项,设置参数为17、50,图像效果如图9-15-16所示。

17 单击"图层"面板下方的"创建新的填充或调整图层"按钮 ◯.,选择"曲线"命令,打开"曲线"对话框,调整曲线弧度,如图9-15-17所示。

 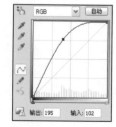

图9-15-16 "变暗"效果　　图9-15-17 调整弧度

18 执行"曲线"命令后,图像整体变亮,效果如图9-15-18所示。

图9-15-18 "曲线"效果

19 按Ctrl+Shift+Alt+E快捷键，盖印可视图层，生成"图层4"。执行"滤镜"｜"模糊"｜"高斯模糊"命令，打开"高斯模糊"对话框，设置"半径"为5像素，如图9-15-19所示。

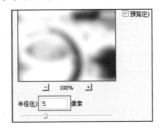

图9-15-19 设置"高斯模糊"参数

20 执行"高斯模糊"命令后，图像效果如图9-15-20所示。

21 选择"图层1"，拖动"图层1"到"图层4"的下方，选择"图层3"，拖动"图层3"到图层的最上方，如图9-15-21所示。

图9-15-20 "高斯模糊"效果　　图9-15-21 调整图层位置

22 设置"图层4"的图层混合模式为"变亮"，设置"图层3"的图层混合模式为"柔光"，图像效果如图9-15-22所示。

图9-15-22 "图层混合模式"效果

23 按Ctrl+Shift+Alt+E快捷键，盖印可视图层，生成"图层5"，执行"滤镜"｜"模糊"｜"高斯模糊"命令，设置"半径"为2像素，单击"确定"按钮。设置"图层混合模式"为正片叠底，图像效果如图9-15-23所示。

24 打开素材图片：梅花.tif，选择"移动工具"，拖动图像到操作文件窗口中，自动生成"图层6"，图像效果如图 9-15-24 所示。

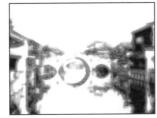

图9-15-23 "高斯模糊"效果　　图9-15-24 拖入素材

25 按Ctrl+Shift+U快捷键，执行"去色"命令，按Ctrl+T快捷键，执行"自由变换"命令，调整图像大小和位置，按Enter键确定。设置图层混合模式为"深色"，图像效果如图9-15-25所示。

26 单击"图层"面板下方的"创建新的填充或调整图层"按钮，选择"色相/饱和度"选项，打开"色相/饱和度"对话框，勾选"着色"复选框，设置参数为23、10、0，图像效果如图 9-15-26 所示。

图9-15-25 去色效果　　图9-15-26 "着色"效果

27 打开素材图片：文字.tif，选择"移动工具"，拖动图像到操作文件窗口中，自动生成"图层7"，按 Ctrl+T 快捷键，调整图像大小和位置，按 Enter 键确定。图像最终效果如图 9-15-27 所示。

图9-15-27　最终效果

本章小结

　　本章内容只是对内置的滤镜单独对图像的作用进行了简单的介绍，如果对图像多次应用不同的滤镜则可以得到无数的效果。本文只对滤镜的效果配合图像进行必要的说明，若想精通滤镜的使用，还需要大家不断的积累和大胆的创新。

第10章

数码照片色彩艺术处理：
调色命令的运用

本章主要介绍图像色彩的调整，其中包括：调整图像色彩平衡、图像的色调调整等，运用这些命令可以将暗淡无色的照片，转换为色彩鲜艳且精美的图片，也可增强人们的视觉效果。因此，希望读者们灵活掌握好本章重点，为之后的技术合成做好扎实的铺垫。

10.1 自然光源的种类

从摄影术诞生之日起，就被人们称为是"用光作画"。光线的运用直接关系到拍摄效果，不论是一幅留念照片或是一幅精彩作品往往就此确定。然而自然光源分为8种，它们分别是：顺光、侧光、逆光、顶光与脚光、散射光、光线的色温、低色温、高色温。

10.1.1 平淡的顺光

大部分光线都从正面照亮被摄体，就称之为"顺光"。例如：证件照时面前左右两个大灯、用数码相机上的闪光灯进行拍摄等。顺光的特性在于可以均匀地照亮被摄体，这种光线不擅长突出被摄体的质感和轮廓，如图10-1-1所示。不过，在拍摄时可以利用顺光的这个特性来掩盖人物脸部的瑕疵，在顺光下，如果稍加化妆，满脸的痘痘也不会那么刺眼。但在大部分摄影创作中，顺光则不太受欢迎，因为它的表现力太一般了。

图10-1-1 顺光图片

10.1.2 犀利的侧光

如果光线从被摄体的侧面照射过来，就被称为"侧光"。与顺光的特性基本相反，侧光非常强调被摄体的轮廓和表面质感，因为它会在凹凸处留下浓重的阴影。如图10-1-2所示。

"侧光"又可以细分为侧顺光和侧逆光。侧顺光也可以叫做"斜侧光"，这种光线照明能使被摄体产生明暗变化，表面质感和轮廓，并能丰富画面的阴暗层次，起到很好的造型塑型作用。

"侧逆光"亦称"反侧光"、"后侧光"。侧逆光照明的景物，大部分处在阴影之中，景物被照明的一侧往往有一条亮轮廓，能较好的表现景物的轮廓形式和立体感。

图10-1-2 侧光图片

10.1.3 出彩的逆光

"逆光"的光线则是从被摄体的后面照射过来的。通常逆光在拍摄中都是被尽量避免的，因为逆光会让背景相当明亮，但主体一片漆黑，只有轮廓，没有层次，如图10-1-3所示。但它的特色也非常明显，逆光可以鲜明地勾勒出被摄体的轮廓，例如拍摄人物时，头发和脸庞会被镶上一层"金边"；同时，逆光能有效地表现空气的透视感，例如，早晨的雾气、小村庄的炊烟，都能在逆光下表现得更加优美。

图10-1-3 逆光图片

10.1.4　慎用顶光与脚光

"顶光"就是光线从被摄体的头顶上照射下来，这常常发生在正午的阳光下，如图10-1-4所示。这种光线对于人像摄影几乎是毁灭性的破坏，因为这种光线会在人物脸部的两个眼睛、鼻子下面和颧骨下面投下浓重的阴影，被人们形象地称为"骷髅光"。在这种光线下拍摄人物是个恶作剧的好主意，如果想避免其缺点，最好像处理逆光一样进行补光。

如果光线从脚下照过来，则称为"脚光"，在经典电影里一直被用于刻画反面人物。在实际拍摄中遇到这种光线的机会很少，最好避免使用。实际上，还是光线与被摄体平行或略高位置照射的机会比较多，因此，在拍摄时考虑得比较多的是光线的水平角度。

图10-1-4　顶光图片

10.2　室内光源的布置

布光是一项创造性的工作，它不仅体现着摄影师的个性和风格，而且关系到一幅作品的成与败。在摄影上，光线特性的研究一般是从光度、光质、光位、光型、光比和光色等6个方面着手。如果全面做到了这几点，那么拍摄出的图片效果足以让人耳目一新。

10.2.1　室内自然光源的变化

室内自然光的变化与室外自然光的变化有着明显的区别，其他变化情况主要有4个方面因素的影响。一是室外自然的亮度高；二是室外景物的影响；三是进光门窗的影响；四是被摄主体距门窗的影响，如图10-2-1所示，则是室内摄影的精彩作品。同时在室内光线柔和亮度适宜的时候进行肖像拍摄是个不错的选择。拍摄时观察光线的角度利用光线表现画面效果，其室内人物摄影图片，如图10-2-1所示。

图10-2-1　室内摄影图片

10.2.2　室内人工光源

室内摄影对影像的再现效果有着极为严格的要求，因此，许多被摄对象都被置于影室内进行精雕细琢地进行布光和拍摄。用于影室内照明的光源有钨丝灯和电子闪光灯两种。由于电子闪光灯具有发光强度大，色温稳定，发热少和电耗小等优点，因此，目前广告摄影影室照明多采用电子闪光灯，其中，比较常用的有伞灯、柔光灯、雾灯、泛光灯和聚光灯等几种。其摄影效果，如图10-2-2所示。

图10-2-2　室内灯光摄影

10.3　基本调色命令

Photoshop是一套优秀的图像处理软件，在图像调整上有其独特的多种调整方式，本节讲解的图像调整主要指的是图像亮度、色相及饱和度的调整。在"图像"|"调整"子菜单中便可找到这些调整命令，使用这些命令可以直接对整个图像或选择区域内的部分图像进行调整。下面详细介绍有关Photoshop基础色彩调整命令及其操作。

10.3.1　色阶

在Photoshop CS5中"色阶"命令主要运用于调整图像的色调范围与阴暗程度，它能够调整图像的阴影、中间调和高光的强度级别。且其中包括"阴影"、"中间调"、"高光"、"黑色浓度"、"白色浓度"、"黑场"、"灰场"和"白场"7个选项，通过对其参数的不同设置，可改变图像的色彩平衡，使图像更精美。

执行"图像"|"调整"|"色阶"命令，如图10-3-1所示，打开"色阶"对话框，如图10-3-2所示。也可按Ctrl+L快捷键进行调整，或者单击"调整"面板中的"色阶"按钮 。然而在"调整"面板中的"色阶"命令可自动创建新的调整图层对原图没有破坏性，但对于"图像"菜单下的"色阶"命令则在原图中进行修改，对原图像有一定的破坏性。

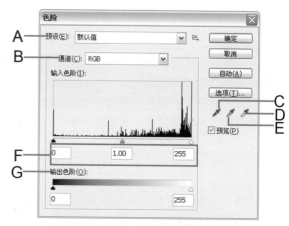

图10-3-2　"色阶"对话框

A→"色阶""预设"：单击右侧的下拉按钮，可打开下拉列表，其中包含了色阶的预设列表，可根据需要进行选择，则可使操作更简捷，且可提高工作速率。

B→"通道"：可以对图像整体色彩进行调整，同时也可选择单一的通道进行设定。

C→"设置黑场滑块" ：调整图像中最暗的部分，当三角形滑块向右移动时，图像亮度降低。

D→"设置白场滑块" ：调整图像中最亮的部分，将三角形滑块向右移动，图像整体则变暗。

E→"设置灰场滑块" ：调整图像中的中间色调部分。当三角形滑块越向左移动时，图像会越亮；反向移动时，则越来越暗。

F→"输入色阶"：在文本框中输入数值或拖曳滑块可对图像的"阴影"、"中间色调"与"亮光"进行调整。

调整 (A)	▶	亮度/对比度 (C)...	
自动色调 (N)	Shift+Ctrl+L	色阶 (L)...	Ctrl+L
自动对比度 (U)	Alt+Shift+Ctrl+L	曲线 (U)...	Ctrl+M
自动颜色 (O)	Shift+Ctrl+B	曝光度 (E)...	
图像大小 (I)...	Alt+Ctrl+I	自然饱和度 (V)...	
画布大小 (S)...	Alt+Ctrl+C	色相/饱和度 (H)...	Ctrl+U
图像旋转 (G)	▶	色彩平衡 (B)...	Ctrl+B
裁剪 (P)		黑白 (K)...	Alt+Shift+Ctrl+B
裁切 (R)...		照片滤镜 (F)...	
显示全部 (V)		通道混合器 (X)...	
复制 (D)...		反相 (I)	Ctrl+I
应用图像 (Y)...		色调分离 (P)...	
计算 (C)...		阈值 (T)...	
变量 (B)	▶	渐变映射 (G)...	
应用数据组 (L)...		可选颜色 (S)...	
陷印 (T)...		阴影/高光 (W)...	
		HDR 色调...	

图10-3-1　选择"色阶"命令

G→"输出色阶"：可以改变图像的明暗度。向右移动黑色滑块则图像变亮；向左移动白色滑块，则图像变暗。

操作演示：利用"色阶"命令调整图像亮度

01 执行"文件"|"打开"命令，打开素材图片：清纯女人.tif，如图10-3-3所示。

图10-3-3　打开素材

02 单击"调整"面板中的"色阶"按钮，打开"色阶"对话框，设置参数为0、1.29、218，如图10-3-4所示。

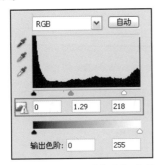

图10-3-4　设置"色阶"参数

03 执行"色阶"命令后，图像亮度提高，最终效果如图10-3-5所示。

图10-3-5　最终效果

10.3.2　曲线

"曲线"命令可以调整图像亮度和对比度，它可以在图像的整个色调范围内调整最多14个不同的点的色调与阴暗，还可以对图像中的个别颜色通道进行精确调整，因此"曲线"比"色阶"命令调整图像更精确。

按Ctrl+M快捷键打开"曲线"对话框，如图10-3-6所示，也可执行"图像"|"调整"|"曲线"命令或者单击"调整"面板中的"曲线"按钮。

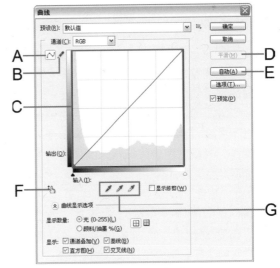

图10-3-6　"曲线"对话框

A→"曲线调整"：编辑点以修改图标为默认的曲线绘制方式。若单击"通过绘制来修改曲线"图标，以手绘的模式来调整曲线。

B→"通过绘制来修改曲线"按钮：选择该按钮，可以在表格中画出各种曲线，绘制完成后单击"曲线"按钮，曲线可变得相对平滑一些。

C→"曲线调整框"：用于显示当前对曲线所做的修改。图表上的色阶分布曲线在未调整前是以45°角的斜线呈现的，它代表着输入和输出是完全相同的色阶值，通过在斜线上加点，并移动其位置来改变色阶分布曲线，从而调整图层的明暗对比。按住Alt键，在调整框中单击可改变网格的显示数目，或单击田以四分之一色调增量显示简单的网格图标，调整框中网格以4×4显示，或单击田以10%增量显示详细的网格图标，调整框中网格以10×10显示。在调节线上最多可以添加14个调节点，拖动调节点对图像进行调整。

D→"平滑"按钮：此按钮在手绘的模式中才起作用，当在曲线图表中用手绘制曲线后，单击此按钮可以将原本绘制锐利的曲线变得较平滑。

E→"自动"按钮：单击该按钮后，系统会对图像应用"自动颜色校正选项"对话框的设置。

F→"目标调整"按钮：单击选中目标调整图标，在目标图像上单击并拖动可修改曲线。

G→【吸管工具】：【设置黑场】吸管工具，单击图像中代表黑场的区域，或单击具有最低色调值的区域，即可将该区域调节为暗部。同样的方法，分别选择【设置灰场】吸管工具和【设置白场】吸管工具单击图片中的灰色区域或白色区域，即可将图片的颜色层次调节地更为明显。

10.3.3 亮度/对比度

　　"亮度/对比度"命令可以调整图像的亮度和对比度，但不能调整单一的通道。该命令会对每个像素进行相同的程度的调整，高端输出的作品一般不使用"亮度/对比度"命令，因为可能导致丢失图像细节。同时，也不能像"色阶"和"曲线"等命令一样对细部进行调整，只能对图像进行粗略的调整，并且对图像的色阶不产生影响。

　　执行"图像"|"调整"命令，打开"亮度/对比度"对话框，如图10-3-7所示。也可在"调整"面板中单击"亮度/对比度"按钮 ☀，或单击"图层"面板下方的"创建新的填充或调整图层"按钮 ◐，打开快捷菜单，选择"亮度/对比度"选项进行调整。

图10-3-7　"亮度/对比度"对话框

　　"亮度"：可以直接输入数值，或拖动滑块调整亮度，正值为提高亮度，负值为降低亮度，数值范围为-100～100。

　　"对比度"：可以直接输入数值，或拖动滑块调整亮度，正值为提高对比度，负值为降低对比度，数值范围为-100～100。

操作演示：利用"亮度/对比度"命令调整图像亮度

01 按Ctrl+O快捷键打开素材图片：漂亮女人.tif，如图10-3-8所示。

图10-3-8　打开素材

02 单击"创建新的填充或调整图层"按钮 ◐，打开"亮度/对比度"对话框，设置"亮度"为80，"对比度"为90，如图10-3-9所示。

03 执行"亮度/对比度"命令后，图像最终效果如图10-3-10所示。

图10-3-9　设置"亮度/对比度"参数

图10-3-10　最终效果

10.3.4 色相/饱和度

　　使用"色相/饱和度"命令，不但可以调整图像的色相、饱和度以及亮度，而且还可以调整图像中不同颜色的色相及饱和度，也可以调整为单色图像，从而为图像添加更丰富的色彩效果。

　　执行"图像"|"调整"|"色相/饱和度"命令，打开"色相/饱和度"对话框，如图10-3-11所示。也可按Ctrl+M快捷键，或单击"图层"面板下方的"创建新图层"按钮 ◐，选择"色相/饱和度"选项来进行调整。

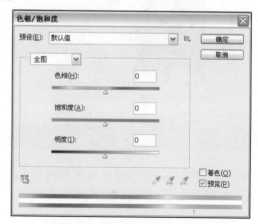

图10-3-11　"色相/饱和度"对话框

　　"预设"：单击右侧的下拉按钮，打开的下拉列表中包含了"预设"列表，可根据不同图像的情况进行选择。

"调整色彩范围"：该选项默认为"全图"，下拉列表中包含6种颜色，选择某种颜色时，调整只对当前选中的颜色起作用。

"色相"：可以调整色相的角度，色彩会跟着色相环做改变。

"饱和度"：调整图像色彩度的变化。色彩越饱和，颜色越鲜艳，越不饱和，颜色越接近于灰色阶，在文本框内可输入的数值范围为-100~100。

"亮度"：调整图像明亮度的变化。数值为负值时，图像会变得较暗。数值为正值时，图像会变得较亮。

"颜色条"：对话框下方有两个颜色条，上面的颜色条显示调整前的颜色，下面的颜色条显示调整后的颜色。

"吸管"：选择"普通吸管"工具 ，可以选择调色的范围；选择带加号的"吸管"工具 ，可以增加调色的范围，选择带减号的"吸管"工具 ，则可以减少调色的范围。

"着色"：选中此选项时，图像的色彩会被统一在同一色系内。因此，可利用此命令制作出陈旧色彩的效果。

10.3.5　色彩平衡

使用"色彩平衡"命令，可以在图像中的高光、中间调及阴影区三者之一添加新的过渡色彩，并且混合各处色彩，以增加色彩的均衡效果。使用该命令必须确定在"通道"面板中选中复合通道，因为只有在复合通道中此命令才可使用。

执行"图像"｜"调整"｜"色彩平衡"命令，打开"色彩平衡"对话框，如图10-3-12所示。也可单击"图层"面板下方的"创建新的填充或调整图层"按钮 ，选择"色彩平衡"选项；或者按Ctrl+B快捷键执行"色彩平衡"命令。

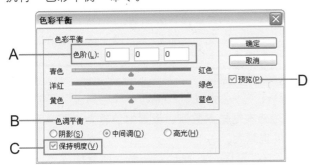

图10-3-12　"色彩平衡"对话框

A→"色阶"：由上至下3个文本框分别代表由上而下的3个滑块的调整值，滑杆左右两端的颜色有对应关系，当在增加或减少红色、绿色、蓝色的同时，也

就是在减少或增加青色、洋红、黄色。

B→"色彩平衡"：用于设置色彩调整所作用的图像色调范围，包括"阴影"、"中间调"和"高光"3部分，默认情况下选中"中间调"。选择的范围不同，图像调整后的效果也就不同。

C→"保留明度"：勾选此复选框，在调整色彩平衡的过程中，可以保持图像亮度值不变。

D→"预览"：勾选该复选框，可以观察到调整的图像效果。

操作演示：利用"色彩平衡"命令校正颜色

01 执行"文件"｜"打开"命令，打开素材图片：妖艳女人.tif，如图10-3-13所示。

图10-3-13　打开素材

02 单击"创建新的填充或调整图层"按钮 ，打开"色彩平衡"对话框，设置参数为-72、-54、72，如图10-3-14所示。

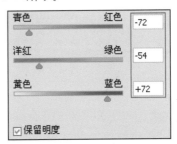

图10-3-14　设置"色彩平衡"参数

03 执行"色彩平衡"命令后，图像最终效果如图10-3-15所示。

图10-3-15　最终效果

10.4 高级调色命令

高级调色命令，包括："黑白"、"匹配颜色"、"替换颜色"、"通道混和器"、"照片滤镜"和"阴影/高光"等命令。通过这些命令调整图像色彩，可使图像效果更精美。

10.4.1 黑白

"黑白"命令可以将彩色图像转换为高品质的灰度图像，同时保持对各颜色转换方式的完全控制，可以精确地控制图像的明暗层次，也可以通过对图像应用色调来为灰度上色。

执行"图层"|"调整"|"黑白"命令，打开"黑白"对话框，如图10-4-1所示。也可单击"调整"面板中的"黑白"按钮■；或者单击"图层"面板下方的"创建新的填充或调整图层"按钮 ◯. ，选择"黑白"选项来进行调整。

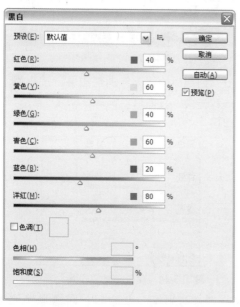

图10-4-1 "黑白"对话框

"预设"单击右侧的下拉按钮，打开"预设"下拉列表，在该下拉列表中选择一种预设黑白效果。

"颜色调整选项"：在默认情况下，通过设置不同色彩通道的明度比例，得到黑白图像，可调整范围为-200%～300%。向左拖动滑块降低色彩通道的明度，向右拖动滑块提高色彩通道的明度。

"色调"：选中此选项可以改变照片的色调以及饱和度，得到单色图像。

"自动"单击"自动"按钮 自动(A) ，根据图像进行不同色彩通道的明度进行适配。

10.4.2 匹配颜色

"匹配颜色"命令仅适用于RGB模式的图像。它可以将一张图片中的颜色与另一张图片中的颜色相匹配，将一个图层中的颜色与另一个图层或图层组中的颜色相匹配，将一个选区中的颜色与同一图像或不同图像选区中的颜色相匹配，从而调整亮度或颜色的范围并中和图像中的色痕。

执行"图像"|"调整"|"匹配颜色"命令，打开"匹配颜色"对话框，如图10-4-2所示。

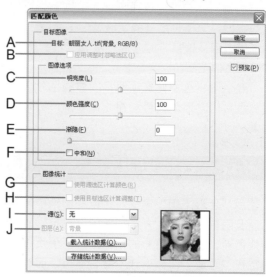

图10-4-2 "匹配颜色"对话框

A→"目标"：在"目标"选项后面显示当前操作图像文件的信息。

B→"应用调整时忽略选区"：如果在图像中创建选区，并想将调整应用于整个目标图像，则可勾选"应用调整时忽略选区"复选框，将会忽略目标图像中的选区，并调整整个目标图像。

C→"明亮度"：拖动"亮度"选项下方的滑块可以调节图像的亮度，设置的数值越小，亮度越低，反之，则亮度越高。

D→"颜色强度"：拖动"颜色强度"下方的滑块或在文本框输入数值，设置的值越大，图像颜色的饱和度也越大。

E→"渐隐"：拖动"渐隐"的滑块，可以调节得到图像的颜色与图像的原色近似程度。设置的数值越大，图像越接近于颜色匹配前的效果。

F→"中和"：勾选该复选框，可自动去除目标图像中的色痕。

G→"使用源选区计算颜色"：若在图像中建立了选区并想要使用选区中的颜色计算调整，需勾选该复选框。若勾选掉该复选框，则会忽略图像中的选区，并使用整个图像中的颜色计算调整。

H→"使用目标选区计算调整"：如果在目标图像建立了选区，并想要使用选区中的颜色来计算调整，就需要勾选该复选框。若勾选掉复选框，就忽略目标图像中的选区，并且使用整个目标图像中的颜色来计算调整。

I→"源"：在"源"的下拉列表中，可以选取目标图像中的颜色要匹配的源图像。

J→"图层"：在"图层"下拉列表中可以选择要匹配其颜色的源图像中的图层。如果匹配源图像中所有图层的颜色，则可在"图层"下拉列表中选择"合并的"选项。

10.4.3　替换颜色

使用"替换颜色"命令不但可以创建蒙版，以选中图像的特定颜色，然后替换选中的颜色，还可以快捷的设置替换颜色区域内的色相、饱和度和亮度。

执行"图像"|"调整"|"替换颜色"命令，打开"替换颜色"对话框，如图10-4-3所示。

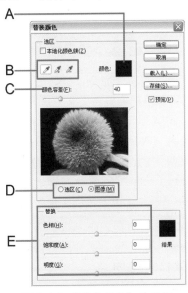

图10-4-3　"替换颜色"对话框

A→"颜色"：用于设置颜色，可在打开的"拾色器"对话框中进行颜色的选取和设置。

B→"吸管工具"：吸管工具中包括3个吸管，其中 用于吸取图像或选区中要替换的颜色， 用于增加要替换的颜色， 用于减少要替换的颜色。

C→"颜色容差"：用于设置替换颜色的范围，通过拖动滑块或输入数值改变选取颜色的范围。

D→"选区"/"图像"：用于切换图像的预览方式。选择"选区"时，将以黑白图像显示；选择"图像"时，则显示图像整体。

E→"替换"：通过设置"色相"、"饱和度"与"明度"的参数，可以调整选取范围内图像的色彩。

操作演示：替换图像的颜色

01 执行"文件"|"打开"命令，打开素材图片：花朵.tif，如图10-4-4所示。

图10-4-4　打开素材

02 复制图层，执行"替换颜色"命令，选择"添加到取样"按钮 ，吸取花朵颜色，设置参数为-100、-29、0，如图10-4-5所示。

图10-4-5　设置"替换颜色"参数

03 执行"替换颜色"命令后，图像最终效果如图10-4-6所示。

图10-4-6　最终效果

10.4.4　可选颜色

"可选颜色"命令用于调整颜色之间的平衡，

可以选择图像的某一主色调进行调整，增加或减少印刷色的含量，而不影响其他主色调中的表现。

执行"图像"|"调整"|"可选颜色"命令，打开"可选颜色"对话框，如图10-4-7所示。也可单击"图层"面板下方的"创建新的填充或调整图层"按钮，选择"可选颜色"选项；或者在"调整"面板中单击"可选颜色"按钮。

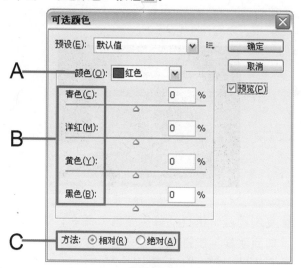

图10-4-7 "可选颜色"对话框

A→"颜色"：打开该下拉列表中可以选择不同的颜色，若选择前6个颜色或黑色，在调整时只会对所选中的颜色产生影响。若选择白色，则会对图像中灰阶色相区域产生影响。共有青色、洋红、黄色、黑色四个调整参数。可调整范围为-100%～100%，当滑块向右移动时，可增加色彩浓度；向左移动时，减少色彩浓度。

B→"颜色滑块"：通过移动这4个滑块，调整图像的C、M、Y、K值，取值范围为：-100～100。

C→"方法"：可以选择不同的色彩计算方式，有"相对"和"绝对"两种计算方式。

10.4.5 通道混和器

使用"通道混和器"命令，用于把当前层的多个颜色通道进行混合，产生一种创造性的颜色调整效果。使用其他颜色调整工具调整困难时，用此命令通过从每个通道选择颜色百分比，可取得意想不到的高质量灰色比例图像。利用此命令也可调整出高质量的墨色或其他颜色的图像。此对话框将根据图像色彩模式的不同而有所改变。

执行"图像"|"调整"|"通道混和器"命令来进行调整，打开"通道混和器"对话框，如图10-4-8所示。或在"调整"面板中单击"通道混和器"按钮。

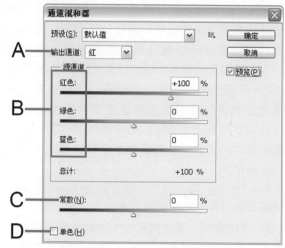

图10-4-8 "通道混和器"对话框

A→"输出通道"：选取要调整的通道。

B→"源通道"：可以调整所选通道的色彩组成。拖动通道的滑块到左侧可减少此通道的色值。相反，拖动滑块到右侧可增加此通道的色值。可以在各通道的文本框中输入相应的数值来决定增减的色值。其参数的取值范围为-200%～200%。

C→"常数"：在调整图像的颜色时，可以通过移动滑块或输入数值来增加通道的互补颜色。

D→"单色"：勾选该复选框，图像将变为灰度模式，但色彩模式不发生改变。

10.4.6 照片滤镜

使用"照片滤镜"命令，调整图像具有暖色调或冷色调，还可以根据需要自定义色调。

执行"图像"|"调整"|"照片滤镜"命令，打开"照片滤镜"对话框，如图10-4-9所示。也可单击"调整"面板中的"照片滤镜"按钮；或者单击"图层"面板下方的"创建新的填充或调整图层"按钮，选择"照片滤镜"选项来进行调整。

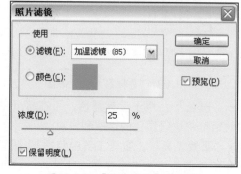

图10-4-9 "照片滤镜"对话框

"滤镜"：此选项是Photoshop中预设的多种滤镜，供用户直接使用。

"颜色"：如果不需要预设的滤镜类型，可以单击颜色块重新设置颜色

"浓度"：此选项设置颜色的浓度百分比，数值越大，效果越明显。

"保留明度"：此选项在使用照片滤镜时可保持原图像的亮度。

10.4.7 阴影/高光

"阴影/高光"命令可以校正由强逆光而导致过暗的照片局部，或校正由于太接近相机闪光灯导致曝光过度的图像。

执行"图像"|"调整"|"阴影/高光"命令，打开"阴影/高光"对话框，勾选"显示更多选项"复选框，打开更多详细信息，如图10-4-10所示。

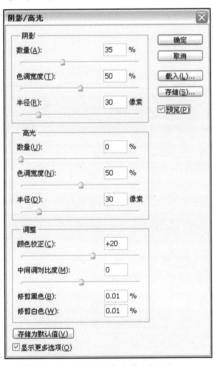

图10-4-10 "阴影/高光"对话框

"数量"：通过拖动滑块或在文本框中输入百分比值，调整暗调和高光明暗度。

"色调宽度"：用于控制阴影和高光的色调范围。向左拖动滑块，色调宽度值将减少，图像变暗；反之，色调宽度值将增加，图像变亮。

"半径"：用来控制阴影和高光效果的范围。

"颜色校正"：用于调整图像中已被改变区域的颜色。通过拖动滑块增加数值，可以产生更饱和的颜色；减少该数值，可以产生不饱和的颜色。

"中间调对比度"：用于调整中间色调的对比度。数值越小，对比度越弱；数值越大，对比度越强。

"黑色"：用来指定有多少阴影和高光会被剪贴到图像中新的极端阴影颜色中。数值越大，对比度越强，但是阴影的细节将会减少。

"白色"：用来指定有多少阴影和高光会被剪切到图像中新的极端高光中。数值越大，对比度越强，但是阴影的细节将减少。

"存储为默认值"：单击此按钮，可以将当前设置存储为"阴影/高光"的默认设置。若要恢复默认值，可按Shift键，将鼠标指针移至"存储为默认值"按钮上，该按钮将变为"恢复默认值"，单击即可恢复。

操作演示：调整逆光造成图像的暗部

01 执行"文件"|"打开"命令，打开素材图片：时尚挎包.tif，如图10-4-11所示。

图10-4-11 打开素材

02 复制图层，生成"图层1"。执行"图像"|"调整"|"阴影/高光"命令，打开"阴影/高光"对话框，设置参数为50、0，如图10-4-12所示。

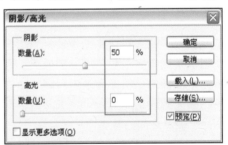

图10-4-12 设置"阴影/高光"参数

03 执行"阴影/高光"命令后，图像暗部变亮，效果如图10-4-13所示。

图10-4-13 "阴影/高"效果

10.4.8 曝光度

"曝光度"命令可以调整图像的色调，即通过线性颜色执行计算而得出来的。根据实际需要可以调整出具有特殊曝光效果的图像。

执行"图像"|"调整"|"曝光度"命令，打开"曝光度"对话框，如图10-4-14所示。也可单击"图层"面板下方的"创建新的填充或调整图层"按钮，选择"曝光度"选项来进行调整。

图10-4-14 "曝光度"对话框

"曝光度"：用于调整图像中比较亮的像素。直接输入数值或拖动滑块进行调整，数值越大，较亮像素会变得更亮。

"位移"：用于调整图像中比较暗的像素。直接输入数值或拖动滑块进行调整，数值越小，较暗像素会变得更暗。

"灰度系数校正"：用于调整整个图像。数值越小，图像明暗对比越强烈。

"吸管"：3个吸管作用与滑块相似，由左至右3个吸管分别代表色阶为0、128、255，分别使用它们在图像上单击，就会以单击位置的像素的色阶值为基准，重新设置该点的色阶值为0、128、255，其余的图像像素将以基准点为依据，重新分配其色阶值。

10.5 特殊颜色调整命令

在调整图像色彩的命令中，些许命令可使图像产生特殊的效果，如："渐变映射"、"反相"、"阈值"和"色调分离"等命令。下面就一一介绍这些命令功能和效果。

10.5.1 渐变映射

"渐变映射"命令可以将图像映射到指定的渐变色上，使图像生成指定渐变色填充的效果。若指定双色渐变填充，图像中的阴影会映射到渐变填充的一个端点颜色，高光则映射到另一个端点颜色，而中间调则映射到两个端点之间的渐变。

执行"图层"|"调整"|"渐变映射"命令，打开"渐变映射"对话框，如图10-5-1所示。也可单击"调整"面板中的"渐变映射"按钮，或者单击"图层"面板下方的"创建新的填充或调整图层按钮"，选择"渐变映射"选项进行调整。

图10-5-1 "渐变映射"对话框

"可编辑渐变"：单击该按钮，则可打开"渐变编辑器"对话框，在对话框中设置或选择一种渐变色。

"仿色"：选中此选项可以为所渐变色的图像增加一些杂点，使图像的过渡更加精确，此选项可以使产生的渐变效果更加平滑。

"反向"：选中此选项可以将所选渐变色的图像颜色反选，呈负片的效果，然后再应用到图像中。

操作演示：利用"渐变映射"命令调整图像色彩

01 打开素材图片：独特女人.tif，单击"创建新的填充或调整图层"按钮，选择"渐变映射"选项，打开对话框，如图10-5-2所示。

02 设置"渐变色"为：褐色、棕褐色、浅褐色，并在图像中拖移绘制渐变色，效果如图10-5-3所示。

图10-5-2　打开"渐变映射"对话框

图10-5-3　设置并绘制渐变

03 设置图层混合模式为"划分"，图像最终效果如图10-5-4所示。

图10-5-4　最终效果

10.5.2　反相

使用"反相"命令，可使图像或选定区域的像素按色彩标准转换为其补色，呈现出一种底片的效果。

在"调整"面板中单击"反相"按钮，如图10-5-5所示。也可执行"图像"|"调整"|"反相"命令；或按Ctrl+I快捷键，都可将图像反相。

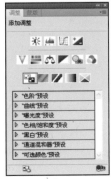

图10-5-5　"调整"面板

10.5.3　色调均化

"色调均化"命令可以重新分配图像像素的亮度值，使它们更均匀地表现所有的亮度级别。

执行"图像"|"调整"|"色调均化"命令，如图10-5-6所示。

图10-5-6　选择"色调均化"命令

操作演示：利用"色调均化"命令调整图像色彩

01 执行"文件"|"打开"命令，打开素材图片：美女.tif，如图10-5-7所示。

图10-5-7　打开素材

02 按Ctrl+J快捷键复制图层，执行"图像"|"调整"|"色调均化"命令，图像效果如图10-5-8所示。

图10-5-8　"色调均化"效果

10.5.4 阈值

使用"阈值"命令，可使一幅彩色或灰度图像根据指定的阈值转变成一幅具有高反差的黑白图像。在转换过程中系统将会使所有的比该阈值亮的像素都转换为白色，将所有的比该阈值暗的像素都转换为黑色，同时，阈值可以自定义设置。

执行"图像"|"调整"|"阈值"命令，打开"阈值"对话框，如图10-5-9所示。也可在"调整"面板中单击"阈值"按钮 ，或单击"图层"面板下方的"创建新图层"按钮 ，选择"阈值"选项来进行调整。

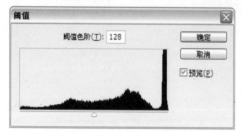

图10-5-9　"阈值"对话框

10.5.5 色调分离

利用"色调分离"命令，可以减少图像中的色彩，根据设置的色阶将图像的像素映射为最接近的颜色。色阶的数值设置得越高，图像中的色彩阶也会变得更多。

执行"图像"|"调整"|"色调分离"命令，打开"色调分离"对话框，如图10-5-10所示。也可单击"调整"面板中的"色调分离"按钮 ，或单击"图层"面板下方的"创建新图层"按钮 ，选择"色调分离"选项来进行调整。

图10-5-10　"色调分离"对话框

"色阶"：直接输入色阶数值，或拖动滑块直接动态地观察色调分离效果。设置值越小，色阶分离越大；值越大，图像的变化越微小。

10.5.6 变化

使用"变化"命令不但可以调整图像的"色调"、"亮

度"和"饱和度"，还可以对图像进行分通道调整，并且在对话框中可以预览到修改后的缩略图。

执行"图像"|"调整"|"变化"命令，如图10-5-11所示，打开"变化"对话框，如图10-5-12所示。

暗调/中间色调/高光：用于调整图像的各个色调。

"饱和度"：用于调整图像的饱和度。当选中此单选按钮后，会自动转换为饱和度对话框，如图10-5-13所示。单击"减少饱和度"缩略图可以降低图像的饱和度；单击"增加饱和度"缩略图可以增加饱和度。

"显示修剪"：选中该复选框，将显示图像中超出范围的色域部分。

"缩略图"：在缩略图中可以直接预览需要变化的图像。

图10-5-11　选择"变化"命令

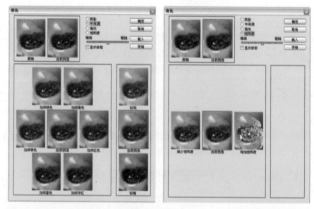

图10-5-12　"变化"对话框　　图10-5-13　选择"饱和度"按钮

操作演示：利用"变化"命令调整图像色彩

01 打开素材图片：性感女人.tif，复制图层，执行"图层"|"调整"|"变化"命令，打开"变化"对话框，单击"加深洋红"缩略图，如图10-5-14所示。

图10-5-14　选择"加深洋红"

02 执行"变化"命令后，图像效果如图10-5-15所示。

图10-5-15　"变化"效果

03 打开"变化"对话框，单击"加深红色"缩略图，
单击"确定"按钮。图像最终效果如图10-5-16所示。

图10-5-16　最终效果

操作提示：

在打开"变化"对话框时，原稿与当前挑选的图像是一样的。只有在对图像进行调整时，当前挑选图像才会有变化。在"变化"对话框中，若想将当前挑选的图像变换为原设置，只需单击"原稿"缩略图即可。

10.6　调整图层命令

调整图层是一类比较特殊的图层，它可以包含一个图像调整命令，从而可以对图像产生作用，但是该类图层中不能装载任何图像像素。

10.6.1　调整图层与普通图层的区别

调整图层具有图层的灵活性与优点，可以在调整的过程中根据需要为调整图层增加蒙版，还可以用蒙版的功能实现对底层图像的局部进行调色。调整图层可以将调整应用于多个图像，在调整图层上同样能够设置图层的混合模式。调整图层也可以将颜色和色调调整应用于图像，但不会改变图像的原始数据，因此不会对图像造成真正的修改和破坏。

操作演示：在选区中应用调整图层

01 打开素材图片：风车.tif，选择"磁性套索工具"，沿图像中的风车边缘定义选区，如图10-6-1所示。

02 单击"创建新的填充或调整图层"按钮，选择"色相/饱和度"选项，打开"色相/饱和度"对话框，设置参数为-87、32、0，如图10-6-2所示。

图10-6-1　绘制选区

图10-6-2　设置"色相/饱和度"参数

03 执行"色相/饱和度"命令后，设置"不透明度"为70%，图像效果如图10-6-3所示。

图10-6-3 "色相/饱和度"效果

10.6.2 调整图层的应用

使用调整图层可以将颜色和色调调整后应用于多个图层，而不会永久更改图像的像素。当需要修改图像效果时，只需要重新设置调整图层的参数或直接将其删除即可。使用调整图层能够暂时提高图像对比，以便于选择图像，或在调整图层与智能对象图层之间创建剪贴蒙版，以达到调整智能对象颜色的目的。

10.7 实例应用：曝光过度修复处理

案例分析

本实例讲解"曝光过度修复处理"的制作步骤，主要运用"曝光度"和"曲线"命令恢复图像自然亮度，再运用"色相/饱和度"和"色彩平衡"等使图像色彩更自然，则可达到最终效果。

制作步骤

01 执行"文件"|"打开"命令，打开素材图片：木桥.tif，如图10-7-1所示。

02 按Ctrl+J快捷键复制"背景"图层，生成"图层1"，设置图层混合模式为"正片叠加"，图像效果如图10-7-2所示。

图10-7-1 打开素材

图10-7-2 "正片叠加"效果

03 单击"图层"面板下方的"创建新的填充或调整图层"按钮 ，选择"曝光度"选项，打开"曝光

度"对话框，设置参数为-0.57、0.0026、0.83，如图10-7-3所示。

04 执行"曝光度"命令后，图像亮度降低，效果如图10-7-4所示。

图10-7-3 设置"曝光度"参数　图10-7-4 "曝光度"效果

05 单击"图层"面板下方的"创建新的填充或调整图层"按钮 ，选择"曲线"选项，打开"曲线"对话框，调整曲线弧度，如图10-7-5所示。

06 执行"曲线"命令后，图像对比度增强，效果如图10-7-6所示。

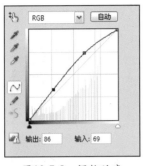

图10-7-5 调整弧度 图10-7-6 "曲线"效果

效果如图10-7-10所示。

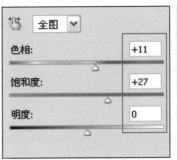

图10-7-7 设置参数 图10-7-8 "色相/饱和度"效果

07 单击"图层"面板下方的"创建新的填充或调整图层"按钮 ⊘.，选择"色相/饱和度"选项，打开"色相/饱和度"对话框，设置参数为11、27、0，如图10-7-7所示。

08 执行"色相／饱和度"命令，图像效果如图 10-7-8 所示。

09 单击"图层"面板下方的"创建新的填充或调整图层"按钮 ⊘.，选择"色彩平衡"选项，打开"色彩平衡"对话框，设置参数为-37、10、-16，如图10-7-9所示。

10 执行"色彩平衡"命令后，图像色彩更自然，最终

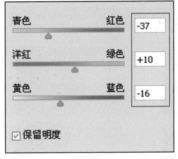

图10-7-9 设置"色彩平衡"参数 图10-7-10 最终效果

10.8 实例应用：逆光照片修复处理暗部

案例分析

　　本实例讲解"逆光照片修复处理暗部"的制作步骤，主要运用"阴影/高光"和"曲线"命令提高暗部亮度，利用"色彩平衡"调整人物皮肤，从而简单快捷的达到最终效果。

制作步骤

01 按Ctrl+O快捷键打开素材图片：闭眼女人.tif，如图10-8-1所示。

02 按Ctrl+J快捷键复制"背景"图层，生成"图层1"，执行"图像"|"调整"|"阴影/高光"命令，打开"阴影/高光"对话框，设置"阴影数量"为40%，其他参数保持不变，如图10-8-2所示。单击"确定"按钮。

03 执行"阴影/高光"命令后，图像阴影部分亮度提高，效果如图10-8-3所示。

图10-8-1　打开素材　　图10-8-2　设置"阴影/高光"参数

04 单击"图层"面板下方的"添加图层蒙版"按钮，选择"画笔工具" ，设置"画笔"为柔边圆170像素，涂抹隐藏人物帽子和衣服中的效果，图像效果如图10-8-4所示。

图10-8-3　"阴影/高光"效果　　图10-8-4　涂抹效果

05 单击"图层"面板下方的"创建新的填充或调整图层"按钮 ，选择"曲线"选项，打开"曲线"对话框，调整曲线弧度，如图10-8-5所示。

06 执行"曲线"命令后，选择"画笔工具" ，涂

抹隐藏人物帽子和衣服上的效果，图像效果如图10-8-6所示。

图10-8-5　调整弧度　　　　图10-8-6　"曲线"效果

07 单击"图层"面板下方的"创建新的填充或调整图层"按钮 ，选择"色彩平衡"选项，打开"色彩平衡"对话框，设置参数为-43、-26、-5，如图10-8-7所示。

08 执行"色彩平衡"命令后，涂抹隐藏人物帽子和衣服上的效果，图像最终效果如图10-8-8所示。

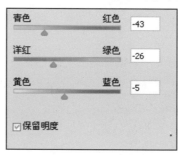

图10-8-7　设置"色彩平衡"参数　　图10-8-8　最终效果

10.9 实例应用：层次感修复处理

案例分析

本实例讲解"层次感修复处理."的操作方法，通过"曲线"命令调整图亮度和对比度，运用"色相/饱和度"和"色彩平衡"命令使图像色彩更自然。

制作步骤

01 执行"文件" | "打开"命令，打开素材图片：迷人风景.tif，如图10-9-1所示。

02 单击"图层"面板下方的"创建新的填充或调整图层"按钮 ，选择"曲线"选项，打开"曲线"对话框，调整曲线弧度，如图10-9-2所示。

图10-9-1　打开素材

图10-9-2　调整弧度

03 执行"曲线"命令后，图像亮度降低，图像效果如图10-9-3所示。

图10-9-3　"曲线"效果

04 单击"图层"面板下方的"创建新的填充或调整图层"按钮 ，选择"色相/饱和度"选项，打开"色相/饱和度"对话框，设置参数为2、41、0，如图10-9-4所示。

05 执行"色相/饱和度"命令后，图像色彩变浓郁，效果如图10-9-5所示。

06 单击"图层"面板下方的"创建新的填充或调整图层"按钮 ，选择"色彩平衡"命令，打开"色彩平衡"对话框，设置参数为-82、34、15。选择

"画笔工具" ，设置"画笔"为柔边圆150像素，涂抹隐藏除天空以外的效果，使图像整体色彩变自然，最终效果如图10-9-6所示。

图10-9-4　设置"色相/饱和度"参数

图10-9-5　"色相/饱和度"效果

图10-9-6　最终效果

10.10　实例应用：制作活泼色彩效果

案例分析

　　本实例讲解"制作活泼色彩效果"的制作步骤，在制作过程中主要运用"色相/饱和度"和"可选颜色"命令分别对各通道的颜色进行调整，从而使图像更鲜艳、靓丽，则可达到所需效果。

制作步骤

01 按Ctrl+O快捷键打开素材图片：艳丽女人.tif，如图10-10-1所示。

02 单击"图层"面板下方的"创建新的填充或调整图层"按钮 ，选择"色相/饱和度"选项，打开"色相/

饱和度"对话框，选择"黄色"通道，设置参数为-180、37、0，如图10-10-2所示。

图10-10-1　打开素材　　图10-10-2　"黄色"通道参数

03 选择"青色"通道，设置参数为-3、29、0，如图10-10-3所示。

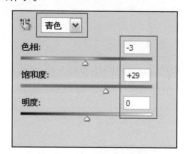

图10-10-3　"青色"通道参数

04 选择"全图"通道，设置参数为0、45、0，如图10-10-4所示。

图10-10-4　"全面"通道参数

05 执行"色相/饱和度"命令后，图像色彩变鲜艳，图像效果如图10-10-5所示。

06 选择"画笔工具" ，设置"画笔"为柔边圆60像素，涂抹隐藏人物皮肤上的效果，图像效果如图10-10-6所示。

图10-10-5　"色相/饱和度"效果　图10-10-6　涂抹效果

07 按Ctrl+Shift+Alt+E快捷键,盖印可视图层,生成"图层1"。执行"选择"|"色彩范围"命令,打开"色彩范围"对话框,设置"颜色容差"为40,选择"添加到取样"吸管 ,单击图像背景的蓝色部分,效果如图10-10-7所示。单击"确定"按钮。

08 执行"色彩范围"后，被选中的区域自动生成选区，如图10-10-8所示。

图10-10-7　选取范围　　图10-10-8　生成选区

09 单击"图层"面板下方的"创建新图层"按钮 ，新建"图层2"，设置前景色为粉红色（R:246，G:70，B:137）。按Alt+Delete快捷键填充前景色到选区，效果如图10-10-9所示。

10 设置"图层2"的图层混合模式为"色相"，按Ctrl+D快捷键取消选区，图像效果如图10-10-10所示。

图10-10-9　填充颜色　　图10-10-10　"色相"效果

11 单击"图层"面板下方的"创建新的填充或调整图层"按钮 ，选择"曲线"选项，打开"曲线"对话框，调整曲线弧度，如图10-10-11所示。

12 执行"曲线"命令后，图像亮度提高，效果如图10-10-12所示。

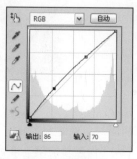

图10-10-11　调整弧度　　图10-10-12　"曲线"效果

13 单击"图层"面板下方的"创建新的填充或调整图层"按钮 ，选择"色相/饱和度"选项，打开"色相/饱和度"对话框，选择"黄色"通道，设置参数为11、48、-29，如图10-10-13所示。

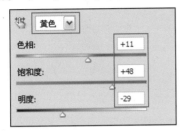

图10-10-13　"黄色"通道参数

14 选择"青色"参数，设置参数为9、25、0，如图10-10-14所示。

图10-10-14　"青色"通道参数

15 选择"洋红"参数，设置参数为41、32、0，如图10-10-15所示。

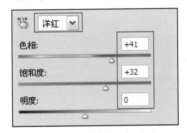

图10-10-15　"洋红"参数

16 选择"全面"选项，设置参数为-11、24、0，如图10-10-16所示。

图10-10-16　"全面"通道参数

17 执行"色相/饱和度"命令后，涂抹隐藏人物皮肤上的效果，图像效果如图10-10-17所示。

18 单击"创建新的填充或调整图层"按钮 ，选择

"色阶"选项，打开"色阶"对话框，设置参数为12、1.28、255，如图10-10-18所示。

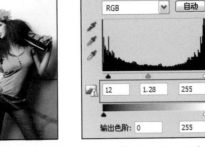

图10-10-17　"色相/饱和度"效果　图10-10-18　设置"色阶"参数

19 执行"色阶"命令后，图像效果如图10-10-19所示。

20 单击"创建新的填充或调整图层"按钮 ，选择"可选颜色"选项，打开"可选颜色"对话框，设置"颜色"为黄色，设置参数为10、-58、54、20，如图10-10-20所示。

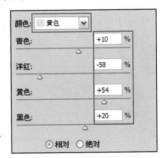

图10-10-19　"色阶"效果　图10-10-20　"黄色"通道参数

21 设置"颜色"为青色，设置参数为27、-16、-69、-15，如图10-10-21所示。

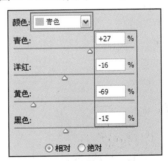

图10-10-21　"青色"通道参数

22 设置"颜色"为洋红，设置参数为-85、7、-16、-32，如图10-10-22所示。

23 执行"可选颜色"命令后，图像效果如图10-10-23所示。

24 按 Ctrl+Shift+Alt+E 快捷键，盖印可视图层，生成"图层2"，设置图层混合模式为"滤色"，"不透明度"为20%，图像最终效果如图10-10-24所示。

图10-10-22 "洋红"通道参数

图10-10-23 "可选颜色"效果

图10-10-24 最终效果

10.11 实例应用：制作高雅色彩效果

案例分析

本实例讲解"制作高雅色彩效果"的操作过程，通过"曲线"命令调整图像亮度，再运用"色相/饱和度"和"色彩平衡"等命令调整图像色彩，从而快捷的达到所需效果。

制作步骤

01 执行"文件"|"打开"命令，打开素材图片：高雅女人.tif，如图10-11-1所示。

02 单击"图层"面板下方的"创建新的填充或调整图层"按钮 ◔.，选择"曲线"选项，打开"曲线"对话框，调整曲线弧度，如图10-11-2所示。

图10-11-3 "曲线"效果

图10-11-4 设置"色相/饱和度"参数

05 执行"色相/饱和度"命令后，图像效果如图10-11-5所示。

06 单击"图层"面板下方的"创建新的填充或调整图层"按钮 ◔.，选择"自然饱和度"选项，打开"自然饱和度"对话框，设置参数为65、13，如图10-11-6所示。

图10-11-1 打开素材

图10-11-2 调整弧度

03 执行"曲线"命令后，图像亮度提高，效果如图10-11-3所示。

04 单击"图层"面板下方的"创建新的填充或调整图层"按钮 ◔.，选择"色相/饱和度"选项，打开"色相/饱和度"对话框，设置参数为31、0、0，如图10-11-4所示。

图10-11-5 "色相/饱和度"效果

图10-11-6 设置"自然饱和度"参数

07 执行"自然饱和度"命令后，图像色彩变浓郁，效果如图10-11-7所示。

图10-11-7　"自然饱和度"效果

08 单击"图层"面板下方的"创建新的填充或调整图层"按钮 ⊘.，选择"色彩平衡"选项，打开"色彩平衡"对话框，设置参数为-27、-19、20，如图10-11-8所示。

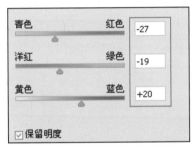

图10-11-8　设置"色彩平衡"参数

09 执行"色彩平衡"命令后，图像效果如图10-11-9所示。

图10-11-9　"色彩平衡"效果

10 单击"创建新的填充或调整图层"按钮 ⊘.，选择"色相／饱和度"选项，打开"色相／饱和度"对话框，设置参数为-180、-32、-7，如图10-11-10所示。

图10-11-10　设置"色相/饱和度"参数

11 执行"色相/饱和度"命令后，图像效果如图10-11-11所示。

12 选择"钢笔工具" ⊘.，为人物的裙子绘制路径，如图10-11-12所示。

图10-11-11　"色相/饱和度"效果

图10-11-12　绘制路径

13 按Ctrl+Enter快捷键，将路径载入选区，按Ctrl+Shift+I快捷键，反向选区。单击"色相/饱和度2"图层的图层蒙版缩览图，按Alt+Delete快捷键填充选区为黑色，图像效果如图10-11-13所示。按Ctrl+D快捷键取消选区。

14 按Ctrl+Shift+Alt+E快捷键，盖印可视图层，生成"图层1"。执行"滤镜"|"模糊"|"高斯模糊"命令，打开"高斯模糊"对话框，设置"半径"为5像素，如图10-11-14所示。单击"确定"按钮。

图10-11-13　填充颜色　　图10-11-14　设置"高斯模糊"参数

15 执行"高斯模糊"命令后，设置"图层1"的图层混合模式为"柔光"，"不透明度"为60%，图像效果如图10-11-15所示。

图10-11-15　最终效果

10.12 实例应用：制作怀旧色彩效果

案例分析

　　本实例讲解"制作怀旧色彩效果"的操作步骤，通过"色相/饱和度"、"色彩平衡"和"照片滤镜"等命令调整图像色彩，运用"羽化"、"边界"命令制作暗角，再执行"颗粒"命令加强怀旧色彩的效果。

制作步骤

01 按Ctrl+O快捷键打开素材图片：活泼女孩.tif，如图10-12-1所示。

图10-12-1　打开素材

02 单击"图层"面板下方的"创建新的填充或调整图层"按钮 ⊘.，选择"色相/饱和度"选项，打开"色相/饱和度"对话框，设置参数为4、38、0，如图10-12-2所示。

图10-12-2　设置"色相/饱和度"参数

03 执行"色相/饱和度"命令后，图像效果如图10-12-3所示。

图10-12-3　"色相/饱和度"效果

04 单击"图层"面板下方的"创建新的填充或调整图层"按钮 ⊘.，选择"色彩平衡"选项，打开"色彩平衡"对话框，设置参数为-66、-34、62，如图10-12-4所示。

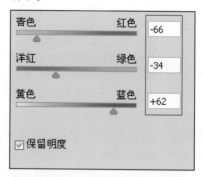

图10-12-4　设置"色彩平衡"参数

05 执行"色彩平衡"命令后，图像效果如图10-12-5所示。

图10-12-5　"色彩平衡"参数

06 单击"图层"面板下方的"创建新的填充或调整图层"按钮 ⊘，选择"照片滤镜"选项，打开"照片滤镜"对话框，设置"颜色"为绿色（R：1，G：236，B：61），"浓度"为50%，如图10-12-6所示。

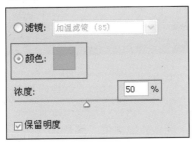

图10-12-6 设置"照片滤镜"参数

07 执行"照片滤镜"命令后，图像效果如图10-12-7所示。

图10-12-7 "照片滤镜"效果

08 单击"图层"面板下方的"创建新图层"按钮 🔲，新建"图层1"。按Ctrl+A全选图像，执行"选择"|"修改"|"边界"命令，打开"边界选区"对话框，设置"宽度"参数为200像素，如图10-12-8所示。单击"确定"按钮。

图10-12-8 设置"边界"参数

09 按Shift+F6快捷键执行"羽化"命令，打开"羽化选区"对话框，设置"羽化半径"为100像素，如图10-12-9所示。单击"确定"按钮。

图10-12-9 设置"羽化"参数

10 执行"边界"和"羽化"命令后，图像效果如图10-12-10所示。

11 设置前景色为黑色，按Alt+Delete快捷键填充前景色到选区。设置"图层1"的"不透明度"为

90%，效果如图10-12-11所示。按Ctrl+D快捷键取消选区。

图10-12-10 "羽化"效果

图10-12-11 填充前景色

12 单击"创建新的填充或调整图层"按钮 ⊘，选择"色彩平衡"选项，打开"色彩平衡"对话框，设置参数为12、-23、-38，如图10-12-12所示。

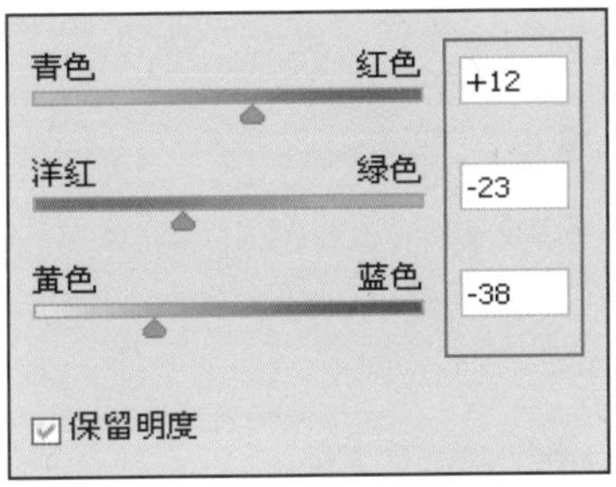

青色	红色	+12
洋红	绿色	-23
黄色	蓝色	-38

☑ 保留明度

图10-12-12 设置"色彩平衡"参数

13 执行"色彩平衡"命令后，图像效果如图10-12-13所示。

图10-12-13 "色彩平衡"效果

14 单击"图层"面板下方的"创建新的填充或调整图层"按钮 ⊘，选择"照片滤镜"选项，打开"照片滤镜"对话框，设置"浓度"为70%，如图10-12-14所示。

15 执行"照片滤镜"命令后，图像效果如图10-12-15所示。

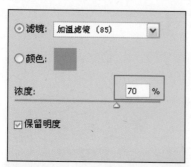

图10-12-14 设置"照片滤镜"参数

图10-12-15 "照片滤镜"效果

16 按Ctrl+Shift+Alt+E快捷键盖印可视图层，生成"图层2"。执行"滤镜"|"纹理"命令，打开"纹理"对话框，设置"强度"为15，"对比度"为20，"颗粒类型"为"垂直"，如图10-12-16所示。单击"确定"按钮。

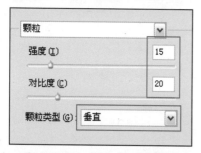

图10-12-16 设置"颗粒"参数

17 执行"颗粒"命令后，图像效果如图10-12-17所示。

图10-12-17 "颗粒"效果

18 单击"图层"面板下方的"创建新的填充或调整图层"按钮，选择"曲线"选项，打开"曲线"对话框，调整曲线弧度，如图10-12-18所示。

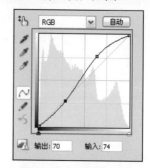

图10-12-18 调整弧度

19 执行"曲线"命令后，图像对比度加强，最终效果如图10-12-19所示。

图10-12-19 最终效果

本章小结

　　一些数码照片在颜色上都存在一定程度的偏差，还有在一些图像后期处理时，为了图像整体的色彩更和谐，都需要对它们进行某些色彩上的调整。本章重点讲解调整图像的色调，通过以上各种命令的详解以及各种案例的练习，读者们可掌握到各种不同的调色命令及其功能。

第11章

数码照片写真模板处理：
绘图工具与路径的运用

本章主要介绍了绘图工具与路径工具的使用，有画笔类工具、形状绘制类工具、高级路径工具等，其中画笔类工具和高级路径工具是本章重点，希望读者能够认真学习本章内容，学好本章将会对Photoshop软件的运用有更深一层了解，为以后的学习打下良好的基础。

11.1　影楼写真的种类

随着人们对摄影的喜欢，在社会生活中出现了许多专业的影楼，除了婚纱摄影以外还有写真摄影，而且写真集的摄影更受大多数人的喜受。影楼写真集的种类大致分为4种，其中包括：青年人写真、老人写真、儿童写真和动物写真。人们的物质生活提高了，对精神上的要求更是不能懈怠，所以无论是老人、少儿还是动物，人们就用摄影来记载这些美好的回忆。

11.1.1　青年人写真的特色

青年人拍摄的写真集又称为"个性艺术写真"，许多青少年也把它看作是青春纪念，记录自己年轻时期的容貌。6~8月是青年人写真的一个拍摄旺季，由于学生们都放假了，大家都在这个时间来拍个性写真。其中18岁~28岁的女大学生、年轻白领占多数。据业内人士介绍，现在许多影楼拍摄写真集时会提供一些固定的主题供顾客选择，其中古装、异国服装、民族服饰、个性礼服等个性化主题迎合了年轻人追求个性的心理。为了提升拍摄效果，服装、背景、小道具、妆容都量身定做，十分逼真。

以最受欢迎的古代仕女风格来说，让拍照的顾客身穿古装、头盘宫髻，仿古家具、实景摄影棚等大小道具也一齐上阵，有的还在后期制作时加上云雾效果，打造出一幅幅以假乱真的"仕女图"。因此青年人的写真集就会显得青春、快乐。如图11-1-1所示就是青年人写真图片欣赏。

图11-1-1　青年人写真图片欣赏

11.1.2　老人写真的特色

随着年龄的增长，老年人生理、心理的老化，必然导致产生各种不同于其他年龄群体的特殊需求，满足其需求的生活活动模式也随之发生变化，劳动职业活动和社会政治活动也减少，个人闲暇时间增多，使老人对各种兴趣爱好增加。因此生活条件较好的老人也会选择拍摄来记录晚年的幸福，大多数老人是选择与老伴一起拍摄写真的。因此，老人们拍摄的写真集让人有一种晚年幸福之感。如图11-1-2所示为老人写真图片欣赏。

图11-1-2　老人写真图片欣赏

11.1.3　儿童写真的特色

现在许多孩子大都是独生子，父母都很舍得为自己的孩子投入，更何况拍几张充满童趣的照片。据介绍，在儿童摄影店里除了摄影用的专业设备外，还准备有孩子们喜爱的玩具、充满温馨的背景，还有儿童需要的休息场所等。当然，这里更需要的是摄影师和工作人员的耐心和细心，除了调动孩子最佳的摄影状态，服务也更加细致。业内人士指出，目前婴幼儿摄影不可小视，婴幼儿摄影更为大多数妈妈的喜爱。因此，儿童写真的拍摄洋溢着甜美的笑容和童真的快乐，如图11-1-3所示为儿童写真图片欣赏。

图11-1-3 儿童写真图片欣赏

11.1.4 动物写真的特色

现今人们对于动物的喜爱不低于对宝宝的喜爱，更多的人是为自己的孩子而饲养宠物，其中宠物小狗是人们的最爱，犹于人们长期与宠物相处从而产生了感情，所以人们对待宠物就像是对待自己的孩子一样，关怀备至。

中国的独生子女，由于家庭结构的特殊性而无兄弟姐妹可与之交流，加之父母的工作繁忙，使一些孩子因缺乏情感交流而变得自卑、自负、易怒、焦躁，甚至自闭。饲养小动物能够激发儿童活跃、好奇的天性。在与伴侣动物朝夕相处的过程中，儿童不仅可以培养起责任心，而且还能够使他们从小亲近自然，爱护、关心、体贴他人、与人分享自己的欢乐。所以养小动物能给孤独的老人带来慰藉；接受小动物探视的病人能够改善抑郁的心情，甚至减轻病痛；饲养宠物的家庭增添了欢乐和凝聚力；伴侣动物一般都与其主人结成了家庭成员般的亲情。于是就有了动物写真的拍摄，显得宠物宝宝更加可爱，动物写真图片欣赏如图11-1-4所示。

图11-1-4 动物写真图片欣赏

11.2 影楼相册的制作

影楼相册的制作大多数采用一体成型相册，它是目前相册制作工艺的一次技术革新，是对照片采用油性覆膜、过胶、压平、压痕、整理、裁切、磨边、烫金等数十道工序，经过数台专业设备和流程化操作，制作出完美的一体化相册，即照片和相册一体化、封面和内页一体化。简单的说，就是用化学的方法，将本是两种不同的物质，照片和相册页，合成一种新物质，这种新物质就是"带有图像的相册页"，照片和相册页溶为一体，永不分离！与手工传统相册的本质区别就是，手工相册是把照片用胶粘在相册页上，而一体成型相册是用照片和耗材生产出一本相册，可谓"方寸之间，浑然一体"。

11.2.1 相册的质感与分类

现代的相册通俗的称为照片书，又分为艺术类与生活类两种。一是艺术类相册，一般指影楼里的婚纱艺术相册和个人写真相册，这类艺术类相册在摄影师拍摄照片时就已经设计好相册的内容及构图安排，然后再结合影楼后期的制作装订成册。二是生活类相册，它是跟随这个数码时代到来，流行开来的一种现代生活相册。可以将任意的数码照片通过软件编排成版，然后印刷或冲洗出来，最后装订成像书本一样的相册集。

相册的分类多，其质感也就多，一般有水晶质感、杂志质感、玻璃质感等，不同类型的相册就有不同的质感效果，目前水晶相册更受人喜欢。相册欣赏如图11-2-1所示。

图11-2-1　相册欣赏

11.2.2　普通相册的制作流程

普通相册的制作主要分为4个步骤，1、设计好照片，2、打印，3、压膜，4、粘册。制作过程：首先用剪刀剪照片，再用双面胶把照片粘在花纸上；然后，在照片上或花纸上粘上单买的那种东西，例如，字、

花、小动物之类；最主要的一步，就是上模，模是作这个照片里最主要的东西，用剪子剪去多余的模边，剪去做完的花纸多余相册的小边，用双面胶把做好的花纸四边粘上，然后再粘到买好的相册上就可以了。如图11-2-2所示为相册欣赏。

图11-2-2　相册欣赏

11.3　画笔类工具

本小节主要介绍与路径相关的工具，包括：画笔类工具、形状绘制工具、高级路径工具等。绘制路径后，可以将路径转换为选区，然后使用绘图工具对选区中的图像进行填充、描边、加深减淡等操作。通过本章的学习，读者将能灵活地使用绘图工具和路径工具

11.3.1　画笔工具

使用"画笔工具"可准确的对图像进行描绘处理，并且还能对图像进行修复和修整操作。
在工具箱中选择"画笔工具"，其工具属性栏如图11-3-1所示。

图11-3-1　"画笔工具"属性栏

A→单击"画笔预设"选取器，在弹出的下拉面板中选择画笔类型和设置画笔大小。
B→"模式"：可用来控制描绘图像与原图像之间所产生的混合效果。用户可在其中弹出的下拉列表中选择画笔的混合模式，共包括："正常"、"变暗"、"变亮"、"色相"、"饱和度"、"颜色"和"亮度"7种混合模式。
C→"不透明度"：用于设置画笔绘制效果的透明度。数值越大，所产生的效果就会越明显。

D→"流量"：用于设置工具所描绘的笔画之间的连贯速度，取值范围为1%~100%。

操作演示：利用"画笔工具"添加腮红

01 打开素材图片：美女.tif，新建"图层1"。设置前景色为红色，选择"画笔工具"，设置"画笔"为柔边圆70像素，在人物两腮处进行涂抹绘制颜色，如图11-3-2所示。

图11-3-2　涂抹颜色

02 设置图层混合模式为"颜色"，图像效果如图11-3-3所示。

图11-3-3　"颜色"效果

03 设置"不透明度"为50%，图像最终效果如图11-3-4所示。

图11-3-4　最终效果

操作提示：

使用"画笔工具"涂抹颜色时，可以直接在属性栏中设置"不透明度"与"流量"的大小，也能达到图像效果。

11.3.2　铅笔工具

"铅笔工具"的使用方法与"画笔工具"的使用方法基本相同，但使用"铅笔工具"创建的是硬边的。下面介绍使用"铅笔工具"的具体操作。

在工具箱中选择"铅笔工具"，其属性栏如图11-3-5所示。

图11-3-5　"铅笔工具"属性栏

A→"画笔"：单击"画笔"选项右侧的下三角按钮，在弹出的面板中可以设置铅笔的笔触。

B→"模式"：在该下拉列表中可以选择绘图时的混合模式。

C→"不透明度"：设置绘制时笔触的不透明度。

D→"自动抹除"：勾选"自动抹除"复选框，再设置前景色和背景色，然后在图像上绘制，如果光标的中心所在位置的颜色与前景色相同，该位置显示为背景色；如果光标的中心所在位置的颜色与前景色不同，该位置显示为前景色。

11.3.3　颜色替换工具

"颜色替换工具"可以替换图像中的特殊颜色，该工具属性栏内的大部分参数前面已有详细介绍，在这里仅做简单叙述，如图11-3-6所示。

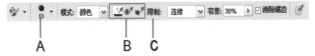

图11-3-6　"颜色替换工具"属性栏

A→"画笔"：单击其图标会弹出下拉面板，可在面板中设置"直径"、"硬度"、"间距"、"角度"、"圆度"、"大小"和"容差"等参数，这些参数的具体设置在前面已有具体介绍，在此不再叙述。

B→"取样"：该选项包括3个选项："连续"、"一次"和"背景色板"。

C→"限制"：该选项包括3个选项："不连续"、"连续"和"查找边缘"。

操作演示：利用"颜色替换工具"替换嘴唇颜色

01 执行"文件"|"打开"命令，打开素材图片：人物.tif，如图11-3-7所示。

02 选择"颜色替换工具"[图]，设置"画笔"大小为 50，设置前色为红色（R：255，G：0，B：0），在 图中人物嘴唇处涂抹颜色。效果如图11-3-8所示。

图11-3-7 打开素材 　　图11-3-8 图像效果

11.3.4 历史记录画笔工具

"历史记录画笔工具"是通过重新创建指定的原 数据来绘制，而且"历史记录画笔工具"与"历史记 录"面板配合使用。按Y键即可选择"历史记录画笔 工具"，按Shift+Y快捷键能够在"历史记录画笔工 具"和"历史记录艺术画笔工具"之间切换，下面介 绍使用"历史记录画笔工具"的具体操作。

在工具箱中选择"历史记录画笔工具"，其属性 栏如图11-3-9所示。

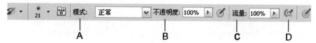

图11-3-9 "历史记录画笔工具"属性栏

A→"模式"：可以指定图像与合成效果的合成 方式。

B→"不透明度"：调整"历史记录画笔工具" 颜色的不透明度。

C→"流量"：调节"历史记录画笔工具"的密 度效果，可以调整画笔油墨喷绘的程度。

D→"喷枪"：单击"喷枪"按钮，可以将画笔 转换为喷枪的功能。

操作演示：利用"历史记录画笔工具"制
作动感效果

01 打开素材图片：滑板.tif，按Ctrl+J快捷键复制 "背景"，生成"图层1"。执行"滤镜"|"模 糊"|"径向模糊"命令，打开对话框，设置参数 "数量"为100%，"模糊方法"为"缩放"， "品质"为"最好"，单击"确定"按钮，如图 11-3-10所示。

02 按Ctrl+J快捷键复制"图层1"，生成"图层1副 本"。选择"历史记录画笔工具"[图]，设置"画

笔"为柔边圆 70像素，在图像件窗口中涂抹人物 图像，图像最终效果如图11-3-11所示。

图11-3-10 "径向模糊"效果

图11-3-11 最终效果

11.3.5 历史记录艺术画笔工具

"历史记录画笔工具"[图]可以根据绘画源的数据 信息和工具选项栏中的设置来创建各种不同的具有艺 术感的图像效果。

在工具箱中选择"历史记录艺术画笔工具"[图]， 其工具属性栏如图11-3-12所示。

图11-3-12 "历史记录艺术画笔工具"属性栏

A→"模式"：在其下拉列表中，选择画笔的混 合模式，共包括："正常"、"变暗"、"变亮"、 "色相"、"饱和度"、"颜色"和"亮度"7种混合 模式。

B→"不透明度"：用于设置不透明度，在文本 框中输入数值或拖动滑块都可以设置不透明度。

C→"样式"：用于设置画笔的笔触样式，可以 在其下拉列表中选择不同的笔触样式。

D→"区域"：表示笔触所影响的范围就越大。

E→"容差"：用来限制画笔绘制的范围。数值 越大，其限制和给画源颜色的区域的差异就越大。

11.4 形状绘制工具

利用形状绘制工具可以绘制出矩形、圆形、多边形、直线及自定义的形状和路径。通过对这些工具的选项进行设置，能够得到不同的效果。本节具体介绍形状绘制工具的使用方法。

11.4.1 矩形工具

"矩形工具"和"矩形选框工具"都能用于绘制矩形形状的图像。但不同的是，利用"矩形工具"能够绘制出矩形形状的路径，而"矩形选框工具"没有此功能。按U键能够选择"矩形工具"，按Shift+U快捷键能够在"矩形工具"、"圆角矩形工具"等之间切换。下面介绍"矩形工具"的使用方法。

选择"矩形工具" ，其属性栏如图11-4-1所示。

图11-4-1 "矩形工具"属性栏

A→"形状图层" ：单击该按钮，绘制形状时，用前景色填充区域，并生成矢量蒙版。

B→"路径" ：单击该按钮，绘制形状时只生成路径，并在"路径"面板上生成工作路径。

C→"填充像素" ：单击该按钮后，绘制形状时，会以前景色填充区域，选择"矩形工具"、"圆角矩形工具"或"椭圆工具"等形状工具时，该按钮才可用。

D→"几何选项" ：单击该按钮，打开下拉列表，其中共有："不受约束"、"方形"、"固定大小"、"比例"、"从中心"和"对齐像素"单选按钮。

E→"样式"：在"样式"下拉列表中提供了多种样式，可以根据不同的需要选择不同的样式。

F→"颜色"：设置颜色后，在创建形状时，会自动填充设置后的颜色。

操作演示：利用"矩形工具"绘制边框

01 打开素材图片：花朵 .tif，新建"图层1"，选择"矩形工具" ，"形状图层"按钮 ，在图中绘制矩形，单击属性栏上"从形状区域减去"按钮 ，在图像中绘制矩形，图像效果如图 11-4-2 所示。

图11-4-2 绘制矩形效果

02 单击"图层"面板下方的"添加图层样式"按钮 ，打开快捷菜单，选择"斜面和浮雕"选项，打开"图层样式"对话框，设置参数，单击"确定"按钮，图像最终效果如图11-4-3所示。

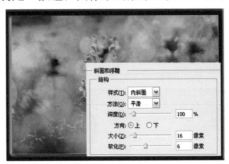

图11-4-3 最终效果

11.4.2 圆角矩形工具

"圆角矩形工具"用于绘制矩形或圆角矩形的图形。对该工具的选项栏中"半径"进行不同的设置，可以控制圆角矩形4个圆角的弧度。数值越大，4个角越圆滑。下面介绍使用圆角矩形工具的具体操作。

选择"圆角矩形工具"，其属性栏如图11-4-4所示。

图11-4-4 "圆角矩形工具"属性栏

A→"形状图层" ：单击该按钮，绘制形状时，用前景色填充区域，并生成矢量蒙版。

B→"路径" ：单击该按钮，绘制形状时只生成路径，并在"路径"面板上生成工作路径。

C→"填充像素" ：单击该按钮后，绘制形状时，会以前景色填充区域，选择"矩形工具"、"圆角矩形工具"或"椭圆工具"等形状工具时，该按钮才可用。

D→"半径"：设置不同的参数值，可以改变圆角大小，值越大，4个角越圆滑。

11.4.3 椭圆工具

"椭圆工具"和"椭圆选框工具"都能绘制椭圆形状，但使用椭圆工具能够绘制路径，以及使用选项栏中设置的"样式"对形状进行填充，下面介绍使用"椭圆工具"的具体操作。

选择"椭圆工具" ⬭，其属性栏与"矩形工具"属性栏相同，如图11-4-5所示。

图11-4-5　"椭圆工具"属性栏

操作演示：利用"椭圆工具"绘制圆形

01 打开素材图片：风景.tif，新建图层，选择"椭圆工具" ⬭，单击属性栏上的"填充像素"按钮 ⬜ ，在图像中绘制圆形，如图11-4-6所示。

图11-4-6　绘制圆形

02 单击"样式"，打开"样式"面板，选择"蓝色玻璃（按钮）"样式 ◼ ，图像最终效果如图11-4-7所示。

图11-4-7　最终效果

11.4.4 多边形工具

"多边形工具"用于绘制不同边数的形状图案或路径，与前面所讲到的形状工具一样，可以使用"样式"或"模式"来对绘制的形状进行处理，下面介绍使用"多边形工具"的具体操作。

在工具箱中选择"多边形工具" ⬟，其属性栏如图11-4-8所示。

图11-4-8　"多边形工具"属性栏

A→"边"：在"边"文本框中输入数值，能够设置绘制的多边形边数，数值越大，边数越多。

B→"半径"：设置绘制出的多边形的外接圆半径。

C→"平滑拐角"：勾选"平滑拐角"复选框，可以平滑多边形的拐角。

D→"星形"：勾选"星形"复选框，表示对多边形的边进行缩进以形成星形。

E→"缩进边依据"：设置缩进边所用的百分比。

F→"平滑缩进"：勾选"平滑缩进"复选框，可以用平滑缩进渲染多边形。

操作演示：利用"多边形工具"绘制星星图像

01 打开素材图片：烛光.tif，新建"图层1"，设置前景色为白色，选择"多边形工具" ⬟，选择"多边形选项"，设置"星形"参数为90%，在图中拖动绘制星形图像，效果如图11-4-9所示。

图11-4-9　绘制星星图像

02 执行"滤镜"|"模糊"|"高斯模糊"命令，打开对话框，设置参数为5像素，单击"确定"按钮，图像最终效果如图11-4-10所示。

图11-4-10 最终效果

11.4.5 直线工具

"直线工具"用于在图像窗口绘制像素线条或路径，在选项栏中可以根据不同的需要设置其线条或路径的粗细程度。下面介绍使用"直线工具"的属性栏，如图11-4-11所示。

图11-4-11 "直线工具"属性栏

A→"粗细"："粗细"文本框用于设置直线的宽度。

B→"起点"：勾选"起点"复选框，在直线的起点绘制箭头。

C→"终点"：勾选"终点"复选框，在直线的终点绘制箭头。

D→"宽度"：设置箭头的宽度为直线粗细的百分比。

E→"长度"：设置箭头的长度为直线粗细的百分比。

F→"凹度"：设置箭头的凹度为直线粗细的百分比。

11.4.6 自定形状工具

"自定形状工具"用于绘制各种不规则的形状，在该工具的选项栏中单击"形状"选项右侧的下三角按钮，在弹出的面板中提供了多种形状，根据不同需要可以选择不同形状。下面介绍使用"自定形状工具"的具体操作。

在工具箱中选择"自定形状工具"，其属性栏如图11-4-12所示。

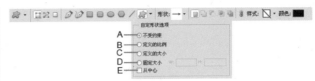

图11-4-12 "自定形状工具"属性栏

A→"不受约束"：选择"不受约束"单选按钮，可以无约束地绘制形状。

B→"定义的比例"：选择"定义的比例"单选按钮，可以约束自定形状的宽度和高度的比例。

C→"定义的大小"：选择"定义的大小"单选按钮，可以智能绘制系统默认大小的自定形状。

D→"固定大小"：选择"固定大小"单选按钮，可以在其右侧的文本框中自定义形状的宽度和高度。

E→"从中心"：勾选"从中心"复选框，以中心为起点绘制形状。

操作演示：利用"自定形状工具"添加装饰

01 打开素材图片：美女.tif，新建"图层1"，选择"自定形状工具" ，单击"自定形状拾色器"按钮 ，打开面板，选择"形状"为"拼贴2" ，单击属性栏上的"填充像素"按钮 ，在窗口中绘制图像，如图11-4-13所示。

图11-4-13 绘制图像

02 选择"样式"，打开"样式"面板，选择"彩色目标（按钮）" ，图像最终效果如图11-4-14所示。

图11-4-14 最终效果

11.5 高级路径工具

利用选框工具只能创建规则选区，若准确地创建选区，通常使用"钢笔工具"来创建路径，然后转换为选区，本节主要介绍利用"钢笔工具"的抠图方法。

11.5.1 钢笔工具

"钢笔工具"用于绘制复杂或不规则的形状或曲线，按P键可选择"钢笔工具"，按Shift+P快捷键能够在"钢笔工具"、"自由钢笔工具"和"添加锚点工具"等工具之间切换。下面介绍使用"钢笔工具"的具体操作。

在工具箱中选择"钢笔工具"，其属性栏如图11-5-1所示。

图11-5-1 "钢笔工具"属性栏

A→"形状图层"：单击该按钮，绘制形状时，用前景色填充区域，并生成矢量蒙版。

B→"路径"：单击该按钮，绘制形状时只生成路径，并在"路径"面板上生成工作路径。

C→"填充像素"：单击该按钮后，绘制形状时，会以前景色填充区域，选择"矩形工具"、"圆角矩形工具"或"椭圆工具"等形状工具时，该按钮才可用。

D→"自动添加/删除"：勾选该复选框后，将光标移到绘制的路径上，当光标变成♦+时，单击即可添加锚点，当光标变成♦-时，单击即可删除锚点。

操作演示：利用"钢笔工具"抠出图像

01 打开素材图片：美丽女人.tif，选择"钢笔工具"，在图像中沿人物边缘绘制路径，如图11-5-2所示。

图11-5-2 绘制路径

02 路径绘制完成后，按 Ctrl+Enter 快捷键载入选区，

按 Ctrl+J 快捷键复制选区，生成"图层 1"，选择"背景"图层，单击"图层"面板下方的"创建新图层"按钮，生成"图层 2"，如图 11-5-3 所示。

图11-5-3 新建图层

03 选择"渐变工具"，单击属性栏上的"编辑渐变"按钮，打开"渐变编辑器"对话框，设置"渐变"为"色谱"，在图像中从左上到右下拖动，图像最终效果如图11-5-4所示。

图11-5-4 最终效果

11.5.2 自由钢笔工具

利用"自由钢笔工具"在图像中拖动，即可直接生成路径，就像用铅笔在纸上绘画一样。绘制路径时，系统会自动在曲线上添加锚点，使用"自由钢笔工具"可以创建不太精确的路径。下面介绍使用"自由钢笔工具"的具体操作。

选择"自由钢笔工具"，其属性栏如图11-5-5所示。

图11-5-5 "自由钢笔工具"属性栏

A→"形状图层"：单击该按钮，绘制形状时，用前景色填充区域，并生成矢量蒙版。

B→"路径"：单击该按钮，绘制形状时只生成路径，并在"路径"面板上生成工作路径。

C→"填充像素" ▢：单击该按钮后，绘制形状时，会以前景色填充区域，选择"矩形工具"、"圆角矩形工具"或"椭圆工具"等形状工具时，该按钮才可用。

D→"磁性的"：勾选"磁性的"复选框，可以打开磁性钢笔的相关设置。

11.5.3　添加和删除锚点工具

"添加锚点工具"用于在现有的路径上添加锚点，单击即可添加。"删除锚点工具"用于在现有的锚点上单击即可删除。如果在"钢笔工具"的选择栏中勾选"自动添加/删除"复选框，可在路径上添加和删除锚点。下面介绍添加和删除锚点工具的具体操作。

操作演示：利用"添加和删除锚点工具"
绘制路径

01 打开素材图片：花瓣.tif，选择"钢笔工具" ✐，在窗口中沿花瓣边缘绘制路径，如图11-5-6所示。

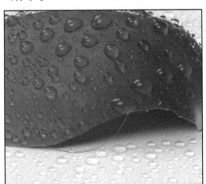

图11-5-6　绘制路径

02 选择"添加锚点工具" ✐，在路径上单击添加锚点，并拖动锚点到花瓣的边缘位置，如图11-5-7所示。

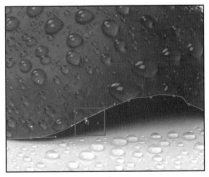

图11-5-7　添加锚点

03 选择"删除锚点工具" ✐，在路径上单击多余的锚点，删除锚点如图11-5-8所示。

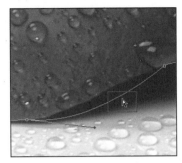

图11-5-8　删除锚点

操作提示：

在拖动控制节点时，可以按住Ctrl键，拖动锚点，移动锚点位置。

11.5.4　转换点工具

"转换点工具"主要用于调整绘制完成的路径，将光标放在要更改的锚点上单击，可以转换锚点的类型即在平滑点和直角点之间转换，将平滑点转换为直角点。下面介绍使用"转换点工具"的具体操作。

操作演示：利用"转换点工具"为图像描边

01 打开素材图片：小花.tif，选择"钢笔工具" ✐，在图像中沿花瓣边缘绘制大致路径，如图11-5-9所示。

图11-5-9　绘制路径

02 选择"添加锚点工具" ✐，在路径上单击添加锚点，选择"转换点工具" ▷，按住Ctrl键的同时单击添加的锚点并进行拖动调整，如图11-5-10所示。

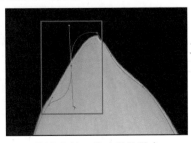

图11-5-10　拖动调整锚点

03 绘制完成后，设置前景色为红色，单击右键，选择"描边路径"命令，设置"工具"为画笔，单击"确定"按钮，图像最终效果如图11-5-11所示。

图11-5-11　最终效果

11.6　实例应用：唯美梦幻写真模板

案例分析

　　本实例讲解"唯美梦幻写真模板"的制作方法；在制作过程中，主要运用了"画笔"等制作主题背景；其次再运用"画笔工具"、"自由变换"命令、"高斯模糊"命令和"添加矢量蒙版"命令相搭配，从而制作唯美的图像效果。

制作步骤

01 执行"文件"｜"新建"命令，打开"新建"对话框，设置"名称"为"唯美梦幻写真模板"，"宽度"为15厘米，"高度"为10.5厘米，"分辨率"为150像素/英寸，"颜色模式"为RGB颜色，"背景内容"为白色，如图11-6-1所示。单击"确定"按钮。

02 按Alt+Delete快捷键填充前景色为黑色。单击"图层"面板下方的"创建新图层"按钮，新建"图层1"。选择"画笔工具"，设置"画笔"为柔边圆100像素，"不透明度"为100%，"流量"为100%，设置前景色为蓝色（R：24，G：76，B：116），在图中绘制图像，效果如图11-6-2所示。

图11-6-1　新建文件

图11-6-2　"画笔"效果1

03 设置"不透明度"为30%，"流量"为30%，在绘制出的蓝色图像周围涂抹，效果如图11-6-3所示。

04 设置"画笔"为柔边圆30像素，设置前景色为白色，"不透明度"为100%，"流量"为100%，在图中单击绘制白色画笔，如图11-6-4所示。

图11-6-3　"画笔"效果2　　　图11-6-4　"画笔"效果3

05 可更改"画笔"大小，流量和不透明度，在图中单击绘制不同大小的星点，图像效果如图11-6-5所示。

06 新建"图层2"，设置"画笔"为：交叉排线1，设置"大小"为100像素，在图中绘制交叉线图像，效果如图11-6-6所示。

图11-6-5　"画笔"效果4　　　图11-6-6　"画笔"效果5

07 可更改"画笔"的大小、流量、不透明度和颜色，在图中单击绘制交叉线，图像效果如图11-6-7所示。

08 设置"画笔笔触"为柔边圆，在图像绘制不同颜色、大小的星点图像，效果如图11-6-8所示。

图11-6-7　"画笔"效果5　　图11-6-8　"画笔"效果6

09 选择"背景"图层，再新建图层，设置前景色为蓝色（R：24，G：76，B：116），设置"画笔"为柔边圆10像素，"不透明度"为50%，"流量"为50%，在图像中拖动绘制细长的画笔效果，图像效果如图11-6-9所示。

10 选择"橡皮擦工具"，设置"画笔"为柔边圆100像素，"不透明度"为30%，"流量"为30%，在图像中涂抹擦除图像末梢的效果，图像效果如图11-6-10所示。

图11-6-9　"画笔"效果7　　图11-6-10　"画笔"效果8

11 选择最上方图层，执行"文件"|"打开"命令，打开素材图片：美女-1.tif，选择"移动工具"，拖动图像到"唯美梦幻写真模板"文件窗口中，生成"图层4"，按Ctrl+T快捷键，调整图像大小，按Enter键确定。图像效果如图11-6-11所示。

提示：

可按住Shift键，等比例缩放图像。

12 单击"图层"面板下方的"添加图层蒙版"按钮，选择"画笔工具"，设置"画笔"为柔边圆250像素，在文件窗口中涂抹图像边缘，图像效果如图11-6-12所示。

图11-6-11　拖入素材　　　图11-6-12　涂抹效果

13 按Ctrl+O快捷键，打开素材图片：美女-2.tif，选择"移动工具"，拖动图像到"唯美梦幻写真模板"文件窗口中，生成"图层5"，按Ctrl+T快捷键，调整图像大小，按Enter键确定。图像效果如图11-6-13所示。

14 单击"图层"面板下方的"添加图层蒙版"按钮，选择"画笔工具"，在文件窗口中涂抹部分图像，效果如图11-6-14所示。

图11-6-13　拖入图片　　　图11-6-14　涂抹效果

15 打开素材：花.tif，选择"移动工具"，拖动图像到"唯美梦幻写真模板"文件窗口中，生成"图层5"，按Ctrl+T快捷键，调整图像大小、位置和方向，按Enter键确定。图像效果如图11-6-15所示。

16 单击"图层"面板下方的"添加图层蒙版"按钮，选择"画笔工具"，在文件窗口中涂抹隐藏部分图像，图像效果如图11-6-16所示。

图11-6-15　拖入素材　　　图11-6-16　隐藏效果

17 新建"图层7"，用之前绘制星点方法，再次绘制星点图像，图像效果如图11-6-17所示。

图11-6-17 "画笔"效果5

18 按Ctrl+Shift+Alt+E快捷键盖印可视图层，生成"图层8"，执行"滤镜"|"模糊"|"高斯模糊"命令，打开对话框，设置"半径"为2像素，单击"确定"按钮，图像整体效果变得模糊，如图11-6-18所示。

图11-6-18 "高斯模糊"效果

19 单击"图层"面板下方的"添加图层蒙版"按钮 ，选择"画笔工具" ，设置"画笔"为柔边

圆200像素，在文件窗口中涂抹隐藏人物面部效果，图像效果如图11-6-19所示。

图11-6-19 涂抹效果

20 打开素材图片：文字.tif，选择"移动工具" ，拖动图像到"唯美梦幻写真模板"文件窗口中，生成"图层9"，调整文字大小，按Enter键确定，图像最终效果如图11-6-20所示。

图11-6-20 最终效果

11.7 实例应用：幸福甜蜜写真模板

案例分析

　　本实例讲解"幸福甜蜜写真模板"的制作方法；在制作过程中，主要运用了"自定形状工具"、"画笔工具"、"自由变换"命令等制作主题背景；其次运用"颜色替换工具"替换色彩，最后用"横排文字工具"添加文字加以修饰。

制作步骤

01 执行"文件"|"新建"命令，打开"新建"对话框，设置"名称"为"幸福甜蜜写真模板"，"宽度"为13厘米，"高度"为8厘米，"分辨率"为200像素/英寸，"颜色模式"为RGB颜色，"背景内容"为白色，如图11-7-1所示。单击"确定"按钮。

图11-7-1　新建文件

02 设置前景色为粉红色（R：253，G：166，B：201），选择"渐变工具" 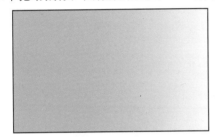，单击属性栏上的"编辑渐变"按钮 ，打开"渐变编辑器"对话框，单击"确定"按钮。在图像中，从左到右水平拖动鼠标，图像效果如图11-7-2所示。

图11-7-2　渐变效果

03 单击"图层"面板下方的"创建新图层"按钮 ，新建"图层1"。选择"椭圆选框工具" ，单击并拖移绘制椭圆选区，设置前景色为白色，按Alt+Delete快捷键，填充前景色到选区，效果如图11-7-3所示，按Ctrl+D快捷键取消选区。

04 设置"图层1"的"填充"为0%，单击"图层"面板下方的"添加图层样式"按钮 ，打开快捷菜单，选择"内发光"命令，设置参数"大小"为128像素，"颜色"为白色，如图11-7-4所示。单击"确定"按钮，

图11-7-3　绘制填充选区　　图11-7-4　设置"内发光"参数

05 执行"内发光"命令后，图像效果如图11-7-5所示。

06 单击"图层"面板下方的"添加图层蒙版"按钮 ，选择"画笔工具" ，设置"画笔"为柔边圆150像素，在图中涂抹部分图像，效果如图11-7-6所示。

图11-7-5　"内发光"效果　　图11-7-6　"画笔"效果

07 新建"图层2"，在图像中绘制椭圆选区，如图11-7-7所示。

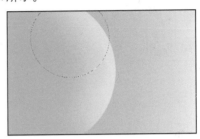

图11-7-7　绘制选区

08 执行"编辑"|"描边"命令，打开"描边"对话框，设置参数"半径"为1像素，"颜色"为白色，单击"确定"按钮，图像效果如图11-7-8所示。

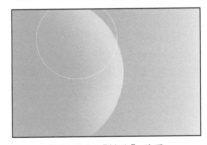

图11-7-8　"描边"效果

09 单击"图层"面板下方的"添加图层蒙版"按钮 ，选择"画笔工具" ，在文件窗口中涂抹图像，图像效果如图11-7-9所示。

10 按Ctrl+J快捷键，复制"图层2"，生成"图层2副本"，按Ctrl+T快捷键，单击右键，打开快捷菜单，选择"水平翻转"命令，调整位置，按Enter键确定，图像效果如图11-7-10所示。

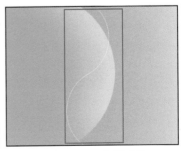

图11-7-9　涂抹效果　　　　图11-7-10　复制图像

11 新建"图层3"，选择"自定形状工具" 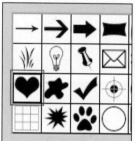，单击属性栏上的"自定形状拾色器"按钮 ·，打开面板，选择"形状"为：红心形卡 ♥，图像效果如图11-7-11所示。

12 单击属性栏上的"填充像素"按钮 □，设置前景色为红色（R：255，G：0，B：0），在窗口中拖移绘制心形画框图形，效果如图11-7-12所示。

图11-7-11 选择形状　　图11-7-12 绘制心形

13 单击"图层"面板下方的"添加图层样式"按钮 fx.，打开快捷菜单，选择"斜面和浮雕"命令，设置"大小"为24像素，"软化"为16像素，如图11-7-13所示。

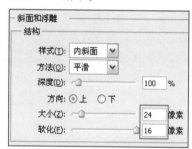

图11-7-13 设置"斜面和浮雕"参数

14 勾选"内发光"复选框，设置"颜色"为红色（R：255，G：123，B：123），"大小"为29像素，图像效果如图11-7-14所示。

15 添加"图层样式"命令后，图像效果如图11-7-15所示。

图11-7-14 "内发光"效果　　图11-7-15 "图层样式"效果

16 新建"图层4"，选择"钢笔工具" ⌀，单击属性栏上的"路径"按钮 ，在窗口中绘制路径，如图11-7-16所示。

17 路径绘制完成后，按Ctrl+Enter快捷键，将路径载

入选区，按Shift+F6快捷键，打开"羽化选区"对话框，设置"羽化半径"参数为5像素，单击"确定"按钮，设置前景色为白色，按Alt+Delete快捷键，填充前景色到选区，按Ctrl+D快捷键取消选区，图像效果如图11-7-17所示。

图11-7-16 绘制路径　　图11-7-17 填充效果

18 设置前景色为粉红色（R：253，G：156，B：180），选择"画笔工具" ，设置"画笔"为柔边圆15像素，"不透明度"为30%，"流量"为30%，在文件窗口中涂抹心形局部边缘，图像效果如图11-7-18所示。

图11-7-18 涂抹效果

19 选择"自定形状工具" ，单击属性栏上的"自定形状拾色器"按钮 ·，打开面板，单击右上侧的"弹出菜单"按钮 ⦿，选择"全部"命令，"确定"按钮，返回"自定形状"面板，选择"形状"为领结 ，图像效果如图11-7-19所示。

图11-7-19 选择形状

20 新建"图层5"，设置前景色为红色（R：254，G：109，B：143），在图中拖动绘制图像，图像效果如图11-7-20所示。

21 单击"图层"面板下方的"添加图层样式"按钮 fx.，打开快捷菜单，选择"投影"命令，打开"投影"，设置"大小"为5像素，"距离"为5

像素，"颜色"为红色（R：254，G：146，B：87），如图11-7-21所示。

图11-7-20 绘制路径

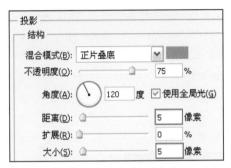

图11-7-21 设置"投影"参数

22 勾选"斜面和浮雕内发光"复选框，设置"深度"为786%，"大小"为3像素，如图11-7-22所示，单击"确定"按钮。

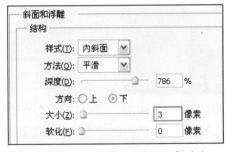

图11-7-22 设置"斜面和浮雕"参数

23 添加"图层样式"命令后，图像效果如图11-7-23所示。

图11-7-23 "图层样式"效果

24 按Ctrl+T快捷键，单击右键，打开快捷菜单，选择"变形"命令，拖动节点，对图像进行变形处

理，如图11-7-24所示，按Enter键确定。

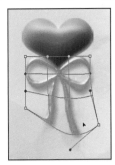

图11-7-24 执行"变形"命令

25 单击"图层"面板下方的"创建新组"按钮 ▢，新建"组1"，按Shift键，单击"图层3"、"图层4"和"图层5"，松开Shift键，拖动选中的三个图层到"组1"中，如图11-7-25所示。

26 拖动"组1"到"图层"面板下方的"创建新图层"按钮 ⧉，复制"组1"，生成"组1副本"，按Ctrl+T快捷键，调整图像大小和位置，按Enter键确定，如图11-7-26所示。

图11-7-25 新建组1　　图11-7-26 复制效果

提示：

可选中"图层5"，执行"变形"命令，调整节点使用图像变形，得到不同效果的蝴蝶节。

27 用相同的方法，复制多个"组1"，分别拖动图像到相应位置，图像效果如图11-7-27所示。

图11-7-27 图像效果

28 执行"文件"｜"新建"命令，打开"新建"对话框，"宽度"为8厘米，"高度"为8厘米，"分辨率"为150像素/英寸，"颜色模式"为RGB颜

色，"背景内容"为白色，单击"确定"按钮。
选择"矩形工具" □，单击属性栏上的"填充
像素"按钮 □，在窗口中绘制黑色矩形，如图
11-7-28所示。

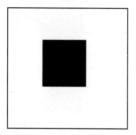

图11-7-28　绘制矩形

29 执行"编辑"|"定义画笔预设"命令，打开对话
框，输入名称为矩形，如图11-7-29所示，单击
"确定"按钮。

图11-7-29　设置"画笔名称"

30 选择"幸福甜蜜写真模板"文件窗口中，选择"画
笔工具" ✔，单击属性栏上的"画笔选取器"按
钮 ▾，打开下拉面板，选择自定义的矩形画笔，设
置"主直径"为10像素，如图11-7-30所示。

31 按F5键，打开"画笔"面板，设置"间距"为348%，
"大小"为10像素，勾选"形状动态"、"散布"和
"颜色动态"复选框，如图11-7-31所示。

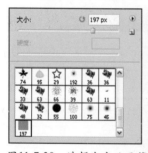 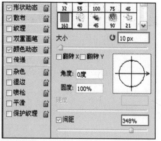

图11-7-30　选择自定义画笔　　图11-7-31　设置"画笔"参数

32 选择"背景"图层，新建"图层6"，在图中拖动
绘制矩形小块，图像效果如图11-7-32所示。

图11-7-32　"画笔"效果

33 选择"背景"图层，按Ctrl+O快捷键，打开素材图
片：花.tif，选择"移动工具" ▸✛，拖动图像到当
前文件窗口中，生成"图层7"。设置"图层混合
模式"为柔光，图像效果如图11-7-33所示。

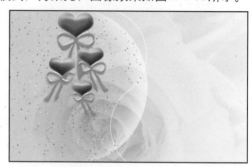

图11-7-33　"柔光"效果

34 选择最上方图层，执行"文件"|"打开"命令，
打开素材图片：人物.tif，如图11-7-34所示。

35 执行"图像"|"调整"|"色相/饱和度"命令，
打开"色相/饱和度"对话框，设置"通道"为黄
色，设置参数为-75、0、19。如图11-7-35所示。

 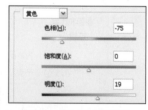

图11-7-34　打开素材　　　图11-7-35　设置参数

36 执行"色相/饱和度"命令后，人物的衣服被替换
成红色，如图11-7-36所示。

图11-7-36　替换效果

37 选择"移动工具" ▸✛，拖动图像到当前文件窗口
中，此时自动生成"图层8"。按Ctrl+T快捷键，调
整图像大小，按Enter键确定，如图11-7-37所示。

38 选择"画笔工具" ，单击属性栏上的"画笔选取器"按钮 ，打开下拉面板，选择"画笔"为喷溅46像素，如图11-7-38所示。

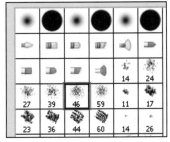

图11-7-37　拖入图片　　　　图11-7-38　选择画笔

39 新建"图层9"，沿人物图像边缘涂抹上色，效果如图11-7-39所示。

图11-7-39　"画笔"效果

40 新建"图层10"，设置前景色为粉红色（R：255，G：206，B：183），在图像中涂抹绘制画笔效果，如图11-7-40所示。

图11-7-40　"画笔"效果

41 选择"横排文字工具" T，设置属性栏上的"字体系列"为华文行楷，"字体大小"为15点，"文本颜色"为白色，在窗口中输入文字"爱的箴言"，如图11-7-41所示，按Ctrl+Enter快捷键确定。

42 单击"图层"面板下方的"添加图层样式"按钮 fx.，打开快捷菜单，选择"外发光"命令，设置参数"大小"为7像素，"颜色"为粉红色（R：255，B：183，G：206），效果如图11-7-42所示，单击"确定"按钮。

图11-7-41　输入文字

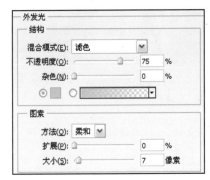

图11-7-42　设置"外发光"参数

43 执行"外发光"命令后，图像效果如图11-7-43所示。

44 设置"字体大小"为7.5点，在图像中输入文字，按Ctrl+Enter快捷键确定，图像效果如图11-7-44所示。

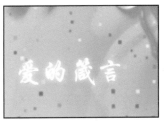　　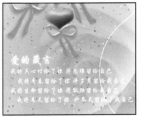

图11-7-43　"外发光"效果　　图11-7-44　文字效果

45 选择"组1"，复制出两个"组1"，并将其拖动到图层最上方。按Ctrl+T快捷键，分别调整位置和大小，按Enter键确定，图像的最终效果如图11-7-45所示。

图11-7-45　最终效果

11.8 实例应用：烂漫童真写真模板

案例分析

　　本实例讲解"烂漫童真写真模板"的制作方法；在制作过程中，主要运用了"画笔工具"、"钢笔工具"和"自由变换"命令等制作主题背景；其次运用"添加矢量蒙版"命令隐藏部分图像，最后用"横排文字工具"添加文字加以修饰。

制作步骤

01　执行"文件"｜"新建"命令，打开"新建"对话框，设置"名称"为"烂漫童真写真模板"，"宽度"为15厘米，"高度"为10厘米，"分辨率"为150像素/英寸，"颜色模式"为RGB颜色，"背景内容"为白色，如图11-8-1所示。单击"确定"按钮。

02　设置前景色为粉红色（R：241，G：183，B：197），按Alt+Delete快捷键，填充前景色，图像效果如图11-8-2所示。

图11-8-1　新建文件

图11-8-2　渐变效果

03　执行"文件"｜"打开"命令，打开素材图片：花.tif，如图11-8-3所示。

图11-8-3　打开素材

04　按Ctrl+U快捷键打开"色相/饱和度"对话框，设置参数为-70、0、0，如图11-8-4所示，单击"确定"按钮。

05　执行"色相/饱和度"命令后，图像效果如图11-8-5所示。

图11-8-4　设置"色相/饱和度"参数

图11-8-5　"色相/饱和度"效果

06　选择"移动工具"，拖动图像到"烂漫童真写真模板"文件窗口中，此时自动生成"图层1"。按Ctrl+T快捷键，调整图像大小，按Enter键确定，设置"不透明度"为50%，效果如图11-8-6所示。

图11-8-6　拖入素材

07　单击"图层"面板下方的"添加图层蒙版"按钮，选择"画笔工具"，设置"画笔"为柔边圆150像素，"不透明度"为80%，"流量"为80%，在文件窗口中涂抹隐藏部分图像，效果如图11-8-7所示。

08　单击"图层"面板下方的"创建新图层"按钮，

生成"图层2"。设置前景色为红色（R：251，G：31，B：112），"画笔"为柔边圆200像素，在图中右下方涂抹图像，设置前景色为白色，在图像右上方涂抹白色的图像效果，如图11-8-8所示。

图11-8-7　隐藏效果　　　　图11-8-8　涂抹效果

09 按Ctrl+O快捷键，打开素材：小女孩-1.tif，选择"移动工具" ，拖动图像到"烂漫童真写真模板"文件窗口中，此时自动生成"图层3"。按Ctrl+T快捷键，调整图像大小和位置，按Enter键确定，图像效果如图11-8-9所示。

图11-8-9　拖入图片

10 单击"图层"面板下方的"添加图层蒙版"按钮 ，选择"画笔工具" ，在文件窗口中涂抹图像，图像效果如图11-8-10所示。

11 执行"文件"|"新建"命令，设置"宽度"为10厘米，"高度"为10厘米，"分辨率"为150像素/英寸，"颜色模式"为RGB颜色，"背景内容"为白色，单击"确定"按钮。选择"自定形状工具" ，选择"形状"为红心形卡 ，单击属性栏上的"填充像素"按钮 ，在窗口中绘制图形。执行"编辑"|"定义画笔预设"命令，输入名称为心形，单击"确定"按钮。选择"烂漫童真写真模板"文件窗口，选择"自定形状工具" ，绘制心形路径，如图11-8-11所示。

图11-8-10　涂抹效果　　　图11-8-11　设置"画笔"参数

12 设置前景色为粉红色（R：249，G：180，B：156），选择"画笔工具" ，单击属性栏上的"画笔选取器"按钮 ，打开下拉面板，选择自定义的心形画笔，设置"主直径"为10像素，"不透明度"为100%，"流量"为100%，选择"钢笔工具" 。在路径上单击右键，选择"描边路径"命令，单击"确认"按钮。取消路径图像效果如图11-8-12所示。

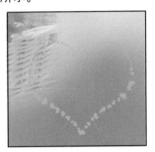

图11-8-12　绘制心形画笔

13 按Ctrl+J快捷键，复制"图层4"，按Ctrl+T快捷键，按住Shift+Alt快捷键，等比例缩放图像大小，按Enter键确定，如图11-8-13所示。

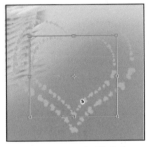

图11-8-13　复制效果

14 按住Ctrl键，单击"图层4副本"的图层缩览图，载入选区，设置前景色为白色，按Alt+Delete快捷键，填充前景色到选区，按Ctrl+D快捷键取消选区，将制作的心形边框进行旋转和调整位置，图像效果如图11-8-14所示。

15 新建"图层5"，选择"画笔工具" ，设置"画笔"为柔边圆50像素，"不透明度"为30%，"流量"为30%，在文件窗口中涂抹两个心形画笔之间的空隙图像，制作发光效果，图像效果如图11-8-15所示。

图11-8-14　填充效果　　　图11-8-15　"画笔"效果

16 单击"图层"面板右下方的"创建新组"按钮 □，新建"组1"，按 Shift 键，单击"图层4"、"图层4副本"和"图层5"，松开 Shift 键，拖动选中的三个图层到"组1"中，如图11-8-16所示。

17 拖动"组1"到"图层"面板下方的"创建新图层"按钮 ⬜，复制"组1"，生成"组1副本"，按Ctrl+T快捷键，调整图像大小和位置，按Enter键确定。图像效果如图11-8-17所示。

图11-8-16　新建组1　　　图11-8-17　复制效果

18 打开素材图片：小女孩-2.tif，拖动图像到"烂漫童真写真模板"文件窗口中，此时自动生成"图层6"。拖动"图层6"到"组1"下方，按Ctrl+T快捷键，调整图像大小，按Enter键确定，图像效果如图11-8-18所示。

19 单击"图层"面板下方的"添加图层蒙版"按钮 ⬜，选择"画笔工具" ✎，设置"画笔"为柔边圆100像素，在文件窗口中涂抹隐藏图像边缘，图像效果如图11-8-19所示。

图11-8-18　拖入素材　　　图11-8-19　隐藏效果

20 打开素材图片：小女孩-3.tif，拖动图像到"烂漫童真写真模板"文件窗口中，此时自动生成"图层7"。按Ctrl+T快捷键，调整图像大小，按Enter键确定，图像效果如图11-8-20所示。

21 单击"图层"面板下方的"添加图层蒙版"按钮 ⬜，选择"画笔工具" ✎，在文件窗口中涂抹隐藏图像边缘，图像效果如图11-8-21所示。

图11-8-20　拖入素材　　　图11-8-21　隐藏效果

22 新建"图层8"，选择"钢笔工具" ✎，单击属性栏上的"路径"按钮 ▨，在窗口中绘制路径并转换为选区，如图11-8-22所示。

图11-8-22　绘制路径

23 设置前景色为粉红色（R：245，G：169，B：126），按Alt+Delete快捷键填充前景色到选区，设置"不透明度"为50%，按Ctrl+D快捷键取消选区，图像效果如图11-8-23所示。

24 按Ctrl+J快捷键，多次复制"图层8"，选择"移动工具" ▶✛，分别拖动图像到上一层图像的下方，效果如图11-8-24所示。

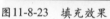

图11-8-23　填充效果　　　图11-8-24　复制效果

25 拖动"组1"到"图层"面板下方的"创建新图层"按钮 ⬜，复制"组1"，生成"组1副本2"，按Ctrl+T快捷键，调整图像大小和位置，按Enter键确定，如图11-8-25所示。

26 选择"组1副本2"中的"图层5"，选择"画笔工具" ✎，设置前景色为粉红色（R：248，G：163，B：147），在图中涂抹绘制图像，图像效果如图11-8-26所示。

图11-8-25　复制效果　　　　图11-8-26　涂抹效果

27 复制多个"组1"，分别拖动图像到相应位置，使用相同的方法，用"画笔工具"可以绘制出不同颜色的心形效果，图像效果如图11-8-27所示。

图11-8-27　复制图像

28 新建"图层9"，选择"画笔工具"，单击属性栏上的"画笔选取器"按钮，打开下拉面板，选择各种形状的画笔，设置不同颜色，在图中绘制图像，效果如图11-7-28所示。

29 打开素材图片：文字.tif，选择"移动工具"，

拖动图像到"烂漫童真写真模板"文件窗口中，此时自动生成"图层10"。按Ctrl+T快捷键，调整图像大小，按Enter键确定，如图11-8-29所示。

图11-8-28　"画笔"效果　　　图11-8-29　拖入素材

30 选择"横排文字工具"，设置属性栏上的"字体系列"为华文行楷，"字体大小"为10点，"文本颜色"为白色，在窗口中输入文字并按Ctrl+Enter快捷键确定，图像最终效果如图11-8-30所示。

图11-8-30　最终效果

11.9　实例应用：可爱动物写真模板

案例分析

本实例讲解"可爱动物写真模板"的制作方法；在制作过程中，主要运用了"画笔工具"、"直线工具"、"椭圆选框工具"和"钢笔工具"等制作主题背景；再添加"投影"、"内发光"等效果。最后用"横排文字工具"为图像添加文字加以修饰。

制作步骤

01 执行"文件"｜"新建"命令，打开"新建"对话框，设置"名称"为"可爱动物写真模板"，"宽度"为15厘米，"高度"为10.5厘米，"分辨率"为200像素/英寸，"颜色模式"为RGB颜色，"背景内容"为白色，如图11-9-1所示。单击"确定"按钮。

02 设置前景色为浅绿色（R：201，G：220，B：43），选择"渐变工具" ，单击属性栏上的"菱形渐变"按钮 ，在图中拖动绘制渐变效果，如图11-9-2所示。

图11-9-1 新建文件　　图11-9-2 涂抹效果

03 执行"文件"｜"打开"命令，打开素材图片：背景.tif，拖动图像到"可爱动物写真模板中"文件窗口中，生成"图层1"，按Ctrl+T快捷键调整图像大小，按Enter键确定，如图11-9-3所示。

图11-9-3 拖入素材

04 单击"图层"面板下方的"创建新的填充或调整图层"按钮 ，选择"曲线"命令，打开"曲线"对话框，设置参数为210、113，图像效果如图11-9-4所示。

图11-9-4 "曲线"效果

05 单击"图层"面板下方的"创建新图层"按钮 ，生成"图层2"。设置前景色为白色，选择"渐变工具" ，单击属性栏上的"编辑渐变"按钮 ，打开对话框，选择"前景色到透明渐变"，在图像中从左到右拖动绘制渐变图像，效果如图11-9-5所示。

06 新建"图层3"，设置前景色为黄色（R：255，G：241，B：3），选择"直线工具" ，单击属性栏上的"填充像素"按钮 ，在窗口中绘制直线，效果如图11-9-6所示。

图11-9-5 填充渐变　　图11-9-6 绘制直线

07 新建"图层4"，选择"自定形状工具" ，单击属性栏上的"自定形状拾色器"按钮 ，打开面板，单击右上侧的"弹出菜单"按钮 ，选择"形状"命令，单击"确定"按钮，选择"形状"为五角星 ，如图11-9-7所示。

图11-9-7 选择形状

08 单击属性栏上的"填充像素"按钮 ，设置不同前景色，在窗口中拖移绘制五角星形，效果如图11-9-8所示。

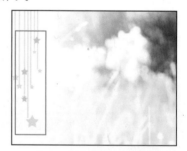

图11-9-8 绘制五角星形

09 新建"图层5"，选择"钢笔工具" ，单击属性栏上的"路径"按钮 ，在窗口中绘制路径，如图11-9-9所示。

图11-9-9 绘制路径

10 路径绘制完成后，按Ctrl+Enter快捷键载入选区，设置前景色为红色（R：239，G：183，B：130），按Alt+Delete快捷键，填充前景色到选区，设置"图层5"的"不透明度"为：50%，按Ctrl+D快捷键取消选区，效果如图11-9-10所示。

11 按Ctrl+J快捷键复制"图层5"，生成"图层5副本"。选择"移动工具" ▶⁺，向下移动图像，按住Ctrl键，单击"图层5副本"的"图层缩览图"载入选区，设置前景色为黄色（R：251，G：21，B：240），按Alt+Delete快捷键，按Ctrl+D快捷键填充前景色效果如图11-9-11所示。

图11-9-10 填充前景色　　　图11-9-11 复制效果

12 复制"图层5"，生成"图层5副本2"，载入选区，填充前景色为绿色（R：57，G：23，B：202），图像效果如图11-9-12所示。

图11-9-12 填充颜色

13 新建"图层6"，设置前景色为：浅黄色（R：233，G：169，B：241），选择"渐变工具" ▦，在图像中从左到右拖动绘制渐变图像，效果如图11-9-13所示。

14 新建"图层7"，选择工具箱中的"椭圆选框工具" ○，按住Shift键不放，在图像中向外拖移绘制正圆选区，效果如图11-9-14所示。

图11-9-13 渐变效果　　　图11-9-14 绘制选区

15 绘制完成后，设置前景色为白色，按Alt+Delete快捷键，填充前景色到选区，按Ctrl+D快捷键取消选区，效果如图11-9-15所示。

16 设置"图层7"的"填充"为0%，单击"图层"面

板下方的"添加图层样式"按钮 fx，打开快捷菜单，选择"内发光"命令，设置"颜色"为浅黄色（R：254，G：199，B：254），"大小"为65像素，如图11-9-16所示，单击"确定"按钮。

图11-9-15 填充效果　　图11-9-16 设置"内发光"参数

17 执行"内发光"命令后，图像效果如图11-9-17所示。

18 按Ctrl+J快捷键复制"图层7"，生成"图层7副本"。按Ctrl+T快捷键，调整图像大小和位置，按Enter键确定。单击"图层"面板下方的"添加图层蒙版"按钮 ▢，选择"画笔工具" ✎，设置"画笔"为柔边圆100像素，在文件窗口中涂抹隐藏部分图像，效果如图11-9-18所示。

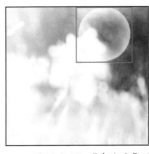 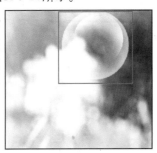

图11-9-17 "内发光"效果　　图11-9-18 复制效果

19 新建"图层8"，设置"画笔"为硬边圆10像素，"颜色"为白色，在图像中涂抹绘制高光区域，这样就可以制作出泡泡效果，如图11-9-19所示。

20 选中"图层7"、"图层7副本"和"图层8"，按Ctrl+E快捷键向下合并图层，设置名称为图层7，按Ctrl+J快捷键复制两次"图层7"，生成"图层7"的副本，按Ctrl+T快捷键，调整图像大小和位置，按Enter键确定，图像效果如图11-9-20所示。

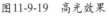 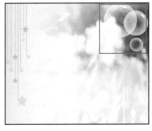

图11-9-19 高光效果　　　图11-9-20 复制效果

21 打开素材图片：花纹.tif，选择"移动工具" ▶＋，拖动到操作文件窗口中，此时自动生成"图层8"。按Ctrl+T快捷键，按住Shift键，等比例缩放，调整图像大小和位置，按Enter键确定。效果如图11-9-21所示。

图11-9-21　拖入素材

22 设置"图层8"的"图层混合模式"为划分，图像效果如图11-9-22所示。

23 分别打开素材图片：小狗-1.tif、小狗-2.tif、小狗-3.tif、小狗-4.tif，选择"移动工具" ▶＋，分别拖动素材图像到操作操作文件窗口中，按Ctrl+T快捷键，调整图像大小和位置，按Enter键确定，效果如图11-9-23所示。

图11-9-22　"划分"效果　　　图11-9-23　拖入素材

24 选择"图层10"，单击"图层"面板下方的"添加图层样式"按钮 fx，打开快捷菜单，选择"投影"命令，打开"图层样式"对话框，设置"角度"为174度，"距离"为10像素，"大小"为9像素，颜色为绿色（R：141，G：0，B：157），如图11-9-24所示，单击"确定"按钮。

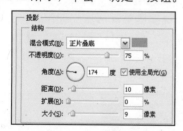

图11-9-24　设置"投影"参数

25 在"图层10"面板上，单击右键，打开快捷菜单，选择"拷贝图层样式"命令，再分别选择"图层11"和"图层12"，单击右键，打开快捷菜单，选择"粘贴图层样式"命令，图像效果如图11-9-25所示。

26 新建"图层13"，选择"自定形状工具" ✍，单击属性栏上的"自定形状拾色器"按钮 ·，打开面板，选择"形状"为：红心形卡 ♥，图像效果如图11-9-26所示。

 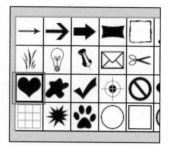

图11-9-25　投影效果　　　图11-9-26　选择形状

27 单击属性栏上的"填充像素"按钮 □，设置前景色为：浅蓝色（R：235，G：255，B：247），在窗口中拖移绘制心形画框图形，效果如图11-9-27所示。

图11-9-27　绘制心形

28 用上述制作泡泡的方法，可制作出透明的心形，图像效果如图11-9-28所示。

29 新建"图层14"，选择"画笔工具" ✍，设置"画笔笔触"为柔边圆，在文件窗口中绘制不同大小、颜色、透明度的星点效果，图像效果如图11-9-29所示。

图11-9-28　"内发光"效果　　　图11-9-29　画笔效果

30 选中"图层13"和"图层14"，按Ctrl+E快捷键合并图层，设置名称为图层13，按Ctrl+J快捷键复制图层，生成"图层13副本"，按Ctrl+T快捷键，调整图像大小和位置，按Enter键确定，图像效果如图11-9-30所示。

31 新建"图层14"，设置前景色为：白色，设置"画笔笔触"为交叉排线1 ✗，在图像中绘制不同大小的交叉排线图像，效果如图11-9-31所示。

图11-9-30 复制效果 　　　图11-9-31 "画笔"效果

图11-9-34 拖入素材

③② 选择"横排文字工具" **T.**，设置属性栏上的"字体系列"为方正少儿简体，"字体大小"为20点，"文本颜色"为粉红色，在窗口中输入文字"可爱的宝贝"，按Ctrl+Enter快捷键确定并添加投影效果。如图11-9-32所示。

③⑤ 复制"图层15"，按Ctrl+T快捷键，单击右键，打开快捷菜单，选择"垂直翻转"命令，调整图像大小和位置，按Enter键确定，如图11-9-35所示。

图11-9-32 输入文字

图11-9-35 复制图像

③③ 选择"横排文字工具" **T.**，在属性上设置颜色、字体和大小，在窗口中输入文字，按Ctrl+Enter快捷键确定并添加投影效果，效果如图11-9-33所示。

③⑥ 新建"图层16"，选择"直线工具" **/**，单击属性栏上的"填充像素"按钮 **□**，设置前景色为绿色（R：187，G：64，B：202），在窗口中绘制直线，图像最终效果如图11-9-36所示。

图11-9-33 文字效果

③④ 打开素材图片：花边.tif，选择"移动工具" **▶+**，拖动素材图像到操作文件窗口中，生成"图层15"，调整图像大小和位置，效果如图11-9-34所示。

图11-9-36 最终效果

本章小结

　　本章内容对Photoshop软件的绘图工具进行简单的介绍，相信读者都可以对绘图工具的使用有了更深的了解和掌握。希望读者能够熟悉Photoshop的工作界面，并掌握各个工具的使用方法和知识概念，多加练习，便能熟知方法和技巧，为之后学习更深层次的知识打下坚实的基础。

第12章

数码照片趣味合成处理：通道的高级运用

　　本章主要介绍"通道"的基本操作和高级运用，重点分析利用"通道"抠取复杂的图像和制作合成图像。运用"通道"搭配其他功能使用，能创造出不同艺术效果的图像，如制作趣味广告、时尚插画、金属浮雕、想象中的汽车鞋、奇幻悬浮岛、花瓣精灵等一系列的合成图像效果。这些图像能充分体现如今的时尚风格，有一定的想象空间，能够吸引观众的眼球。

12.1 插画中的趣味合成

　　插画被人们俗称为插图，插画多用于出版物插图、卡通吉祥物、影视与游戏美术设计和广告插画4种形式。现在，插画已经遍布于平面和电子媒体、商业场馆、公众机构、商品包装、影视演艺海报、企业广告甚至T恤、日记本、贺年片之中。

　　在平面设计领域，我们接触最多的是文学插图与商业插画。

　　文学插图：再现文章情节、体现文学精神的可视艺术形式。

　　商业插画：为企业或产品传递商品信息，集艺术与商业的一种图像表现形式。

　　现如今，插画设计作品又形成另一种独具特色的风格，就是插画中的趣味合成，深受时尚界的青睐，趣味插画又别有一番风味，如图12-1-1所示。

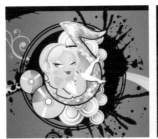

图12-1-1 趣味插画

12.2 广告中的趣味合成

　　插画广告具有自由表现的个性，无论是幻想的、夸张的、幽默的、情绪化的还是象征化的情绪，都能自由表现处理，趣味插画广告必须完成笑话广告创意的主题，对事物有较深刻的理解才能创作出优秀的插画作品。

　　现代插画的含义已从过去狭义的概念(只限于画和图)变为广义的概念，"插画"就是平常所看的报纸、杂志、各种刊物或儿童图画书里，在文字间所加插的图画，统统称为"插画"。插画，在拉丁文的字义里，原是"照亮"的意思。望文思义，它原来是用以增加刊物中文字所给予的趣味性，使文字部分能更生动、更形象地活跃在读者心中。而在现今各种出版品中，插画的重要性，早已远远地超过这个"照亮文字"的陪衬地位。它不但能突出主题的思想，而且还会增强艺术的感染力。趣味插画广告如图12-1-2所示。

图12-1-2 趣味插画广告

12.3 通道的基本操作

打开一幅图片，"通道"面板中可看到通道由各种颜色通道组成，并且通道的数量取决于图像的模式，与图层的多少无关。

在RGB图像模式下，"通道"面板包含了"红"、"绿"、"蓝"3种颜色通道，并保存了红色、绿色、蓝色的颜色信息，如图12-3-1所示。在CMYK模式下的图像通道中则是由"青色"、"洋红"、"黄色"、"黑色"4个通道组成的，如图12-3-2所示。

图12-3-1　RGB模式下的通道面板

图12-3-2　CMYK模式下的通道面板

12.3.1 通道面板

在"通道"面板中，包含了图像中的所有颜色通道，各颜色通道可以进行复制、删除、新建、分离、合并等操作。"通道"面板如图12-3-3所示。

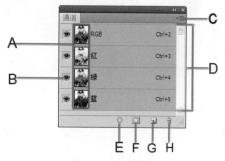

图12-3-3　通道面板

A→通道缩览图：用于显示通道中的图像内容，可以清楚的辨别每一个颜色"通道"。对"通道"进行编辑修改时，缩览图中的图像内容也会随之变化。

B→眼睛图标：单击该图标可以显示或隐藏当前"通道"。

C→"面板控制菜单按钮"：单击该按钮可以打开面板菜单。

D→"作用通道"：单击通道后面的空白处，此通道则可作为作用通道。

E→"将通道作为选区载入"：单击该按钮 ，可以将当前"通道"中的内容转换为选区，将通道拖动到该按钮上也可以载入该通道的选区。

"将通道作为选区载入"按钮的功能和执行"选择"|"载入选区"命令相同。

F→"将选区存储为通道" ：当图像中存在选区时，此按钮才能被激活。单击此按钮可将选区作为蒙版保存到新增的Alpha通道中。

"将选区存储为通道"按钮的功能和执行"选择"|"存储选区"命令相同。

G→"创建新通道" ：单击该按钮可以新建一个Alpha通道。

H→"删除当前通道" ：将通道拖动到该按钮上，可以将通道删除，但不能删除主通道。

操作演示：显示和隐藏通道效果

01 执行"文件"|"打开"命令，打开素材图片：背影.tif，隐藏"蓝"通道后，图像效果如图12-3-4所示。

图12-3-4　图像效果

02 此时"通道"面板如图12-3-5所示。

图12-3-5 通道面板

03 隐藏"红"通道后，图像效果如图12-3-6所示。

图12-3-6 图像效果

04 "通道"面板如图12-3-7所示。

图12-3-7 通道面板

05 隐藏"绿"通道后，图像效果如图12-3-8所示。

图12-3-8 图像效果

06 "通道"面板如图12-3-9所示。

图12-3-9 通道面板

操作提示：

当隐藏其中任意一个通道时，RGB主通道也会随之隐藏。如果只显示其中一个颜色通道，图像将呈灰色图像，效果如图12-3-10~图12-3-12所示。

图12-3-10 图像效果　　　图12-3-11 图像效果

图12-3-12 图像效果

12.3.2 通道的类型

通道包括："复合通道"、"颜色通道"、"Alpha通道"、"专色通道"和"单色通道"5种类型。通道面板如图12-3-13所示。

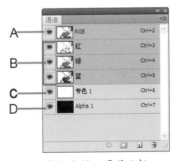

图12-3-13 通道面板

A→"复合通道"：实际上它只是同时预览并编辑所有颜色通道的一个快捷方式。它通常被用来在单独编辑完一个或多个颜色通道后使"通道"面板返回到默认状态。

B→"颜色通道"：是图像本身创建的颜色通道，图像的模式不同，颜色通道的数量不同。

C→"专色通道"：是指一种特殊的颜色通道，定用于专色的油墨印刷的专业印版。

D→"Alpha通道"：是新建的通道，可将选区存储为灰度图像。

提示：

关于"单色通道"产生比较特别，也可以说是非正常的。试一下，如果在"通道"面板中随便删除其中一个通道，就会发现所有的通道都变成黑白的，原有的彩色通道即使不删除也变成灰度的了。

12.3.3 通道的创建、复制及删除

"通道"面板中，可对通道进行创建、复制、删除等操作，创建新通道可使不破坏原有图像颜色的情况下进行编辑。不需要的通道可以删除。

1. Alpha通道

创建"Alpha"通道，单击"创建新通道"按钮 ，或是单击"通道"面板中的"面板菜单按钮"打开菜单，选择"新建菜单"选项，打开"新建通道"对话框，如图12-3-14所示。单击"确定"按钮，"通道"面板如图12-3-15所示。

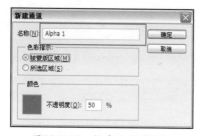

图12-3-14　新建通道对话框

图12-3-15　通道面板

"新建通道"对话框中各选项的功能如下：

"名称"：在文本框中为新建通道命名。

"被蒙版区域"：选中该单选按钮，新建的通道缩览图中有颜色的区域代表被遮盖的范围，无颜色的区域为选取范围。

"所选区域"：选中该单选按钮，新建的通道中无颜色的区域代表被遮盖的范围，而有颜色的区域为选取范围。

"颜色"：单击颜色块，打开"拾色器"对话框设置用于蒙版的颜色，在"不透明度"文本框中设置颜色的不透明度。

复制Alpha通道，把Alpha 1通道拖动到"通道"面板下方的"创建新通道"按钮上 ，便可复制出"Alpha 1副本"通道，如图12-3-16所示。或者单击"通道"面板中的"控制菜单"按钮 ，打开快捷菜单，执行"复制通道"命令，打开"复制通道"对话框，单击"确定"按钮，如图12-3-17所示。

图12-3-16　复制通道

图12-3-17　复制通道

删除Alpha通道，单击"通道"面板中的"控制菜单"按钮 ，打开快捷菜单，执行"删除通道"命令，如图12-3-18所示。或者拖动通道到"通道"面板下方的"删除通道"按钮上 ，便可删除通道，选择Alpha 1通道，单击右键，执行"删除通道"命令，如图12-3-19所示。

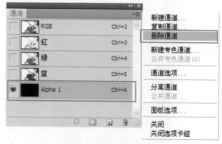

图12-3-18　删除通道

图12-3-19　删除通道

2.专色通道

创建"专色通道"，选择"通道"面板中的控制菜单下的"新建专色通道"命令，或按住Ctrl键不放单击"通道"面板下方的"创建新通道"按钮 ，打开"新建专色通道"对话框，如图12-3-20所示。单击"确定"按钮。"通道"面板如图12-3-21所示。

图12-3-20　新建专色通道

图12-3-21　通道面板

"新建专色通道"对话框中的各项功能如下：

"名称"：在文本框中输入新建的专色通道名称。

"颜色"：单击颜色块，打开"拾色器"对话框，设置专色通道的颜色。

"密度"：该选项用于设置专色通道的密度。

"专色通道"的删除和复制方法同"Alpha通道"的方法一致，这里不再介绍。

3.颜色通道

"颜色通道"是指打开一幅图片，"通道"面板本身的"红"、"绿"、"蓝"通道，或者是"青色"、"洋红"、"黄色"、"黑色"通道。由于"颜色通道"是本身图像就拥有的通道，所以不能创建。"颜色通道"的删除和复制也和"Alpha通道"、"专色通道"一致，但图像颜色会发生变化，"通道"面板中的"通道缩览图"和通道名称也发生相应的变化，删除其中一项"颜色通道"时，"复合通道"也随之消失，"颜色通道缩览图"变成灰度图像，如图12-3-22～图12-3-24所示。当复制其中一项"颜色通道"时，"复合通道"不消失，且"颜色通道缩览图"变成灰度图像，如图12-3-25～图12-3-27所示。

图12-3-22　删除"绿"通道　　图12-3-23　删除"蓝"通道

图12-3-24　删除"红"通道

图12-3-25　复制成"红 副本"通道

图12-3-26　复制成"蓝 副本"通道

图12-3-27　复制成"绿 副本"通道

操作演示："颜色通道"的复制与删除图像效果

01 按"Ctrl+O"快捷键，打开素材图片：气质女人.tif，选择"通道"面板，删除"绿"通道，图像效果如图12-3-28所示。

图12-3-28　删除"绿"通道图像效果

02 按Ctrl+Alt+Z快捷键返回上一步操作，再选择"通道"
面板，删除"蓝"通道，图像效果如图12-3-29所示。

图12-3-29　删除"蓝"通道图像效果

03 按Ctrl+Alt+Z快捷键返回上一步操作，再选择"通道"
面板，删除"红"通道，图像效果如图12-3-30所示。

图12-3-30　删除"红"通道图像效果

04 按Ctrl+Alt+Z快捷键返回上一步操作，再选择

"通道"面板，复制"红"通道，图像效果如图
12-3-31所示。

图12-3-31　复制"红"通道图像效果

05 按Ctrl+Alt+Z快捷键返回上一步操作，再选择"通道"
面板，复制"绿"通道，图像效果如图12-3-32所示。

图12-3-32　复制"绿"通道图像效果

06 按Ctrl+Alt+Z快捷键返回上一步操作，再选择"通道"
面板，复制"蓝"通道，图像效果如图12-3-33所示。

图12-3-33　复制"蓝"通道图像效果

12.4　分离和合并通道

　　选择"通道"面板，单击"控制菜单"按钮 ▾≡，打开快捷菜单，执行"分离通道"命令，如图12-4-1所
示。可对只有背景层的图像进行通道分离成单独的文件，如要对分层图编辑时要先合并才可进行操作。
　　执行"分离通道"命令后，会有3个灰度图被分离出来，接着在其中一个图中选择"通道"面板，单击"控
制菜单"按钮 ▾≡，打开快捷菜单，执行"合并通道"命令，如图12-4-2所示。打开"合并通道"对话框，设置
"模式"为RGB颜色，如图12-4-3所示。再打开"合并RGB通道"对话框，设置"指定通道"中的任何通道合

并其他颜色的通道，如果不选则不能进行合并，如图12-4-4所示。

图12-4-1 分离通道

图12-4-2 合并通道

图12-4-3 合并通道对话框

图12-4-4 合并RGB通道对话框

提示：

在执行"分离通道"命令时，"通道"面板中，如包含"Alpha"通道和"专色通道"时，它们也将被分离出来。

操作演示：通道的分离与合并

01 按Ctrl+O快捷键，打开素材图片：个性女人.tif，选

择"通道"面板，单击"控制菜单"按钮 ，打开快捷菜单，执行"分离通道"命令，分离出3个灰度图像如图12-4-5所示。

图12-4-5 分离图像效果

02 选择一幅灰度图像，执行"合并通道"命令，打开"合并通道"对话框，设置"模式"为RGB颜色，单击"确定"按钮。打开"合并RGB通道"对话框，单击"确定"按钮，如图12-4-6所示。

图12-4-6 执行"合并通道"命令

03 执行"合并通道"命令后，图像转换为源图像，如图12-4-7所示。

图12-4-7 源图像效果

12.5 通道与应用图像

执行"应用图像"命令可以将一个图像的图层和通道（源）与当前图像（目标）的图层和通道混合。该命令与混合模式的关系密切。可用来创建特殊的图像合成效果，或者制作选区，常用于两个具有相同尺寸的图像

图层和通道进行混合。

执行"图像"|"应用图像"命令，打开"应用图像"对话框，如图12-5-1所示。

图12-5-1 "应用图像"对话框

"应用图像"对话框中的各项功能如下：

"源"：此项默认为当前图像，在下拉列表中选择一幅图像与当前图像混合。只有与当前图像相同尺寸的图像名称才会出现在该下拉列表中。

"图层"：设置源图像中的哪一层来进行混合运算。如果不是分层图，则只能选择"背景"选项，如果是分层图，在"图层"下拉列表中会列出所有的图层，并且还有一个"合并"选项，选择该项即选中了原图像中的所有层。

"通道"：该选项用于设置原图像中的哪一个通道来进行运算。选中后面的"反相"复选框，会将原图像中的通道进行反相，然后再混合。

"混合"：在该下拉列表框中选择图像的混合模式。

"不透明度"：该选项设置混合后的图像对原图像的影响程度。

"保留透明区域"：勾选该复选框后，会在混合过程中保留透明区域，如果在当前图像中选择了背景层，则该选项不可用。

"蒙版"：勾选该复选框后，可以在增加的列表中继续选择图层或通道以蒙版的形式进行混合，从而得到不同的运算效果。

操作演示：利用"应用图像"命令制作合成图像

01 按Ctrl+O快捷键，打开素材图片：性感女人.tif，再执行"文件"|"打开"命令，打开素材图片：背景.tif，如图12-5-2所示。

图12-5-2 打开素材

02 执行"图像"|"应用图像"命令，打开"应用图像"对话框，设置参数如图12-5-3所示。单击"确定"按钮。

图12-5-3 设置参数

03 执行"应用图像"命令后，最终效果如图12-5-4所示。

图12-5-4 最终效果

12.6 通道的计算

执行"计算"命令可对图像通道进行混合运算处理，"计算"命令只能对图像单个通道进行混合编辑。与"应用图像"命令的区别在于"应用图像"命令可以对综合通道进行混合并可直接编辑。而"计算"命令则不能。

操作演示：利用"计算"命令制作合成图像

01 按Ctrl+O快捷键，打开素材图片：骑马的少女.tif，如图12-6-1所示。

图12-6-1 打开素材

02 执行"图像"|"计算"命令，打开"计算"对话框，设置参数如图12-6-2所示。

图12-6-2 设置参数

03 执行"计算"命令后，"通道"面板新建Alpha 1通道，如图12-6-3所示。

图12-6-3 通道面板

04 按住Ctrl键不放，单击Alpha 1通道缩览图，载入选区，再按Ctrl+Shift+I快捷键反向选区，如图12-6-4所示。

图12-6-4 载入选区

05 返回"图层"面板，按Ctrl+J快捷键，复制选区，生成"图层1"设置"混合模式"为明度，效果如图12-6-5所示。

图12-6-5 复制选区

06 选择"背景"图层，打开素材图片：美丽风景.tif，将选取的图像移入"美丽风景"文件中，最终效果如图12-6-6所示。

图12-6-6 最终效果

12.7 实例应用：飘飞的花瓣精灵

案例分析

本实例讲解"飘飞的花瓣精灵"制作过程。通过本例的学习，可把普通的人物图像制作成不食人间烟火的花间精灵。提高了整个图像的艺术性、创造性，值得学习和思考。

制作步骤

01 执行"文件"|"打开"命令，打开素材图片：美女.tif。如图12-7-1所示。

02 打开"通道"面板，拖动"蓝"通道到"创建新通道"按钮 ，生成"蓝 副本"通道，图像效果如图12-7-2所示。

图12-7-1　打开素材　　　图12-7-2　复制通道

03 按Ctrl+L快捷键，打开"色阶"对话框。设置参数为0、0.59、38，如图12-7-3所示。

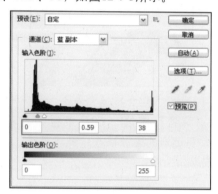

图12-7-3　设置参数

04 执行"色阶"命令后，图像效果如图12-7-4所示。

05 按住Ctrl键不放，单击"蓝 副本"通道载入选区，如图12-7-5所示。

图12-7-4　图像效果　　　图12-7-5　载入选区

06 回到"图层"面板，按Ctrl+J快捷键，自动生成"图层1"图层，隐藏"背景"图层，图像效果如图12-7-6所示。

07 单击"图层"面板下方的"添加图层蒙版"按钮 ，为"图层1"添加蒙版，选择"画笔工具" ，设置属性栏上的"画笔"为柔边圆100像素，"不透明度"为60%，"流量"为75%，在文件窗口中涂抹除个物头发的部分，涂抹效果如图12-7-7所示。

图12-7-6　选区图像　　　图12-7-7　涂抹效果

08 拖动"背景"图层到"图层"面板下方的"创建新图层"按钮 上，复制出"背景 副本"图层。选择"魔棒工具" ，单击属性栏上的"添加到选区"按钮 ，设置"容差"为10，单击图像中的红色像素部分，再按Ctrl+Shift+I快捷键进行反向选区，如图12-7-8所示。

09 单击"图层"面板下方的"添加图层蒙版"按钮 ，为"背景 副本"图层添加蒙版，选择"画笔工具" ，设置属性栏上的"画笔"为柔边圆50像素，"不透明度"为60%，"流量"为75%，隐藏"图层1"和"背景"图层，在文件窗口中涂抹人物边缘，隐藏部分图像，如图12-7-9所示。

图12-7-8　反向选区　　　图12-7-9　涂抹效果

10 此时的"通道"面板，如图12-7-10所示。

11 执行"文件"|"新建"命令，打开"新建"对话框，设置"名称"为"飘飞的花瓣精灵"，"宽度"为15厘米，"高度"为14厘米，"分辨率"为200像素/英寸，"颜色模式"为RGB颜色，"背景内容"为白色，如图12-7-11所示。单击"确定"按钮。

图12-7-10　通道面板　　　图12-7-11　新建文件

12 按Ctrl+O快捷键，打开素材图片：背景.tif。选择"移动工具" ，拖动"背景"文件窗口中的图像到操作文件窗口中，此时自动生成"图层1"。按Ctrl+T快捷键，打开"自由变换"对话框，按住Shift键不放，调整图像的大小和位置，按Enter键确定，如图12-7-12所示。

13 单击"图层"面板下方的"创建新的填充或调整图层"按钮 ◎.，打开快捷菜单，选择"曝光度"命令，打开"曝光度"对话框，设置参数为-1.08、-0.0078、1.00，其他参数保持默认值，如图12-7-13所示。

图12-7-12　调整图　　　图12-7-13　设置
像大小和位置　　　　"曝光度"参数

14 执行"曝光度"命令后，图像效果如图12-7-14所示。

15 单击"图层"面板下方的"创建新的填充或调整图层"按钮 ◎.，打开快捷菜单，选择"色阶"命令，打开"色阶"对话框，设置参数为74、1.00、255，其他参数保持默认值，如图12-7-15所示。

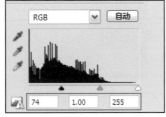

图12-7-14　图像效果　　　图12-7-15　设置参数

16 执行"色阶"命令后，图像效果如图12-7-16所示。

17 选择"移动工具" ▶+，拖动"美女"文件窗口中的人物图像到操作文件窗口中，此时自动生成"图层2"。再拖动"美女"文件窗口中的人物头发到操作文件窗口中。自动生成"图层3"，如图12-7-17所示。

图12-7-16　图像效果　　　图12-7-17　移动人物图像

18 回到"图层"面板选择"图层3"，单击右键，在打开的快捷菜单中执行"向下合并"命令，合并为"图层2"。按Ctrl+T快捷键，打开"自由变换"对话框，按住Shift键不放，调整图像的大小和位置，按Enter键确定，如图12-7-18所示。

19 单击"图层"面板下方的"添加图层蒙版"按钮 ▣，为图层添加蒙版，选择"画笔工具" ✎.，设置属性

栏上的"画笔"为柔边圆100像素，"不透明度"为80%，"流量"为75%，在文件窗口中涂抹人物边缘，隐藏部分图像，效果如图12-7-19所示。

图12-7-18　合并图层　　　图12-7-19　涂抹效果

20 按Ctrl+O快捷键，打开素材图片：蝴蝶翅膀.tif。选择"移动工具" ▶+，拖动"蝴蝶翅膀"文件窗口中的翅膀到操作文件窗口中，此时自动生成"图层3"。按Ctrl+T快捷键，打开"自由变换"对话框，调整翅膀的大小和位置并调整图层顺序，如图12-7-20所示。

21 按Ctrl+O快捷键，打开素材图片：花朵.tif。选择"移动工具" ▶+，拖动"花朵"文件窗口中的花朵到操作文件窗口中，此时自动生成"图层4"。按Ctrl+T快捷键，打开"自由变换"对话框，按住Shift键不放，调整花朵的大小和位置，如图12-7-21所示。按Enter键确定。

图12-7-20　调整图像大小和位置　图12-7-21　移动花朵图像

22 按住Alt键不放，拖动文件窗口中的花朵图像，生成"图层4副本"，移动图层到"图层"面板最上方，按Ctrl+T快捷键，打开"自由变换"对话框，按住Shift键不放，调整花朵的大小和位置，如图12-7-22所示。按Enter键确定。

23 再次按住Alt键不放，拖动鼠标复制出花朵。并按Ctrl+T快捷键，打开"自由变换"对话框，按住Shift键不放，调整花朵的大小和位置，如图12-7-23所示。

图12-7-22　复制花朵图　　　图12-7-23　复制图像

24 单击"图层"面板下方的"创建新图层"按钮
   ，新建"图层5"。选择"画笔工具" ，单
   击属性栏上的"画笔选取器"按钮 ，打开下拉
   面板，单击右上角的"弹出菜单"按钮 ，选择
   "混合画笔"命令。此时将自动弹出询问框，单
   击"追加"按钮。返回面板，选择画笔为"交叉
   排线4" ，单击工具箱下方的"设置前景色"按
   钮 ，设置前景色为白色，在图像中绘制十字形
   状。再次设置画笔为"柔边圆30像素"。在十字
   星形中心绘制圆点。效果如图12-7-24所示。

25 双击"图层5"后面的空白处，打开"图层样式"
   对话框，单击"外发光"复选框后面的名称，打
   开"外发光"面板，设置"混合模式"为滤色，
   其他参数保持默认值，如图12-7-25所示。单击
   "确定"按钮。

图12-7-24　绘制星形图形　图12-7-25　设置"外发光"参数

26 单击"内发光"复选框后面的名称，打开"内发
   光"面板，设置"混合模式"为正常，其他参数
   保持默认值，如图12-7-26所示。单击"确定"按
   钮。

27 执行"外发光""内发光"命令后，图像效果如图
   12-7-27所示。

图12-7-26　设置"内发光"参数　　图12-7-27　图像效果

28 拖动"图层5"图层到"图层"面板下方的"创
   建新图层"按钮 上，复制出"图层5 副本"图
   层。按Ctrl+T快捷键，打开"自由变换"对话框，
   按住Shift键不放，调整图像的大小和位置，如图
   12-7-28所示。按Enter键确定。

29 单击"图层"面板下方的"创建新的填充或调整
   图层"按钮 ，打开快捷菜单，选择"曲线"命
   令，打开"曲线"对话框，调整曲线弧度，如图
   12-7-29所示。

 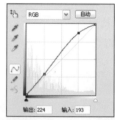

图12-7-28　调整图像大小和位置　图12-7-29　调整曲线弧度

30 执行"曲线"命令后，最终效果如图12-7-30所示。

图12-7-30　最终效果

12.8　实例应用：金属浮雕特效

案例分析

　　本实例讲解"金属浮雕特效"的制作过
程。主要分析如何将人物图像制作成石头雕
像的操作方法，当然也可选择不同的背景纹
理将图像制作成不同的雕像效果，如木雕效
果、石头雕像等。通过本例的学习，可以将
自已和朋友的照片处理成不同浮雕效果。

制作步骤

01 执行"文件"|"打开"命令，打开素材图片：美女.tif。如图12-8-1所示。

02 选择"钢笔工具" ✎，单击属性栏上的"路径"按钮 ✎，在窗口中沿人物边缘绘制路径。如图12-8-2所示。

图12-8-1　打开素材　　图12-8-2　绘制路径

03 按Ctrl+Enter快捷键转为选区，按Ctrl+J快捷键复制选区，生成"图层1"，如图12-8-3所示。

04 按Ctrl+O快捷键打开素材图片：纹理.tif，选择"移动工具" ▶+，拖动"石头"文件窗口中的图像到操作文件窗口中，此时自动生成"图层2"。拖动"图层2"到"图层1"的下方，效果如图12-8-4所示。

图12-8-3　复制图层　　图12-8-4　移动图像

05 选择"通道"面板，拖动"蓝"通道到面板下方"创建新通道"按钮 🖿 上，生成"蓝 副本"通道，通道面板如图12-8-5所示。

图12-8-5　复制通道

06 回到"图层"面板，选择"图层1"执行"滤镜"|"渲染"|"光照效果"命令，打开"光照效果"对话框，设置"纹理通道"为"蓝 副本"，

在"预览"对话框中拖动鼠标选择光照范围如图12-8-6所示，单击"确定"按钮。

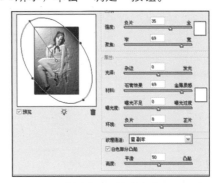

图12-8-6　设置参数

07 执行"光照效果"命令后，图像效果如图12-8-7所示。

08 隐藏"图层2"选择"背景"图层。再选择"矩形选框工具" ▢，单击"工具选项栏"上的"从选区中减去"按钮 ▣，在文件窗口中拖移并绘制矩形选区，如图12-8-8所示。

图12-8-7　图像效果　　图12-8-8　绘制选区

09 按Ctrl+J快捷键，复制选区，此时自动生成"图层3"，选择"图层3"单击工具箱下方的"设置前景色"按钮 ■，设置前景色为红色（R：248，G：8，B：250）。单击"确定"按钮。按"Alt+Delete"快捷键，填充前景，效果如图12-8-9所示。

10 按住Ctrl键不放，单击"图层3"的缩览图，载入选区。执行"文件"|"打开"命令，打开素材图片：花.tif。按Ctrl+A快捷键全选，再按Ctrl+C快捷键复制图像。回到操作文件窗口中，按Ctrl+Shift+Alt+V快捷键粘贴入图像，设置"混合模式"为明度，效果如图12-8-10所示。

图12-8-9　填充前景色　　图12-8-10　贴入效果

11 单击"图层"面板下方的"创建新的填充或调整图层"按钮 ，打开快捷菜单，选择"曲线"命令，打开"曲线"对话框，调整曲线弧度，如图12-8-11所示。

12 执行"曲线"命令后，图像亮度提高，最终效果如图12-8-12所示。

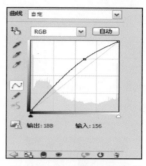
图12-8-11 调整曲线弧度

图12-8-12 最终效果

12.9 实例应用：想象中的汽车鞋

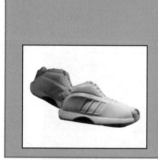

案例分析

本实例讲解"想象中的汽车鞋"制作过程。通过学习本例，可把平凡的运动鞋制作成一双个性、动感的时尚运动鞋。不仅突出了"运动"的优点，又跟上了时代的潮流。

制作步骤

01 执行"文件"|"新建"命令，打开"新建"对话框，设置"名称"为"想象中的汽车鞋"，"宽度"为18厘米，"高度"为15厘米，"分辨率"为200像素/英寸，"颜色模式"为RGB颜色，"背景内容"为白色。如图12-9-1所示。单击"确定"按钮。

图12-9-1 新建文件

02 选择"渐变工具" ，单击属性栏上的"编辑渐变"按钮 ，打开"渐变编辑器"对话框，设置渐变色为：位置0 颜色（R：91，G：78，B：63）；位置100 颜色（R：207，G：206，B：204），单击"确定"按钮。从左上角到右下角拖

动鼠标，填充渐变色如图12-9-2所示。

03 按Ctrl+O快捷键，打开素材图片：运动鞋.tif，选择"移动工具" ，拖动"运动鞋"文件窗口中的运动鞋到操作文件窗口中，此时自动生成"图层1"。按Ctrl+T快捷键，打开"自由变换"对话框，按住Shift键不放，调整图像的大小和位置，如图12-9-3所示。按Enter键确定。

图12-9-2 填充渐变色　　图12-9-3 调整图像的大小和位置

04 按Ctrl+O快捷键，打开素材图片：汽车.tif，将素材图片移动到文件窗口中，按Ctrl+T快捷键，打开"自由变换"调节框，调整图像的大小和位置。如图12-9-4所示。

05 单击"图层"面板下方的"添加图层蒙版"按钮 ，为图层添加蒙版，选择"画笔工具" ，设置属性栏上的"画笔"为柔边圆50像素，"不透明度"为60%，"流量"为75%，在文件窗口中涂抹汽车边缘，隐藏部分图像，如图12-9-5所示。

图12-9-4 调整图像　　　图12-9-5 隐藏部分图像

06 选择"仿制图章工具" 📩 对车身进行涂抹，再使用"加深工具" 🔍 对边缘进行涂抹，图像效果如图12-9-6所示。

图12-9-6 仿制图像

07 再次导入素材图片：汽车.tif，对图像进行调整并为图层添加蒙版，选择"画笔工具" ✍，在文件窗口中涂抹汽车边缘，隐藏部分图像，如图12-9-7所示。

08 选择"仿制图章工具" 📩 对车身进行涂抹，再使用"加深工具" 🔍 对边缘进行涂抹，效果如图12-9-8所示。

图12-9-7 调整图像大小和位置　　图12-9-8 涂抹效果

09 选择通道面板，单击"通道"面板下方的"创建新通道"按钮 ◻，新建Alpha 1通道。"通道"面板如图12-9-9所示。

10 新建Alpha 1通道后，图像效果如图12-9-10所示。

11 选择"画笔工具" ✍，单击属性栏上的"画笔选取器"按钮 ⌄，打开下拉面板，单击右上角的"弹出菜单"按钮 ▶，选择"特殊画笔"命令。此时将自动弹出对话框，单击"追加"按钮。返回面板，选择画笔为"杜鹃花串" 🌸，设置前景色与背景色为白色，在图像中绘制花朵，如图12-9-11所示。

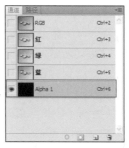

图12-9-9 新建通道

 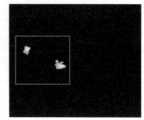

图12-9-10 通道效果　　　图12-9-11 绘制花朵图形

12 按住Ctrl键不放，单击Alpha 1通道的缩览图，载入选区。回到"图层"面板，选择"背景"图层，按Ctrl+J快捷键，复制选区内容，生成"图层4"并移动到图层最上方，效果如图12-9-12所示。

13 按住Ctrl键不放，单击"图层4"的缩览图，载入选区。单击工具箱下方的"设置前景色"按钮 ■，设置前景色为土黄色（R：125，G：96，B：17）。单击"确定"按钮。按Alt+Delete快捷键，填充"图层4"为土黄色，效果如图12-9-13所示。

图12-9-12 图像效果　　　图12-9-13 填充前景色

14 返回通道面板，选择Alpha 1通道。再选择"自定形状工具" 🌟，单击属性栏上的"自定形状拾色器"按钮 ⌄，打开面板，单击右上侧的"弹出菜单"按钮 ▶，选择"装饰"选项，单击"确定"按钮，返回"自定形状"面板，选择"形状"为"花形装饰2" 🌼，单击属性栏上的"形状图层"按钮 ▢，设置前景色为黑色。在窗口中拖移绘制花形装饰图形，如图12-9-14所示。

15 返回"图层"面板，此时自动生成"形状1"图层，图像效果如图12-9-15所示。

16 选择"形状1"图层，单击右键，打开快捷菜单，执行"删格化图层"命令。按住Ctrl键不放，单击"形状1"图层的缩览图，载入选区。单击工具箱下方的"设置前景色"按钮 ■，设置前景色为橙色（R：243，G：130，B：4）。单击"确定"按钮。按Alt+Delete快捷键，填充"形状1"为橙色，效果如图12-9-16所示。

17 拖动"形状1"图层到"图层"面板下方的"创建新图层"按钮 🔲 上，复制出"形状1 副本"图层。按Ctrl+T快捷键，打开"自由变换"调节框，按住Shift键不放，调整形状的大小和位置，如图12-9-17所示。

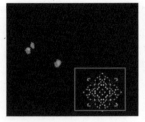

图12-9-14 绘制花形装饰图形　　图12-9-15 图像效果

图12-9-16 填充前景色　　图12-9-17 调整图形的大小和位置

18 单击工具箱下方的"设置前景色"按钮 ■，设置前景色为深黄色（R：122，G：78，B：28）。单击"确定"按钮。按Alt+Delete快捷键，填充"形状1副本"为深黄色，效果如图12-9-18所示。

19 用上述同样的方法，复制多个花形装饰图形，改变大小和颜色，放到合适的位置，如图12-9-19所示。

20 设置前景色为粉色（R：195，G：150，B：139），选择"横排文字工具" T，输入英文：An unprecedented。选择文字图层单击右键，在弹出的快捷菜单中执行"删格化文字"命令，

再按Ctrl+T快捷键，打开"自由变换"调节框，按住Shift键不放，调整文字的大小和位置，如图12-9-19所示。按Enter键确定。

21 按住Ctrl不放，单击文字图层的缩览图，载入选区。再执行"编辑"｜"描边"命令，打开"描边"对话框，设置"宽度"为1像素，"颜色"为紫色（R：160，G：84，B：191），"位置"为内部，"不透明度"为100%，如图12-9-21所示，单击"确定"按钮。

图12-9-18 填充前景色　　图12-9-19 复制花形装饰图形

图12-9-20 输入文字效果　　图12-9-21 设置"描边"参数

22 执行"描边"命令后，最终效果如图12-9-22所示。

图12-9-22 最终效果

12.10　实例应用：奇幻的悬浮岛

案例分析

　　本实例讲解"奇幻的悬浮岛"制作过程。通过本例的全面剖析，可把现实生活中的海岛制作成只应天上有，人间能得几回闻的奇幻仙镜。

制作步骤

01 执行"文件"|"打开"命令，打开素材图片：白云.tif，如图12-20-1所示。

02 单击"图层"面板下方的"创建新的填充或调整图层"按钮 ，打开快捷菜单，选择"曲线"命令，打开"曲线"调节框，调整曲线弧度，如图12-20-2所示。

 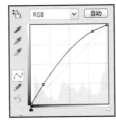

图12-20-1　打开素材　　图12-20-2　调整曲线弧度

03 执行"曲线"命令后，图像变亮，效果如图12-20-3所示。

04 按Ctrl+O快捷键，打开素材图片：海岛.tif，选择"移动工具" ，拖动"海岛"文件窗口中的海岛到操作文件窗口中，此时自动生成"图层1"。按Ctrl+T快捷键，打开"自由变换"调节框，按住Shift键不放，调整图像的大小和位置，如图12-20-4所示。按Enter键确定。

图12-20-3　图像效果　　图12-20-4　调整图像的大小和位置

05 单击"图层"面板下方的"添加图层蒙版"按钮 ，为图层添加蒙版，选择"画笔工具" ，设置属性栏上的"画笔"为柔边圆80像素，"不透明度"为60%，"流量"为75%，在文件窗口中涂抹海岛边缘，隐藏部分图像，效果如图12-20-5所示。

06 单击"图层"面板下方的"创建新的填充或调整图层"按钮 ，打开快捷菜单，选择"亮度/对比度"命令，打开"亮度/对比度"对话框，设置参数为93、100，如图12-20-6所示。

图12-20-5　涂抹效果　　图12-20-6　设置参数

07 执行"亮度/对比度"命令后，在该图层上单击右键选择"创建剪切蒙版"命令，图像效果如图12-20-7所示。

08 单击"图层"面板下方的"创建新图层"按钮 ，新建"图层2"。单击工具箱下方的"设置前景色"按钮 ■，设置前景色为黑色。按Alt+Delete快捷键，填充"图层2"为黑色，图像效果如图12-20-8所示。

图12-20-7　图像效果　　图12-20-8　填充前景色

09 执行"滤镜"|"渲染"|"镜头光晕"命令，打开"镜头光晕"对话框，设置"亮度"为100%，"镜头类型"为50-300毫米变焦。在"预览"窗口中设置中心点位置到左上方，如图12-20-9所示。单击"确定"按钮。

10 执行"镜头光晕"命令后，图像效果如图12-20-10所示。

图12-20-9　设置"镜头光晕"参数　　图12-20-10　图像效果

11 选择"图层2"，设置"图层"面板上的图层混合模式为滤色，效果如图12-20-11所示。

12 选择"图层2"用鼠标拖动图像到合适的位置，如图12-20-12所示。

图12-20-11　镜头光晕效果　　图12-20-12　移动图像效果

13 执行"文件"|"打开"命令，打开素材图片：海鸥.tif。选择"移动工具" ，拖动"海鸥"文件窗口中的海鸥到操作文件窗口中，此时自动生成"图层3"。按Ctrl+T快捷键，打开"自由变换"调节框，按住Shift键不放调整图像的大小和位置，按Enter键确定，如图12-20-13所示。

图12-20-13 调整图像的大小和位置

14 按Ctrl+O快捷键，打开素材图片：云层.tif。选择通道面板，拖动"红"通道到"通道"面板下方的"创建新通道"按钮 ⤵ 上，复制出"红 副本"通道，通道面板如图12-20-14所示。

15 按 Ctrl+L 快捷键，打开"色阶"对话框，设置参数为0、0.21、161，如图 12-20-15 所示。单击"确定"按钮。

 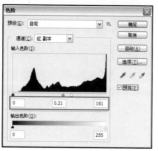

图12-20-14 通道面板　　图12-20-15 设置"色阶"参数

16 返回通道面板，按住Ctrl键不放，单击"红 副本"通道，即可载入白云选区，如图12-20-16所示。

17 返回到"图层"面板，按Ctrl+J快捷键，复制选区，自动生成"图层1"。隐藏"背景"图层，图像效果如图12-20-17所示。

图12-20-16 载入选区　　图12-20-17 复制选区

18 单击"图层"面板下方的"添加图层蒙版"按钮 ◻，为"图层1"图层添加蒙版，选择"画笔工具" ✎，设置属性栏上的"画笔"为柔边圆100像素，"不透明度"为60%，"流量"为75%，在文件窗口中涂抹云朵边缘，隐藏部分图像，效果如图12-20-18所示。

19 选择"移动工具" ▶╋，拖动"云层"文件窗口中的白云到操作文件窗口中，此时自动生成"图层4"。按Ctrl+T快捷键，打开"自由变换"调节框，调整图像的大小和位置，按Enter键确定。选择"画笔工具" ✎，设置属性栏上的"画笔"为柔边圆80像素，"不透明度"为50%，"流量"为40%，涂抹隐藏云层边缘，图像效果如图12-20-19所示。

图12-20-18 涂抹效果　　图12-20-19 调整图像的大小和位置

20 复制图层，向左调整图像位置并使用"画笔工具" ✎ 对图像进行涂抹修饰，效果如图12-20-20所示。

21 选择"图层4"进行复制并将图层移动到"图层4"下方，向右调整图像位置并使用"画笔工具" ✎ 对图像进行涂抹修饰，效果如图12-20-21所示。

图12-20-20 涂抹效果　　图12-20-21 涂抹效果

22 盖印可视图层，执行"滤镜"|"模糊"|"高斯模糊"命令，打开"高斯模糊"对话框，设置参数为：5像素，单击"确定"按钮。设置"图层混合模式"为强光，"不透明度"为50%，图像最终效果如图12-20-22所示。

图12-20-22 最终效果

本章小结

　　本章重点介绍了"通道"的重点和难点，运用"通道"能够快速准确地抠出复杂的图像。把"通道"和一些工具结合使用，能制作出不同的图像特效，通够充分的表现图像的艺术性、丰富性。通过本章的学习，希望读者能从中总结出一些操作上的技巧。

第13章

数码照片动画设计：动画
工具与面板的运用

现如今是一个如梦如幻的花花世界，炫彩的动画则是极具代表之一的现象。本章主要讲解对动画的制作，从而创建动画帧、排列删除帧、设置帧延迟时间到预览动画、优化并存储动画一系列的操作与介绍，读者们可学习到动画的制作与技巧，同时也希望广大读者们能多加实践练习，制作出令人赞叹、夺目的动画效果。

13.1 网络中的动画相册

动画是一门幻想艺术，更容易直观表现和抒发人们的感情，可以把现实不可能看到的转为现实，扩展了人类的想像力和创造力。

然而，制作动画相册则是人类表达自身情感的方式之一。QQ相册也是网络相册其中的一种，如图13-1-1所示。单击当中的一个相册则可进入观看其他照片，如图13-1-2所示。网络中的动画相册可以通过计算机合成，配上音乐、背景、字幕，以及神奇的转换效果，从而吸引人们的眼球。其作用很广泛，第一，它欣赏方便，传统的相册在多人欣赏时只好轮流进行，而动画相册可以很多人同时欣赏。第二，交互性强，网络是一个强大的互动平台，因此，当其他人查阅时，也同样分享着当中的快乐与趣味。所以，网络中的动画相册既可以快速浏览，又可以给人们带来欢歌笑语。

图13-1-1　QQ相册

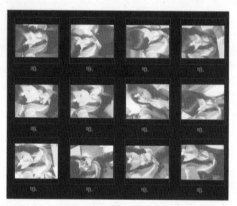

图13-1-2　进入其中一个相册

13.2 动画广告与商业竞争

动画广告是广告普遍采用的一种表现方式，动画广告中一些画面有的是纯动画的，也有实拍和动画结合的。在表现一些实拍无法完成的画面效果时，就要用到动画来完成或两者结合。如广告用的一些动态特效就是采用3D动画完成的，现在我们所看到的广告，从制作的角度看，几乎都或多或少地用到了动画。致力于三维数字技术在广告动画领域的应用和延伸，将最新的技术和最好的创意在广告中得到应用，各行各业广告传播将创造更多价值，数字时代的到来，将深刻地影响着广告的制作模式和广告发展趋势。如图13-2-1所示是一则动画广告中的3幅画面。

图13-2-1　动画广告图片

13.3 动画面板

动画是在一段时间内显示的一系列图像或帧。每一帧较前一帧有轻微的变化，当连续、快速地显示这些帧时会产生运动的错觉。

使用"动画"面板可以创建、查看和设置动画帧中元素的位置和外观。在"动画"面板中，可以更改帧的缩略图，使用较小的缩略图可以减小面板所需的空间，并在给定的面板宽度上显示更多的帧。

执行"窗口"|"动画"命令，显示"动画"面板，如图13-3-1所示。

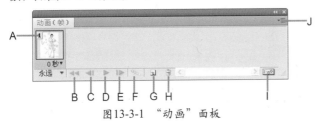

图13-3-1　"动画"面板

A→"动画帧编号"：该数字显示当前动画帧的编号。

B→"选择第一帧" ◄◄ ：单击该按钮选择第1帧。若当前为第1帧，该按钮为灰色不被激活。

C→"选择上一帧" ◄❘ ：单击该按钮选择当前帧的前一帧。

D→"播放/停止动画" ▶ ：单击该按钮，从当前帧开始播放动画。开始播放动画后，"播放"按钮 ▶ 变成"停止"按钮 ■ ，单击"停止"按钮，则可以停止播放。

E→"选择下一帧" ❘▶ ：单击此按钮选择下一帧。

F→"过渡动画帧" °o° ：单击该按钮，打开"过渡"对话框进行帧过渡的动画设置。

G→"复制当前帧" ❏ ：单击该按钮，复制当前帧。

H→"删除选择的帧" 🗑 ：单击该按钮，删除当前选择的帧。

I→"转换为动画帧" ▨◇ ：单击该按钮，可切换显示"动画"面板或"时间轴动画"面板。

J→"面板菜单" ≡ ：单击该按钮，将弹出"动画"面板菜单，在此菜单中可创建帧、删除帧、设置动画等，如图13-3-2所示。

图13-3-2　"动画"面板菜单

13.4　创建动画

在制作动画的过程中，创建动画帧是至关重要的。因此，本节则讲解如何创建帧与动画，从而使制作的图像的效果更有声色。

13.4.1　结合使用"图层"面板和"动画"面板

在之前章节的学习过程中，已具体并深入了解了"图层"面板。然而动画的制作与"图层"面板的使用则是密不可分的。结合"动画"面板和"图层"面板便可以制作动画，如制作两个图像交替闪烁的动画，可采用下面所讲的方法。

操作演示：创建动画帧

01 打开素材图片：女人-1.tif和女人-2.tif，并将"女人-1"中的图像拖至"女人-2"文件中，生成"图层1"，如图13-4-1所示。

02 选择"背景"图层，单击"图层1"的"指示图层可视性"按钮 👁 ，隐藏"图层1"，如图13-4-2所示。

图13-4-1　打开并拖动素材

图13-4-2　隐藏图层

03 执行"窗口"|"动画"命令，打开"动画"面板，面板中自动生成第1帧，如图13-4-3所示。

图13-4-3　动画帧

04 单击"复制所选帧"按钮，生成第2帧，显示"图层1"，效果如图13-4-4所示。在"动画"面板中单击播放 ▶ 按钮，便可预览动画效果。

图13-4-4　最终效果

13.4.2　选择帧

在编辑一个动画帧时，首先应该选中该帧为当前帧，将当前帧的图像内容显示在窗口中。当选择多个动画帧时，图像窗口中只显示当前帧的内容。

执行下列任何一种方法都可选择当前帧：

1、在"动画"面板中单击要选中帧的缩览图。

2、在"动画"面板或"图层"面板中，单击"选择下一帧"按钮 ▶，选择下一帧作为当前帧。

3、在"动画"面板或"图层"面板中，单击"选择前一帧"按钮 ◀，选择前一帧作为当前帧。

4、在"动画"面板上单击"选择第1帧"按钮 ◀◀，选择第1帧作为当前帧。

如果要选择不连续的多个帧，按住Ctrl键，单击所需选中的帧，即可选择不连续的多个帧，如图13-4-5所示；如果要选择连续的多个帧，可按住Shift键，单击所要选择连续帧的第1帧，然后再单击最后一帧，即可把这两个帧之间的帧（包括这两帧）全部选中，如图13-4-6所示。

图13-4-5　选择不连续帧

图13-4-6　选择连续帧

13.4.3　拷贝和粘贴帧

"拷贝帧"和"粘贴帧"选项位于"动画"面板的快捷菜单中。"粘贴帧"则是将复制的图层设置应用到目标帧；"拷贝帧"则是复制图层的所有设置，包括位置和其他属性。执行"粘贴帧"命令，打开"粘贴帧"对话框，如图13-4-7所示。

图13-4-7　"粘贴帧"对话框

"替换帧"：可用复制的帧替换所选的帧。如果要将这些帧粘贴到同一图像，则不会增加新图层；如果是在各个图像之间粘贴帧，则产生新图层。

"粘贴在所选帧之上"：将粘贴的内容作为新图层添加到图像中。

"粘贴在所选帧之前"：在目标帧之前添加拷贝的帧。

"粘贴在所选帧之后"：在目标帧之后添加拷贝的帧。

13.4.4　过渡帧

"过渡帧"是在两个已有帧之间自动添加或修改的一系列帧，它可以均匀地改变新帧之间的图层属性（位置、不透明度或效果参数），以创建一系列连续变化的效果。必须在两个图层之间才可以创建过渡帧。在"动画"面板上单击"动画帧过渡"按钮，打开"过渡"对话框，如图13-4-8所示。

图13-4-8　"过渡"对话框

"过渡方式"：确定当前帧与上下帧之间的动画，在其下拉列表中有"上一帧"和"下一帧"等选项。

"要添加的帧数"：可在此设置要添加帧的数量。

"图层"：确定本对话框中的设置用于所有图层还是所选择的图层。

"位置"：可在起始帧和结束帧处均匀地改变图层内容在新帧中的位置。

"不透明度"：可在起始帧和结束帧处均匀地改变新帧的不透明度。

"效果"：可在起始帧和结束帧处均匀地改变图层效果的参数设置。

打开"动画"面板，创建了两个动画帧，第1帧是一幅彩色图像，第2帧无图像，如图13-4-9所示。单击动画帧"过渡"按钮，打开"过渡"对话框，参数保持不变，如图13-4-10所示。单击"确定"按钮。

图13-4-9　创建两个动画帧

图13-4-10　"过渡"对话框

执行"过渡"命令后，在第1帧和第2帧之间自动添加了5帧，并产生了图像逐渐变得透明的效果，如图13-4-11所示。

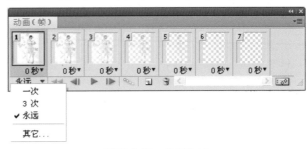

图13-4-11　设置过渡动画

13.4.5　制定循环

在"动画"面板左下角选择一个循环方式，以指定动画序列在播放时重复的次数。

单击"动画"面板左下角的 ▼ 按钮，在打开的下拉列表中选择需要的循环方式，如图13-4-12所示，下拉菜单有4个选项供用户选择，其中包括的循环方式有："一次"、"3次"、"永远"和"其他"。

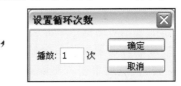

图13-4-12　循环选项

"一次"：只播放一次就停止。

"3次"：只播放3次就停止。

"永远"：表示动画可以一直播放。

"其他"：可打开"设置循环次数"对话框，进行播放次数的设置，如图13-4-13所示。

图13-4-13　"设置循环次数"对话框

13.4.6　重新排列和删除帧

在"动画"面板中可以翻转连续帧的顺序，更改帧的位置，也可以删除所选的帧或整个动画。

1. 反转连续帧的顺序

单击"动画"面板右上方的菜单按钮，打开快捷菜单，选择"反向帧"命令，反转连续帧的顺序，效果如图13-4-14所示。

反向前

反向后

图13-4-14 "反向帧"效果

2．改变帧的位置

选择需要移动的帧，如图13-4-15所示，按住鼠标，拖动帧到所需的目标位置，然后释放鼠标即可，效果如图13-4-16所示。

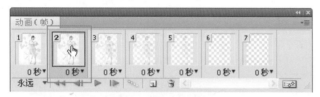

图13-4-15 选择帧

图13-4-16 移动帧位置

3．删除选中的帧

单击"动画"面板下方的"删除所选帧"🗑 按钮（或在打开快捷菜单中选择"删除帧"选项），打开如图13-4-17所示的警示对话框，单击 是(Y) 按钮，即可将选中的帧删除。若要删除多个帧，可按住Ctrl键单击要删除的帧，然后单击"删除所选帧"🗑 按钮。要删除连续位置的多个动画帧，可先选中首帧，按住Shift键再选择最末一帧，然后单击"删除所选帧"🗑 按钮。

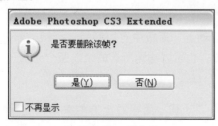

图13-4-17 删除帧

13.4.7 设置帧延迟时间

设置延迟时间可以控制动画运动的速度。延迟时间以"秒"为单位，分数形式的秒以小数显示。

设置延迟时间的方法是：先选择要设定延迟的帧（如第1帧），并按住Shift键点选最后一帧，即第7帧，"动画"面板中所有帧被选中，如图13-4-18所示。

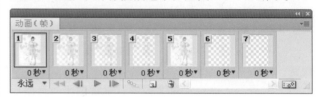

图13-4-18 选择连续的帧

在"动画"面板中，单击帧下面的时间，打开如图13-4-19所示的快捷菜单，在其中选择0.2秒，所有帧的延迟时间都改为0.2秒，"动画"面板显示如图13-4-20所示。

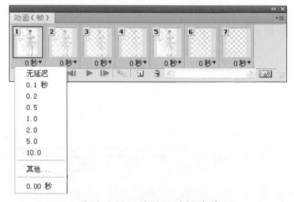

图13-4-19 帧延迟时间菜单

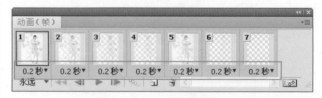

图13-4-20 设置帧的延迟时间

13.4.8 预览动画

在Photoshop中，单击"动画"面板中的"播放"按钮 ▶ 即可预览动画效果。单击"停止"按钮 ■ ，可停止动画预览。如13.4.4中制作的动画，预览效果如图13-4-21所示。

第1帧 不透明　　　　第4帧 半透明　　　　第9帧 透明

图13-4-21　预览动画

13.4.9　优化并存储动画

　　执行"文件"|"存储为Web所用格式"命令，打开"存储为Web所用格式"对话框，在这个对话框中可对图像进行优化设定，如图13-4-22所示。

图13-4-22　"存储为Web所用格式"对话框

　　"存储为Web所用格式"对话框中有4个不同优化的设置：

　　"原稿"：原稿图像没有优化设置。

　　"优化"：图像执行当前的优化设置。

　　"双联"：观看两个不同优化版本的图像效果。

　　"四联"：观看4个不同优化版本的图像效果。

　　选择双联或四联视图时，Photoshop会根据图像的宽度和高度比例来决定图像在视图中的排列方法，如4个图像或垂直、水平，或以2×2的布局排列。可以在"优化设置"中改变内定的优化设置。

　　优化设置图像的方法是：在双联或四联视图中选择一个视图，显示灰色方框表示选中，如图13-4-23所示。在"存储为Web所用格式"对话框中，单击右上方的菜单按钮 ，从弹出的菜单中选择"重组视图"选项，如图13-4-24所示。Photoshop基于选中的版本，产生较小的图像优化版本。

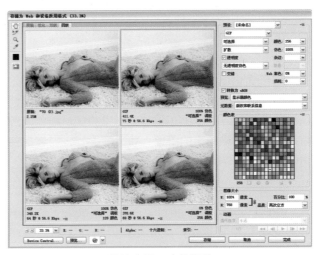

图13-4-23　选择视图

图13-4-24　选择"重组视图"命令

　　可以将优化后的图像版本恢复到原始版本，方法是：在双联或四联视图中，重新选择图像的一个优化版本，从"预设"下拉菜单中选择"原稿"命令，如图12-2-25所示。

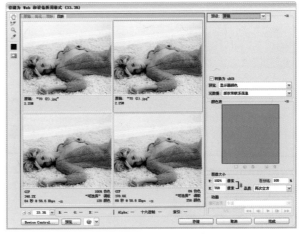

图12-2-25　将优化版本恢复到原始版本

　　在"存储为Web所用格式"对话框中优化图像后，再在"预设"设置栏中选择GIF格式，然后单击"存储"按钮，即可将动画保存下来。在看图软件（如ACDSee）中可以浏览此动画。

13.5 优化用于Web的图像

用于优化图像的文件格式是由颜色、色调和原始图像的图形特性决定的。一般来讲，像照片这种连续调的图像，应当使用JPEG这样的压缩格式；纯色或清晰的边缘和细致细节的图像（如文字等），应当保存为GIF或PNG-8文件。

1. JPEG格式

JPEG（Join Photographic Experts Group，联合图像专家组）格式也是广泛应用在因特网上的图像格式，支持RGB、CMYK和灰度颜色模式，但不支持Alpha通道。JPEG能保留RGB图像中的所有颜色信息，这点显然要强于GIF格式的保留索引颜色信息。用户可以有选择地丢弃数据来压缩文件大小。压缩级别越高，得到的图像品质越低；压缩级别越低，得到的图像品质越高。在大多数情况下，在"品质"选项中选择"最佳"，产生的结果与原图像几乎无分别。

JPEG在Windows和Mac操作系统都能使用，所以该格式也是跨平台格式。

2. GIF格式

是在互联网络及其他联机服务上常用的一种文件格式，用于显示超文本标记语言（HTML）文档中的索引颜色图形和图像。GIF格式是使用8位颜色并保留图像细节，同时有效地压缩图像实色区域的一种文件格式。因为GIF文件只有256种颜色，因此将原24位图像优化成为8位的GIF文件时会导致颜色信息丢失。而且GIF是一种用LZW压缩的格式，它的目的在于最小化文件大小和电子传输时间。GIF格式保留索引颜色图像中的透明度，但不支持Alpha通道。只支持8位图像。

3. PNG-8格式

PNG（便携网络图形）格式是作为GIF的替代品开发的，用于无损压缩和显示Web上的图像。PNG格式使用的是高速的交替显示方案，可以迅速地显示，只要下载1/64的图像信息就可以显示出低分辨率的预览图像，已成为网络上流行的一种格式。PNG-8格式和GIF格式相同，二者都是使用8位颜色。PNG-8在保留锐化细节的同时可有效地压缩纯颜色，如线条稿、标志或有文字图解的纯色。然而某些浏览器不支持PNG-8，所以要避免使用这种格式。

4. PNG-24格式

PNG格式支持24位图像并产生无锯齿状边缘的背景透明度；支持无Alpha通道的RGB、索引颜色、灰度和位图模式的图像外，还支持多级透明。多级透明允许保留多达256级透明，将图像的边缘平滑地与任何背景色进行混合。然而，多级透明不能被所有浏览器支持，应慎重使用。与JPEG格式相似，PNG-24保留照片和连续调图像在亮度和色相上广泛细微的多种变化，以及锐化的细节，如，线条稿、标志或文字图解中的锐化细节。

13.6 实例应用：可爱的动画表情

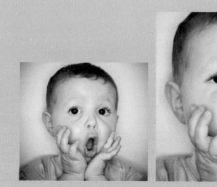

案例分析

本实例讲解"可爱的动画表情"的制作方法，主要通过"液化"工具制作出人物的不同表情，再使用"动画"面板将表情进行连接，从而制作出变换的人物表情效果。

制作步骤

01 执行"文件"|"打开"命令，打开素材图片：可爱小孩.tif，如图13-6-1所示。

图13-6-1　打开素材

02 按Ctrl+J快捷键复制3个相同的图层，如图13-6-2所示。

03 隐藏"图层1副本"和"图层1副本 2"，选择"图层1"，执行"滤镜"|"液化"命令，打开"液化"对话框，选择"缩放工具"🔍，在对话框中的人物脸部绘制矩形并放大脸部，效果如图13-6-3所示。

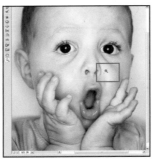

图13-6-2　复制图层　　　图13-6-3　放大图像

04 选择"向前变形工具"🖐，设置右侧"工具选项"的参数为90、70、80，在对话框中的图像中人物的嘴和眼部进行变形处理，如图13-6-4所示。

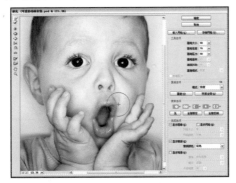

图13-6-4　变形处理

05 图像处理完成后，单击"确定"按钮，效果如图13-6-5所示。

06 显示并选择"图层1 副本"，执行"滤镜"|"液化"命令，打开"液化"对话框，放大图像，选择"向前变形工具"🖐，参数保持不变，对人物

的嘴和眼部进行变形处理，如图13-6-6所示。

图13-6-5　"液化"效果

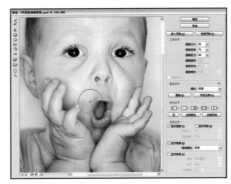

图13-6-6　变形处理

07 处理完成后，单击"确定"按钮。图像效果如图13-6-7所示。

08 显示并选择"图层1 副本2"，用相同的方法对人物进行变形处理，效果如图13-6-8所示。

图13-6-7　"液化"效果　　图13-6-8　"液化"效果

09 单击除"背景"图层以外的图层的"指示图层可视性"按钮👁，隐藏图层。执行"窗口"|"动画"命令，打开"动画（时间轴）"面板，如图13-6-9所示。

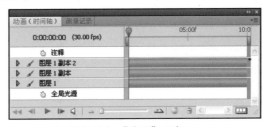

图13-6-9　"动画"面板

10 单击右下方的"转换为帧动画"按钮 ▭，将"动画（时间轴）"面板转换为"动画（帧）"面板，如图13-6-10所示。

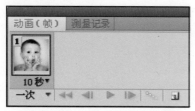

图13-6-10 "动画（帧）"面板

11 设置"帧延迟时间"为0.2秒，"循环"为"永远"。单击面板下方的"复制所选帧"按钮 ▭ 1次，复制出1个动画帧，如图13-6-11所示。

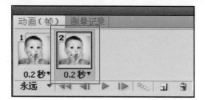

图13-6-11 设置"帧延迟时间"

12 单击面板下方的"复制所选帧"按钮 ▭，单击"背景"图层的"指示图层可视性"按钮 ◉，隐藏该图层，显示"图层1"，如图13-6-12所示。

图13-6-12 显示图层

13 选择第3帧，单击面板下方的"复制所选帧"按钮 ▭ 1次，复制出1个动画帧，生成第4帧，如图13-6-13所示。

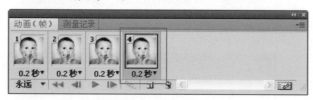

图13-6-13 复制动画帧

14 用相同的方法，新建动画帧，并复制1帧，效果如图13-6-14所示。

图13-6-14 新建帧

15 设置完成后，可单击面板下方的"播放动画"按钮 ▶ 预览效果。执行"文件"|"储存为Web和设备所有格式"命令，打开"储存为Web和设备所有格式"对话框，设置文件格式为gif，如图13-6-15所示。单击"存储"按钮。

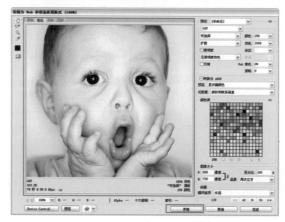

图13-6-15 打开对话框

16 打开"将优化结果存储为"对话框，设置"文件名"为"可爱的动画表情"，"保存类型"为"仅限图像（*.gif）"，如图13-6-16所示。单击"保存"按钮进行储存。

图13-6-16 设置名称

13.7　实例应用：飘飞的枫叶效果

案例分析

　　本实例讲解"飘飞的枫叶效果"的制作方法，在制作过程中主要运用"钢笔工具"绘制枫叶路径，复制并调整枫叶大小和位置，再通过"动画"面板将不同的枫叶进行连接，从而达到飘飞的效果。

制作步骤

01 执行"文件"|"打开"命令，打开素材图片：枫叶.tif，如图13-7-1所示。

图13-7-1　打开素材

02 单击"图层"面板下方的"创建新组"按钮，新建"组1"。选择"钢笔工具"，为图像绘制路径，如图13-7-2所示。

03 绘制完成后，按 Ctrl+Enter 快捷键将路径载入选区，按 Ctrl+J 快捷键复制选区内容，生成"图层1"，拖动"图层1"到"组1"中，如图13-7-3所示。

图13-7-2　绘制路径　　　图13-7-3　复制并拖动图层

04 按Ctrl+T快捷键调整图像大小和位置，如图13-7-4所示。按Enter键确定。

05 按Ctrl+J快捷键复制4个图层，并调整图像的大小，效果如图13-7-5所示。

06 单击"图层"面板下方的"创建新组"按钮，新建"组2"。选择"钢笔工具"，为图像绘制路径，如图13-7-6所示。

图13-7-4　调整图像　　　图13-7-5　复制并调整图层

07 按Ctrl+Enter快捷键载入选区，按Ctrl+J快捷键复制选区内容，生成"图层2"。将该图层拖入"组2"中，按Ctrl+T快捷键调整图大小和位置，如图13-7-7所示。按Enter键确定。

图13-7-6　绘制路径　　　图13-7-7　调整图像

08 复制4个相同的图层，分别调整各图像的大小和位置，效果如图13-7-8所示。

09 新建"组3"，选择"钢笔工具"，为如图13-7-9所示的叶子绘制路径。

图13-7-8　复制并调整图像　　　图13-7-9　绘制路径

10 将路径载入选区，按Ctrl+J快捷键复制内容，生成"图层3"。拖动该图层到"组3"中，调整图像大小与位置，如图13-7-10所示。按Enter键确定。

图13-7-10 调整图像

11 按Ctrl+J快捷键复制4个图层，分别调整图像的大小和位置，效果如图13-7-11所示。

12 单击除"背景"和"图层1"以外的图层的"指示图层可视性"按钮👁，隐藏图层，如图13-7-12所示。

图13-7-11 复制并调整图像　　图13-7-12 隐藏图层

13 执行"窗口"|"动画"命令，打开"动画"面板，如图13-7-13所示。

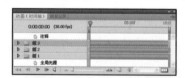

图13-7-13 "动画"面板

14 单击右下方的"转换为帧动画"按钮▭▭▭，将"动画（时间轴）"面板转换为"动画（帧）"面板，如图13-7-14所示。

图13-7-14 "动画（帧）"面板

15 设置"帧延迟时间"为0.3秒，"循环"为"永远"，如图13-7-15所示。

图13-7-15 设置帧延迟时间

16 单击面板下方的"复制所选帧"按钮▣，生成第2帧。隐藏除"图层1副本"和"图层2"以外的图层，如图13-7-16所示。

17 单击面板下方的"复制所选帧"按钮▣，生成第3帧。隐藏除"图层1副本2"、"图层2副本"和"图层3"以外的图层，图像效果如图13-7-17所示。

图13-7-16 显示图层　　图13-7-17 创建并编辑帧

18 单击面板下方的"复制所选帧"按钮▣，生成第4帧。隐藏除"图层1副本3"、"图层2副本2"和"图层3副本"以外的图层，图像效果如图13-7-18所示。

图13-7-18 创建并编辑帧

19 单击"复制所选帧"按钮▣，生成第5帧。隐藏除"图层1副本4"、"图层2副本3"和"图层3副本2"以外的图层，图像效果如图13-7-19所示。

图13-7-19 创建并编辑帧

20 单击"复制所选帧"按钮▣，生成第6帧。隐藏除"图层2副本4"和"图层3副本3"以外的图层，图像效果如图13-7-20所示。

图13-7-20 创建并编辑帧

21　单击"复制所选帧"按钮 🗐，生成第7帧。隐藏除"图层3副本4"以外的图层，"动画（帧）"面板如图13-7-21所示。

图13-7-21　创建并编辑帧

22　选择第2帧，单击面板下方的"过渡动画帧"按钮 ⚬⚬⚬⚬，打开"过渡"对话框，设置"要添加的帧数"为1，如图13-7-22所示。单击"确定"按钮。

图13-7-22　设置"过渡"参数

23　执行"过渡"命令后，系统会在第1帧和第2帧中间添加一个过渡动画帧，使原来的第2帧顺延为第3帧，如图13-7-23所示。

图13-7-23　添加过渡帧

24　使用同样的方法为后面的帧添加过渡效果，如图13-7-24所示。

图13-7-24　添加过渡帧效果

25　设置完成后，可单击面板下方的"播放动画"按钮 ▶ 预览效果。执行"文件"｜"存储为Web和设备所用格式"命令，打开"存储为Web和设备所用格式"对话框，设置"文件格式"为GIF，如图13-7-25所示。单击"存储"按钮，即可将动画效果进行导出存储。

图13-7-25　导出动画效果

13.8　实例应用：时尚的动画相册

案例分析

　　本实例讲解"时尚的动画相册"的操作步骤，首先导入各素材，对图像进行缩放，然后重复操作，打开"动画"面板，将图像进行链接，则可达到制作动画相册效果。

制作步骤

01 执行"文件"|"打开"命令，打开素材图片：炫丽背景.tif，如图13-8-1所示。

02 按Ctrl+O快捷键打开素材图片：宝宝-1.tif，选择"移动工具" ▶⊕，拖动图像到"炫丽背景"文件窗口中，生成"图层1"，调整图像位置，如图13-8-2所示。

图13-8-1　打开素材　　　图13-8-2　打开并调整图像

03 按Ctrl+J快捷键复制"图层1"，生成"图层1副本"。按Ctrl+T快捷键缩小图像，如图13-8-3所示。按Enter键确定。

04 按Ctrl+Shift+Alt+T快捷键多次重复上一步操作，图像效果如图13-8-4所示。

图13-8-3　复制并调整图像　　　图13-8-4　重复操作

05 单击"图层"面板下方的"创建新组"按钮▢，新建"组1"，将除背景以外的图层拖入"组1"中，如图13-8-5所示。

06 打开素材图片：宝宝-2.tif，选择"移动工具" ▶⊕，拖动图像到"炫丽背景"文件窗口中，生成"图层2"，调整图像位置，效果如图13-8-6所示。

图13-8-5　拖动图层　　　图13-8-6　打开并调整图像

07 复制"图层2"，生成"图层2副本"，按Ctrl+T快捷键调整图像大小，如图13-8-7所示。

08 按Ctrl+Shift+Alt+T快捷键多次重复上一步操作，

图像效果如图13-8-8所示。

图13-8-7　调整图像　　　图13-8-8　重复操作

09 单击"图层"面板下方的"创建新组"按钮▢，新建"组2"，将制作宝宝-2的图层拖入"组2"中，如图13-8-9所示。

10 选择"图层2"，将图层拖动到"图层2副本6"之上，依次颠倒"组2"中的图层，"图层"面板如图13-8-10所示。

图13-8-9　拖动图层　　　图13-8-10　颠倒图层

11 执行"文件"|"打开"命令，打开素材图片：宝宝-3.tif，选择"移动工具" ▶⊕，拖动图像到"炫丽背景"文件窗口中，生成"图层3"，调整图像位置，效果如图13-8-11所示。

12 按Ctrl+J快捷键复制图层，生成"图层3副本"。按Ctrl+J快捷键缩放图像，如图13-8-12所示。按Enter键确定。

图13-8-11　打开并调整图像　　　图13-8-12　复制并调整图像

13 按Ctrl+Shift+Alt+T快捷键多次重复上一步操作，图像效果如图13-8-13所示。

14 隐藏除"背景"和"图层1"以外的图层。执行"窗口"|"动画"命令，打开"动画（时间轴）"面板，单击右下方的"转换为帧动画"按钮▮▮▮，将"动画（时间轴）"面板转换为"动

画（帧）"面板，如图13-8-14所示。

图13-8-13 重复操作

图13-8-14 "动画（时间轴）"面板

15 设置"帧延迟时间"为0.2秒，"循环"为"永远"，如图13-8-15所示。

图13-8-15 设置"帧延迟时间"

16 单击"复制所帧"按钮 □ ，生成第2帧，显示"图层1副本"，面板如图13-8-16所示。

图13-8-16 新建帧

17 单击"复制所帧"按钮 □ ，生成第3帧，显示"图层1副本2"，图像效果如图13-8-17所示。

图13-8-17 编辑帧

18 依次类推，复制一帧，显示一帧，直到的显示"组2"中的"图层2"，一共生成15帧，如图13-8-18所示。

提示：

"图层2"是"组2"中最后一层，之前颠倒过它们之间的次序，因此直到显示"图层2"。

图13-8-18 编辑帧

19 单击"复制所帧"按钮 □ ，生成第16帧，显示"组3"中的"图层3副本8"，如图13-8-19所示。

20 复制帧，生成第17帧，显示"图层3副本7"，如图13-8-20所示。

图13-8-19 显示图层　　图13-8-20 显示图层

21 用相同的方法先复制帧，再显示图层，直到显示"图层3"即可，"动画"面板如图13-8-21所示。

图13-8-21 编辑帧

22 设置完成后，可单击面板下方的"播放动画"按钮 ▶ 预览效果。执行"文件"|"存储为Web和设备所用格式"命令，打开"存储为Web和设备所用格式"对话框，设置"文件格式"为GIF，如图13-8-22所示。单击"存储"按钮，即可将动画效果进行存储。

图13-8-22 导出动画效果

13.9 实例应用：炫目的动画广告

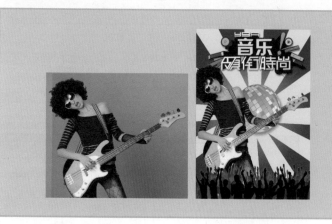

案例分析

　　本实例讲解"炫目的动画广告"的制作方法。先使用"渐变工具"和"钢笔工具"制作出图像的背景，再导入素材，使用"色相／饱和度"和"图层样式"等命令进行修饰美化，最后使用"动画"面板制作出动态效果。

制作步骤

01 执行"文件"｜"新建"命令，打开"新建"对话框，设置"名称"为"炫目的动画广告"，"宽度"为7厘米，"高度"为10厘米，"分辨率"为300像素/英寸，"颜色模式"为RGB颜色，"背景内容"为白色，如图13-9-1所示。单击"确定"按钮。

图13-9-1 "新建"文件

02 选择"渐变工具" 📊，单击属性栏上的"编辑渐变"按钮 📊，打开"渐变编辑器"对话框，设置渐变色为：位置0 颜色（R：30，G：0，B：104）；位置100 颜色（R：157，G：163，B：234）；如图13-9-2所示。单击"确定"按钮。

图13-9-2 编辑渐变

03 单击属性栏上的"径向渐变"按钮 📊，勾选"反向"复选框，在窗口中拖移绘制渐变色，效果如图13-9-3所示。

04 单击"图层"面板下方的"创建新图层"按钮 📑，新建"图层 1"。选择"钢笔工具" 📄，绘制路径并转换为选区，填充颜色为白色，图像效果如图 13-9-4 所示。

图13-9-3 绘制渐变　　图13-9-4 绘制并填充路径

05 按Ctrl+J快捷键复制图层，按Ctrl+T快捷键，打开"自由变换"调节框，移动中心点到上方中间节点上，在属性栏上设置"旋转角度"为30度，图像效果如图13-9-5所示。按Enter键确定。

06 按Ctrl+ Shift+ Alt+T快捷键多次重复上一步操作，图像效果如图13-9-6所示。

图13-9-5 旋转图像　　图13-9-6 重复操作

07 按住Shift键选择图层1，按Ctrl+E快捷键合并图层，重命名图层名称为图层1，如图13-9-7所示。

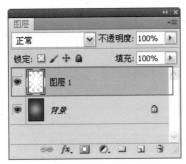

图13-9-7　合并图层

08 按Ctrl+T快捷键打开"自由调节"变换框，按住Alt+Shift快捷键，从中心等比例缩放图像，按Enter键确定，效果如图13-9-8所示。

09 单击"图层"面板下方的"创建新组"按钮，新建"组1"。拖动"图层1"到"组1"中，如图13-9-9所示。

图13-9-8　调整图像　　　　图13-9-9　拖动图层

10 按Ctrl+J快捷键复制图层，生成"图层1 副本"。按住Ctrl键，单击"图层1副本"的图层缩览图层载入选区，设置前景色为洋红（R：226，G：83，B：198），按Atl+Delete快捷键填充前景色到选区，按Ctrl+D快捷键取消选区。图像效果如图13-9-10所示。

11 使用同样的方法复制两个图层并分别填充不同的颜色，隐藏"图层1"以上的图层，如图13-9-11所示。

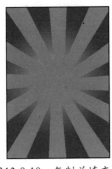

图13-9-10　复制并填充　　　图13-9-11　复制填充图像

12 执行"文件"|"打开"命令，打开素材图片：球.tif，选择"移动工具"，拖动"球"文件窗

口中的图像到操作文件窗口中，生成"图层2"。图像效果如图13-9-12所示。

13 新建"组2"，拖动"图层2"到"组2"中。单击"图层"面板下方的"添加图层样式"按钮 fx.，选择"投影"命令，打开"图层样式"对话框，设置"不透明度"为50%，"距离"为21像素，"大小"为21像素，如图13-9-13所示。单击"确定"按钮。

图13-9-12　移动图像　　　图13-9-13　设置"投影"参数

14 添加"图层样式"后，图像效果如图13-9-14所示。

15 按Ctrl+J快捷键复制图层，按Ctrl+T快捷键，打开"自由变换"调节框，在控制框外侧拖移并进行旋转，按Enter键确定。图像效果如图13-9-15所示。

图13-9-14　"投影"效果　　　图13-9-15　复制并旋转图像

16 使用同样的方法再复制两个图层，并分别进行旋转处理，图像效果如图13-9-16所示。

图13-9-16　复制并旋转图像

17 隐藏"图层2"以上图层的可视性，按Ctrl+O快捷键，打开素材图片：文字.tif，选择"移动工具"，拖动"文字"文件窗口中的图像到操作文件窗口中，生成"图层3"。图像效果如图

13-9-17所示。

图13-9-17　打开并移动文字

18　单击"图层"面板下方的"添加图层样式"按钮 **fx.**，选择"投影"命令，打开"图层样式"对话框，设置"颜色"为红色（R：255，G：0，B：0），"距离"为10像素，"大小"为10像素，如图13-9-18所示。单击"确定"按钮。

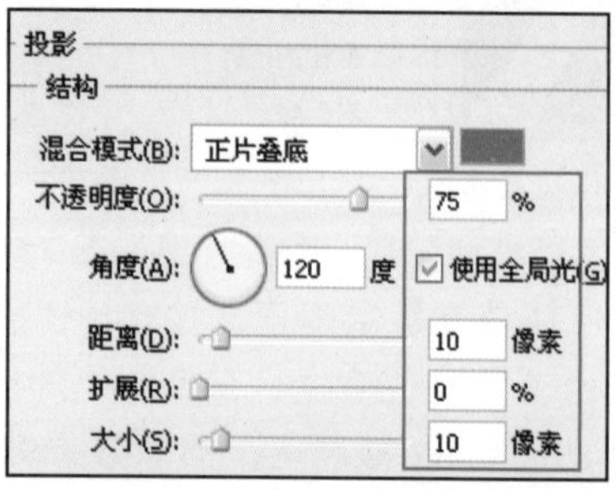

图13-9-18　设置"投影"参数

19　按住Ctrl键，单击"图层3"的"图层缩览图"载入选区，单击"图层"面板下方的"创建新的填充或调整图层"按钮 **.**，选择"色相/饱和度"选项，打开"色相/饱和度"对话框，设置参数为37、52、0，如图13-9-19所示。

图13-9-19　设置"色相/饱和度"参数

20　执行"色相/饱和度"命令后，图像效果如图13-9-20所示。

图13-9-20　"色相/饱和度"参数

21　将"图层3"载入选区，隐藏"色相/饱和度1"图层的可视性，打开"色相/饱和度"对话框，设置

参数为-95、68、0，图像效果如图13-9-21所示。

图13-9-21　"色相/饱和度"效果

22　使用同样的方法修改3次文字颜色，恢复"色相/饱和度1"图层的可视性，并隐藏该图层以上图层的可视性。打开素材图片：动感音乐人.tif，选择"移动工具" **►+**，拖动"动感音乐人"文件窗口中的图像到操作文件窗口中，生成"图层4"，并调整图像大小和位置，效果如图13-9-22所示。

23　打开素材图片：黑影人物.tif，选择"移动工具" **►+**，拖动"剪影"文件窗口中的图像到操作文件窗口中，生成"图层5"，图像效果如图13-9-23所示。

图13-9-22　移动图像　　图13-9-23　打开并移动图像

24　单击"图层"面板下方的"添加图层样式"按钮 **fx.**，打开快捷菜单，选择"内阴影"选项，打开"图层样式"对话框，设置"距离"为21像素，"大小"为21像素，其他参数保持默认，如图13-9-24所示。

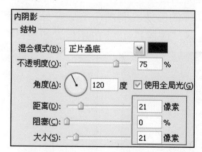

图13-9-24　设置"内阴影"参数

25　勾选"外发光"复选框，打开"外发光"面板，设置"不透明度"为50%，"发光颜色"为桃红色（R：237，G：101，B：242），"大小"为10像素，其他参数保持默认，如图13-9-25所示。

26　勾选"颜色叠加"复选框，打开"颜色叠加"面板，设置"混合模式"为正片叠底，"颜色"为蓝色（R：6，G：152，B：236），其他参数保持不变，如图13-9-26所示。单击"确定"按钮。

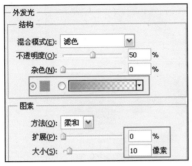

图13-9-25　设置"外发光"参数

图13-9-26　设置"颜色叠加"参数

27 添加"图层样式"后，图像效果如图13-9-27所示。

图13-9-27　"图层样式"效果

28 按Ctrl+J快捷键复制"图层5"，生成"图层5副本"，按Ctrl+T快捷键调整图像大小，按Enter键确定，效果如图13-9-28所示。

图13-9-28　复制并调整图像

29 执行"窗口"｜"动画"命令，打开"动画（时间轴）"面板，单击右下方的"转换为帧动画"按钮 ，将"动画（时间轴）"面板转换为"动画（帧）"面板，如图13-9-29所示。

图13-9-29　"动画（帧）"面板

30 设置"帧延迟时间"为0.6秒，"循环"为"永远"。单击"复制所帧"按钮 4次，复制4个动画帧，如图13-9-30所示。

图13-9-30　设置"帧延迟时间"

31 选择第2帧，隐藏"图层1"、"图层2"、"色相/饱和度1"和"图层5"，显示"图层1副本"、"图层2副本"、"色相/饱和度2"和"图层5副本"，图像效果如图13-9-31所示。

32 选择第3帧，隐藏"图层1"、"图层2"、"色相/饱和度1"和"图层5"，显示"图层1副本2"、"图层2副本2"、"色相/饱和度3"和"图层5"，图像效果如图13-9-32所示。

图13-9-31　编辑帧　　　　图13-9-32　编辑帧

33 选择第4帧，隐藏"图层1"、"图层2"、"色相/饱和度1"和"图层5"，显示"图层1副本3"、"图层2副本3"、"色相/饱和度4"和"图层5副本"，图像效果如图13-9-33所示。

34 设置完成后，可单击面板下方的"播放动画"按钮 预览效果。执行"文件"｜"存储为Web和设备所用格式"命令，打开"存储为Web和设备所用格式"对话框，设置"文件格式"为GIF，如图13-9-34所示。单击"存储"按钮，即可将动画效果存储。

图13-9-33　编辑帧

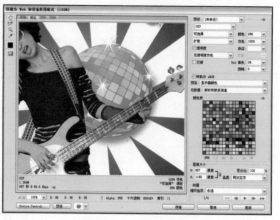

图13-9-34　导出动画效果

本章小结

　　动画在现代生活中所占据的位置是举足轻重的，四处可见各种不同效果且时尚动感的动画，它也是带动时尚的元素之一。本章则主要讲解对动画的制作，通过上述详细的讲解，读者们可了解制作一个动画的整个流程。希望读者们多加思考且练习，制作出炫彩、靓丽的动画，以带给人们视觉上的享受。

第14章

数码照片商业合成处理：
动作与自动化

　　Photoshop不仅是具有强大功能的图像设计与制作软件，而且还具有强大图像处理功能。"动作"的应用在Photoshop中是最富魅力的部分之一，如果结合"自动化"菜单下的"批处理"、"裁剪并修齐照片"、Photomerge等命令，可快速将成千上万张图像按照自己的想法进行编辑处理。本章重点介绍对"动作"面板中各项功能的应用，以达到能独自创建保存新动作并加以实际操作运用。

14.1 如何提高影楼的制作效率

提高影楼的制作效率方法：

1. 影楼工作组的操作流程安排合理才能够提高影楼的工作效率。
2. 熟练掌握快捷键，建立常用动作组，如：一个文件夹内的所有图片的旋转画布+微调色+按排序转档+另存等几步可以用自动批处理一步完成。
3. 把问题简单化，不断提高审美水平，改变设计理念，尤其是抠图抠纱方面，数码设计不是在抠图抠纱的细节上纠缠不清。
4. 照片后期处理的难易程度很大程度上取决于摄影师及化妆师的水平。数码加大了拍摄及化妆上的难度，提倡各技术环节间要有配合意识及整体观念，经典摄影作品欣赏如图14-1-1所示。

图14-1-1　经典摄影作品

14.2 如何创建特色自动化

如何创建特色自动化系统：自动化系统是基于Photoshop基础开发的一套自动化程序，因此要求使用者具有一定的Photoshop基础。相对于传统的套模版的制作方式，本系统只需将照片素材准备好，然后选中并执行一个样本程序，最后就能够完成选定样本的效果。一般来说，在奔腾4 2.0CPU，256M内存的计算机上，基本在半分钟内就能完成一个跨页的设计。对于大影楼的制作旺季，总会出现相册来不及制作的情况，有了这套系统，将使制作人员如虎添翼，一天做10套相册不成问题。

特色自动化系统有如下优点：

1. 能提高98%的数码相册制作效率，半分钟完成2页相册制作。
2. 解决计算机人才流失的问题，把技术装进计算机中，不装在员工的脑子里！
3. 突破制约影楼数码化发展的瓶颈：传统向数码转型的门槛。
4. 二次消费，用"自动化"多做一、两本相册，推后期。人物摄影作品，如图14-2-1所示。

图14-2-1　人物摄影

14.3 动作

编辑图像的过程中，常会对图像进行同样的操作步骤。为了方便使用这一操作步骤，利用"动作"面板能将这些操作步骤组合成为一个动作，之后便可反复使用这一动作。下面将详细讲解使用"动作"面板的基本操作。

14.3.1 动作面板

执行"窗口"|"动作"命令，打开"动作"面板，如图14-3-1所示。可看到"动作"面板中可以编辑、记录、播放和删除等动作命令，还可以保存、载入动作文件。

图14-3-1 动作面板

"动作"面板各按钮的功能如下：

A→"动作集" ▢ ，在默认设置的情况下，只有一个默认动作的序列名称，表示一组动作的集合。

B→"对话开关" ▢ ，当显示该按钮时，会弹出该命令的相应对话框，单击"确定"按钮后才能继续。图标显示为红色时，表示序列中只有一部分动作或命令并设置动作暂停；此图标不显示时，Photoshop会按动作中的设置逐一向下执行。

C→"项目开关" ✔ ，显示该图标时，表示该动作和命令可以执行；不显示该图标时，表示序列中的所有动作都不能执行；图标显示为红色时，表示只能执行部分动作或命令。

D→"停止/记录" ▢ ，在录制动作时，单击此按钮，可以停止动作录制。

E→"开始记录" ⬤ ，单击此按钮，可以开始录制一个新的动作，在录制动作的过程中，该按钮显示为红色。

F→"播放选定的动作" ▶ ，选定一个还未执行的动作时，单击该按钮，可执行所选定的动作。

G→"创建新组" ▢ ，单击该按钮，可创建新的动作组。

H→"创建新动作" ▢ ，单击该按钮，可创建一个新动作，并显示在所选中的动作组中。

I→"删除" 🗑 ，单击该按钮，可删除需要删除的动作或是动作组文件夹。

J→"控制菜单" ▤ ，单击该按钮，便可以打开"动作"面板控制菜单，可以根据不同的需要执行不同的命令。

14.3.2 应用预设动作

"动作"面板中，提供了一些预设动作，这些动作包括：淡出效果、画框效果、水中倒影、四分颜色等。执行这些动作可以快速制作出各种图像特效，如，文字特效、图像边框特效、纹理特效等，具体操作方法如下。

操作演示：利用预设命令四分图像颜色

01 执行"文件"|"打开"命令，打开素材图片：动感美女.tif，复制"背景"图层为"背景 副本"图层，如图14-3-2所示。

图14-3-2 打开素材

02 执行"窗口"|"动作"命令，打开"动作"面板，选择动作"四分颜色"，单击"动作"面板上的"播放"按钮 ▶ ，如图14-3-3所示。

图14-3-3 执行动作

03 执行"四分颜色"动作后，图像最终效果如图14-3-4所示。

图14-3-4　最终效果

操作提示：

设置图层的混合模式可根据图像效果和要求来设置，这里设置为"叠加"，可增加图像的亮度。还可设置图层的"不透明度"以达到图像的最好效果。

14.3.3　创建新动作

在Photoshop中，不仅能使用"动作"面板中的预设动作制作一些特殊效果，而且还可根据自己创作的需要来设定一些新的动作。下面讲解如何在"动作"面板中创建新动作，具体操作演示如下。

操作演示：创建新动作制作下雪效果

01 执行"文件"|"打开"命令，打开素材图片：雪景.tif，如图14-3-5所示。

图14-3-5　打开素材

02 打开"动作"面板，单击"创建新动作"按钮，打开"新建动作"对话框，设置"名称"为"雪花效果"，单击"确定"按钮后。"新建动作"对话框与"动作"面板如图14-3-6所示。

03 新建"图层1"，填充为黑色。执行"滤镜"|"杂色"|"添加杂色"命令，设置参数如图14-3-7所示。单击"确定"按钮。

图14-3-6　新建动作

图14-3-7　设置参数

04 执行"滤镜"|"其他"|"自定"命令，打开"自定"对话框，设置参数如图14-3-8所示。单击"确定"按钮。

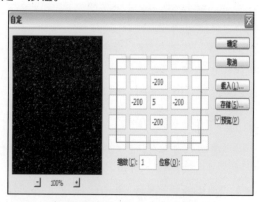

图14-3-8　设置自定参数

05 选择"矩形选框工具"，绘制一个选区，按Ctrl+J快捷键，复制为"图层2"，删除"图层1"调整图像大小后，图像如图14-3-9所示。

图14-3-9 图像效果

06 设置图层2的混合模式为"滤色"，图像最终效果
如图14-3-10所示。

图14-3-10 最终效果

操作提示：

在以上操作演示中利用滤镜制作了雪花效果，通过"动作"面板记录了这一制作过程，在以后制作图像下雪效果时，可直接执行该动作，制作出雪花效果。

14.3.4 编辑动作

录制动作中，编辑动作是非常重要的。编辑动作包括以下几方面内容：

（1）添加步骤：单击"动作"面板中的"开始记录"按钮 ●，可以向动作中添加动作。

（2）复制步骤：将要复制的动作拖到"创建新动作"按钮 上即可。

（3）删除步骤：将要删除的动作拖到"删除"按钮 上即可。

（4）移动动作：在"动作"面板中拖动想要移动的动作到另一动作集，当出现虚线时释放鼠标即可。

（5）修改步骤参数：在每个动作左边都有一个小三角按钮，单击此按钮后则会在动作的下边显示参数设置。若双击步骤名，会弹出动作的参数设置对话框，从中可以修改动作名称。

打开一幅图片，在"动作"面板中单击"控制菜单"按钮 ，打开快捷菜单，选择"回放选项"选项，打开"回放选项"对话框，如图14-3-11所示。

图14-3-11 "回放选项"对话框

"回放选项"对话框中各选项的功能如下所示：

A→"加速"：选中此单选按钮，则以正常速度播放动作，通常为默认值。

B→"逐步"：选中此单选按钮，可在显示一个动作结果之后，再执行下个动作命令。

C→"暂停"：选中此单选按钮，可指定在执行每个动作命令之间有一个暂停时间，时间单位为"秒"。

操作演示：为多幅图添加颜色

01 执行"文件"|"打开"命令，打开素材图片：模特1.tif、模特2.tif、模特3.tif、模特4.tif，如图14-3-12所示。

图14-3-12 打开素材

02 打开"动作"面板，新建"组1"和新建"动作1"，开始记录，"开始记录"按钮 变成红色，如图14-3-13所示。

图14-3-13　新建动作

03 选择素材图片：模特4.tif，单击"图层"面板下方的"创建新的填充或调整图层"按钮 ，执行"渐变"命令，打开"渐变填充"对话框，设置参数如图14-3-14所示。单击"确定"按钮。

图14-3-14　添加渐变色

04 执行"渐变"命令后，"图层"面板如图14-3-15所示，按Ctrl+E快捷键合并图层。

05 将图像储存为原图像的副本，完成动作录制，如图14-3-16所示。

06 打开"动作"面板，单击"播放选定的动作"按钮 ，为其他3幅图添加该动作，图像最终效果如图14-3-17所示。

图14-3-15　"图层"面板

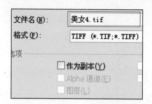

图14-3-16　储存图像

图14-3-17　最终效果

14.4　应用自动化命令

　　Photoshop中，"自动"命令经常用来处理大批同样性质的文件，这样可以减少工作时间提高工作效率。这些"自动"命令主要包括："批处理"、"创建快捷批处理"、"裁剪并修齐照片"和Photomerge等各项命令。执行"文件"|"自动"命令打开快捷菜，如图14-4-1所示。

14.4.1　批处理

　　执行"文件"|"自动"|"批处理"命令，打开"批处理"对话框，如图14-4-2所示。"批处理"可对同一文件夹的图像文件运用动作，也可用单个动作来处理多个图像文件，下面详细讲解运用"批处理"操作过程。

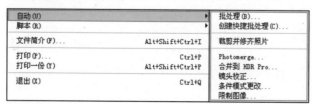

图14-4-1　自动化命令

图14-4-2　"批处理"对话框

A→"组"：显示在"动作"面板中的所有组，可以从中选择要执行动作的组合。

B→"动作"：显示在"动作"下拉列表中选定的所有动作命令。

C→"源"：显示在"源"的下拉列表中包含"文件夹"、"导入"、"打开的文件"和Bridge选项。根据需要而选择不同的选项。

D→"覆盖动作中的"打开"命令"：勾选该复选框，可以忽略动作中录制的"打开"命令。

E→"包含所有子文件夹"：勾选该复选框，可以对文件夹的子文件夹中的图像进行处理。

F→"禁止显示文件打开选项对话框"：勾选该复选框，将不显示打开文件的对话框。

G→"禁止颜色配置文件警告"：勾选该复选框，可以关闭文件配置颜色方案的显示。

H→"目标"：设置执行动作后文件保存的位置，其中包括3个选项："无"、"存储并关闭"、"文件夹"选项。

I→"覆盖动作中的"存储为"命令"：勾选该复选框，将使用此处指定的"目标"覆盖"储存为"动作。

J→"文件命名"：在这个选项组中提供了多种文件名称和格式。

K→"错误"：在该下拉列表框中提供了"由于错误而停止"和"将错误记录到文件"两个选项。

操作演示：利用"批处理"为图像添加画框

01 执行"文件"|"打开"命令，打开素材图片：美丽风景.tif，如图14-4-3所示。

02 设置"批处理"对话框中的参数如图14-4-4所示。单击"确定"按钮。

图14-4-3　打开素材

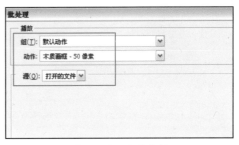

图14-4-4　设置参数

03 执行"批处理"命令后，图像最终效果如图14-4-5所示。

图14-4-5　最终效果

操作提示：

打开"批处理"对话框，"动作"下拉列表中有多种动作命令，可根据需要或图像要求任意选择动作命令。

14.4.2　创建快捷批处理

"创建快捷键批处理"只是一个小的应用程序，它可以为批处理操作创建一个快捷方式。创建快捷方式后，可直接对其他文件使用此次批处理，执行"文件"|"自动"|"创建快捷键批处理"命令，打开"创建快捷键批处理"对话框，在此对话框中可设置创建"批处理"的快捷方式，此对话框与"批处理"对话框中内容大同小异，这里就不再重复。

14.4.3 裁剪并修齐照片

执行"文件"|"自动"|"裁剪并修齐照片"命令，可把原本放置不规范的图片，处理成放置整齐的图片，可自动修齐倾斜的图像，具体操作如下所示。

操作演示：利用"裁剪并修齐照片"修饰倾斜的图像

01 执行"文件"|"打开"命令，打开素材图片：花.tif，如图14-4-6所示。

图14-4-6 打开素材

02 执行"文件"|"自动"|"裁剪并修齐照片"命令，图像最终效果如图14-4-7所示。

图14-4-7 最终效果

14.4.4 Photomerge

执行"文件"|"自动"|Photomerge命令，打开Photomerge对话框，如图14-4-8所示。Photomerge命令可将多幅图像组合成一幅连续的图像，合成全景图像效果，具体操作如下。

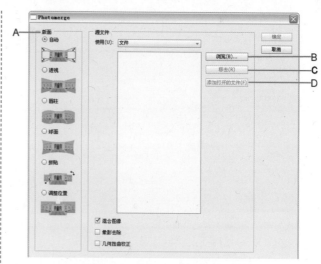

图14-4-8 "Photomerge"对话框

A→"版面"：在"版面"选项组中提供了合并图像的不同版式，可根据需要选择不同的版式。

B→"浏览" 浏览(B)... ：单击"浏览"按钮打开图片所在的文件夹。

C→"移去" 移去(R) ：选择在打开文件中的选项，单击"移去"按钮即可删除选中的图像。

D→"添加打开的文件" 添加打开的文件(F) ：单击此按钮，能够将打开的图像添加到对话框中。

操作演示：利用Photomerge命令合成全景图

01 执行"文件"|"打开"命令，在文件中选择需要进行合成的全景图图像，如图14-4-9所示。

图14-4-9 打开文件

02 打开素材图片：风景1.tif、风景2.tif、风景3.tif，图像效果如图14-4-10所示。

图14-4-10　拖动对象

03 执行"文件"|"打开"|Photomerge命令，打开Photomerge对话框，如图14-4-11所示。

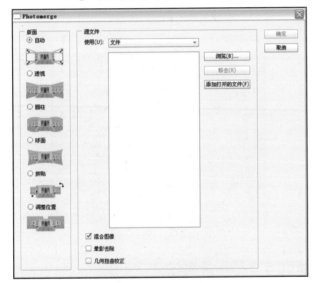

图14-4-11　拖移复制图形

04 单击"浏览"按钮，在打开的对话框中选择需要的文件，单击"确定"按钮后，图像已经被添加到Photomerge对话框中，如图14-4-12所示。单击"确定"按钮。

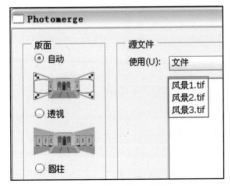

图14-4-12　添加图像

05 执行Photomerge命令后，图像效果如图14-4-13所示。

图14-4-13　图像效果

06 此时的"图层"面板如图14-4-14所示。

图14-4-14　图层面板

14.4.5　合并到HDR Pro

执行"合并到HDR Pro"命令，可以从一组曝光中选择两个或两个以上的文件，以合并和创建高动态范围图像。执行"文件"|"自动"|"合并到HDR Pro"命令，打开"合并到HDR Pro"对话框，如图14-4-15所示。

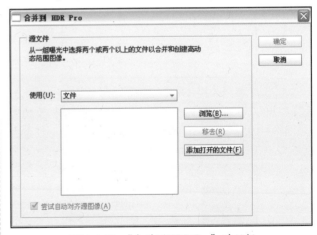

图14-4-15　"合并到HDR Pro"对话框

操作演示：利用"合并到HDR Pro"命令合成图像

01 执行"文件"|"打开"命令，打开素材图片：风景2.tif，如图14-4-16所示。

图14-4-16　打开素材

02 执行"文件"|"打开"命令，打开素材图片：风景1.tif，如图14-4-17所示。

图14-4-17　打开素材

03 执行"文件"|"自动"|"合并到HDR Pro"命令，打开"合并到HDR Pro"对话框，添加素材图片，如图14-4-18所示。单击"确定"按钮。

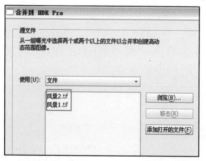

图14-4-18　合并到HDR Pro对话框

04 打开"手动设置曝光值"对话框，设置参数如图14-4-19所示。单击"确定"按钮。

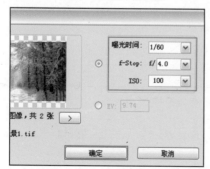

图14-4-19　设置参数

05 打开"合并到HDR Pro"对话框，参数保持默认，

如图14-4-20所示。单击"确定"按钮。

图14-4-20　合并图像对话框

06 执行"合并到HDR Pro"命令后，最终效果如图14-4-21所示。

图14-4-21　最终效果

操作提示：

在"手动设置曝光值"对话框中，可根据图像不同的要求而设置曝光值。

14.4.6　镜头校正

执行"镜头校正"命令，可校正图像的镜头变形细节，具体操作如下。

操作演示：利用"镜头校正"命令校正图像变形细节

01 执行"文件"|"打开"命令，打开素材图片：山水风景.tif，如图14-4-22所示。

02 执行"文件"|"自动"|"镜头校正"命令，打开"镜头校正"对话框，添加图片到对话框中，如图14-4-23所示。单击"确定"按钮。

图14-4-22　打开素材

图14-4-23　"镜头校正"对话框

03 执行"镜头校正"命令后，图像最终效果如图14-4-24所示。

图14-4-24　最终效果

操作提示：

执行"镜头校正"命令后，自动生成一个psd格式的文件，最后可把它重新保存到新建的源文件夹中。

14.4.7　条件模式更改

打开一幅图片，执行"条件模式更改"命令，打开"条件模式更改"对话框，如图14-4-25所示。可改变图像的模式，形成灰度图像效果，具体操作如下。

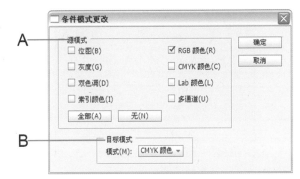

图14-4-25　"条件模式更改"对话框

A→"源模式"：在"源模式"下有多种图像模式，勾选复选框可转换源图像色彩模式，单击"全部"按钮可以选中全部模式，单击"无"按钮可以取消所有选择。

B→"目标模式"：用于设置转换后的图像模式。

操作演示：利用"条件模式更改"改变图像模式

01 执行"文件"|"打开"命令，打开素材图片：梦幻景色.tif，如图14-4-26所示。

图14-4-26　打开素材

02 执行"文件"|"自动"|"条件模式更改"命令，打开"条件模式更改"对话框，勾选"双色调"复选框，如图14-4-27所示。单击"确定"按钮。

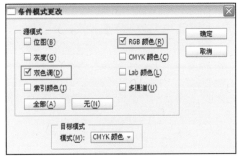

图14-4-27　勾选双色调复选框

03 执行"条件模式更改"命令后，图像效果如图14-4-28所示。

图14-4-28　图像效果

图14-4-29　灰色图像效果

14.4.8　限制图像

　　执行"限制图像"命令可将图像高度和宽度设置成需要的尺寸大小，但不会改变图像的分辨率，是用于限制图像的尺寸。

操作演示："限制图像"命令改变图像尺寸

01 执行"文件"|"打开"命令，打开素材图片：七星瓢虫.tif，如图14-4-30所示。

图14-4-30　打开素材

02 执行"文件"|"自动"|"限制图像"命令，打开"限制图像"对话框，设置参数如图14-4-31所示。单击"确定"按钮。

图14-4-31　设置参数

03 执行"限制图像"命令后，图像最终效果如图14-4-32所示。

图14-4-32　最终效果

14.5 实例应用：创建并保存自动化动作

案例分析

本实例讲解"创建并保存自动化动作"的制作方法。主要运用"动作"面板，把操作过程记录保存下来，以后可以直接应用所保存的自动化动作，通过学习可把自己创作优秀的作品制作过程保存下来，以方便以后使用。

制作步骤

01 执行"文件"|"打开"命令，打开素材图片：花海.tif，如图14-5-1所示。

图14-5-1 打开素材

02 执行"窗口"|"动作"命令，打开"动作"面板，如图14-5-2所示。

图14-5-2 "动作"面板

03 单击"动作"面板下方"创建新组"按钮，打开"新建组"对话框，设置"名称"为"组1"，如图14-5-3所示。单击"确定"按钮。

图14-5-3 新建组对话框

提示：

按Alt+F9快捷键，也可打开"动作"面板。

04 单击"动作"面板下方的"创建新动作"按钮，打开"新建动作"面板，设置"名称"为"动作1"，如图14-5-4所示。单击"记录"按钮。

图14-5-4 新建动作对话框

05 新建动作之后，"动作"面板中的"开始记录"按钮变为红色开始记录，如图14-5-5所示。

图14-5-5 动作面板

06 回到"图层"面板，单击"图层"面板下方的"创建新图层"按钮，新建图层1。并填充图层1为黑色，如图14-5-6所示。

图14-5-6 填充颜色效果

07 执行"滤镜"|"渲染"|"分层云彩"命令，图

像效果如图14-5-7所示。

08 设置图层1的混合模式为"滤色",图像效果如图 14-5-8所示。

图14-5-7 云彩效果　　图14-5-8 改变图层混合模式

09 选择"矩形选框工具"，在文件窗口中拖移并定义矩形选区,如图14-5-9所示。

图14-5-9 绘制选区

提示:

按Ctrl+F快捷键,重复上一步滤镜操作。此时纹理线条会变得更清晰且对比度加强。

10 按Ctrl+J快捷键,复制选区内容,生成图层2,此时删除图层1,图像效果如图14-5-10所示。

图14-5-10 复制选区

11 按Ctrl+T快捷键,调整选区的大小直到布满整个图像,再设置"不透明度"为50%,图像效果如图14-5-11所示。

12 新建图层3并填充颜色为黑色,再执行"滤镜"|"渲染"|"镜头光晕"命令,打开"镜头光晕"对话框,设置"亮度"为140%,"镜头类型"为50-300毫米变焦,如图14-5-12所示。单击"确定"按钮。

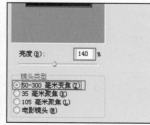

图14-5-11 图像效果　　图14-5-12 设置参数

13 执行"镜头光晕"命令后,图像效果如图14-5-13所示。

图14-5-13 图像效果

14 设置图层3的混合模式为"滤色"。再选择"矩形选框工具"，在文件窗口中拖移并定义矩形选区,如图14-5-14所示。

图14-5-14 绘制矩形

15 按Ctrl+J快捷键,复制选区内容,生成图层4,此时删除图层3。按Ctrl+T快捷键调整图形的大小和位置,图像效果如图14-5-15所示,单击"确定"按钮。

图14-5-15 调整图像大小和位置

16 设置图层4的混合模式为"叠加",图像效果如图14-5-16所示。

17 完成记录后,单击"动作"面板下方的"停止/记录"按钮 ■，停止记录，如图14-5-17所示。

图14-5-16　改变图层混合模式

图14-5-17　停止记录

18 重新打开素材图片：花海.tif，如图14-5-18所示。

图14-5-18　打开素材

19 选择"动作"面板中的"动作1"命令，单击"动作"面板下方的"播放选定的动作"按钮 ▶，如图14-5-19所示。

图14-5-19　播放记录动作

20 执行播放"动作1"命令后，图像最终效果与记录最终效果一样，如图14-5-20所示。

图14-5-20　最终效果

提示：

用上述同样的方法还可制作雨天、下雪、风等特殊效果，运用"动作"面板记录下来以方便以后使用。

 14.6 实例应用：下载并导入自动化动作

案例分析

　　本实例讲解"下载并导入自动化动作"的操作过程。首先下载动作文件，载入"动作"面板，再打开素材图片，分别执行下载的"动作"命令，则可以改变图像效果。

制作步骤

01 找到一个"个性单色非主流调色"Photoshop动作，保存到指定的文件夹中，如图14-6-1所示。

图14-6-1 下载动作

提示：

可从网上下载不同的Photoshop动作，一般下载的动作都是一个压缩包，要先进行解压，再保存到指定的文件夹中。

02 按Ctrl+O快捷键，打开素材图片：可爱女人.tif，如图14-6-2所示。

图14-6-2 打开素材

03 打开"动作"面板，单击"控制菜单"按钮▼≡，打开控制菜单，执行"载入动作"命令，打开"载入"对话框，载入上述下载的动作，如图14-6-3所示。单击"载入"按钮。

图14-6-3 载入对话框

04 载入动作之后，"动作"面板中可看到载入的新动作，如图14-6-4所示。

图14-6-4 "动作"面板

05 单击载入的新动作序列前的"展开按钮"▽，有8个新动作，如图14-6-5所示。

图14-6-5 "动作"面板

06 选择"动作"面板中的动作1，再单击"动作"面板下方的"播放选定的动作"按钮▶，图像效果如图14-6-6所示。

07 "图层"面板如图14-6-7所示。

图14-6-6 图像效果　　　　图14-6-7 图层面板

08 选择"动作"面板中的动作2，单击"动作"面板下方的"播放选定的动作"按钮▶，图像效果如图14-6-8所示。

09 "图层"面板，如图14-6-9所示。

10 选择"动作"面板中的动作3，单击"动作"面板下方的"播放选定的动作"按钮▶，打开"光照效果"对话框，如图14-6-10所示。单击"确定"按钮。

图14-6-8 图像效果

图14-6-9 图层面板

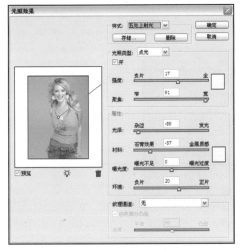
图14-6-10 光照效果对话框

11 执行"光照效果"命令后，图像效果如图14-6-11所示。

12 "图层"面板如图14-6-12所示。

图14-6-11 图像效果

图14-6-12 图层面板

13 选择"动作"面板中的动作4，单击"动作"面板下方的"播放选定的动作"按钮▶，得到图像效果如图14-6-13所示。

图14-6-13 图像效果

14 分别选择"动作"面板中的动作5、动作6、动作7、动作8，单击"动作"面板下方的"播放选定的动作"按钮▶，图像最终效果如图14-6-14所示。

图14-6-14 最终效果

提示：

载入"动作"时，不要连续载入多个动作，要分别载入单个"动作"才能使图像效果明显。

14.7　实例应用：打印自己的作品

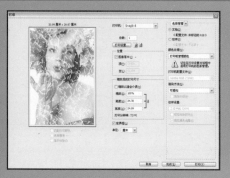

案例分析

　　本实例讲解"打印自己的作品"的操作过程。制作好作品后，执行"打印"命令，打开"打印"对话框，设置相应的参数，最后进行打印。

制作步骤

01 执行"文件"|"打开"命令，打开素材图片：美丽女孩.tif，如图14-8-1所示。

02 打开"动作"面板，选择动作"熔化的铅块"，单击"动作"面板下方的"播放选定的动作"按钮 ▶，如图14-8-2所示。

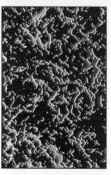

图14-8-3　图像效果　　　　图14-8-4　图像效果

图14-8-1　打开素材　　　图14-8-2　"动作"面板

03 执行动作"熔化的铅块"后，自动生成图层1，图像效果如图14-8-3所示。

04 设置图层1的混合模式为"滤色"，图像效果如图14-8-4所示。

05 执行"文件"|"打印"命令，打开"打印"对话框，如图14-8-5所示。

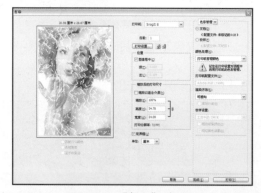

图14-8-5　"打印"对话框

提示：

在"打印"对话框中可以设置打印属性的几个选项，设置需要的参数后，调整好后单击"打印"按钮开始打印。

本章小结

　　通过本章的学习，要重点掌握对"动作"面板的运用，并且能自己创建新动作到"动作"面板。大多数的命令和操作都可以记录在"动作"面板中，以方便执行无法记录的任务。还要善于把动作和自动化功能相结合使用，不仅能提高工作效率，还能得到出其不意的图像效果。

第15章

综合实例

本实例主要通过紫边瑕疵修复处理、偏色照片修复处理、残损照片修复处理、润饰熠熠生辉的星空、润饰烟花绽放的夜景、润饰春意盎然的风景、修饰自然卷翘的美丽睫毛、修饰美丽潮流的指甲、修饰性感妖娆的身材、修饰修长性感的美腿等多个操作实例，为读者温习了前面章节的知识要点；希望读者掌握并学习其中要点，从而灵活运用，以便制作出更具特色的图像效果。

15.1 偏色照片修复处理

案例分析

本实例讲解制作"偏色照片修复处理"的应用方法；在制作过程中主要运用了"色彩平衡"和"自动颜色"等恢复图像色调层次感；其次再运用"色阶"、"曲线"和"亮度/对比度"等调整图像整体明暗对比度。

操作步骤

01 执行"文件"|"打开"命令，打开素材图片：偏色照片.tif，如图15-1-1所示。

02 单击"图层"面板下方的"创建新的填充或调整图层"按钮 ，选择"色彩平衡"选项，打开"色彩平衡"对话框，设置参数为22、-68、19，如图15-1-2所示。

图15-1-1 偏色照片.tif文件　图15-1-2 设置"色彩平衡"参数

03 执行"色彩平衡"命令后，此时可观察到图像整体红色、洋红、蓝色提高，且绿色降低，效果如图15-1-3所示。

图15-1-3 "色彩平衡"效果

04 按Ctrl+ Shift+Alt+E快捷键，盖印可视图层。此时可观察到"图层"面板效果如图15-1-4所示。

05 执行"图像"|"自动颜色"命令，此时可观察到图像整体色调更加自然均衡，效果如图15-1-5所示。

图15-1-4 盖印可视图层　图15-1-5 "自动颜色"效果

06 单击"图层"面板下方的"创建新的填充或调整图层"按钮 ，选择"色阶"选项，打开"色阶"对话框，设置参数为25、1.00、255，如图15-1-6所示。

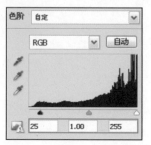

图15-1-6 设置"色阶"参数

07 执行"色阶"命令后，此时可观察到图像整体对比度加强，效果如图15-1-7所示。

"色阶"命令用于调整图像的明暗程度。色阶调整是使用高光、中间调和暗调3个变量进行图像色调调整的。这个命令不仅对整个图像可以进行操作，也可以对图像的某一选取范围、某一图层图像，或者某一个颜色通道进行操作。

08 单击"图层"面板下方的"创建新的填充或调整图层"按钮，选择"曲线"选项，打开"曲线"对话框，向下微调曲线弧度，降低图像整体明暗度，如图15-1-8所示。

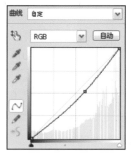

图 15-1-7 "色阶"效果　　图15-1-8 调整"曲线"弧度

09 执行"曲线"命令后，此时可观察到图像整体亮度降低，效果如图15-1-9所示。

图15-1-9 "曲线"效果

10 单击"图层"面板下方的"创建新的填充或调整图层"按钮，选择"亮度/对比度"选项，打开"亮度/对比度"对话框，设置参数为24、-32，如图15-1-10所示。

亮度：当输入数值为负时，将降低图像的亮度；当输入的数值为正时，将增加图像的亮度；当输入的数值为0时，图像无变化。对比度：当输入数值为负时，将降低图像的对比度；当输入的数值为正时，将增加图像的对比度；当输入的数值为0时，图像无变化。

11 执行"亮度/对比度"命令后，此时可观察到图像对比度降低，效果如图15-1-11所示。

图15-1-10 设置"亮度/对比度"参数　　图15-1-11 "亮度/对比度"效果

12 按Ctrl+ Shift+Alt+E快捷键，盖印可视图层，此时自动生成图层2，效果如图15-1-12所示。

图15-1-12 盖印可视图层2

13 执行"滤镜"|"模糊"|"高斯模糊"命令，设置"高斯模糊"为5像素，如图15-1-13所示。单击"确定"按钮。

14 此时可观察到执行"高斯模糊"命令后，图像呈现出模糊柔化效果，如图15-1-14所示。

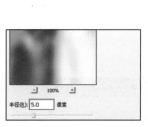

图15-1-13 设置"高斯模糊"参数　　图15-1-14 "高斯模糊"效果

利用高斯曲线的分布模式，能够有选择地快速模糊图像，产生朦胧的效果。其中"半径"复选框，是指设置滤镜进行高斯演算的半径值。参数越高，朦胧效果越强烈，反之参数越低，朦胧效果越弱。

15 设置图层2的混合模式为"滤色"，"不透明度"为25%。如图15-1-15所示。

图15-1-15　更改"图层"属性

图15-1-16　更改属性后效果　图15-1-17　设置"色相/饱和度"参数

16 更改图层属性后,此时可观察到图像效果如图15-1-16所示。

17 单击"图层"面板下方的"创建新的填充或调整图层"按钮 ,选择"色相/饱和度"选项,打开"色相/饱和度"对话框,单击面板下方的"吸管工具" ,设置"通道"为绿,并在窗口单击人物衣服位置的绿色像素取样颜色,设置参数为-23、0、0,如图15-1-17所示。

18 设置"色相/饱和度1"调整图层的"不透明度"为70%,此时可观察到最终效果如图15-1-18所示。

图15-1-18　最终效果

15.2　润饰熠熠生辉的星空

案例分析

　　本实例讲解制作"润饰熠熠生辉的星空"的应用方法;在制作过程中主要运用了"移动工具"和"混合模式"合成天空星球图像;其次再运用了"画笔工具"和"变形"命令添加繁星效果;最后再运用"通道"面板制作烟雾缭绕的梦幻效果。

操作步骤

01 执行"文件"|"打开"命令,打开素材图片:星空.tif文件,如图15-2-1所示。

02 按Ctrl+O快捷键,打开素材:星球.tif文件,如图15-2-2所示。

03 选择"移动工具" ,拖动"星球"文件窗口中的图像到"星空"文件窗口中,此时自动生成图层1,执行"编辑"|"自由变换"命令,打开"自由变换"调节框,旋转调整图像视觉角度,并按Enter键确定,效果如图15-2-3所示。

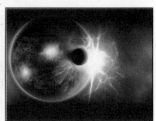

图15-2-1　星空.tif文件　　　　图15-2-2　星球.tif文件

图15-2-3　导入素材

04 设置"图层1"的混合模式为"滤色",选择"橡皮擦工具" ![icon],擦除边缘图像效果如图15-2-4所示。

提示:

"滤镜"混合模式与"正片叠底"相反,它是将绘制的颜色与底色的互补色相乘,然后再除以255,得到的结果就是最终的效果,用这种模式转换后的颜色通常比较浅,具有漂白的效果。

05 执行"图像"|"调整"|"色相/饱和度"命令,打开"色相/饱和度"对话框,设置参数为105、0、0,如图15-2-5所示。

图15-2-4　更改图层属性　　图15-2-5　设置"色相/饱和度"参数

06 右键单击"色相/饱和度1"调整图层后面的空白处,选择"创建剪切蒙版"选项,此时可观察到图像效果如图15-2-6所示。

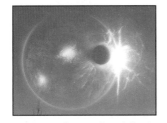

图15-2-6　"色相/饱和度"效果

07 选择"画笔工具" ![icon],按F5键打开"画笔"面板,单击"画笔笔尖形状"复选框,设置"大小"为13像素,"硬度"为0%,"间距"为500%,如图15-2-7所示。

08 单击"形状动态"复选框,设置"大小抖动"为100%,"最小直径"为0%,"角度抖动"为0%,如图15-2-8所示。

09 单击"散布"复选框,设置"散布"为1000%,"数量"为1,"数量抖动"为20%,如图15-2-9所示。

图15-2-7　设置"画笔笔尖　　图15-2-8　设置"形状
　　　形状"参数　　　　　　　动态"参数

图15-2-9　设置"散布"参数

10 单击"图层"面板下方的"创建新图层"按钮 ![icon],新建"图层2"。设置前景色为白色,并设置属性栏上的"不透明度"与"流量"为100%,在图像上绘制星光装饰图像,效果如图15-2-10所示。

11 选择"画笔工具" ![icon],单击属性栏上的"画笔选取器"按钮 ![icon],打开下拉面板,设置"主直径"为70像素,并选择"星形70像素"画笔,如图15-2-11所示。

图15-2-10　绘制星光装饰　　图15-2-11　设置"画笔"面板参数

12 新建"图层3"在窗口中单击绘制星光装饰,效果如图15-2-12所示。

图15-2-12　绘制星光

提示:

在绘制星光装饰的过程中,可随意调整画笔大小,以便绘制出更具层次感的图像效果。

13 新建图层设置前景色并选择"画笔"为"柔边圆70像素"。在窗口中绘制圆点,如图15-2-13所示。

14 按Ctrl+T快捷键，打开"自由变换"调节框，按住Shift键向下拖动调节框的中心点，等比例压缩圆点，并向右拖移调节框的右侧中心点，对其进行等比例拉伸扭曲，如图15-2-14所示。

图15-2-13　绘制圆点　　图15-2-14　等比例拉伸压缩图像

15 右键单击打开快捷菜单，选择"扭曲"选项，并按住Shift+Alt快捷键，向下调整右上侧角点，等比例扭曲图像的视觉角度，并再次单击右键选择"自由变换"选项，旋转调整图像视觉角度，效果如图15-2-15所示。按Enter键确定。

图15-2-15　"扭曲"旋转图像

提示：

在此对图像进行扭曲变形处理，其目的是为了为图像添加流星效果。

16 单击"外发光"复选框后面的名称，打开"外发光"面板，设置"大小"为13像素，其他参数保持默认，如图15-2-16所示。

17 单击"确定"按钮。此时可观察到执行"外发光"命令后图像效果，如图15-2-17所示。

18 按Ctrl+J快捷键，复制出"流星副本"图层，并按Ctrl+T快捷键，等比例缩小图像并调整其位置，按Enter键确定后，观察效果如图15-2-18所示。

图15-2-16　设置"外发光"参数　　图15-2-17　"外发光"效果

提示：

"外发光"效果是在图层内容的边缘以外添加发光效果。

图15-2-18　复制图层

19 单击"图层"面板下方的"创建新的填充或调整图层"按钮，选择"色相/饱和度"选项，打开"色相/饱和度"对话框，设置参数为-11、0、0，如图15-2-19所示。

20 执行"色相/饱和度"命令后，此时可观察到图像效果如图15-2-20所示。

图15-2-19　设置"色相/饱和度"　　图15-2-20　"色相/饱和度"效果

21 选择"通道"面板，单击面板下方"创建新通道"按钮，新建Alpha1通道，如图15-2-21所示。

图15-2-21　新建通道

22 设置前景色为白色，选择"画笔工具"，在窗口随意绘制图像，效果如图15-2-22所示。

23 执行"滤镜"|"模糊"|"高斯模糊"命令，设置参数为30像素，如图15-2-23所示。

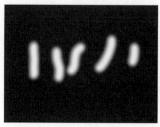 

图15-2-22　绘制图像　　图15-2-23　设置"高斯模糊"参数

24 单击"确定"按钮。此时可观察到执行"高斯模糊"命令后图像效果，如图15-2-24所示。

图15-2-24 "高斯模糊"效果

25 选择"涂抹工具" ，单击属性栏上的"画笔选取器"按钮 ，打开面板并选择"喷溅59像素"画笔，如图15-2-25所示。

提示：

"涂抹工具" 可模拟在未干的绘画纸上拖动手指的动作。如果图像在颜色与颜色之间的边界生硬，或颜色与颜色之间过渡不好，可以使用"涂抹工具"，将过渡颜色柔和化。

26 在属性栏上的设置"强度"为80%，在窗口涂抹图像，效果如图15-2-26所示。

 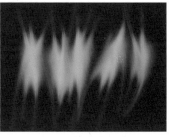

图15-2-25 设置"画笔"参数 图15-2-26 涂抹图像

27 执行"滤镜"|"扭曲"|"波浪"命令，打开对话框，设置"生成器数"为40，"波长"为163、218，"波幅"为1、29，"比例"为100%、100%，"类型"为"正弦"，"未定义区域"为重复边缘像素，如图15-2-27所示。

图15-2-27 设置"波幅"参数

提示：

"波浪"该滤镜可按指定的波长、波幅、类型来扭曲图像。

28 单击"确定"按钮。此时可观察到图像效果，如图15-2-28所示。

29 按Ctrl+F快捷键，重复上一次"滤镜"命令操作，此时可观察到图像效果，如图15-2-29所示。

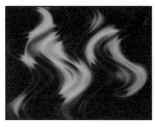 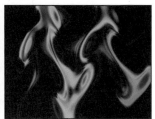

图15-2-28 "波幅"效果 图15-2-29 重复上一次"滤镜"操作

30 按住Ctrl键单击Alpha1通道的缩览图载入选区。选择"图层"面板并新建图层，设置前景色为白色，按Alt+Delete快捷键，填充图层。此时可观察到图像效果，如图15-2-30所示。

图15-2-30 载入并填充选区

31 设置新图层的混合模式为"柔光"，"不透明度"为62%，按Ctrl+T快捷键，旋转调整图像视觉角度，并单击右键选择"变形"选项，拖动调节框的角点对图像进行变形处理，效果如图15-2-31所示。

32 按Ctrl+J快捷键，复制图层并按Ctrl+T快捷键，水平翻转图像，效果如图15-2-32所示。按Enter键确定。

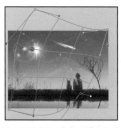 

图15-2-31 "变形"图像 图15-2-32 复制并调整图像

33 分别选择各"烟雾"图层并选择"橡皮擦工具" ，擦除多余烟雾图像，使其更加自然柔和，效果如图15-2-33所示。

图15-2-33 擦除多余图像

34 新建图层设置前景色为黑色，背景色为白色，执行"滤镜"|"渲染"|"云彩"命令，效果如图15-2-34所示。

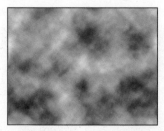

图15-2-34 "云彩"效果

35 设置云彩图层的混合模式为"柔光"，选择"渐变工具"，单击属性栏上的"编辑渐变"按钮，打开"渐变编辑器"对话框，选择"预设"中的前景色—背景色渐变，效果如图15-2-35所示。

图15-2-35 设置"渐变编辑器"参数

36 单击"确定"按钮返回图像窗口，并单击属性栏上的"线性渐变"按钮，设置"不透明度"为53%，在窗口从右下侧向左上绘制渐变蒙版，效果如图15-2-36所示。

图15-2-36 绘制渐变色

提示：

"渐变工具"用于为指定区域填充渐变色，可以按指定的色彩渐变的方式进行填充。该工具还可以创建由多种颜色组成的平滑组合，利用它可以产生照明或阴影效果。

37 单击"图层"面板下方的"创建新的填充或调整图层"按钮，选择"色相/饱和度"选项，打开"色相/饱和度"对话框，设置参数为0、30、0，如图15-2-37所示。

38 执行"色相/饱和度"命令后，按Ctrl+Shift+Alt+E快捷键，盖印可视图层，效果如图15-2-38所示。

39 执行"滤镜"|"模糊"|"高斯模糊"命令，设置"半径"为5像素，如图15-2-39所示。

图15-2-37 设置"色相/饱和度"参数　　图15-2-38 盖印可视图层

图15-2-39 设置"高斯模糊"参数

40 单击"确定"按钮，此时可观察到图像效果如图15-2-40所示。

41 设置该图层的混合模式为"柔光"，"不透明度"为65%，如图15-2-41所示。

图15-2-40 "高斯模糊"效果　　图15-2-41 设置图层属性

42 执行"图像"|"调整"|"色阶"命令，打开"色阶"对话框，设置参数为15、0.87、235。此时可观察到图像最终效果如图15-2-42所示。

图15-2-42 最终效果

提示：

"色阶"命令主要用于调整图像的明暗程度。色阶调整是使用高光、中间调和暗调3个变量进行图像色调调整的。这个命令不仅对整个图像可以进行操作，也可以对图像的某一选取范围、某一图层图像，或者某一个颜色通道进行操作。

15.3 润饰烟花绽放的夜景

案例分析

　　本实例讲解制作"润饰烟花绽放的夜景"的应用方法；在制作过程中主要运用"画布大小"调整图像整体画布；其次再运用"渐变工具"和"色相/饱和度"等调整夜景色彩；最后再运用"画笔工具"与"自由变换"制作放射灯效。

操作步骤

01 执行"文件"|"打开"命令，打开素材图片：夜景.tif文件，如图15-3-1所示。

图15-3-1 夜景.tif文件

02 按Ctrl+J快捷键，复制"背景"图层到"图层1"。并执行"图像"|"画布大小"命令，设置"高度"为7厘米，并单击定位下侧中部的方框，对画布增大的位置进行定位，如图15-3-2所示。

提示：

在设置定位过程中，当箭头向上时，表示增加的画布在上方，反之箭头向下则定位的方向向下，左右定位的理论与上下相同。

03 单击"确定"按钮，设置前景色为黑色，选择"背景"图层并按Alt+Enter快捷键，填充"背景"为黑色，效果如图15-3-3所示。

图15-3-2 设置"画布大小"参数

图15-3-3 "画布大小"效果

04 设置背景色为白色，选择"渐变工具" ，单击属性栏上的"编辑渐变"按钮 ，打开"渐变编辑器"对话框，选择"预设"中的前景色—背景色渐变，效果如图15-3-4所示。

05 单击"图层"面板下方的"添加图层蒙版"按钮 ，为图层添加蒙版。单击属性栏上的"线性渐变"按钮 ，在蒙版中从上向下绘制渐变蒙版，效果如图15-3-5所示。

06 单击"图层"面板下方的"创建新的填充或调整图层"按钮 ◯ ，选择"色相/饱和度"选项，打开"色相/饱和度"对话框，设置参数为-118、28、0，如图15-3-6所示。

图15-3-4 设置"渐变编辑器"参数 图15-3-5 绘制蒙版

图15-3-6 设置"色相/饱和度"参数

07 执行"色相/饱和度"命令后，图像整体像素变为紫蓝色，效果如图15-3-7所示。

08 设置"色相/饱和度1"调整图层的混合模式为"柔光"，此时可观察到图像效果如图15-3-8所示。

图15-3-7 "色相/饱和度"效果 图15-3-8 "柔光"效果

09 选择"色相/饱和度1"的蒙版缩览图并执行"滤镜"|"渲染"|"云彩"命令，效果如图15-3-9所示。

图15-3-9 "云彩"效果

10 新建"图层2"并再次选择"渐变工具" ▢ ，单击属性栏上的"编辑渐变"按钮 ▆ ，打开"渐变

编辑器"对话框，设置如图15-3-10所示的渐变色。

11 单击属性栏上的"线性渐变"按钮 ▣ ，并在图像水平绘制渐变色，效果如图15-3-11所示。

图15-3-10 设置"渐变编辑器"参数 图15-3-11 绘制渐变色

12 设置"图层2"的混合模式为柔光，"不透明度"为70%，效果如图15-3-12所示。

图15-3-12 更改图层属性效果

13 按Ctrl+ Shift+Alt+E快捷键，盖印可视图层，此时"图层"面板自动生成"图层3"。执行"滤镜"|"模糊"|"高斯模糊"命令，设置参数为5像素，如图15-3-13所示。

14 单击"确定"按钮，此时可观察到执行"高斯模糊"命令后图像效果，如图15-3-14所示。

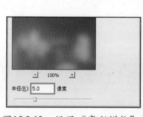

图15-3-13 设置"高斯模糊"参数 图15-3-14 "高斯模糊"效果

15 设置"图层3"的混合模式为"柔光"，此时可观察到图像效果，如图15-3-15所示。

图15-3-15 "柔光"效果

16 新建"图层4"设置前景色为蓝色（R：142，G：200，B：255），选择"画笔工具" ✎，设置属性栏上的"画笔"为柔边圆135像素，"不透明度"为100%，"流量"为100%，在图像中单击绘制圆点，效果如图15-3-16所示。

17 按Ctrl+T快捷键，打开"自由变换"调节框，按住Shift键向下拖动调节框底部中心点，等比例压缩，并向右拉伸调节框的右侧中心点，等比例拉伸图像，如图15-3-17所示。

图15-3-16 绘制圆点　　　图15-3-17 拉伸压缩图像

18 单击右键打开快捷菜单，选择"扭曲"选项，按住Shif+Alt快捷键，向下拖动调节框上侧的角点，等比例扭曲图像视觉角度，如图15-3-18所示。

图15-3-18 "扭曲"图像

19 再次单击右键打开快捷菜单，选择"自由变换"选项，并旋转调整图像视觉角度，效果如图15-3-19所示。

图15-3-19 旋转调整图像视觉角度

20 按Enter键确定。并运用以上讲述的相同方法制作出多条放射图像，效果如图15-3-20所示。

21 按住Shift键单击"图层4"同时选中所有放射图像图层，并执行"图层"|"新建"|"从图层建立组"命令，将选中图层归纳到同一组内，如图15-3-21所示。

图15-3-20 复制多个放射图像　　图15-3-21 新建组

22 按Ctrl+E快捷键，执行"图层"|"图层样式"|"外发光"命令，打开对话框，设置"不透明度"为59%，"颜色"为深蓝色（R：117，G：124，B：217），"大小"为100像素，其他参数保持默认，如图15-3-22所示。

图15-3-22 设置"外发光"参数

23 单击"确定"按钮，执行"外发光"命令后，此时可观察到图像效果，如图15-3-23所示。

图15-3-23 "外发光"效果

24 按Ctrl+O快捷键，打开素材：烟花.tif文件。选择"移动工具" ⊕，导入素材到窗口右侧，并设置该图层的混合模式为滤色，选择"橡皮擦工具" ✎，擦除部分多余生硬图像，最终效果如图15-3-24所示。

图15-3-24 最终效果

15.4 修饰自然卷翘的美丽睫毛

案例分析

本实例讲解制作"修饰自然卷翘的美丽睫毛"的应用方法；在制作过程中主要运用了"钢笔工具"、"画笔工具"、"路径"等相互配合，增强人物睫毛图像；其次再运用"色相/饱和度"、"曲线"等命令调整图像局部或整体色彩；最后运用"添加杂色"与"混合模式"为人物添加眼影以及唇彩效果。

操作步骤

01 执行"文件"|"打开"命令，打开素材图片：人物.tif文件，如图15-4-1所示。

02 选择"钢笔工具" ，单击属性栏上的"路径"按钮 ，在图像中沿睫毛绘制多条弧线路径，效果如图15-4-2所示。

图15-4-1 玫瑰.tif文件　　图15-4-2 绘制睫毛

提示：

在绘制睫毛的过程中，可选择"放大工具" ，在图像单击放大图像，以便更精确地绘制图像。

03 选择"画笔工具" ，按F5键打开"画笔"面板，勾选"画笔笔尖形状"复选框，设置"大小"为2像素，其他参数保持默认，如图15-4-3所示。

图15-4-3 设置"画笔笔尖形状"参数

04 单击"图层"面板下方的"创建新图层"按钮 ，新建"图层1"。设置前景色为黑色，"不透明度"与"流量"为100%，选择"路径"面板，单击面板下方的"用画笔描边路径"按钮 ，对路径进行描边，如图15-4-4所示。

05 对路径进行描边出路后，此时可观察到图像效果，如图15-4-5所示。

图15-4-4 描边路径　　图15-4-5 描边路径效果

06 新建"图层2"，设置画笔的"大小"为1像素，并再次对路径进行描边。单击"路径"面板下方的空白处取消路径。观察图像效果如图15-4-6所示。

图15-4-6 再次描边路径效果

07 单击"图层"面板下方的"创建新的填充或调整图层"按钮 ，选择"色相/饱和度"选项，打开"色相/饱和度"对话框，设置参数为-9、24、0，如图15-4-7所示。

08 执行"色相/饱和度"命令后，此时可观察到图像效果，如图15-4-8所示。

09 单击"图层"面板下方的"创建新的填充或调整图层"按钮 ⊘.，选择"曲线"选项，打开"曲线"对话框，向下调整曲线弧度，如图15-4-9所示。

图15-4-7 "色相/饱和度"参数

 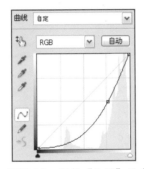

图15-4-8 "色相/饱和度"效果　图15-4-9 调整"曲线"弧度

10 执行"曲线"命令后，此时可观察到图像整体明暗对比度降低，效果如图15-4-10所示。

11 设置前景色为黑色，选择"画笔工具" ✐.，在图像中涂抹隐藏人物面部的"曲线"效果，使其呈现出原有的图像亮度，效果如图15-4-11所示。

图15-4-10 "曲线"效果　　图15-4-11 隐藏局部图像

12 按Ctrl+O快捷键，打开素材：玫瑰.tif，选择"魔棒工具" ✨.，在图像中单击白色像素载入选区，如图15-4-12所示。

图15-4-12 打开素材并载入选区

13 按Ctrl+Shift+I快捷键，反选选区。如图15-4-13所示。

14 选择"移动工具" ▶+，拖动"玫瑰"文件窗口中的选区内容到"人物"文件窗口中，此时自动生成"图层3"。按Ctrl+T快捷键，打开"自由变换"调节框，按住Shift键向内拖动调节框的角点，等比例缩小图像并旋转调整图像的视觉角度，按Enter键确定，效果如图15-4-14所示。

图15-4-13 反选选区　　　图15-4-14 导入素材

15 执行"图层"|"图层样式"|"投影"命令，打开"图层样式"对话框，设置"颜色"为深褐色（R：78，G：3，B：3），勾选掉"使用全局光"复选框，设置"角度"为122度，"距离"为13像素，"大小"为10像素，其他参数保持默认，如图15-4-15所示。

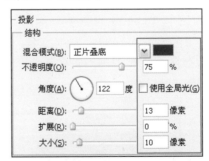

图15-4-15 设置"投影"参数

提示：

"魔棒工具" ✨. 主要用于选择图像中颜色相似的不规则区域。

提示：

投影可分别设置混合模式、不透明度、角度及距离等，在对应选项的文本框中直接输入数值或拖动滑块来改变阴影效果。

16 单击"确定"按钮,此时可观察到图像效果,如图
15-4-16所示。

图15-4-16 "投影"效果

17 右键单击"投影"效果层后面的空白处,打开快捷
菜单,选择"创建图层"选项,此时将自动打开
询问对话框,如图15-4-17所示。

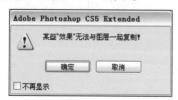

图15-4-17 创建图层

18 单击"确定"按钮,将效果层与图层3分离。选择
图层3的投影图层并单击"图层"面板下方的"添
加图层蒙版"按钮 ,为图层添加蒙版,如图
15-4-18所示。

图15-4-18 添加蒙版

19 设置前景色为黑色,选择"画笔工具" ,在图
像中涂抹隐藏阴影上侧的多余投影,效果如图
15-4-19所示。

图15-4-19 隐藏局部阴影

20 单击"图层"面板下方的"创建新的填充或调
整图层"按钮 ,选择"曲线"选项,打开
"曲线"对话框,向上调整"曲线"弧度,如图
15-4-20所示。

21 右键单击"曲线1"调整图层后面的空白处,选
择"创建剪切蒙版"选项,此时可观察到图像效
果,如图15-4-21所示。

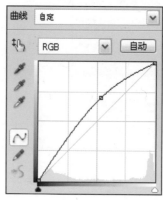

图15-4-20 调整"曲线"弧度　　图15-4-21 "曲线"效果

22 单击"图层"面板下方的"创建新的填充或调整
图层"按钮 ,选择"色相/饱和度"选项,打开
"色相/饱和度"对话框,设置参数为180、0、0,
如图15-4-22所示。

图15-4-22 "色相/饱和度"参数

23 右键单击"色相/饱和度1"调整图层的空白处,选择
"创建剪切蒙版"选项,效果如图15-4-23所示。

24 选择"钢笔工具" ,单击属性栏上的"路径"按
钮 ,在图像中沿人物嘴唇绘制闭合路径,如图
15-4-24所示。

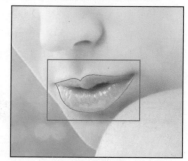

图15-4-23 "色相/饱和度"效果　　图15-4-24 绘制闭合路径

25 按Ctrl+Enter快捷键，转换路径为选区。并执行"选择"|"修改"|"羽化"命令，设置参数为2像素，如图15-4-25所示。

图15-4-25 设置"羽化选区"参数

26 单击"确定"按钮，此时可观察到图像效果如图15-4-26所示。

27 设置前景色为桃红色（R：255，G：99，B：208），新建"图层并4"，按Alt+Delete快捷键，填充选区内容，效果如图15-4-27所示。

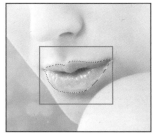

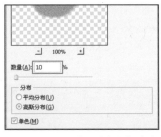

图15-4-26 "羽化"效果　　图15-4-27 填充选区

28 更改该图层的混合模式为"柔光"，按Ctrl+D快捷键取消选区，效果如图15-4-28所示。

29 按Ctrl+J快捷键，复制出副本图层并执行"滤镜"|"杂色"|"添加杂色"命令，设置"数量"为10%，"分布"为高斯分布，并勾选"单色"复选框，如图15-4-29所示。

图15-4-28 "柔光"效果　　图15-4-29 设置"添加杂色"参数

提示：

使用"添加杂色"滤镜可以在图像上添加随机像素。配合"径向模糊"滤镜可模拟运动效果。

30 设置图层4副本的混合模式为"柔光"，"不透明度"为49%，效果如图15-4-30所示。

图15-4-30 "添加杂色"效果

31 新建图层设置前景色为蓝色（R：40，G：210，B：227），选择"画笔工具"，在眼部绘制眼影颜色，如图15-4-31所示。

32 设置该图层的混合模式为"柔光"，此时可观察到图像效果，如图15-4-32所示。

图15-4-31 绘制眼影色彩　　图15-4-32 更改图层混合

33 按Ctrl+Shift+Alt+E快捷键，盖印可视图层，此时"图层"面板自动生成"图层6"。选择"海绵工具"，设置属性栏上的"画笔"为"柔边圆65像素"，"模式"为"饱和"，"流量"为60%，在图像中涂抹增强彩绘花纹图像的色彩，效果如图15-4-33所示。

图15-4-33 增强彩绘颜色

提示：

使用"海绵工具"能精细地改变某一区域的色彩饱和度，故对黑白图像处理的效果很不明显。在灰度模式中"海绵工具"通过将灰色色阶远离或移到中灰色来增加或降低对比度。

34 按Ctrl+J快捷键，复制生成"图层6副本"。执行"滤镜"|"模糊"|"高斯模糊"命令，设置参数为5像素，如图15-4-34所示。

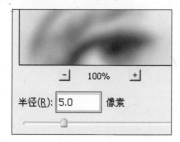

图15-4-34　设置"高斯模糊"参数

图15-4-35　"高斯模糊"效果

35 单击"确定"按钮，此时可观察到图像效果，如图15-4-35所示。

36 设置"图层6副本"的混合模式为"柔光"，"不透明度"为35%。此时可观察到最终效果如图15-4-36所示。

图15-4-36　最终效果

15.5　修饰美丽潮流的指甲

案例分析

　　本实例讲解制作"修饰美丽潮流的指甲"的应用方法；在制作过程中主要运用了"钢笔工具"、"羽化"、"内阴影"、"斜面和浮雕"和"等高线"等为指甲添加光感与色彩；其次再运用"快速选择工具"、"移动工具"和"混合模式"等合成指甲花纹效果；最后运用"色相/饱和度"和"色彩平衡"等调整图像整体色彩。

操作步骤

01 执行"文件"|"打开"命令，打开素材图片：指甲.tif文件，如图15-5-1所示。

02 单击"图层"面板下方的"创建新的填充或调整图层"按钮 ，选择"曲线"选项，打开"曲线"对话框，向上调整曲线弧度，提高图像整体亮度，效果如图15-5-2所示。

03 执行"曲线"命令后，此时可观察到图像整体亮度提高，效果如图15-5-3所示。

图15-5-1　指甲.tif文件

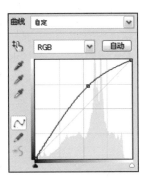
图15-5-2　调整曲线弧度

图15-5-3　"曲线"效果

04 选择"钢笔工具" ，单击属性栏上的"路径"按钮 ，在图像中沿指甲边缘绘制闭合路径，效果如图15-5-4所示。

> **提示:**
>
> 当"路径"面板中没有路径时，可以使用"钢笔工具"在图像中勾勒出路径。此时，"路径"面板中会自动产生用来记录新路径的工作路径。双击"工作路径"便可保存路径为"路径1"。

05 按Ctrl+Enter快捷键，转换路径为选区。并执行"选择"|"修改"|"羽化"命令，打开对话框，设置参数为1像素，如图15-5-5所示。

图15-5-4　绘制路径　　图15-5-5　设置"羽化选区"参数

06 单击"确定"按钮，此时可观察到图像效果，如图15-5-6所示。

图15-5-6　"羽化选区"效果

07 单击"图层"面板下方的"创建新图层"按钮 ，新建"图层1"。设置前景色为白色，按Alt+Delete快捷键，填充选区内容为白色。如图15-5-7所示。

08 执行"图层"|"图层样式"|"内阴影"命令，打开"图层样式"对话框，设置"颜色"为粉红色（R：252，G：168，B：191），勾选掉"使用全局光"复选框，并设置"角度"为90度，"距离"为11像素，"阻塞"为25 %，"大小"为23像素，其他参数保持默认，如图15-5-8所示。

图15-5-7　填充颜色　　图15-5-8　设置"内阴影"参数

> **提示:**
>
> "内阴影"效果可为图层添加位于图层边缘内的阴影，从而使图层产生凹陷的外观效果。

09 勾选"斜面和浮雕"复选框，设置"大小"为11像素，"软化"为4像素，如图15-5-9所示。

> **提示:**
>
> 为图像添加"斜面和浮雕"效果后，可使图像产生立体变化。在"图层样式"对话框的最左侧勾选"斜面和浮雕"，右边将显示"斜面和浮雕"的各种选项。

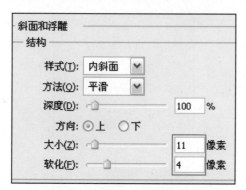

图15-5-9　设置"斜面和浮雕"参数

10 勾选"等高线"复选框，调整"等高线"曲线，并设置"范围"为90%，如图15-5-10所示。

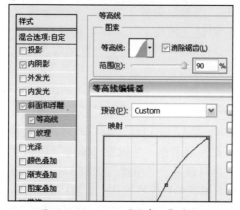

图15-5-10　设置"等高线"参数

11 单击"确定"按钮，此时可观察到为图层添加图层样式后，图像效果如图15-5-11所示。

12 设置"图层1"的"不透明度"为0%。此时可观察到图像效果如图15-5-12所示。

图15-5-11　添加图层样式　　图15-5-12　更改图层属性

13 右键单击"图层1"下方的效果层，打开快捷菜单，选择"缩放效果"选项，打开"缩放图层效果"对话框，设置"缩放"为243%，如图15-5-13所示。

图15-5-13　设置"缩放图层效果"参数

14 单击"确定"按钮，此时可观察到图像效果，如图15-5-14所示。

15 单击"图层"面板下方的"创建新的填充或调整图层"按钮 ⬤，选择"色彩平衡"选项，打开"色彩平衡"对话框，设置参数为69、-62、69，如图15-5-15所示。

 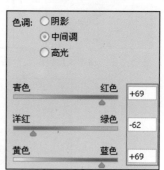

图15-5-14　"缩放效果"效果　　图15-5-15　设置参数

16 右键单击"色彩平衡1"调整图层后面的空白处，选择"创建剪切蒙版"选项，此时可观察到执行"色彩平衡"命令后图像效果，如图15-5-16所示。

17 单击"图层"面板下方的"创建新的填充或调整图层"按钮 ⬤，选择"色相/饱和度"选项，打开"色相/饱和度"对话框，设置参数为25、0、0，如图15-5-17所示。

图15-5-16　图像效果　　图15-5-17　设置参数

18 右键单击"色相/饱和度1"调整图层，选择"创建剪切蒙版"选项，此时可观察到图像效果，如图15-5-18所示。

图15-5-18　图像效果

⑲ 按Ctrl+O快捷键，打开素材：花.tif文件，如图
15-5-19所示。

图15-5-19 花.tif文件

⑳ 选择工具箱中的"快速选择工具"，设置"画
笔大小"为34像素，"硬度"为18%，其他参数
保持默认，如图15-5-20所示。

图15-5-20 设置"快速选择工具"参数

㉑ 返回文件窗口，在花朵图像上单击白色区域，图像
载入选区，如图15-5-21所示。

图15-5-21 载入选区

㉒ 选择"移动工具"，拖动"花"文件窗口中的
选区内容到"指甲"文件窗口中，此时自动生成
"图层2"，效果如图15-5-22所示。

㉓ 设置"图层2"的混合模式为"叠加"，按Ctrl+T快
捷键，打开"自由变换"调节框，按住Shift键向内
拖动调节框的角点，等比例缩小图像到合适大小，
并旋转调整图像视觉角度，如图15-5-23所示。

提示：

叠加混合模式用于复合或过滤颜色，最终效果取决于基
色。图案或颜色在现有像素上叠加，同时保留基色的明
暗对比。不替换基色，但基色与混合色相混以反映原色
的亮度或暗度。

㉔ 按Enter键确定，并按Ctrl+J快捷键，复制出"图
层2副本"，按Ctrl+T快捷键，再次等比例缩小图
像到合适大小并将其调整到合适位置，效果如图
15-5-24所示。

 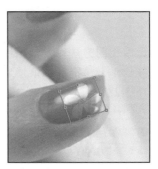

图15-5-22 导入素材 图15-5-23 等比例调整图像

图15-5-24 复制并调整图像

提示：

在调整花朵图像时，可单击右键选择"变形"选项，并
拖动调节框控制柄，对其进行变形处理，从而制作出更
自然的指甲花纹效果。

㉕ 运用以上讲解的相同方法为其他指甲添加花纹图
像，效果如图15-5-25所示。

㉖ 选择"画笔工具"，单击属性栏上的"画笔选取
器"按钮，打开下拉面板，选择"喷溅59像素"
画笔，如图15-5-26所示。

图15-5-25 添加花纹效果 图15-5-26 选择画笔

㉗ 按住Ctrl键单击"图层1"的图层缩览图载入选
区，并设置前景色为黄色（R：255，G：204，
B：0），新建"图层3"在指甲顶端单击绘制装饰
图像，如图15-5-27所示。

图15-5-27　绘制喷溅图像

28　运用相同方法对其他指甲顶部绘制喷溅图形，并按Ctrl+D快捷键，取消选区。观察图像效果如图15-5-28所示。

29　按Ctrl+Shift+Alt+E快捷键，盖印可视图层，此时"图层"面板自动生成"图层3"。执行"滤镜"｜"模糊"｜"高斯模糊"命令，设置参数为5像素，如图15-5-29所示。

图15-5-30　"高斯模糊"效果

31　设置图层3的混合模式为"柔光"，"不透明度"为26%。此时可观察到图像效果如图15-5-31所示。

32　单击"图层"面板下方的"创建新的填充或调整图层"按钮，选择"色彩平衡"选项，打开"色彩平衡"对话框，设置参数为31、1、20。此时可观察到图像最终效果制作完毕，效果如图15-5-32所示。

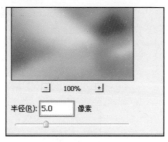

图15-5-28　绘制喷溅　　图15-5-29　设置"高斯模糊"参数

30　单击"确定"按钮，此时可观察到执行"高斯模糊"命令后图像效果，如图15-5-30所示。

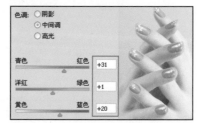

图15-5-31　更改图层属性　　图15-5-32　最终效果

15.6　修饰性感妖娆的身材

案例分析

　　本实例讲解制作"修饰性感妖娆的身材"的应用方法；在制作过程中主要运用"液化"中的"膨胀工具"和"向前变形工具"对人物进行液化处理；其次再运用"修补工具"对人物眼袋、笑纹等进行修补处理；最后运用"曲线"、"色相/饱和度"和"色彩平衡"等对图像的色彩进行调整。

操作步骤

01　执行"文件"｜"打开"命令，打开素材图片：模特.tif文件，如图15-6-1所示。

02　按Ctrl+J快捷键，复制"背景"图层为"图层1"。执行"滤镜"｜"液化"命令，打开"液化"对话框，单击左侧工具箱中的"膨胀工具"，设置面板右侧"工具选项"的参数为181、79、40、91，如图15-6-2所示。

03 在预览框中单击人物胸围位置，对其进行膨胀处理，此时胸围眼进行膨胀变大处理，如图15-6-3所示。

图15-6-1　模特.tif文件　　图15-6-2　设置"工具选项"参数

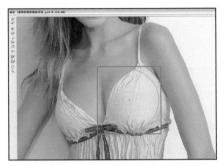

图15-6-3　膨胀处理图像

提示：

Photoshop CS5中的"液化"滤镜可使图像比较自然地变形。

04 单击左侧工具箱中的"向前变形工具" [图]，设置面板右侧"工具选项"的参数为181、79、40、91，如图15-6-4所示。

图15-6-4　再次设置"工具选项"参数

提示：

画笔大小：设置变形工具的画笔大小。画笔压力：设置变形工具的变形程度，数值越大则变形程度越明显。湍流抖动：设置变形变动数量，与湍流工具配合使用。光笔压力：勾选此复选框，可以配合外置绘图设备数位板。

05 返回预览框并向右推移变形左侧腰部，以及向左推

移变形右侧腰部，对人物腰部进行瘦腰处理，如图15-6-5所示。

提示：

在变形过程中，假如对效果不满意，还可使用"重建工具" [图]将图像还原。方法是：使用"重建工具"在"重置选项"栏的"方式"下拉列表中选取不同的重置方式，在变形后的图像部分进行涂抹，可以还原图像到初始状态。

06 反复对图像进行变形处理，使其呈现出S身材效果，单击"确定"按钮，此时可观察到图像效果如图15-6-6所示。

图15-6-5　向前变形处理　　图15-6-6　"液化"后效果

07 选择"修补工具" [图]，单击属性栏上的"添加到选区"按钮 [图]，设置"修补"为源。在图像中绘制选区，框选人物眼袋图像，效果如图15-6-7所示。

08 在图像中拖移选区到旁边进行取样覆盖，如图15-6-8所示。

 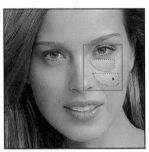

图15-6-7　绘制修补选区　　图15-6-8　修补选区内容

09 运用以上相同方法对人物眼袋进行修补处理，按Ctrl+D快捷键取消选区，此时可观察到图像效果，如图15-6-9所示。

图15-6-9　修补眼袋

10 继续选择"修补工具" ，在图像中绘制选区框
选人物笑纹，如图15-6-10所示。

提示：

"修补工具" 可以用其他区域或图案中的像素来修复
选中的区域。与"修复画笔工具"一样，修补画笔会将
样本像素的纹理、光照和阴影与源像素进行匹配。

11 在图像中拖移选区到旁边取样进行覆盖，如图
15-6-11所示。

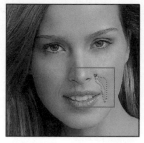 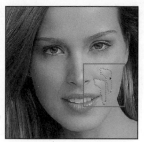

图15-6-10 绘制修补选区　　图15-6-11 修补笑纹

12 运用以上相同方法对人物笑纹进行修补处理，按
Ctrl+D快捷键取消选区，此时可观察到图像效
果，如图15-6-12所示。

图15-6-12 修补笑纹后效果

13 选择"模糊工具" ，设置属性栏上的"画笔"
为"柔边圆20像素"，"强度"为100%，在图像
中涂抹人物皮肤，对其进行模糊处理，效果如图
15-6-13所示。

图15-6-13 模糊效果

14 单击"图层"面板下方的"创建新的填充或调整图
层"按钮 ，选择"曲线"选项，打开"曲线"
对话框，向上调整曲线弧度，如图15-6-14所示。

15 执行"曲线"命令后，此时可观察到图像整体亮度
提高，效果如图15-6-15所示。

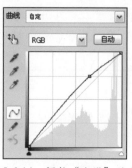 

图15-6-14 调整"曲线"弧度　图15-6-15 "曲线"效果

16 单击"图层"面板下方的"创建新的填充或调整图
层"按钮 ，选择"色相/饱和度"选项，打开"色
相/饱和度"对话框，选择"青色"通道，单击"吸
管工具" ，在图像中单击人物衣服对其进行取样
颜色，并设置参数为149、0、0，如图15-6-16所示。

17 执行"色相/饱和度"命令后，图像效果如图
15-6-17所示。

图15-6-16 设置参数　　图15-6-17 "色相/饱和度"效果

18 单击"图层"面板下方的"创建新的填充或调整图
层"按钮 ，选择"色彩平衡"选项，打开"色
彩平衡"对话框，设置参数为51、1、20，如图
15-6-18所示。

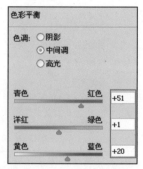

图15-6-18 设置"色彩平衡"参数

19 执行"色彩平衡"命令后，此时可观察到图像效
果，如图15-6-19所示。

20 按Ctrl+ Shift+Alt+E快捷键，盖印可视图层，此
时"图层"面板自动生成"图层2"，效果如图
15-6-20所示。

21 执行"滤镜"|"模糊"|"高斯模糊"命令，设置
参数为5像素，如图15-6-21所示。

图15-6-19 "色彩平衡"效果　图15-6-20 盖印可视图层

24 更改图层属性后，此时可观察到图像最终效果制作
　完毕，效果如图15-6-24所示。

 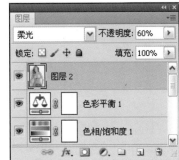

图15-6-22 "高斯模糊"效果　图15-6-23 更改图层属性

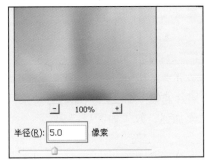

图15-6-21 设置"高斯模糊"参数

22 单击"确定"按钮，此时可观察到执行"高斯模
　糊"命令后图像效果，如图15-6-22所示。

23 设置图层2的混合模式为"柔光"，"不透明度"
　为60%，如图15-6-23所示。

图15-6-24 最终效果

15.7　制作磨砂质感相框效果

案例分析

　　本实例讲解制作"制作磨砂质感相框效
果"的应用方法；在制作过程中主要运用
"色彩平衡"和"照片滤镜"等调整图像整
体颜色；其次再运用"矩形选框工具"、
"羽化"、"高斯模糊"、"彩色半调"、
"强化边缘"和"锐化"等制作相框效果；
最后运用"投影"、"内发光"和"描边"
等为相框添加样式。

操作步骤

01 执行"文件"｜"打开"命令，打开素材图片：照片.tif文件，如图15-7-1所示。

02 单击"图层"面板下方的"创建新的填充或调整图层"按钮 ，选择"色彩平衡"选项，打开"色彩平
　衡"对话框，设置参数为-36、44、62，如图15-7-2所示。

03 执行"色彩平衡"命令后，此时可观察到图像整体红色、洋红、黄色像素降低，效果如图15-7-3所示。

 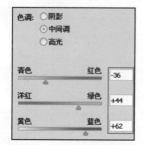

图15-7-1　照片.tif　图15-7-2　设置"色彩平衡"参数

图15-7-3　图像效果

04 按Ctrl+ Shift+Alt+E快捷键，盖印可视图层。此时"图层"面板自动生成"图层1"，效果如图15-7-4所示。

图15-7-4　盖印可视图层

05 执行"滤镜"｜"模糊"｜"高斯模糊"命令，设置参数为5像素，效果如图15-7-5所示。

06 单击"确定"按钮，此时可观察到图像效果如图15-7-6所示。

图15-7-5　设置"高斯模糊"参数　图15-7-6　"高斯模糊"效果

提示：

在此执行"高斯模糊"命令，其目的是为了为图像添加柔化效果。

07 设置图层1的混合模式为"柔光"，"不透明度"为75%，效果如图15-7-7所示。

08 单击"图层"面板下方的"创建新的填充或调整图层"按钮，选择"照片滤镜"选项，打开"照片滤镜"对话框，设置"滤镜"为"深黄"，"浓度"为44%，如图15-7-8所示。

图15-7-7　更改图层属性　图15-7-8　设置"照片滤镜"效果

09 执行"照片滤镜"命令后，此时可观察到图像整体黄色像素加强，效果如图15-7-9所示。

图15-7-9　"照片滤镜"效果

10 再次按Ctrl+ Shift+Alt+E快捷键，盖印可视图层，此时"图层"面板自动生成图层2。选择"矩形选框工具"，在图像中拖移定义矩形选区，如图15-7-10所示。

11 执行"选择"｜"修改"｜"羽化"命令，设置参数为30像素，如图15-7-11所示。

图15-7-10　绘制矩形选框　图15-7-11　设置"羽化"参数

12 单击"确定"按钮，此时可观察到图像选区效果如图15-7-12所示。

图15-7-12　"羽化"效果

13 按Q键进入快速蒙版，此时可观察到图像效果如图15-7-13所示。

14 执行"滤镜"|"模糊"|"高斯模糊"命令，设置参数为15像素，效果如图15-7-14所示。

图15-7-13 快速蒙版 图15-7-14 设置"高斯模糊"参数

15 单击"确定"按钮，此时可观察到图像效果如图15-7-15所示。

图15-7-15 "高斯模糊"效果

16 执行"滤镜"|"像素化"|"彩色半调"命令，打开"彩色半调"对话框，设置参数为8、108、162、90、45，如图15-7-16所示。

17 单击"确定"按钮，此时可观察到执行"彩色半调"命令后图像效果，如图15-7-17所示。

18 执行"滤镜"|"画笔描边"|"强化边缘"命令，打开"强化边缘"对话框，设置参数为2、38、5，如图15-7-18所示。

图15-7-16 设置"彩色半调"参数

图15-7-17 "彩色半调"效果 15-7-18 设置"强化边缘"参数

19 单击"确定"按钮，此时可观察到执行"强化边缘"命令后图像效果，如图15-7-19所示。

20 执行"滤镜"|"锐化"|"锐化"命令，并按Ctrl+F快捷键，重复上一次"滤镜"命令两次，效果如图15-7-20所示。

图15-7-19 图像效果 图15-7-20 图像效果

21 按Q键退出快速蒙版，此时可观察到图像自动生成选区效果，如图15-7-21所示。

图15-11-21 退出快速蒙版

22 按Ctrl+J快捷键，复制选区内容到图层3当中。并按住Alt键单击图层3的"指示图层可视性"按钮👁，隐藏该图层以外的所有层，效果如图15-7-22所示。

23 在图层3下方新建图层4，设置前景色为橘红色（R：255，G：111，B：0），按Alt+Delete快捷键，填充图层为橘红色，效果如图15-7-23所示。

图15-7-22 隐藏图层　　图15-7-23 新建并填充图层

24 执行"图层"｜"图层样式"｜"投影"命令，打开"图层样式"对话框，设置"角度"为30度，"距离"为4像素，"大小"为4像素，其他参数保持默认，如图15-7-24所示。

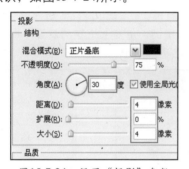

图15-7-24 设置"投影"参数

25 勾选"内发光"复选框，设置"大小"为158像素，其他参数保持默认，如图15-7-25所示。

图15-7-25 设置"内发光"参数

26 勾选"描边"复选框，设置"大小"为2像素，"填充类型"为"渐变"，"渐变"为橙—黄—橙，其他参数保持默认，效果如图15-7-26所示。

27 单击"确定"按钮，此时可观察到图像最终效果制作完毕，最终效果如图15-7-27所示。

图15-7-26 设置"描边"参数　图15-7-27 最终效果

15.8 制作LOMO色彩效果

案例分析

　　本实例讲解制作"制作LOMO色彩效果"的应用方法；在制作过程中主要运用"色相/饱和度"、"色彩平衡"和"渐变工具"等调整图像整体或局部色彩；其次再运用"高斯模糊"和"混合模式"为图像添加柔化效果；最后运用"移动工具"导入个性文字装饰。

操作步骤

01 执行"文件"|"打开"命令,打开素材图片:风景.tif文件,如图15-8-1所示。

02 单击"图层"面板下方的"创建新的填充或调整图层"按钮,选择"色相/饱和度"选项,打开"色相/饱和度"对话框,设置参数为-30、0、0,如图15-8-2所示。

图15-8-1 风景.tif文件　图15-8-2 设置"色相/饱和度"参数

03 执行"色相/饱和度"命令后,此时可观察到图像效果如图15-8-3所示。

图15-8-3 "色相/饱和度"效果

04 单击"图层"面板下方的"创建新的填充或调整图层"按钮,选择"色彩平衡"选项,打开"色彩平衡"对话框,设置参数为-83、0、100,如图15-8-4所示。

05 执行"色彩平衡"命令后,单击"图层"面板下方的"添加图层蒙版"按钮,为图层添加蒙版,此时可观察到图像效果如图15-8-5所示。

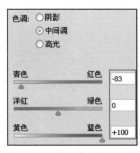 

图15-8-4 设置"色彩平衡"参数　图15-8-5 "色彩平衡"效果

06 设置前景色为黑色,背景色为白色。选择"渐变工具",单击属性栏上的"编辑渐变"按钮,打开"渐变编辑器"对话框,选择"预设"中的"前景色—透明"渐变,如图15-8-6所示。

图15-8-6 设置"渐变编辑器"参数

07 单击"确定"按钮,并单击属性栏上的"线性渐变"按钮,在蒙版中从下向上绘制渐变蒙版,效果如图15-8-7所示。

08 单击"图层"面板下方的"创建新的填充或调整图层"按钮,选择"色相/饱和度"选项,打开"色相/饱和度"对话框,设置参数为123、0、0,如图15-8-8所示。

图15-8-7 绘制渐变蒙版　图15-8-8 设置"色相/饱和度"参数

09 执行"色相/饱和度"命令后,此时可观察到图像效果如图15-8-9所示。

图15-8-9 "色相/饱和度"效果

10 按Ctrl+ Shift+Alt+E快捷键,盖印可视图层,此时"图层"面板自动生成"图层1"。执行"滤镜"|"模糊"|"高斯模糊"命令,打开对话框,设置参数为5像素,如图15-8-10所示。

11 单击"确定"按钮,此时可观察到执行"高斯模糊"命令后,图像效果如图15-8-11所示。

12 设置图层1的混合模式为"正片叠底",效果如图15-8-12所示。

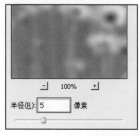

图15-8-10　设置"高斯模糊"参数　　图15-8-11　"高斯模糊"效果

图15-8-12　"正片叠底"效果

13　选择"渐变工具" ，单击属性栏上的"编辑渐变"按钮 ，打开"渐变编辑器"对话框，选择"预设"中的"前景色—背景色"渐变，如图15-8-13所示。

14　单击"确定"按钮，返回文件窗口，单击属性栏上的"径向渐变"按钮 ，单击"图层"面板下方的"添加图层蒙版"按钮 ，为图层添加蒙版，并在图像中从中间向四周绘制渐变蒙版，如图15-8-14所示。

图15-8-13　设置"渐变编辑器"参数　　图15-8-14　绘制渐变蒙版

15　单击"图层"面板下方的"创建新图层"按钮 ，新建"图层2"。选择"渐变工具" ，勾选属性栏上的"反向"复选框，并在图像中绘制径向渐变，效果如图15-8-15所示。

图15-8-15　绘制渐变色

16　设置图层2的混合模式为"柔光"，效果如图15-8-16所示。

17　单击"图层"面板下方的"添加图层蒙版"按钮 ，为图层添加蒙版，选择"渐变工具" ，勾选掉属性栏上"反向"复选框，并在图像从中间向四周绘制渐变蒙版，如图15-8-17所示。

18　单击"图层"面板下方的"创建新的填充或调整图层"按钮 ，选择"色相/饱和度"选项，打开"色相/饱和度"对话框，设置参数为13、0、0，如图15-8-18所示。

图15-8-16　"柔光"效果　　　图15-8-17　绘制蒙版

图15-8-18　设置"色相/饱和度"参数

19　执行"色相/饱和度"命令后，此时可观察到图像效果如图15-8-19所示。

20　单击"图层"面板下方的"创建新的填充或调整图层"按钮 ，选择"色彩平衡"选项，打开"色彩平衡"对话框，设置参数为-68、45、-16，如图15-8-20所示。

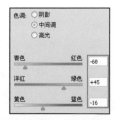

图15-8-19　"色相/饱和度"效果　　图15-8-20　设置参数

21　执行"色彩平衡"命令后，此时可观察到图像效果如图15-8-21所示。

22　按Ctrl+O快捷键，打开素材：文字.tif文件。选择"移动工具" ，拖动"文字"图像到"风景"文件窗口中，此时图像最终效果制作完毕，效果如图15-8-22所示。

图15-8-21　"色彩平衡"效果　　　图15-8-22　最终效果

15.9 制作神秘色彩效果

案例分析

　　本实例讲解制作"制作神秘色彩效果"的应用方法；在制作过程中主要运用"曲线"、"色彩平衡"、"渐变工具"和"照片滤镜"等调整图像局部或整体色彩；其次再运用"画笔工具"和"混合模式"为裙子添加色调；最后运用"高斯模糊"为图像添加柔化效果。

操作步骤

01 执行"文件"|"打开"命令，打开素材图片：外景.tif文件，如图15-9-1所示。

02 单击"图层"面板下方的"创建新的填充或调整图层"按钮 ◢.，选择"曲线"选项，打开"曲线"对话框，调整曲线，如图15-9-2所示。

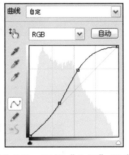

图15-9-1　外景.tif文件　　图15-9-2　调整"曲线"弧度

03 执行"曲线"命令后，此时可观察到图像整体对比度加强，效果如图15-9-3所示。

图15-9-3　"曲线"效果

04 单击"图层"面板下方的"创建新的填充或调整图层"按钮 ◢.，选择"色彩平衡"选项，打开"色彩平衡"对话框，设置参数为10、26、-83，如图15-9-4所示。

05 执行"色彩平衡"命令后，此时可观察到图像整体

红色、绿色、黄色像素提高，如图15-9-5所示。

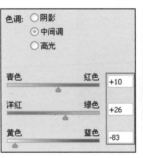

图15-9-4　设置"色彩平衡"参数　图15-9-5　"色彩平衡"效果

06 选择"渐变工具" ▧，单击属性栏上的"编辑渐变"按钮 ▬，打开"渐变编辑器"对话框，选择"预设"中的"黑色—白色"渐变，如图15-9-6所示。

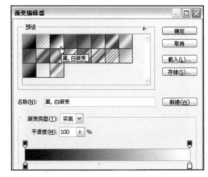

图15-9-6　设置"渐变编辑器"参数

07 返回图像窗口并单击属性栏上的"径向渐变"按钮 ▣，在图像中从人物位置向四周径向渐变蒙版，如图15-9-7所示。

08 单击"图层"面板下方的"创建新的填充或调整图层"按钮 ◢.，选择"照片滤镜"选项，打开"照片滤镜"对话框，设置"滤镜"为"黄"，"浓度"为42%，如图15-9-8所示。

09 执行"照片滤镜"命令后，此时可观察到图像效果如图15-9-9所示。

图15-9-7 绘制渐变蒙版　图15-9-8 设置"照片滤镜"参数

图15-9-9 "照片滤镜"效果

10 新建"图层1"设置前景色为红色（R：229，G：11，B：31），选择"画笔工具"，设置属性栏上的"画笔"为柔边圆50像素，"不透明度"为100%，"流量"为100%，在人物裙子位置涂抹绘制颜色，效果如图15-9-10所示。

图15-9-10 绘制颜色

11 设置图层1的混合模式为"柔光"，效果如图15-9-11所示。

12 单击"图层"面板下方的"创建新的填充或调整图层"按钮，选择"色彩平衡"选项，打开"色彩平衡"对话框，设置参数为-37、0、93，如图15-9-12所示。

 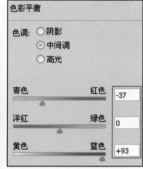

图15-9-11 "柔光"效果　　图15-9-12 设置"色彩平衡"参数

13 继续选择"渐变工具"，在图像中从人物位置向四周绘制渐变蒙版，效果如图15-9-13所示。

14 按Ctrl+ Shift+Alt+E快捷键，盖印可视图层，此时"图层"面板自动生成"图层2"。并执行"滤镜"|"模糊"|"高斯模糊"命令，设置参数为5像素，如图15-9-14所示。

图15-9-13 绘制渐变蒙版　图15-9-14 设置"高斯模糊"参数

15 单击"确定"按钮，此时可观察到执行"高斯模糊"命令后，此时可观察到图像效果如图15-9-15所示。

图15-9-15 "高斯模糊"效果

16 设置图层2的混合模式为"强光"，"不透明度"为36%，效果如图15-9-16所示。

17 单击"图层"面板下方的"创建新的填充或调整图层"按钮，选择"照片滤镜"选项，打开"照片滤镜"对话框，设置"滤镜"为"黄"，"浓度"为58%，如图15-9-17所示。

18 执行"照片滤镜"命令后，此时可观察到图像效果如图15-9-18所示。

图15-9-16 更改图层属性效果　图15-9-17 设置"照片滤镜"参数

图15-9-18 "照片滤镜"效果

19 设置"照片滤镜2"的混合模式为"正片叠底"，"不透明度"为60%，如图15-9-19所示。

图15-9-19 更图层属性后效果

20 单击"图层"面板下方的"创建新的填充或调整图层"按钮 ，选择"色相/饱和度"选项，打开"色相/饱和度"对话框，设置参数为0、-16、0，如图15-9-20所示。

图15-9-20 设置"色相/饱和度"效果

21 执行"色相/饱和度"命令后，图像效果如图15-9-21所示。

图15-9-21 "色相/饱和度"效果

22 单击"图层"面板下方的"创建新的填充或调整图层"按钮 ，选择"色彩平衡"选项，打开"色彩平衡"对话框，设置参数为-58、0、71，如图15-9-22所示。

23 执行"色彩平衡"命令后，此时可观察到图像效果如图15-9-23所示。

图15-9-22 设置"色彩平衡"参数　图15-9-23 "色彩平衡"参数

24 设置前景色为黑色，背景色为白色，选择"渐变工具" ，单击属性栏上的"编辑渐变"按钮 ，打开"渐变编辑器"对话框，选择"预设"中的"前景色—背景色"渐变，如图15-9-24所示。

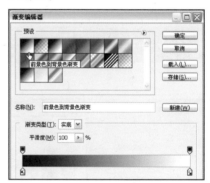

图15-9-24 设置"渐变编辑器"参数

25 返回文件窗口并在蒙版中绘制径向渐变蒙版，并设置"不透明度"为90%，效果如图15-9-25所示。

26 按Ctrl+O快捷键，打开素材：文字.tif文件。选择"移动工具" ，拖动"文字"图像到"外景"文件窗口中，并将其调整到窗口右下侧，效果如图15-9-26所示。

图15-9-25 更改图层属性　　图15-9-26 打开并导入素材

27 单击"图层"面板下方的"创建新的填充或调整图层"按钮 ◯，选择"色相/饱和度"选项，打开"色相/饱和度"对话框，设置参数为-180、0、0，如图15-9-27所示。

图15-9-27　设置"色相/饱和度"参数

28 右键单击"色相/饱和度2"后面的空白处，打开快捷菜单，选择"创建剪切蒙版"选项，效果如图15-9-28所示。

29 选择"裁剪工具" ⽤，在图像中定义裁剪区域，如图15-9-29所示。

30 双击对图像进行裁剪，此时可观察到图像最终效果制作完毕，效果如图15-9-30所示。

图15-9-28　"色相/饱和度"效果

图15-9-29　绘制裁剪区域　　图15-9-30　最终效果

15.10　制作糖果色彩效果

案例分析

　　本实例讲解制作"制作糖果色彩效果"的应用方法；在制作过程中主要运用"色相/饱和度"、"快速选择工具"、"混合模式"、"钢笔工具"和"色彩平衡"等调整图像局部或整体色彩；其次运用"高斯模糊"和"照片滤镜"等为图像添加柔化效果。

操作步骤

01 执行"文件"|"打开"命令，打开素材图片：照片.tif文件，如图15-10-1所示。

02 单击"图层"面板下方的"创建新的填充或调整图层"按钮 ◯，选择"色相/饱和度"选项，打开"色相/饱和度"对话框，设置参数为0、51、0，如图15-10-2所示。

03 执行"色相/饱和度"命令后，此时可观察到图像效果如图15-10-3所示。

图15-10-1　外景.tif文件　　图15-10-2　设置"色相/饱和度"参数

图15-10-3 "色相/饱和度"效果

04 选择工具箱中的"快速选择工具" [图], 设置"画笔大小"为25像素, 在人物眼镜位置单击载入眼镜外轮廓区域选区, 如图15-10-4所示。

05 设置前景色为红色(R: 255, G: 0, B: 0), 新建"图层1"并按Alt+Delete快捷键, 填充选区内容, 效果如图15-10-5所示。

图15-10-4 载入选区　　　图15-10-5 填充颜色

06 设置图层1的混合模式为"柔光", "不透明度"为36%, 此时可观察到图像效果如图15-10-6所示。

图15-10-6 更改图层属性

07 单击"图层"面板下方的"创建新的填充或调整图层"按钮 [图], 选择"色相/饱和度"选项, 打开"色相/饱和度"对话框, 设置参数为-180、53、0, 如图15-10-7所示。

08 执行"色相/饱和度"命令后, 此时可观察到图像效果如图15-10-8所示。

09 选择"钢笔工具" [图], 单击属性栏上的"路径"按钮 [图], 在图像中沿人物嘴唇边缘绘制路径。并按Ctrl+Enetr快捷键, 转换路径为选区, 效果如图15-10-9所示。

图15-10-7 设置"色相/饱和度"参数

图15-10-8 "色相/饱和度"效果 图15-10-9 转换并绘制路径

10 新建图层, 设置前景色为红色(R: 255, G: 0, B: 0), 按Alt+Delete快捷键, 填充选区内容, 此时可观察到图像效果如图15-10-10所示。

11 设置图层2的混合模式为"柔光", 效果如图15-10-11所示。

图15-10-10 填充选区　　　图15-10-11 "柔光"效果

12 单击"图层"面板下方的"创建新的填充或调整图层"按钮 [图], 选择"色彩平衡"选项, 打开"色彩平衡"对话框, 设置参数为86、62、44, 如图15-10-12所示。

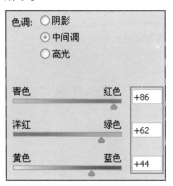

图15-10-12 设置"色彩平衡"参数

13 执行"色彩平衡"命令后，此时可观察到图像效果如图15-10-13所示。

图15-10-13 "色彩平衡"参数

14 新建图层，设置前景色为黄色（R：254，G：228，B：0），选择"画笔工具"，在图像中涂抹人物头发绘制颜色，如图15-10-14所示。

15 设置该图层的混合模式为"柔光"，"不透明度"为45%，效果如图15-10-15所示。

图15-10-14 绘制颜色　　图15-10-15 更改图层属性

16 按住Ctrl键单击头发颜色图层载入选区，此时可观察到图像效果如图15-10-16所示。

17 单击"图层"面板下方的"创建新的填充或调整图层"按钮，选择"色彩平衡"选项，打开"色彩平衡"对话框，设置参数为75、68、-85，如图15-10-17所示。

 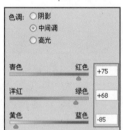

图15-10-16 载入选区　图15-10-17 设置"色彩平衡"参数

18 执行"色彩平衡"命令后，此时可观察到图像效果如图15-10-18所示。

图15-10-18 "色彩平衡"效果

19 选择工具箱中的"快速选择工具"，在人物衣服位置单击绘制选区，执行"选择"|"修改"|"羽化"命令，设置参数为2像素，单击"确定"按钮，如图15-10-19所示。

20 新建图层，设置前景色为红色（R：208，G：0，B：98），按Alt+Delete快捷键，填充选区内容，效果如图15-10-20所示。

图15-10-19 载入选区　　图15-10-20 填充选区

21 设置该图层的混合模式为"柔光"，此时可观察到图像效果如图15-10-21所示。

图15-10-21 "柔光"效果

22 单击"图层"面板下方的"创建新的填充或调整图层"按钮，选择"色彩平衡"选项，打开"色彩平衡"对话框，设置参数为100、-73、72，如图15-10-22所示。

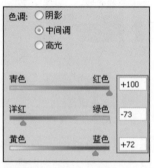

图15-10-22 设置"色彩平衡"参数

23 执行"色彩平衡"命令后，此时可观察到图像效果如图15-10-23所示。

24 新建图层，设置前景色为绿色（R：72，G：255，B：0），选择工具箱中的"快速选择工具"，在图像中单击人物手链图像，载入该图像的外轮廓选区，按Alt+Delete快捷键，填充选区内容，效果如图15-10-24所示。

图15-10-23 "色彩平衡"效果

图15-10-24 载入选区并填充颜色

25 设置混合模式为"柔光",此时可观察到图像效果如图15-10-25所示。

图15-10-25 "柔光"效果

26 按Ctrl+Shift+Alt+E快捷键,盖印可视图层,此时"图层"面板自动生成新图层。执行"滤镜"|"模糊"|"高斯模糊"命令,设置参数为5像素,如图15-10-26所示。

27 单击"确定"按钮,此时可观察到图像效果如图15-10-27所示。

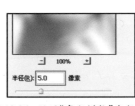

图15-10-26 设置"高斯模糊"参数 图15-10-27 "高斯模糊"参数

28 设置该图层的混合模式为"柔光","不透明度"为47%,此时可观察到图像效果如图15-10-28所示。

29 执行"图像"|"调整"|"照片滤镜"命令,打开"照片滤镜"对话框,设置"滤镜"为"黄","浓度"为41%,如图15-10-29所示。

30 执行"照片滤镜"命令后,此时可观察到图像效果如图15-10-30所示。

图15-10-28 更改图层属性 图15-10-29 设置"照片滤镜"参数

图15-10-30 "照片滤镜"效果

31 单击"图层"面板下方的"创建新的填充或调整图层"按钮,选择"色彩平衡"选项,打开"色彩平衡"对话框,设置参数为-1、-9、-17,如图15-10-31所示。

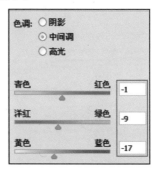

图15-10-31 设置"色彩平衡"参数

32 执行"色彩平衡"命令后,此时可观察到图像最终效果如图15-10-32所示。

图15-10-32 最终效果

15.11　怀旧复古写真模板

案例分析

　　本实例讲解制作"怀旧复古写真模板"的应用方法；在制作过程中主要运用"移动工具"和"混合模式"等合成主题模板；其次运用"自定形状工具"、"图层样式"和"创建剪切蒙版"等制作相框；最后运用"色彩平衡"和"亮度/对比度"等调整图像色彩以及明暗对比度。

操作步骤

01 执行"文件"|"打开"命令，打开素材图片：背景.tif文件，如图15-11-1所示。

02 按Ctrl+O快捷键，打开素材：水墨.tif文件，效果如图15-11-2所示。

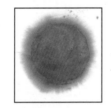

图15-11-1　背景.tif文件　　图15-11-2　水墨.tif文件

03 选择"移动工具" ，拖动"水墨"图像到"背景"文件窗口中，此时自动生成"图层1"。并将其调整到窗口右下侧，效果如图15-11-3所示。

图15-11-3　导入素材

04 设置"图层1"的混合模式为"正片叠底"，此时可观察到图像效果如图15-11-4所示。

05 单击"图层"面板下方的"创建新的填充或调整图层"按钮 ，选择"色彩平衡"选项，打开"色彩平衡"对话框，设置参数为100、-73、-100，如图15-11-5所示。

06 执行"色彩平衡"命令后，此时可观察到图像效果如图15-11-6所示。

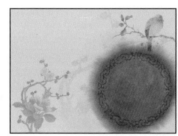
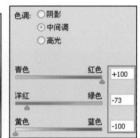

图15-11-4　"正片叠底"效果　图15-11-5　设置"色彩平衡"参数

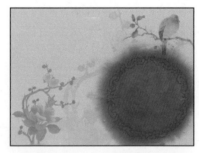

图15-11-6　"色彩平衡"效果

07 右键单击"色彩平衡1"调整图层后面的空白处，选择"创建剪切蒙版"选项，此时可观察到图像效果如图15-11-7所示。

08 按Ctrl+O快捷键，打开素材：婚纱1.tif文件。选择"移动工具" ，拖动"婚纱1"图像到"背景"文件窗口中，此时自动生成"图层2"。并将其调整到窗口右下侧，效果如图15-11-8所示。

09 右键单击"图层2"后面的空白处，打开快捷菜单，选择"创建剪切蒙版"选项，并单击"图层"面板下方的"添加图层蒙版"按钮 ，为图

层添加蒙版，选择"画笔工具" ，在图像中涂抹
隐藏部分多余婚纱图像，效果如图15-11-9所示。

图15-11-7 "创建剪切蒙版"效果

图15-11-8 导入素材

图15-11-9 添加蒙版

10 按Ctrl+J快捷键，复制生成"图层2副本"并运用相
同方法为其添加剪切蒙版。设置混合模式为"柔
光"，"不透明度"为76%，如图15-11-10所示。

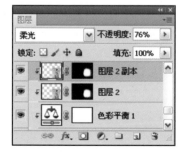

图15-11-10 更改图层属性

11 复制并更改图层属性后，此时可观察到图像效果如
图15-11-11所示。

12 按Ctrl+O快捷键，打开素材：牡丹.tif文件。选择
"移动工具" ，导入素材到窗口中，并将其调
整到窗口右下侧，效果如图15-11-12所示。

图15-11-11 更改图层属性效果

图15-11-12 导入素材

13 更改该图层的混合模式为"正片叠底"，此时可观
察到图像效果如图15-11-13所示。

图15-11-13 "正片叠底"效果

14 选择"自定形状工具" ，单击属性栏上的"自
定形状拾色器"按钮 ，打开面板，单击右上侧
的"弹出菜单"按钮 ，选择"全部"选项，单
击"确定"按钮，返回"自定形状"面板，选择
"形状"为"邮票1"，如图15-11-14所示。

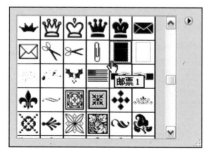

图15-11-14 设置"形状"参数

15 单击属性栏上的"形状图层"按钮 ，设置前景色
为灰色（R：131，G：134，B：136）。在窗口左
上侧拖移绘制"邮票1"形状，如图15-11-15所示。

图15-11-15　绘制形状

16 执行"图层"｜"图层样式"｜"投影"命令，打开"图层样式"对话框，设置"大小"为16像素，其他参数保持默认，如图15-11-16所示。

图15-11-16　设置"投影"参数

17 单击"外发光"复选框，设置"混合模式"为"正常"，"颜色"为灰色（R：136，G：136，B：136），"大小"为14像素，如图15-11-17所示。

图15-11-17　设置"外发光"参数

18 单击"外发光"下侧的"等高线"拾色器，打开"等高线拾色器"面板，设置"预设"为"滚动斜坡—递减"，其他参数保持默认，如图15-11-18所示。

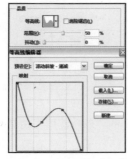

图15-11-18　设置"等高线"参数

19 单击"确定"按钮，此时可观察到图像效果如图15-11-19所示。

图15-11-19　添加"图层样式"效果

20 按住Alt键，选择"移动工具"，向下拖移复制出形状副本图层，效果如图15-11-20所示。

图15-11-20　复制图层

21 打开并导入素材：婚纱2.tif文件。并将该图层调整到"形状1"图层的上方，调整图层顺序，右键单击打开快捷菜单，选择"创建剪切蒙版"选项，为其添加剪切蒙版，效果如图15-11-21所示。

图15-11-21　导入婚纱2

22 打开并导入素材：婚纱3.tif文件。并将该图层调整到"形状2"图层的上方，调整图层顺序，右键单击打开快捷菜单，选择"创建剪切蒙版"选项，为其添加剪切蒙版，效果如图15-11-22所示。

23 单击"图层"面板下方的"创建新的填充或调整图层按钮"，选择"亮度/对比度"选项，打开"亮度/对比度"对话框，设置参数为27、-50，如图15-11-23所示。

24 执行"亮度/对比度"命令后，此时可观察到图像效果如图15-11-24所示。

图15-11-22　导入婚纱3

图15-11-23　设置"亮度/对比度"参数

图15-11-24　"亮度/对比度"效果

25 设置前景色为淡黄色（R：235，G：230，B：196），选择"矩形工具"，单击属性栏上的"形状工具"按钮，在图像下侧绘制形状，效果如图15-11-25所示。

26 设置该形状的混合模式为"柔光"，效果如图15-11-26所示。

图15-11-25　绘制形状　　　图15-11-26　"柔光"效果

27 按住Alt键拖移复制出形状副本图层，效果如图15-11-27所示。

28 打开并导入素材：文字.tif文件到图像的左下侧，此时可观察到图像最终效果如图15-11-28所示。

　图（右）

图15-11-27　复制形状图层　　　图15-11-28　最终效果

15.12 个性动物写真模板

案例分析

本实例讲解制作"个性动物写真模板"的应用方法；在制作过程中主要运用"渐变工具"、"色相/饱和度"、"移动工具"和"添加图层蒙版"等制作模板主题背景；其次运用"曲线"和"色彩平衡"等调整局部色彩；最后运用"自定形状工具"、"圆角矩形工具"和"图层样式"等制作相框效果。

操作步骤

01 执行"文件"｜"新建"命令，打开"新建"对话框，设置"名称"为"个性动物写真模板"，"宽度"为20厘米，"高度"为14厘米，"分辨率"为200像素/英寸，"颜色模式"为RGB颜色，"背景内容"为白色，如图15-12-1所示。

图15-12-1 设置"新建"参数

02 选择"渐变工具" ，单击属性栏上的"编辑渐变"按钮 ，打开"渐变编辑器"对话框，设置渐变色为：位置0 颜色（R：127，G：218，B：245）；位置100 颜色（R：255，G：255，B：255），如图15-12-2所示。

图15-12-2 设置"渐变编辑器"参数

03 单击"确定"按钮返回文件窗口，并单击属性栏上的"线性渐变"按钮 ，在图像中从上向下绘制渐变色，效果如图15-12-3所示。

图15-12-3 绘制渐变色

04 单击"图层"面板下方的"创建新的填充或调整图层"按钮 ，选择"色相/饱和度"选项，打开"色相/饱和度"对话框，设置参数为103、0、0，如图15-12-4所示。

05 执行"色相/饱和度"命令后，此时可观察到图像效果如图15-12-5所示。

图15-12-4 设置"色相/饱和度"参数

图15-12-5 "色相/饱和度"效果

06 执行"文件"｜"打开"命令，打开素材图片：狗狗1.tif。选择"移动工具" ，拖动"狗狗1"图像到"个性动物写真"文件窗口中，此时自动生成"图层1"。拖动该图层到窗口右侧，效果如图15-12-6所示。

图15-12-6 导入素材

07 单击"图层"面板下方的"添加图层蒙版"按钮 ，为图层添加蒙版，选择"画笔工具" ，设置属性栏上的"画笔"为"柔边圆180像素"，"不透明度"为80%，"流量"为100%，在窗口涂抹右侧狗狗边缘的多余生硬图像，效果如图15-12-7所示。

08 单击"图层"面板下方的"创建新的填充或调整图层"按钮 ，选择"曲线"选项，打开"曲线"对话框，向上调整曲线弧度，如图15-12-8所示。

09 执行"曲线"命令后，右键单击"图层1"后面的空白处，打开快捷菜单，选择"创建剪切蒙版"选项，图像效果如图15-12-9所示。

图15-12-7 右侧局部图像

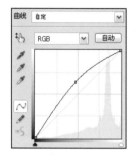

图15-12-8 调整"曲线"弧度

图15-12-9 "曲线"效果

⑩ 单击"图层"面板下方的"创建新的填充或调整图层"按钮 ◯，选择"色彩平衡"选项，打开"色彩平衡"对话框，设置参数为27、3、33，如图15-12-10所示。

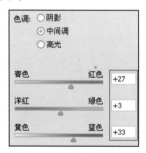

图15-12-10 设置"色彩平衡"参数

⑪ 右键单击"色彩平衡1"后面的空白处，打开快捷菜单，选择"创建剪切蒙版"选项，效果如图15-12-11所示。

⑫ 选择"自定形状工具" ，单击属性栏上的"自定形状拾色器"按钮 ，打开面板，单击右上侧的"弹出菜单"按钮 ，选择"全部"选项，单击"确定"按钮，返回"自定形状"面板，选择"形状"为"花4"，如图15-12-12所示。

图15-12-11 "色彩平衡"效果

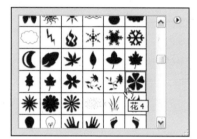

图15-12-12 设置"形状"参数

⑬ 单击属性栏上的"形状图层"按钮 ，设置前景色为粉红色（R：249，G：203，B：248）。在窗口中拖移绘制花4形状，如图15-12-13所示。

图15-12-13 绘制形状

⑭ 按Ctrl+T快捷键，打开快捷菜单，选择"扭曲"选项，拖动调节框的角点，对图像进行扭曲，如图15-12-14所示。按Enter键确定。

图15-12-14 "扭曲"图像

⑮ 运用相同的方法在窗口绘制多个花4形状，并按Ctrl+T快捷键，扭曲图像视觉角度，此时可观察到图像效果如图15-12-15所示。

提示：

在绘制形状的过程中，可适当调整属性栏上的"不透明度"，以便制作出更具特色的图像效果。

图15-12-15　绘制多个形状

16 设置前景色为白色,选择"圆角矩形工具" ,单击属性栏上的"形状图层"按钮 ,设置"半径"为10像素,在窗口中左上侧绘制圆角矩形,效果如图15-12-16所示。

图15-12-16　绘制形状

17 执行"图层"|"图层样式"|"投影"命令,打开"图层样式"对话框,设置"颜色"为深紫色(R:102,G:13,B:108),"距离"为20像素,"扩展"为16%,"大小"为50像素,其他参数保持默认,如图15-12-17所示。

图15-12-17　设置"投影"参数

18 单击"确定"按钮,此时可观察到图像效果如图15-12-18所示。

图15-12-18　"投影"效果

19 按Ctrl+O快捷键,打开素材:狗狗2.tif文件。选择"移动工具" ,拖动"狗狗2"图像到"个性动物写真模板"文件窗口中,此时自动生成"图层3"。将该图层调整到矩形上方位置,并右键单击"图层3"后面的空白处,选择"创建剪切蒙版"选项,效果如图15-12-19所示。

图15-12-19　导入素材

20 单击"图层"面板下方的"创建新的填充或调整图层"按钮 ,选择"曲线"选项,打开"曲线"对话框,向上微调曲线,如图15-12-20所示。

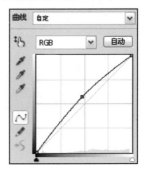

图15-12-20　调整"曲线"弧度

21 右键单击曲线调整图层后面的空白处,打开快捷菜单选择"创建剪切蒙版"选项,效果如图15-12-21所示。

图15-12-21　"曲线"效果

22 单击"图层"面板下方的"创建新的填充或调整图层"按钮 ,选择"色彩平衡"选项,打开"色彩平衡"对话框,设置参数为27、3、33,如图15-12-22所示。

23 执行"色彩平衡"命令后,此时可观察到图像效果如图15-12-23所示。

24 选择"圆角矩形工具"🔲，单击属性栏上的"形状图层"按钮🔲，设置前景色为白色，在窗口左侧再次绘制形状，效果如图15-12-24所示。

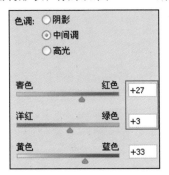

图15-12-22 设置"色彩平衡"参数

图15-12-23 "色彩平衡"效果

图15-12-24 绘制形状

25 右键单击"形状1"图层后面的空白处，打开快捷菜单，选择"拷贝图层样式"选项。右键单击"形状2"图层后面的空白处，打开快捷菜单，选择"粘贴图层样式"选项，此时可观察到图像效果如图15-12-25所示。

图15-12-25 拷贝并粘贴图层样式

26 打开并导入素材：狗狗3.tif。右键单击该图层后面的空白处，打开快捷菜单，选择"创建剪切蒙版"选项，效果如图15-12-26所示。

图15-12-26 导入素材

27 单击"图层"面板下方的"创建新的填充或调整图层"按钮◑，选择"色彩平衡"选项，打开"色彩平衡"对话框，设置参数为27、3、33，如图15-12-27所示。

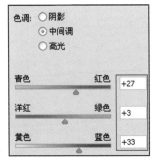

图15-12-27 设置"色彩平衡"参数

28 执行"色彩平衡"命令后，此时可观察到图像效果如图15-12-28所示。

图15-12-28 "色彩平衡"效果

29 按Ctrl+O快捷键，打开素材：文字.tif文件。选择"移动工具"🔺，拖动"文字"图像到"个性动物写真模板"文件窗口中，并将其调整到窗口左侧，效果如图15-12-29所示。

30 按Ctrl+ Shift+Alt+E快捷键，盖印可视图层，此时"图层"面板自动生成"图层6"。选择工具箱中的"矩形选框工具"▣，在文件窗口中拖移并定义矩形选区，如图15-12-30所示。

图15-12-29 导入素材

图15-12-30 绘制选区

31 按Ctrl+J快捷键，复制选区内容到"图层7"中。按住Alt键单击 "图层7"前面的"指示图层可视性"按钮 👁，隐藏该图层以外的所有层，如图15-12-31所示。

图15-12-31 复制图层

32 复制并隐藏图层后，此时可观察到图像效果如图15-12-32所示。

33 执行"图层"｜"图层样式"｜"投影"命令，打开"图层样式"对话框，设置"距离"为10像素，"大小"为18像素，其他参数保持默认，如图15-12-33所示。

图15-12-32 隐藏图层观察效果

图15-12-33 设置"投影"参数

34 单击"描边"复选框，设置"大小"为6像素，"颜色"为白色，其他参数保持默认，如图15-12-34所示。

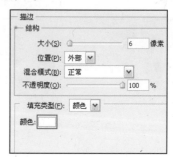

图15-12-34 设置"描边"参数

35 单击"确定"按钮，并按住Alt键单击 "图层7"前面的"指示图层可视性"按钮 👁，该该图层以外的所有层。此时可观察到图像效果如图15-12-35所示。

图15-12-35 添加样式后效果

36 设置前景色为淡紫色（R：243，G：182，B：246），选择"矩形工具" ▢，单击属性栏上的"形状图层"按钮 ▢，在窗口下侧绘制形状，并右键单击选择"创建剪切蒙版"选项，此时可观察到图像效果如图15-12-36所示。

图15-12-36 绘制形状

37 设置该图层的混合模式为"柔光"，效果如图 15-12-37所示。

出副本图层，运用相同的方法为其添加"剪切蒙版"并将其调整到窗口上侧，此时可观察到最终效果制作完毕，效果如图15-12-38所示。

图15-12-37 "柔光"效果

38 选择"移动工具" ⊕ ，按住Alt键在窗口拖移复制

图15-12-38 最终效果

15.13 数码照片与手机广告

案例分析

本实例讲解制作"数码照片与手机广告"的应用方法；在制作过程中主要运用"移动工具"和"图层蒙版"合成主题背景；其次运用"钢笔工具"、"渐变工具"和"混合模式"制作炫彩装饰；最后运用"椭圆工具"、"横排文字工具"、"图层样式"和"形状工具"等制作文字、标志等图像效果。

操作步骤

01 执行"文件"｜"新建"命令，打开"新建"对话框，设置"名称"为"数码照片与手机广告"，"宽度"为18厘米，"高度"为24厘米，"分辨率"为120像素/英寸，"颜色模式"为RGB颜色，"背景内容"为白色，如图15-19-1所示。

02 设置前景色为米色（R：234，G：229，B：195），按Alt+Delete快捷键，填充"背景"图层为米色，效果如图15-19-2所示。

03 按Ctrl+O快捷键，打开素材：人物.tif文件。选择"移动工具" ⊕ ，拖动"人物"图像到"数码照片与手机广告"文件窗口中，此时自动生成"图层1"。效果如图15-19-3所示。

图15-19-1 设置"新建"参数

图15-19-2 填充颜色　　图15-19-3 人物.tif文件

04 单击"图层"面板下方的"添加图层蒙版"按钮，为图层添加蒙版，选择"画笔工具"，设置属性栏上的"画笔"为"柔边圆180像素"，"不透明度"为100%，"流量"为100%，在文件窗口中涂抹隐藏图像右下侧的部分多余人物素材图像，效果如图15-19-4所示。

05 单击"图层"面板下方的"创建新的填充或调整图层"按钮，选择"色彩平衡"选项，打开"色彩平衡"对话框，设置参数为6、2、23，如图15-19-5所示。

 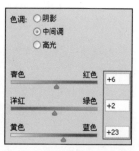

图15-19-4 添加蒙版效果　　图15-19-5 设置"色彩平衡"参数

06 执行"色彩平衡"命令后，此时可观察到图像效果如图15-19-6所示。

图15-19-6 "色彩平衡"效果

07 单击"图层"面板下方的"创建新图层"按钮，新建"图层2"。选择"钢笔工具"，单击属性栏上的"路径"按钮，在窗口下侧绘制弧线闭合路径，效果如图15-19-7所示。

图15-19-7 绘制路径

08 选择"渐变工具"，单击属性栏上的"编辑渐变"按钮，打开"渐变编辑器"对话框，设置渐变色为：位置0 颜色（R：0，G：171，B：227）；位置50 颜色（R：176，G：16，B：101）；位置100 颜色（R：254，G：210，B：0），如图15-19-8所示。

09 单击"确定"按钮，返回文件窗口并单击属性栏上的"线性渐变"按钮，按Ctrl+Enetr快捷键，转换路径为选区并在选区内拖移绘制渐变色，如图15-19-9所示。

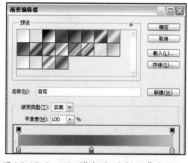 

图15-19-8 设置"渐变编辑器"参数　图15-19-9 绘制渐变色

10 按Ctrl+D快捷键，取消选区。设置"图层2"的混合模式为"叠加"，按Ctrl+J快捷键，复制出"图2副本"并按Ctrl+T快捷键，打开"自由变换"调节框，旋转调整图像视觉角度，效果如图15-19-10所示。按Enter键确定。

11 再次按Ctrl+J快捷键，复制出"图层2副本2"，按Ctrl+T快捷键，旋转调整图像视觉角度，并按Enter键确定，效果如图15-19-11所示。

12 选择"椭圆工具"，单击属性栏上的"形状图层"按钮，设置前景色为深蓝色（R：55，G：74，B：157），在窗口拖移绘制椭圆，效果如图15-19-12所示。

图15-19-19　复制并旋转图像　图15-19-11　复制并旋转图层

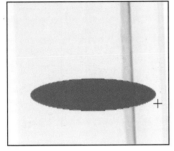

图15-19-12　绘制形状

13　按Ctrl+T快捷键，打开"自由变换"调节框，并旋转调整图像视觉角度，如图15-19-13所示。按Enter键确定。

14　选择"横排文字工具" **T.**，设置属性栏上的"字体系列"为Arial，"字体大小"为11点，"文本颜色"为白色，在椭圆图像上输入文字并按Ctrl+Enter快捷键确定，如图15-19-14所示。

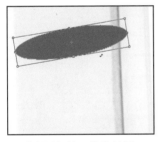

图15-19-13　旋转椭圆　　　　图15-19-14　输入文字

15　选中文字图层并按住Shift键，单击"形状1"图层，同时选中连续的文字与椭圆图层。右键单击文字图层后面的空白处，打开快捷菜单，选择"链接图层"选项，效果如图15-19-15所示。

图15-19-15　链接图层

16　选择"横排文字工具" **T.**，设置属性栏上的"字体系列"为"Adobe 楷体 Std"，"字体大小"为34点，"文本颜色"为黑色，在窗口中左下侧输入文字并按Ctrl+Enter快捷键确定，效果如图15-19-16所示。

图15-19-16　输入文字

17　执行"图层"|"图层样式"|"投影"命令，打开"图层样式"对话框，设置"样式"为"浮雕效果"，"深度"为411%，"大小"为18像素，"软化"为2像素，其他参数保持默认，如图15-19-17所示。

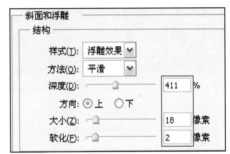

图15-19-17　设置"斜面和浮雕"参数

18　勾选"斜面和浮雕"复选框，设置"光泽等高线"为"内凹—深"，"阴影模式"的"颜色"为蓝色（R：73，G：66，B：152），如图15-19-18所示。

图15-19-18　设置"阴影"参数

19　单击"确定"按钮，此时可观察到图像效果如图15-19-19所示。

20　选择"自定形状工具" **☆**，单击属性栏上的"自定形状拾色器"按钮**⃝**，打开面板，单击右上侧的"弹出菜单"按钮**⏵**，选择"全部"选项，单击"确定"按钮，返回"自定形状"面板，分别选择"形状"为"八分音符"、"二分音符"、"四分音符"等，如图15-19-20所示。

21 新建图层单击属性栏上的"填充像素"按钮▢，设置前景色为黑色，在图像中文字旁侧拖移绘制多个音符形状，效果如图15-19-21所示。

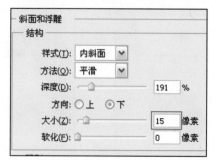

图15-19-22 设置"斜面和浮雕"参数

图15-19-19 添加"图层样式"效果

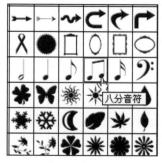 

图15-19-20 设置"形状"参数　　图15-19-21 绘制形状

图15-19-23 "斜面和浮雕"参数　　图15-19-24 打开并导入素材

25 选择"魔棒工具"✨，在图像中单击手机图像的白色像素载入选区，效果如图15-19-25所示。

26 按Delete键删除选区内容。按Ctrl+O快捷键，打开素材：文字.tif。选择"移动工具"▸╇，拖动"文字"图像到"数码照片与手机广告"文件窗口中，此时自动生成"图层5"。最终效果制作完毕，效果如图15-19-26所示。

22 执行"图层"|"图层样式"|"投影"命令，打开"图层样式"对话框，设置"样式"为"内斜面"，"深度"为191%，"大小"为15像素，其他参数保持默认，如图15-19-22所示。

23 单击"确定"按钮，此时可观察到图像效果如图15-19-23所示。

24 按Ctrl+O快捷键，打开素材：手机.tif。选择"移动工具"▸╇，拖动"手机"图像到"数码照片与手机广告"文件窗口中，此时自动生成"图层4"，如图15-19-24所示。

图15-19-25 导入素材　　图15-19-26 最终效果

本章小结

通过本章的学习，将训练读者的软件基础知识综合能力。同时和行业中的一些案例结合起来更加具有实用性。希望通过本章的综合训练能使读者自身的技艺提高到新的程度。与此同时，建议读者多研究一些新的案例加以临摹，熟能生巧，轻松获得平面设计师的资格证。

读者意见反馈表

感谢您选择了清华大学出版社的图书，为了更好的了解您的需求，向您提供更适合的图书，请抽出宝贵的时间填写这份反馈表，我们将选出意见中肯的热心读者，赠送本社其他的相关书籍作为奖励，同时我们将会充分考虑您的意见和建议，并尽可能给您满意的答复。

本表填好后，请寄到：北京市海淀区双清路学研大厦A座513清华大学出版社　陈绿春　收（邮编100084）。也可以采用电子邮件（chenlch@tup.tsinghua.edu.cn）的方式。

书名：＿＿＿＿＿＿＿＿＿＿＿＿＿＿＿＿＿＿＿＿＿＿＿＿＿＿＿＿＿＿＿＿＿

个人资料：

姓名：＿＿＿＿＿＿　性别：＿＿＿　年龄：＿＿＿　所学专业：＿＿＿＿＿　文化程度：＿＿＿＿＿

目前就职单位：＿＿＿＿＿＿＿＿＿＿＿＿＿＿＿＿　从事本行业时间：＿＿＿＿

E_mail地址：＿＿＿＿＿＿＿＿＿＿＿＿　电话：＿＿＿＿＿＿＿＿

通信地址：＿＿＿＿＿＿＿＿＿＿＿＿＿　邮编：＿＿＿＿＿＿＿＿

(1)下面的平面类型哪方面您比较感兴趣

①图像合成　②绘画技法　③书籍装帧　④广告设计

⑤特效应用　⑥数码后期　⑦插画设计　⑧其他

多选请按顺序排列 ＿＿＿＿＿＿＿＿＿＿＿＿

选择其他请写出名称 ＿＿＿＿＿＿＿＿＿＿

(2)Photoshop的图书您最想学的部分包括

①选区　　②图层　　③通道　　④色彩

⑤路径　　⑥蒙版　　⑦滤镜　　⑧其他

多选请按顺序排列 ＿＿＿＿＿＿＿＿＿＿＿＿

选择其他请写出名称 ＿＿＿＿＿＿＿＿＿＿

(3)图书的表现形式，您更喜欢哪些类型

①实例类　　②综合类　　③大全类

④基础类　　⑤理论类　　⑥其他

多选请按顺序排列 ＿＿＿＿＿＿＿＿＿＿＿＿

选择其他请写出名称 ＿＿＿＿＿＿＿＿＿＿

(4)本类图书的定价，您认为哪个价位更加合理

①58左右　　②68左右　　③88左右

④108左右　　⑤128左右　　⑥其他

多选请按顺序排列 ＿＿＿＿＿＿＿＿＿＿＿＿

选择其他请写出范围 ＿＿＿＿＿＿＿＿＿＿

(5)您购买本书的因素包括

①封面　　②版式　　③书中的内容

④价格　　⑤作者　　⑥其他

多选请按顺序排列 ＿＿＿＿＿＿＿＿＿＿＿＿

选择其他请写出名称 ＿＿＿＿＿＿＿＿＿＿

(6)购买本书后您的用途包括

①工作需要　　②个人爱好　　③毕业设计

④作为教材　　⑤培训班　　⑥其他

多选请按顺序排列 ＿＿＿＿＿＿＿＿＿＿＿＿

选择其他请写出名称 ＿＿＿＿＿＿＿＿＿＿

(7)您对本书封面的满意程度

○很满意　　○比较满意　　○一般　　○不满意

○改进建议或者同类书中你最满意的书名

＿＿＿＿＿＿＿＿＿＿＿＿＿＿＿＿＿＿＿＿

(8)您对本书版式的满意程度

○很满意　　○比较满意　　○一般　　○不满意

○改进建议或者同类书中你最满意的书名

＿＿＿＿＿＿＿＿＿＿＿＿＿＿＿＿＿＿＿＿

(9)您对本书光盘的满意程度

○很满意　　○比较满意　　○一般　　○不满意

○改进建议或者同类书中你最满意的书名

＿＿＿＿＿＿＿＿＿＿＿＿＿＿＿＿＿＿＿＿

(10)您对本书技术含量的满意程度

○很满意　　○比较满意　　○一般　　○不满意

○改进建议或者同类书中你最满意的书名

＿＿＿＿＿＿＿＿＿＿＿＿＿＿＿＿＿＿＿＿

(11)您对本书文字部分的满意程度

○很满意　　○比较满意　　○一般　　○不满意

○改进建议或者同类书中你最满意的书名

＿＿＿＿＿＿＿＿＿＿＿＿＿＿＿＿＿＿＿＿

(12)您最想学习此类图书中的哪些知识

＿＿＿＿＿＿＿＿＿＿＿＿＿＿＿＿＿＿＿＿

(13)您最欣赏的一本Photoshop的书是

＿＿＿＿＿＿＿＿＿＿＿＿＿＿＿＿＿＿＿＿

(14)您的其他建议（可另附纸）

注：用电子邮件回复的读者，请将个人资料和书名填写完整，其他项目填序号和答案即可。本书复印有效。